普通高等教育"十一五"国家级规划教材

新编仪器分析

（第五版）

高向阳　主编

科学出版社

北　京

内 容 简 介

本书是普通高等教育"十一五"国家级规划教材,是编者在长期教学研究和教学实践的基础上,结合国情和生产、科研实际而编写的。

本书主要介绍分子吸光和发光分析法、原子光谱分析法、动力学分析法、电化学分析法、离子选择性电极分析法、气相色谱法、高效液相色谱法、高效毛细管电泳、核磁共振波谱法和质谱法等的基本原理、基本概念、基本计算及其应用。同时,注意仪器分析的发展趋势,适当介绍仪器分析的前沿理论和技术,如酶催化动力学分析、细胞生物电化学分析、生物质谱、原子荧光分析、毛细管电动色谱、超临界流体色谱、生物传感器分析技术、流动注射分析技术等。各章均安排有实验技术或应用,章后有思考题和习题,书后有附录。

本书可作为高等学校生命科学类以及农、林、牧、医类专业仪器分析课程的教材,也可供化学、应用化学专业的研究生、分析测试工作者及相关技术人员阅读和参考。

图书在版编目(CIP)数据

新编仪器分析/高向阳主编. —5 版. —北京:科学出版社,2021.4
普通高等教育"十一五"国家级规划教材
ISBN 978-7-03-064027-7

Ⅰ.①新… Ⅱ.①高… Ⅲ.①仪器分析-高等学校-教材 Ⅳ.①O657

中国版本图书馆 CIP 数据核字(2019)第 291083 号

责任编辑:赵晓霞 / 责任校对:何艳萍
责任印制:赵 博 / 封面设计:迷底书装

科 学 出 版 社 出版
北京东黄城根北街 16 号
邮政编码:100717
http://www.sciencep.com
天津市新科印刷有限公司印刷
科学出版社发行 各地新华书店经销

*

1992 年 2 月第 一 版 中国科学技术出版社
2004 年 3 月第 二 版 开本:787×1092 1/16
2009 年 7 月第 三 版 印张:19 1/2
2013 年 9 月第 四 版 字数:500 000
2021 年 4 月第 五 版 2024 年 1 月第二十七次印刷
定价:59.00 元
(如有印装质量问题,我社负责调换)

第五版前言

奋进、创新、追梦、强国,是中华儿女矢志不移的民族精神。党的二十大明确指出:"培养造就大批德才兼备的高素质人才,是国家和民族长远发展大计。"把握现代社会高等教育所需,持之以恒地体现"教材常用常新,教师常教常新,学生常学常新,实验常做常新"的突出特色,将"新"和"实用"、"适用"相结合,是本书编写永恒不变的宗旨和初心。本次修订,精简了个别不常用的实验技术,补充了少量实验原理和说明,进一步强化了"实用"和"适用"的紧密结合。

本书在保留第四版编写内容的系统性、逻辑性、科学性、先进性、新颖性和实用性的基础上,引入新的分析技术、方法和国家发明专利,如多数据连续测定用吸收池(专利号:ZL201720061431.8),差异加标法定量分析技术(专利号:ZL201610611269.2),混标加样法和混标加样增量法同时定性、定量分析技术等,拓展了课程的应用范围,使内容更新、更丰富,期望学生能收到更好的学习效果。

参加第五版编写的有河南农业大学、郑州科技学院高向阳教授(第1~9章、14章、附录);河南农业大学宋莲军教授(第11章、第13章)、安徽工程大学傅应强副教授、高建纲教授(第12章)、河南农业大学原晓喻博士(第10章);全书由高向阳教授汇总、修改、定稿。

本书不仅可作为高等学校生物技术、生物科学、环境科学与工程、食品科学与工程、食品质量与安全、食品营养与健康、食品营养与检验教育、应用化学、生物化工、制药工程、动植物检疫以及农、林、牧、医类等专业的仪器分析课程教材,也可供相关专业研究生、分析测试工作者、第三方检测技术人员阅读和选作培训用书。

本书配套有《新编仪器分析实验》,还有课件、各章思考题与习题详解等资料,选用本书的单位可根据具体情况向出版社索取。

由于编者水平所限,书中不足之处在所难免,敬请读者多提建议,以便今后再版时继续完善,不断提高质量。

高向阳

2023年6月于郑州修改

第四版前言

　　《新编仪器分析》（第三版）已经出版四年，在这四年里，我不断与使用该教材的部分老师、学生交流，恳请对第四版的修订提一些宝贵意见，使本书进一步显现"新"和"实用"的特点，持之以恒地体现"教材常用常新，教师常教常新，学生常学常新，实验常做常新"的编写特色和理念。

　　创新是一个民族进步的灵魂，是国家兴旺发达的不竭动力。要实现建设创新型国家的宏伟目标，就需要培养大批有卓越才能的创新型人才，而创新型人才的培养需要建立创新型的教育制度和课程体系，培养和激活学生潜在的创新意识和思维。本书为此目标不断进行大胆尝试，"开宗明义"，把"新"和"实用"、"适用"有机结合。

　　本书在保留第三版编写内容的系统性、逻辑性、科学性、先进性、新颖性和实用性的基础上，新增加了分析结果的计算及注意事项、分析结果不确定度的评定、分析结果的报告和结论、浓度直读法等分析方法的介绍，对部分章节进行了调整或重新编写、润色，进一步加强了内容的实用性，扩展了新的知识范围。

　　全书仍分 14 章，由高向阳教授担任主编。参加编写的有（以章节先后为序）：河南农业大学、郑州科技学院高向阳教授（第 1~5 章、第 7 章、第 8 章、第 14 章、附录）；上海海洋大学周冬香教授（第 6 章）；齐鲁工业大学杜登学教授（第 9 章、第 10 章）；河南农业大学宋莲军副教授（第 11 章、第 13 章）、安徽工程大学陈宁生教授（第 12 章）。全书由高向阳通读、修改、定稿。

　　本书配套有《新编仪器分析实验》、《新编仪器分析学习指导》和电子课件，适用于高等学校生物技术、生物科学与工程、环境科学与工程、食品科学与工程、食品质量与安全、食品营养与卫生、应用化学、制药工程、生物化工、农产品标准化与贸易、动植物检验检疫以及农、林、牧、医类专业作为仪器分析课程的教材，也可供相关专业研究生、分析测试工作者、相关技术人员阅读和选用。本书编写过程中得到科学出版社和各编者单位的大力支持，在此一并致谢。

　　由于编者水平有限，书中不足之处在所难免，敬请读者多提宝贵意见，以便进一步提高编写质量。

编　者

2013 年 6 月于郑州

第三版前言

本书第二版为《普通高等教育"十五"国家级规划教材》之一,是根据教育部专家组审定的教学大纲,结合农林及生命科学类院校的实际编写的。自 2004 年出版以来,短短四年已经连续印刷了五次。有关院校经多年使用,一致认为教材深入浅出、内容丰富、重点难点突出,是一本较为理想的本科生教材。

2008 年,本书被评为《普通高等教育"十一五"国家级规划教材》,在保留了第二版编写内容的系统性、科学性、先进性、新颖性和实用性的基础上,编者征求了部分兄弟院校的意见,对有关章节进行了修订,适当补充了一些新内容,有的进行了重写,如增加了"原子荧光光谱分析法"等章节。本书可与《新编仪器分析实验》(科学出版社,2008)、《新编仪器分析学习指导》(科学出版社,2009)等联合使用,相得益彰,组成一套立体化系列教材。经过进一步编写和修订,使本书更加显现"新"和"实用"的特点,体现出"教材常用常新,教师常教常新,学生常学常新,实验常做常新"的时代特色。

为便于集思广益,充分发挥第一线主讲教师的聪明才智,本书适当吸收了新编者。参加编写的有河南农业大学高向阳教授、赵鹏副教授、宋莲军副教授,湖南农业大学石国荣教授,安徽工程科技学院陈宁生教授,上海海洋大学周冬香教授。全书由高向阳教授统稿。

由于编者水平有限,不足之处在所难免,敬请读者多提建议,以便今后再版时进一步提高编写质量。

编 者

2008 年 10 月于郑州

第二版前言

21世纪是生命科学技术日新月异、迅猛发展的新世纪,祖国的繁荣昌盛迫切需要造就大批理论基础扎实、操作技术娴熟、素质全面、文化素养高、一专多能的技术人才,而人才培养的关键在于教育。

仪器分析是分析化学的主要组成部分之一,是一门实践性、技术性很强的综合性课程,与国民经济的各个领域密切相关,被誉为工农业生产的"参谋"、科学技术研究的"眼睛"、国民经济发展的"尖兵",是检验千千万万、形形色色原料、产品质量的重要手段和工具。

1992年,由高向阳教授任主编,刘约权教授、呼世斌教授任副主编的《新编仪器分析》由中国科学技术出版社出版后,先后被十余所高等农、林、牧、水院校采用,在培养高科技人才方面起到了重要作用。与此同时,结合我国国情,围绕仪器分析主题,我们开展了全方位的长达十余年的科研和教学研究,取得了一大批成果,为本书的编写奠定了坚实的基础。

考虑到十余年来科学技术的迅猛发展和巨大变化,这次重新编写时紧密结合生物技术、生物科学、食品质量与安全、食品科学、卫生检验、环境科学以及农、林、牧、水、医等领域的实际安排相关内容,系统阐述了仪器分析各类方法的基本原理、基本概念、基本计算和一些实验技术,内容深入浅出、叙述流畅、通俗易懂,重点、难点突出。

本书为《普通高等教育"十五"国家级规划教材》之一,根据专家组审定的教学大纲,结合农林及生命科学类院校的实际编写。编写过程中尤其注意到内容的系统性、科学性、先进性、新颖性和实用性。同时,"开宗明义",把"新"和"实用"作为本书的主要特点。在讲授经典理论和方法的同时,注意各种方法的前沿理论和技术,适当介绍了仪器分析的一些新理论、新概念、新技术及其应用。例如,酶催化动力学分析、流动注射分析、细胞生物电化学分析、化学发光分析、生物发光分析、高效毛细管电泳分析、超临界流体色谱、毛细管电动色谱、离子色谱、生物质谱、分析质量控制及分析质量保证、微波溶样技术和生物传感器分析技术等内容,在其他同类教材中尚不多见。

全书共14章,由高向阳教授担任主编,参加编写的有河南农业大学高向阳(前言、第1~5章、第8、14章、附录和常用缩略语表)、上海水产大学周冬香(第6、7章)、湖南农业大学石国荣(第9、10章)、河南农业大学宋莲军(第11、13章)、安徽工程科技学院陈宁生(第12章),全书最后由高向阳教授通读、修改、定稿。

本书在图表绘制、光盘制作过程中,得到了河南农业大学食品科学系、应用化学系老师们的大力支持和帮助,编写过程中参阅了一些文献资料,作者在此表示衷心的感谢。

由于作者的学识水平所限,书中缺点和错误在所难免,恳请读者批评指正。

作　者

2004年2月于河南农业大学(郑州)

第一版序言

学习、掌握仪器分析方法在培养农林科技人才工作中的重要性日渐突出。目前,国内外仪器分析的书籍不少,但适合我国高等农林院校的用书并不多。

由河南农业大学、西北农业大学、河北农业大学、北京农学院联合编写的这本书,针对仪器分析在教学计划中的地位和作用,从学习及研究工作的需要出发,精选了其内容。它包括常用的光学、电学、色谱等方法,也简略介绍了一些仪器分析的新进展。每种方法以基本原理为主,也简要介绍仪器的构造和使用。它所引用的仪器大都符合我国高等农林院校目前的实际。对各种方法在农业上的利用,给予了恰当介绍。这就使得学生在学习本课程之后,在阅读文献资料时,能了解有关的术语和数据,在实际工作中也可以恰当地选择可以利用的仪器分析手段与方法。我想,这些正是学习仪器分析这门课的目的。

我们从事基础课教学的老师,常常要因调整新知识与基础知识以及理论与实际的关系而进行学时与内容的调整,并为此煞费苦心。过分强调一方面,会顾此失彼,适得其反。如强调实际应用,刀下见菜,则着重介绍方法,忽视基本原理,仅能使学生获得较狭窄的知识面;另一方面,在农林院校的有限学时下,过多地介绍基础理论,对实际应用必有所影响。该书对这一方面的处理是比较恰当的。

该书对分子发光分析法、动力学分析法、离子色谱法、自动化分析法各章及光导纤维传感分析法、免疫分析法、中子活化分析法等内容的介绍,在国内其他仪器分析课本中还比较少见。

参加该书编写的多为中年教师,我作为一名在农业院校从事多年仪器分析教学的教师,对此甚感欣喜,特对该书的出版表示祝贺。我相信,它对我国高等农业教育必将起到应有的作用。

吉林农业大学　袁尔立

1991 年 3 月于长春

第一版前言

仪器分析具有灵敏、准确、快速、易实现自动化等特点,是近代分析化学的重点发展方向。随着生产和科学技术的迅猛发展,仪器分析在农林科学中的应用与日俱增,已成为农业化学、食品化学、生物化学、作物营养诊断、环境保护、农副产品检验、生物资源利用等学科进行科学研究的不可缺少的重要手段,并在实现社会主义农业现代化的进程中发挥着日益重要的作用。

近年来,日新月异的电子技术、微处理机和其他科学新理论、新技术与分析仪器的完美结合,使仪器分析的面貌发生了很大变化,旧的分析方法不断更新,新型测定技术相继涌现。为满足仪器分析日益发展和当今科研、生产实践广泛应用的要求,满足高等农林院校各专业本科生和研究生学习仪器分析课程的需要,根据我国国情和各院校的实际,我们在多年教学实践的基础上编写了此书。

本书注意理论与实践相结合,着重介绍仪器分析的基础理论,并注意各种方法在农林科学上的应用,以便为学习者将来从事有关工作打下必要的基础。同时,又注意反映现代仪器分析中的新理论,适当介绍了一些正在迅速发展中的投资少、见效快、操作简便、利于普及和推广的新方法。对那些与农林各学科关系密切而需要了解但目前大多数院校尚无条件开设实验课的新方法,专列一章进行简要介绍,各校在使用本书时可根据具体情况灵活安排。

参加本书编写的有(以章节先后为序):刘约权(河北农业大学,第一章§1-1、§1-4、§1-5,第三章)、李敬慈(河北农业大学,第一章§1-2、§1-3)、高向阳(河南农业大学,前言、第二章、第四章、第十四章)、曲东(西北农业大学,第五章)、葛兴(北京农学院,第六章)、呼世斌(西北农业大学,第七章、第十三章)、陈更新(河南农业大学,第八章)、张玉英(北京农学院,第九章)、黄晓书(河南农业大学,第十章)、王志(河北农业大学,第十一章)、高岐(河南农业大学,第十二章)。

本书在编写过程中得到了有关院校及教研室的大力支持和帮助,他们提出了不少宝贵建议;河南农业大学为本书的组织编写、出版做了不少有益的工作;西北农业大学薛澄泽教授应邀担任本书主审,并在百忙中撰写了绪论;吉林农业大学袁尔立教授热情为本书作序,在此一并表示衷心的感谢。

全书由主编、副主编讨论修改,最后由主编通读、定稿。由于编著者学识水平有限和经验不足,书中不当和错误之处恳望读者不吝指正。

编著者

1991 年 6 月

目　　录

第 1 章　绪　　论

1.1　仪器分析的特点和任务

随着激光技术、微电子技术、智能化计算机技术、微波技术、膜技术、超临界流体技术、等离子体技术、流动注射技术、生物芯片及传感器技术、光导纤维传感技术、傅里叶变换和分子束等现代高新科学技术的飞速发展,分析化学(analytical chemistry)正在进行着前所未有的深刻变革。在分析理论上与其他学科相互渗透、相互交叉、有机融合;在分析技术上趋于各种技术扬长避短、相互联用、优化组合;在分析手段上更趋向灵敏、快速、准确、简便和自动化。旧有的测试方法不断更新、灵敏准确的新型分析技术和功能齐全的新型分析仪器不断涌现并日趋完善。其热点之一是与生命科学有关的分析技术,它正在促进着分析化学的迅猛发展。

仪器分析(instrumental analysis)是以物质的物理或物理化学性质为基础,探求这些性质在分析过程中所产生分析信号与被分析物质组成的内在关系和规律,进而对其进行定性、定量、进行形态和结构分析的一类测定方法。由于这类方法的测定常用到各种比较贵重、精密的分析仪器,故称为仪器分析。

与化学分析(chemical analysis)相比,仪器分析具有取样量少、测定快速、灵敏、准确和自动化程度高的显著特点,常用来测定相对含量低于1%的微量、痕量组分,是分析化学的主要发展方向。

本课程着重介绍农、林、牧、生物技术、生物工程、食品质量与安全、食品科学、环境科学等常用的主要现代仪器分析方法,学习并掌握这些方法的基本原理、基本概念、基本计算、基本实验技术以及如何利用这些方法和技术圆满完成生命科学等领域既定的定性、定量等分析任务,为今后更好地开展科学研究和指导生产实际奠定坚实的基础。因此,要求每位学习者"好学多思,勤于实践",从中不断汲取营养,提高分析问题、解决问题的能力。在实验、实习中要有的放矢,注意培养团结互助、细心操作、认真观察、如实记录、爱护仪器、珍惜试剂;注意环境整洁、实事求是地处理数据和撰写报告;注意培养良好的美德和扎实的工作作风。

1.2　仪器分析方法简介

仪器分析现已发展为一门多学科汇集、相互渗透的综合性应用科学,分类的方法很多,若根据分析的基本原理分类,主要有光学分析法(optical analysis)、电化学分析法(electrochemical analysis)、分离分析法(separable analysis)和其他分析方法(other analysis)。

1.2.1　光学分析法

光学分析法分为非光谱法(nonspectrum method)和光谱法(spectrum method)两类。非光谱法是不涉及物质内部能级的跃迁的,通过测量光与物质相互作用时其散射、折射、衍射、干涉和偏振等性质的变化,从而建立起分析方法的一类光学测定法。

光谱法是物质与光互相作用时,物质内部发生了量子化的能级间的跃迁,从而测定光谱的波长和强度而进行分析的方法,包括发射光谱法和吸收光谱法。

1.2.2　电化学分析法

电化学分析法是利用溶液中待测组分的电化学性质进行测定的一类分析方法。主要有电位分析法、电解和库仑分析法、电导分析法和伏安分析法等。

1.2.3　分离分析法

利用样品中共存组分间溶解能力、亲和能力、渗透能力、吸附和解吸能力、迁移速率等方面的差异,先分离,后按顺序进行测定的一类仪器分析法称为分离分析法。这类方法的分离过程和测定通常在仪器内部连续进行,工作极为方便。主要包括:气相色谱(gas chromatography,GC)、薄层色谱(thin layer chromatography,TLC)、纸色谱(paper chromatography,PC)、高效液相色谱(high-performance liquid chromatography,HPLC)、离子色谱(ion chromatography,IC)、超临界流体色谱(supercritical fluid chromatography,SFC)和高效毛细管电泳(high-performance capillary electrophoresis,HPCE)等分析方法。

1.2.4　其他仪器分析方法和技术

除上述方法外,还有利用生物学、动力学、热学、声学、力学等性质进行测定的仪器分析方法和技术,如免疫分析、催化动力学分析、热分析、中子活化分析、光声分析、质谱法和超速离心法等。

以上各种方法都有一定的适用范围、测定对象和局限性,只有掌握它们的分析原理和特点,才有可能结合具体情况选择合适分析方法,设计最佳测定程序,获得满意分析结果。

1.3　分析仪器的组成

分析仪器(analytical instrument)是被研究体系向分析工作者提供准确、可靠信息的一种装置或设备,一般由信号发生器、检测器和信号工作站组成。信号工作站包括信号处理器、信号读出装置及其相关联的计算机工作软件。部分常用分析仪器的基本组成如表 1.1 所示。

表 1.1　部分常用分析仪器的基本组成

仪器名称	信号发生器	分析信号	检测器	输入信号	信号处理器	读出装置
可见分光光度计	样品、钨灯	衰减光束	光电倍增管	电流	放大器	
化学发光仪	样品	相对光强	光电倍增管	电流	放大器	表头、记录仪、
气相色谱仪	样品	电阻或电流	热导池或氢焰	电阻	放大器	打印机、显示器
离子计	样品	离子活度	选择性电极	电位	放大器	或工作站、数显
库仑计	直流电源、样品	电量	电极	电流	放大器	

信号发生器(signal generator)使样品产生分析信号,它可以是样品本身,如分析天平的信号为样品的质量,酸度计的信号就是溶液中的氢离子活度,而分光光度计的信号发生器包括样品、入射光源和单色器等。

检测器(detector)是将某种类型的信号转变为可测定信号的装置,如光电倍增管(photomultiplier,PMT)将光信号变换成便于测定的电流信号,热电偶可以把辐射热信号转变为电压,离子选择性膜电极则将离子的活度转换为电位信号等。

信号处理器(signal handler)通常是将微弱的电信号通过电子线路加以放大、微分、积分或指数增加,使之便于读出或记录。

读出装置(readout device)将信号处理器放大的信号显示出来,它可以是表针、记录仪、打印机、数显、示波器或计算机显示器。较高档的仪器通常装备有功能较齐全的全程工作站,通过多媒体软件,对整个分析过程进行程序控制操作和信号处理,自动化程度较高。

1.4 分析仪器的主要性能参数

1.4.1 精密度

精密度(precision)是指在相同条件下对同一样品进行多次平行测定,各平行测定结果之间的符合程度。同一人员在同一条件下分析的精密度称为重复性,不同人员在各自条件下分析的精密度称为再现性。通常所说的精密度是指前一种情况。

精密度一般用标准偏差 S(对有限次测定)或相对标准偏差 RSD(%)表示,其值越小,平行测定的精密度越高。

标准偏差的计算公式如下:

$$S = \sqrt{\frac{\sum\limits_{i=1}^{n} (x_i - \overline{x})^2}{n-1}} \tag{1.1}$$

式中,n 为测定次数;x_i 为个别测定值;$\overline{x}$ 为平行测定的平均值;$(n-1)$ 为自由度。

相对标准偏差的计算公式如下:

$$RSD = \frac{S}{\overline{x}} \times 100\% \tag{1.2}$$

1.4.2 灵敏度

仪器或方法的灵敏度(sensitivity)是指被测组分在低浓度区,当浓度改变一个单位时所引起的测定信号的改变量,它受校正曲线的斜率和仪器设备本身精密度的限制。两种方法的精密度相同时,校正曲线斜率较大的方法较灵敏,两种方法校正曲线的斜率相等时,精密度好的灵敏度高。

根据国际纯粹与应用化学联合会(IUPAC)的规定,灵敏度的定义是指在浓度线性范围内校正曲线的斜率,各种方法的灵敏度可以通过测量一系列的标准溶液来求得。

1.4.3 线性范围

校正曲线的线性范围(linear range)是指定量测定的最低浓度到遵循线性响应关系的最高浓度间的范围。在实际应用中,分析方法的线性范围至少应有两个数量级,有些方法的线性范围可达 5~6 个数量级。线性范围越宽,样品测定的浓度适用性越强。

1.4.4 检出限和定量限

检测下限简称检出限(detection limit),是指能以适当的置信度被检出的组分的最低浓度或最小质量(或最小物质的量),它是由最小检测信号值推导出的。设测定仪器的噪声平均值

为 $\overline{A}_0$(空白值信号),在与样品相同条件下对空白样进行足够多次平行测定(通常 $n=10\sim20$)的标准偏差为 S_0,在检出限水平时测得的信号平均值为 $\overline{A}_L$,则最小检测信号值为

$$\overline{A}_L - \overline{A}_0 = 3S_0 \tag{1.3}$$

噪声 $\overline{A}_0$ 是任何仪器都会产生的偶然的信号波动,当样品产生的信号高出噪声 3 倍标准偏差 S_0 值时,该仪器正好处于最低检出限。此时,所需被测组分的质量或浓度称为该物质测定的最小检出量 q_L 或最低检出浓度 c_L,它们统称为检出限,可按下式进行计算:

$$q_L = \frac{3S_0}{m} \tag{1.4}$$

$$c_L = \frac{3S_0}{m} \tag{1.5}$$

式中,m 为灵敏度即校正曲线的斜率。由式(1.4)和式(1.5)可知,检出限和灵敏度是密切相关的,但其含义不同。灵敏度指的是分析信号随组分含量的变化率,与检测器的放大倍数有直接关系,并没有考虑噪声的影响。随着灵敏度的提高,噪声会随之增大,信噪比和方法的检出能力不一定会得到提高,而检出限与仪器噪声直接相联系,提高测定精密度、降低噪声,可以改善检出限,而高度易变的空白值会增大检出限。因此,越灵敏的痕量分析方法越要注意环境和溶液本底的干扰,它们往往是决定分析方法检出限的主要因素。

定量限(quantitation limit)是指被测组分能被定量测定的最低量,其测定结果可达到定量分析方法应达到的精密度和准确度。由于实际测定时受到校正曲线在最低浓度区域的非线性关系、环境污染、所用试剂纯度等因素的影响,定量限应高于检出限。通常以测定信号相当于 10 倍仪器噪声标准偏差 $10S_0$ 时所测得的质量 Q_q 或浓度 c_q 来表述,可按下式进行计算:

$$Q_q = \frac{10S_0}{m} \tag{1.6}$$

$$c_q = \frac{10S_0}{m} \tag{1.7}$$

由此可知,进行食品定量分析方法研究时,可根据检出限确定定量限。

1.4.5　选择性和准确度

选择性(selectivity)是指分析方法不受试样基体共存物质干扰的程度。然而,迄今为止,还没有发现哪一种分析方法绝对不受其他物质的干扰。选择性越好,干扰越少。准确度(percent of accuracy)是多次测定的平均值与真值相符合的程度,用误差或相对误差描述,其值越小准确度越高。实际工作中,常用标准物质或标准方法进行对照试验确定,或者用纯物质加标进行回收率试验估计,加标回收率越接近 100%,分析方法的准确度越高,但加标回收试验不能发现某些固定的系统误差。

1.5　仪器分析的发展趋势

目前,仪器分析正越来越受到重视,并向微观状态分析、痕量无损分析、活体动态分析、微区分子水平分析、远程遥测分析、多技术综合联用分析、自动化高速分析的方向发展。例如,激光技术用于光谱分析已形成了 10 多种方法,可进行寿命短至 1.0×10^{-12} s 组分的瞬态分析。电子探针技术可测定 1.0×10^{-15} g 的元素,所需试液只有 1.0×10^{-12} mL。电子光谱法的绝对

灵敏度达到 1.0×10^{-18} g,可检测一个原子,达到了定性分析的终极。微区分析法能在相当于一个原子直径(零点几个纳米)的区域内测定,是微粒分析法。利用荧光素生物发光体系及其光极(optrode)可以测定生物体内相当于一个细菌所含的磷酸三腺苷(ATP)。对稀有珍贵样品、文物、案件证物,可进行保全原物不受任何损坏的无损分析。

又如,在生物体保持正常生命活动的状态下,能够准确测定某些元素的价态、迁移规律及定量某些物质量的变化,了解它们在活体组织不同部位、不同层次中的分布,以探讨生物体内细胞乃至细胞膜等微观世界的奥秘,得知生命活动的机理和真谛,为人类造福。在此过程中,超微型光学、电化学、生物选择性传感器和探针起到了非常重要的作用,从宏观深入到微观区域,实现了新体系的分子设计及分子工程学研究,从分子水平、超分子水平探讨物质的组成状态和结构,适应了生物分析和生命科学快速发展的需要。

多种现代分析技术的联用、优化组合,使各自的优点得到充分发挥,缺点予以克服,展现了仪器分析在各领域的巨大生命力。目前,已经出现了电感耦合高频等离子体-原子发射光谱(ICP-AES)、傅里叶变换-红外光谱(FT-IR)、等离子体-质谱(ICP-MS)、气相色谱-质谱(GC-MS)、液相色谱-质谱(LC-MS)、高效毛细管电泳-质谱(HPCE-MS)、气相色谱-傅里叶变换红外光谱-质谱(GC-FTIP-MS)、流动注射-高效毛细管电泳-化学发光(FI-HPCE-CL)等联用技术。尤其是现代计算机智能化技术与上述体系的有机融合,实现人机对话,更使仪器分析联用技术得到飞速发展,开拓了一个又一个研究的新领域,解决了一个又一个技术上的难题,带来了一个又一个令人振奋的惊喜。

Excel、Origin、SPSS、SAS 和响应曲面法等计算机软件的利用,可将测定数据及时、快捷地绘制成图表,进行科学处理,工作效率得到极大提高。5G 智能手机的普及,各类智库的涌现,为掌上随时学习以及数据、图表可视化提供了极大便利。

新的过程光二极管阵列分析仪(process diode array analyzer)与计算机等技术融合,可进行多组分气体或流动液体的在线分析,1s 内能提供 1800 多种气体、液体或蒸气的测定结果,真正实现了高速分析。目前,已应用于试剂、药物、食品等生产过程中的产品质量控制分析。同时,分析精密度、灵敏度、准确度也有很大程度的提高。

1.6 分析质量控制和分析质量保证

影响分析质量的因素很多,如分析方法、分析环境、分析人员的素质、所用试剂、标准、溶剂、仪器以及实验室管理质量等,既涉及系统误差,又涉及偶然误差。所以,实验室必须建立良好的分析质量控制(analytical quality control,AQC)及分析质量保证(analytical quality assurance,AQA)体系。

微量或痕量分析对环境条件尤其敏感,要求特别严格。例如,1.0×10^{-9} mol·L^{-1} 的被测组分其溶液在保存过程中将有 50% 被器壁吸附,浓度低至 1.0×10^{-11} mol·L^{-1} 时将全部被吸附。实验室空气中的多种气体和漂浮的尘埃,操作者本身所携带的灰尘微粒和油脂都可能污染溶液和所用器皿,使微量、痕量分析根本无法进行而导致失败。因此,仪器分析实验室应保持高度清洁卫生,有良好的净化空气和清洁操作者的设施及装置。

1.6.1 分析质量控制

进行分析质量控制是分析结果准确可靠的必要基础,要求分析工作者具有较高的素质和丰富的经验,经过严格的专业训练,具有优良的职业道德,求实的工作作风和高度的责任心。工作时,细心认真、一丝不苟、操作娴熟、诚实地完成分析测定的全过程,这是进行分析质量控制、提高分析质量的前提。进行分析质量控制,时间和耗费都会增大,但这是十分必要和值得的,因为不准确的分析结果比不做分析更糟。

分析质量控制是在分析实施的过程中进行的,它把分析过程与质量检查有机地融为一体,及时监控并反馈信息,找出影响质量的因素,尽快采取相应措施。分析质量控制一般要使用统一的标准方法,并在每批待测样品分析时都带入一个控制样,在相同的条件下进行测定,由分析质量控制图进行实验室的内部质量控制。实验室每年还要进行 1～2 次未知浓度参比样品的分析,以进行实验室之间的分析质量控制。

控制样可以自制,水分析的控制样以纯试剂配制的溶液混合而成;生物类和土壤控制样可取较大量的样品,经风干、研细、过筛、混匀后,用一个含量较大且比较容易测定的项目进行检验。分析某一项目时,把控制样在不同天数按规定的方法平行测定 15～20 次,求其平均值 $\bar{x}$ 及标准偏差 S,即可绘制精密度均值分析质量控制图(图 1.1)。有标样时,以标样核对控制样,将标样与控制样同时测定,如果标样数据符合规定范围,说明所用控制样的结果可靠。如果没有标样,可把控制样送到其他有经验的实验室核对。

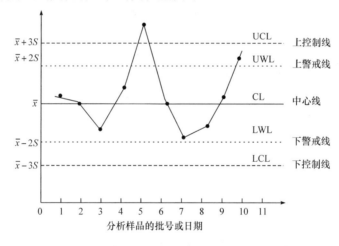

图 1.1　精密度均值分析质量控制图

作均值分析质量控制图时,将控制样均值 $\bar{x}$ 做成与横坐标平行的中心线(CL),$\bar{x}\pm3S$ 为上、下控制线(UCL 及 LCL),$\bar{x}\pm2S$ 为上、下警戒线(UWL 及 LWL)。当进行样品测定时,每批样品都带入一个控制样,将控制样的测定数据填入控制图中,此步骤称为"打点"。如果控制样的结果落在上、下控制线之内,则结果可靠。当然,离中心线(CL)越近,测定的精密度越高,可靠程度越理想。如果"打点"的结果落在警戒线和控制线之间,说明精密度不太理想,应引起注意;如果"打点"的结果超过控制线(图 1.1 中的第 5 批结果),说明精密度太差,该批样品结果全部无效,应及时找出超控原因,采取适当措施,使控制样"回控"以后再重新测定,以此来控制和减免测定过程中较为显著的偶然误差。

准确度控制图可用回收率(recovery)表示。向控制样中加入一定量待测组分的标准溶液进行分析,测得值与原有值之差占加入量的百分率就是回收率。根据情况做 15～20 次回收率实验,求得回收率的平均值 $\bar{x}$ 及回收率实验的标准偏差 S,然后按照和精密度控制图相同的方法绘出回收率分析质量控制图。测定样品时,带入控制样进行回收率实验,然后根据测定的回收率值利用该图"打点",确定测定过程是否存在显著的系统误差。

1.6.2 分析质量保证

分析质量保证(AQA)由一个系统组成,该系统能向政府部门、质量监督机构和有关业务单位委托人保证实验室工作所产生的分析数据达到了一定的质量。分析质量保证是一项管理方面的任务,是一种防止虚假分析结果的廉价措施,是人品和诚信的保证。它能够证明分析过程已认认真真、实实在在地实施,实事求是地记录数据和测定过程,防止伪造实验数据的可能性,并保证测定数据的责任性和追溯性。对分析过程的每个环节、每个步骤、每个报告结果都能容易地查到分析者的姓名、分析日期、分析方法、原始数据记录、所用仪器及其工作条件和分析过程中的质量控制等方面的情况。

分析质量保证文件的编制必须目的明确、内容具体、格式规范、有章可循,并具有较强的可操作性,利于当事人工作。例如,使用分光光度计时,必须记录下使用日期、使用者、工作内容、实验数据、仪器工作条件、校准情况和反常现象等。如果不把情况如实记录下来,就等于什么工作也没有做过。

分析质量保证的内容很多,主要有:人员的考核及培训、仪器的维护及校正、样品的采集及保存、方法的确定及实施、实验室安全及分析质量控制、原始记录归档及查询、参考物质的获得及使用、分析所用试剂、仪器及用水质量、报告的提出及审批以及分析结果的质量评估等。

学习仪器分析,第一,应掌握各类方法的基本原理,分析仪器的结构和工作原理、功能和操作;第二,掌握定性、定量分析技术及干扰的消除方法;第三,了解各类方法的主要测定对象、优缺点及局限性,以便根据具体情况,选择国标、部颁标准或经典的分析方法;第四,注意理论联系实际,加强基本操作和使用技术的训练,尽快提高动手能力,并利用仪器分析这个研究工作的强有力手段,很好地解决在科研、科技开发和生产中遇到的具体问题,为祖国的繁荣昌盛贡献自己的才智。

1.7 分析结果的报告及结论

仪器分析测定结果的报告是分析质量保证的技术性报告,是质量监督部门实施质量监督的法定依据,关系到被检验企业的信誉和广大消费者的切身利益。因此,分析结果报告的质量及评价控制非常重要。报告及评价必须科学、客观、公正,评价依据要充分,结论要慎重。

1.7.1 分析结果的计算及注意事项

现代仪器分析结果的计算通常并不复杂,只要根据分析方法和技术的基本原理以及具体操作步骤,很容易正确写出有关计算公式,利用计算机和相关软件科学处理数据、绘制图表,给出符合有关规定的结果。定量分析计算时要特别注意有效数字位数的正确表达和运算,尤其是分析结果有效数字位数的正确表达。

仪器分析的样品多种多样,形态各异,根据测定组分和分析目的的不同,样品前处理的方法也不同。除水体、气体、食用油、饮料、酒类、牛奶、食醋等流体样品外,粮食类、果蔬类、食用菌类等固态样品测定同一种组分时,不同的样品含水量往往不同;即便是同一个样品,在放置、保存期间,含水量也会发生变化。因此,用湿基样品计算某组分的质量分数,来比对该组分的含量大小,即使工作再认真,测定数据再准确,所进行的工作也毫无意义。因取相同量的湿基,样品的实际质量不相同,所以,必须同时测定样品中水分的质量分数,并换算成干基的质量,或将样品直接干燥、恒质量后准确称量,并参与有关计算,才可进行科学的比对。

需要注意的是计算过程中,用错单位和符号的情况时有发生,大多是对国际单位制(SI)和我国法定计量单位、符号使用的规定不清楚,没有正确查阅有关文献,习惯上随意使用自己设定的或者利用已经淘汰的旧单位和符号,这是不科学的。仪器分析工作者对工作应更加严谨、认真,养成良好的工作作风,规范使用国家规定的计量单位和符号。表1.2列出了现代仪器分析中需要注意的一些常见量及其单位和符号。

表 1.2　一些常见量及其单位和符号

量的名称	推荐使用符号	单位	错误使用的符号
吸光度	A		OD、E 等
质量	m	kg	W、X、M 等
物质的量浓度	C	mol/m^3,mol/L,$mmol/mL$ 等	X、Y 等
质量摩尔浓度	b,m	mol/kg,$mmol/kg$,$mmol/g$ 等	X、C、W 等
摩尔质量	M	kg/mol,g/mol,mg/mol 等	W、X、n、m 等
频率	f,ν	Hz	
物质的量	n	mol	X、M、B 等
质量分数	w	$\mu g/g$,ng/g,pg/g	ppm,ppb,ppt
质量浓度	ρ	kg/m^3,g/mL,$\mu g/mL$,$ng/\mu L$ 等	X、C 等
体积质量	ρ	kg/m^3,g/mL,$\mu g/mL$,$ng/\mu L$ 等	X、C
体积密度	ρ	kg/m^3,g/mL,$\mu g/mL$,$ng/\mu L$ 等	X、C
体积分数	φ	mL/L,$\mu L/mL$,$\mu L/L$ 等	
热力学温度	T	K	t 等

另外,目前一些教科书、参考书和一些杂志、刊物上发表的文献,某些分析、测定所用仪器的说明书甚至标准分析方法的计算公式中,所用计量单位和符号也有不规范表述的现象,要注意学会甄别和纠正。

1.7.2　分析结果不确定度的评定

随着社会的进步和科学技术的快速发展,人们对国际贸易和国民经济各领域中所获得的分析结果的可靠程度有了更高的要求。所以,对分析结果质量的评价应该有一个同一的度量尺度,以确定测定结果的可靠程度。国际上推荐应用的不确定度就是这种度量尺度的具体体现。测定结果必须附有不确定度的说明,才算完整并具有可用性。

1993年,国际标准化组织(ISO)、国际法定计量组织(OIML)、国际计量委员会(BIPM)、国际纯粹与应用化学联合会(IUPAC)等7个国际权威组织联合颁布了《测量不确定度表述指南》(GUM),为世界范围内统一采用测量结果的不确定度评定和表示奠定了基础。1999年我国发布了《测量不确定度评定与表示》(JJF1059—1999)技术规范。该技术规范阐述的测量不确定度的定义是:合理地赋予被测量值的分散性,是与测量结果相联系的参数表征。它描述了测量结果正确性的可疑程度或不肯定程度。实际上是增加对测量结果有效性的信任,不确定度值越小,测量结果的肯定程度越大。该技术规范规定了测量不确定度的评定与表示的通用规则,适用于各种准确度等级的测量领域,包括各种现代仪器定量分析方法。报告分析结果时,必须报告测量不确定度。

1. 误差和测量不确定度

误差是单个测定结果与真值之差,是单一值。误差值可以作为修正值用于修正测定结果。但由于大多数情况下被测定对象的真值无法准确知道,所以误差是个理想化的概念。

测量不确定度是经典误差理论的发展和完善,而误差分析是测量不确定度评定的理论基础。测定结果的不确定度是评价测定结果质量的依据参数,一般取值为范围形式,其值通常不能对测定结果进行修正。它按某一置信概率给出真值可能落入的区间,可以是标准偏差或其倍数,不是具体的真误差,只是以参数的形式定量表示了无法修正的那部分误差范围。

不确定值越小,测定结果的质量越好,分析水平和分析结果的使用价值也越高,反之越差。因此,测量不确定度是误差的综合发展,两者虽然有密切的联系,但存在本质区别,不能混淆和误用。

2. 测量不确定度的组分

在估算分析结果总的不确定度时,针对不确定度的每一个来源,分别获得其对不确定度的贡献是必要的。我们把每个对不确定度的贡献视为不确定度的一个组分。组分有许多种类,用标准偏差表示的测定结果的不确定度称为标准不确定度,用对观测系列的统计分析得出的不确定度称为 A 类标准不确定度,用不同于观测系列的统计分析来评定的不确定度称为 B 类标准不确定度。测量不确定度与估计值的比值称为相对标准不确定度。

当分析结果 Y 是由若干个独立参数 x_1、x_2、$\cdots$、x_n 的值求得时,Y 的总不确定值称为合成标准不确定度,用 $U_c(Y)$ 表示,根据不确定度的规律,它等于通过合成所有已评定的不确定度组分而得到的总方差的正平方根,即

$$U_c(Y) = \sqrt{\sum_{i=1}^{n} u_i^2(x_i)}$$

在分析化学中,常用到扩展不确定度,用 U 表示,它是确定分析结果区间的量,被测定值以较高的置信水平落于这个区间内。扩展不确定度等于合成标准不确定度 $U_c(Y)$ 乘以包含因子 K,即

$$U = KU_c(Y)$$

包含因子 K 通常为 $2\sim3$,当置信水平为 95.45% 时,基于不太小的自由度(自由度大于 6),K 取 2 是合适的,当自由度为 $3\sim6$ 时,K 取 3,当自由度为 2 时,K 取 4 则更合理。所以,包含因子 K 值的选择取决于自由度的有效数目。

在不确定度评定中,重复性引入的不确定度分量与所用仪器分辨力引入的不确定度分量不应重复计算。当重复性引入的不确定度分量比较大时,可以不考虑分辨力引入的不确定度分量。反之,应该用分辨力引入的不确定度分量代替重复性分量,若仪器的分辨力为 δ_s,则分辨力引入的不确定度分量为 $0.289\delta_s$。

测量不确定度评定应注意简洁和实用,在《测量不确定度评定与表示》7.2 节中明确规定:"当只给出扩展不确定度 U 时,不必评定各分量及合成标准不确定度的自由度。"

3. 测量不确定度的来源

仪器分析过程是由许多相互关联和相互影响的步骤组成的,每个步骤的测量不确定度都可能影响分析结果的不确定度,所以应根据具体测定项目的特性全面考虑。合成不确定度的数值取决于那些重要的不确定度分量,寻找不确定度来源时应做到不遗漏、不重复,特别要考虑对分析结果影响大的不确定度来源。遗漏会使分析结果 y 的不确定度过小,重复计算会使 y 的不确定度过大。评估不确定度时,正确的做法应该是集中精力分析最大的不确定度分量,快速确定不确定度的最重要来源。

实际工作中,不确定度来源主要从以下方面进行考虑:

(1) 对被分析的定义不完整或不完善。

(2) 分析方法不理想。

(3) 取样的代表性不够,或试样存放条件可能影响结果。

(4) 对环境影响结果的认识不充分,或对环境条件影响的控制不理想、不完善。

(5) 对仪器的读数存在人为偏移或仪器分辨力、灵敏度不够。

(6) 试剂纯度等级的任何假设或标准物质的值不准将引入不确定度因素。

(7) 数据计算的常量和其他参量与期望的计算存在差异,如化学反应不是真正的完全。

(8) 复杂基体中被分析物质的回收率或仪器响应可能受基体组成的影响。例如,改变热状态或光分解效应,被分析物质的稳定性在分析中会发生变化,引入需要评估的不确定度。

(9) 校正标准曲线导致的不良符合,计算时有效数字位数的舍项或入项导致最后结果不准确所引入的不确定度。

(10) 样品称量、定容过程引入的不确定度因素。

(11) 空白校正时,空白值和空白校正的合理性均存在不确定度,这在痕量分析中显得尤为重要。

(12) 平行测定时,表面看来是在完全的条件下进行,但随机效应对测定值存在有客观的不确定度等。

以上这些不确定度来源不一定是独立的,为简化计算和尽量完善,计算时要在全面考虑的基础上,集中精力正确寻找并甄别出最主要的影响源和权重较大的不确定度源,其他影响很小的不确定度分量允许忽略。但当人员、环境、仪器等条件改变时,应重新进行不确定度的计算,这是保障分析测试工作正常进行的前提,也是保障扩展不确定度正确计算的基础。

4. 测量不确定度的评定过程

在实验条件明确的基础上,建立由检测参数实验原理所给出的数学模型,确定输出量与输入量之间的函数关系,如分子吸收光谱中,定量分析的输出量为吸光度 A,它与输入量即被测物质的浓度 c 之间的函数关系在一定浓度范围内遵循朗伯-比尔定律:

$$A = \varepsilon bc$$

然后根据测定方法和测定条件对测量不确定度的来源进行分析,找出测量不确定度的主要来源,求出 ε、b 和 c 等输入量估计值的标准不确定度,得出各个标准不确定度分量。然后根据不确定度的传播规律和数学模型中各输入量之间是彼此独立还是存在相互关联的关系进行合成,求出合成不确定度。根据对置信度的要求确定包含因子 K,从而求得扩展不确定度 U,得到所需要的评定结果。

测量不确定度的评定步骤如图 1.2 所示。

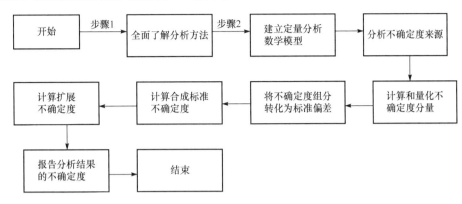

图 1.2　测量不确定度评定过程的示意图

测量不确定度的评定,要求评定人员对测定方法和过程有深入的了解,对各不确定度分量及来源有正确的认识。报告分析结果及其不确定度的方式应符合《测量不确定度评定与表示》技术规范的规定,同时注意分析结果有效数字的位数及其不确定度的有效数字位数的正确表达。不确定度数值一般不超过两位有效数字,分析结果的有效数字位数应修约到与不确定度一致。

要充分认识现代仪器分析不确定度的重要性,正确评定不确定度。掌握了与不确定度有关的因素和来源分量,可以帮助我们更好地做好实验设计,规范操作,降低不确定度,提高分析结果的准确度。

按照国家有关部门规定,报告分析结果时,必须报告分析结果的测量不确定度。

1.7.3　分析结果的报告

根据分析的样品、对象、目的和具体内容的不同,分析结果报告的格式、参数和格式也有所不同。高质量的测定报告其外观应是:打印或书写工整、字迹清楚,页面整洁规范;内部质量应具有:数据有效精确,计量单位准确,检验结论正确。

1. 精心撰写,规范记录

包括页码、印章、受检单位、产品名称、样品描述(包括生产厂、规格型号、产品等级、批号、出厂日期、保质期或保存期;抽样地点和时间、抽样或送样数量、基数)、依据的分析方法及其检出限、标准编号、样品称量质量、检验参数指标、计算公式及结果(注意有效数字)、置信区间及置信度、相对标准偏差 RSD(％)或允许差、测量不确定度、操作者、结果与标准的排列比较;结论依据及异常说明;三审(主检审核、承检室负责人审核、单位技术负责人审核)签批及报告发送日期等。

2. 校核全面、认真审查

校核的主要内容:检验的项目是否完整,印章是否加盖而且位置是否正确,记录是否翔实,使用的仪器设备及准确度以及与检验有关的环境条件(如温度、湿度、噪声等)是否满足检验的要求;分析采用的实验方法、实验步骤,各环节的计算、校正值、数据处理,计量单位的使用是否正确,检测过程中的异常等是否有完整记录。检测过程中引用的其他图纸资料、原始记录、报告的编号、封面、首页、附图以及抽样单或委托单与原始记录是否一致,产品名称与标识是否一致,受检单位或委托单位是否是全称等。

3. 严格审批制度

分析报告经三级审核、签字后,尽管出错的概率大为减少,但它毕竟是事关质量检测机构形象和受检企业信誉的特殊"产品",必须力求杜绝缺陷,严格按制度、按程序校核签字把关,确保报告完整、科学、准确。

1.7.4　分析结果的结论

分析结果的结论是整个检验工作结束后对所检产品质量的总体评价,它是生产企业产品能否出厂,经营企业能否接收产品的依据,也是质量技术监督部门、法院或其他执法部门执法的依据,又是消费者保护其权益的依据,更是质量检测机构信誉和自我保护所必需的。因此,检验结论要慎重而且必须做到:准确完整、科学严谨、依据充分、简明扼要,并防止忽视以下问题。

1. 结论的准确性

当被检产品依据多个标准进行多项指标检验时,其检验结论就必须体现多个标准的检验结果,应仔细对照标准和国家规定,要具体问题具体分析后再做结论。委托检验的样品是由企业送达的,可能是企业特殊加工的,也可能是企业经反复检验合格后送达的。样品的代表性通常较差,不具备公正性。因此,一般情况下,对委托检验不做合格与否的结论,只报告分析结果,报告上还必须加盖"仅对来样负责"的字样。

2. 结论的逻辑性

产品标准有的有等级规定,如优等、一等、合格品或一等、二等、三等、等外品;有按等级全项检验的,也有只检验几个参数的。前者必须对产品按等级做检验结论,后者必须对参数做检验结论。如果不合格,使用结论应为"该产品按××标准××等(级)品的要求,××参数不符合(不合格)"。该产品"不合格"(不含委托检验)较为科学。

3. 结论的统一性

检验结论的检验项目,必须与任务书、检验委托单、原始记录及报告首页的检验项目栏中的一致。非全项检验的,应明确结论,该产品按××标准检验××项,所检项目质量情况,并按照标准的规定或按照涉及有关安全、健康等强制要求的项目,给所检验产品做出是否符合产品标准或产品是否合格的结论,不能简单地下结论为"合格"或"不合格"或"经检验,××项不符合标准要求"或"此栏空白"等。

思考题与习题

1. 仪器分析有何显著特点? 为什么要求每位学习者必须"好学多思,勤于实践"?
2. 仪器分析主要有哪些分析方法? 请分别加以简述。
3. 请解释、定义下列名词:精密度、准确度、灵敏度、检出限、线性范围。
4. 仪器分析的联用技术有何显著优点?
5. 仪器分析的实施过程中,为什么要进行分析质量控制? 怎样进行分析质量控制?
6. 学习仪器分析对生命科学、环境科学、食品质量与安全、食品科学、生物工程等科技工作者有何重要性?

7. 分析质量保证的主要内容有哪些?

8. 你对"分析质量保证实际上是实验室工作人员素质和质量的保证,人品和诚信的保证,是对有关人员职业道德的考核与衡量"这句话有何想法?

9. 用控制样绘制分析质量控制图时,对所用的测定数据,是否需要进行可疑值的检验?

10. 请你结合实际,简谈一下科研论文或测试报告中出现虚假数据或分析结果的危害性。

11. 用国家颁布的标准方法对一个控制样中的某组分进行了 20 次测定,测定含量($\mu g \cdot g^{-1}$)为

$$10.40,\ 10.30,\ 9.94,\ 9.81,\ 9.25,\ 10.00,\ 9.75,\ 10.10,\ 10.25,\ 10.10,$$
$$9.50,\ 9.92,\ 10.74,\ 9.92,\ 10.45,\ 10.08,\ 9.75,\ 10.08,\ 9.82,\ 10.03$$

求其 $\bar{x}$ 及 S,并绘出精密度分析质量控制图。今在相同条件下测定该组分的一批样品,所带入该控制样的测定结果为 10.60,请根据分析质量控制图"打点",判断该批样品测定的精密度是否理想,偶然误差是否显著。

12. 用原子吸收光谱法测定地表水中镉的加标回收率,加入量为 $0.050 \text{mg} \cdot \text{L}^{-1}$。以该样品为控制样进行了 20 次加标回收试验,每次进行三个平行测定均无可疑值,取平均值报告结果如下(平均回收率,%):

$$98,110,106,100,104,106,106,96,108,90,88,110,98,90,90,108,96,106,110,88$$

试画出该方法的准确度控制图,如有 7 个地表水样品要进行镉含量测定,将该控制样带入,平行取 6 份控制样,其中 3 份加入镉标准溶液(加入量为 $0.050 \text{mg} \cdot \text{L}^{-1}$)。3 份不加标控制样的分析结果分别为 $0.045 \text{mg} \cdot \text{L}^{-1}$、$0.046 \text{mg} \cdot \text{L}^{-1}$、$0.047 \text{mg} \cdot \text{L}^{-1}$;加标的 3 份控制样分析结果分别为 $0.085 \text{mg} \cdot \text{L}^{-1}$、$0.090 \text{mg} \cdot \text{L}^{-1}$、$0.094 \text{mg} \cdot \text{L}^{-1}$,这批地表水样的分析结果的准确度如何?

第 2 章　分子吸光分析法

2.1　光谱分析法导论

基于物质对不同波长光的吸收、发射等现象而建立起来的一类光学分析法称为光谱分析法（spectral analysis）。

光谱是光的不同波长成分及其强度分布按波长或波数次序排列的记录，它描述了物质吸收或发射光的特征，可以给出物质的组成、含量以及有关分子、原子聚集态结构的信息。由原子的吸收或发射所形成的光谱称为原子光谱（atomic spectrum），原子光谱是线光谱。由分子的吸光或发光所形成的光谱称为分子光谱（molecular spectrum），分子光谱是带状光谱。光谱分析法的分类如表 2.1 所示。

表 2.1　光谱分析法的分类

光谱类型	光谱形状	光谱分类	主要分析方法
原子光谱	线状	原子发射光谱	原子发射光谱（AES）法，原子荧光分析法
		原子吸收光谱	火焰原子吸收法，石墨炉原子吸收法
分子光谱	带状	分子发射光谱	分子荧光、磷光、化学发光分析法
		分子吸收光谱	紫外-可见吸收光谱法
			红外吸收光谱法

本章主要介绍紫外-可见吸收光谱法和红外吸收光谱法。

2.1.1　分子能级

分子具有不同的运动状态，对应每一种状态都有一定的能量值，这些能量值是量子化的称为能级。每一种分子都有其特定的能级数目与能级值，并由此组成特定的能级结构。处于基态的分子受到光的能量激发时，可以选择地吸收特征频率的能量而跃迁到较高的能级，这种现象称为光致激发。光致激发时，分子所处的状态比原子复杂得多，其总能量 $E_\text{总}$ 由以下几部分组成：

$$E_\text{总} = E_\text{内能} + E_\text{平动} + E_\text{电子} + E_\text{振动} + E_\text{转动}$$

式中，$E_\text{内能}$ 为分子固有的内能，也称零点能，在分子的跃迁过程中其零点能不变，即 $E_\text{内能}$ 与光谱的产生无关；$E_\text{平动}$ 为分子的平动能，是非量子化的连续变化，仅是温度的函数，不产生光谱；$E_\text{电子}$ 为分子的价电子能，简称电子能 E_e，与光谱的产生有关，相邻价电子的能级间距为 $1 \sim 20\text{eV}$，可给出物质的化学性质等信息；$E_\text{振动}$ 为分子的振动能，也可用 E_v 表示，与光谱的产生有关，相邻两个振动能级相距 $0.025 \sim 1\text{eV}$，可给出价键特性等结构信息；$E_\text{转动}$ 为分子的转动能，用 E_r 表示，它与光谱的产生有关，相邻两个转动能级的间距通常在 $0.004 \sim 0.025\text{eV}$，它可以给出分子大小、键长等特性信息。

从以上讨论可知，在分子跃迁产生光谱的过程中涉及电子能级 E_e、振动能级 E_v 和转动能级 E_r 三种能级能量的改变，因此

$$\Delta E_{总} = \Delta E_e + \Delta E_v + \Delta E_r \tag{2.1}$$

如果一个分子获得的能量小于 0.025eV,只能发生转动能级的跃迁,用能量很低的远红外光照射就可以得到转动光谱。如果分子吸收红外光线,则能引起分子的振动能级和转动能级的跃迁,这样得到的光谱称为振动-转动光谱或红外光谱,由于发生分子振动能级的跃迁时,必然伴随着分子的转动能级跃迁,所以它常是由许多相隔很近的谱线或"窄带"所组成。如果分子吸收了 200~800nm 的紫外-可见光,则能引起电子能级的跃迁,所产生的光谱称为紫外-可见光光谱或分子电子光谱。当分子发生电子能级的跃迁时,必定伴随着振动能级和转动能级的跃迁,而这许许多多的振动能级和转动能级的跃迁是叠加在电子跃迁之上的,所以紫外-可见光光谱是带状光谱。纯的振动能级、转动能级跃迁光谱只能出现在中红外及远红外区。双原子分子的电子、振动、转动能级跃迁示意图如图 2.1 所示。

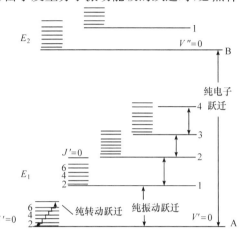

图 2.1 双原子分子的电子、振动、
转动能级跃迁示意图
A、B 为电子能级

每个电子能级中有若干个振动能级,每个振动能级中又包含着若干个转动能级。

分子吸收外界能量具有量子化的特征,即分子吸收的能量等于两个能级的能量之差。

$$E = \Delta E = E_2 - E_1 = h\nu = \frac{hc}{\lambda} \tag{2.2}$$

式中,E 为光子具有的能量;ν 为光的频率,Hz;λ 为波长,nm;h 为普朗克常量(6.626×10^{-34} J·s,1.602×10^{-19} J=1eV);c 为真空中的光速(3×10^{10} cm·s^{-1})。利用式(2.2)很容易计算出物质发生各类跃迁时的波长范围。例如,双原子分子发生电子跃迁时,设基态 A 与第一激发态 B 之间的纯电子跃迁能量差为 5eV,则相应的光谱波长为

$$\lambda = \frac{hc}{\Delta E} = \frac{6.626 \times 10^{-34} \times 3 \times 10^{10}}{5 \times 1.602 \times 10^{-19}} = 2.4816 \times 10^{-5} \text{(cm)}$$

即

$$\lambda = 2.4816 \times 10^{-5} \times 10^7 = 248.16 \text{(nm)}$$

如果发生电子跃迁时叠加一个能量差为 0.5eV 振动跃迁,则相应的光谱波长为

$$\lambda = \frac{hc}{\Delta E} = \frac{6.626 \times 10^{-34} \times 3 \times 10^{10}}{(5+0.5) \times 1.602 \times 10^{-19}} \times 10^7$$

$$= 225.60 \text{(nm)}$$

在此基础上若再叠加一个能量差为 0.02eV 的转动跃迁,则计算出的相应波长为 224.79nm。实际上,一个电子能级的跃迁往往叠加许多振动能级,而一个振动能级的跃迁又可以叠加许多转动跃迁。若分子中的原子多于两个,跃迁的状态就更多样复杂,分子发生电子能级跃迁时的这种能级多重叠现象,决定了分子光谱的形状——带状光谱。

2.1.2 光的性质

光是一种电磁波,具有波粒二重性和单色性,光的波粒二重性可用式(2.2)描述。光的单色性是描述光纯度的参数,常用光谱线的半宽度来表示。如图 2.2 所示,半宽度 $\Delta\lambda$(或 $\Delta\nu$)越

窄,光的单色性越好,单色光越纯。所谓光的半宽度是指光最大强度 I_{max} 一半处的波长宽度,常用 $\Delta\lambda$(或 $\Delta\nu$)表示,单位为 nm。但由于受单色器等仪器条件的限制,且谱线本身存在一个自然宽度,所以光谱线总有一定的半宽度范围。目前,原子吸收的空心阴极灯光源发射的原子共振线半宽度为 $1.0\times10^{-5}\sim1.0\times10^{-3}$ nm,激光的半宽度达 1.0×10^{-8} nm 数量级,单色光的纯度很高,这样的单色光在光谱分析中称为锐线光。

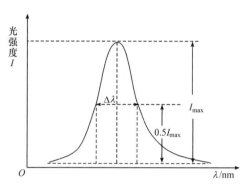

图 2.2　光谱线的半宽度

2.2　紫外-可见吸收光谱

2.2.1　紫外-可见吸收曲线

吸收曲线又称吸收光谱,通常以入射光的波长为横坐标,以物质对不同波长光的吸光度 A 为纵坐标,在 $200\sim800$ nm 波长范围内所绘制的 A-λ 曲线即为紫外-可见吸收光谱或吸收曲线,典型的吸收曲线如图 2.3 所示,从中可以获得许多有用信息。图 2.3 中曲线的峰称为吸收峰,其中吸收程度最大的峰称为最大吸收峰,所对应的波长称为最大吸收波长,用 λ_{max} 表示。在峰的旁边有一个小的曲折称为肩峰(shoulder peak);吸收程度仅次于最大吸收峰的波峰称为第二峰或次峰;曲线的低谷称为波谷,最低波谷所对应的波长称为最小吸收波长,可用 λ_{min} 表示。在吸收曲线波长最短的一端,吸收程度相当大但并没有形成峰的部分,称为末端吸收(end absorption)。

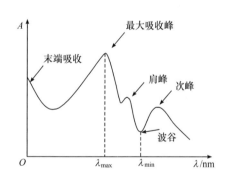

图 2.3　紫外-可见吸收曲线

化合物的光谱特征既可以用吸收曲线的全貌来表示,也可以用吸收峰的特征来描述,如叶绿素 a 丙酮溶液的吸收光谱可写为

$$\lambda_{max}^{丙酮}\ 663nm(7.3\times10^4)$$

λ 的右上角是化合物所用的溶剂,后面的数字是最大吸收波长,括号内为最大吸收波长 λ_{max} 处的摩尔吸光系数。

紫外-可见吸收光谱的形状取决于物质的结构,物质不同分子结构不同,有不同的吸收曲线,利用吸收曲线的全貌可对一些物质进行定性分析。用 λ_{max} 或次峰所对应的波长为入射光,依据朗伯-比尔定律可对物质进行定量分析。

2.2.2　有机化合物分子的电子跃迁

分子轨道理论认为,分子中的价电子不只是定域在两原子之间,而是属于整个分子,并按照能量最低原理、泡利原理、洪德规则来处理分子中电子排布。对双原子分子来说,两个原子的原子轨道可以组合产生分子轨道。分子轨道有成键轨道、非键轨道和反键轨道,它们是根据分子中的价电子发生电子能级跃迁占据分子轨道时所需的能量和成键形式不同来划分的。一般来说,所需能量的次序是:反键轨道>非键轨道>成键轨道,所以电子总是先填充能量低的成键轨道。在大多数有机化合物分子中,价电子总是处在 n 轨道以下的各个轨道中,当受到光致激发时,处在较低能级的电子将跃迁至较高能级,可能产生的跃迁有 $\sigma \to \sigma^*$、$\sigma \to \pi^*$、$\pi \to \sigma^*$、$\pi \to \pi^*$、$n \to \sigma^*$ 和 $n \to \pi^*$ 等六种形式(图 2.4)。

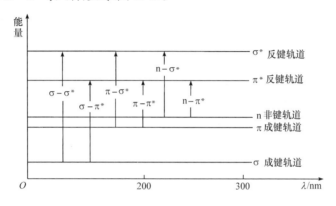

图 2.4　有机化合物分子中电子跃迁示意图

由于 $\sigma \to \sigma^*$、$\sigma \to \pi^*$ 和 $\pi \to \sigma^*$ 跃迁时需要的能量大,产生这三种跃迁所吸收的光波长小于 200nm,一般在 150nm 附近的真空紫外区。由于空气对远紫外区的光有吸收,且该波长段已经超出了紫外分光光度计的工作范围,所以对它的紫外光谱研究得较少。饱和烃可发生这类跃迁,如

$$甲烷　C—H　\sigma \to \sigma^*　\lambda_{max}=125nm$$
$$乙烷　C—C　\sigma \to \sigma^*　\lambda_{max}=135nm$$

由于它们在 200~1000nm 无吸收带,所以常作为溶剂(如环己烷、己烷、庚烷等)在紫外吸收光谱分析中使用。

产生有机化合物分子光谱的电子跃迁形式有 $n \to \sigma^*$、$\pi \to \pi^*$ 和 $n \to \pi^*$ 三种,它们与分子的结构有关,也与分子中所存在的生色团有关。所谓生色团就是分子中能吸收特定波长光的原子团或化学键,下面分别进行讨论。

1. $n \to \sigma^*$ 跃迁

具有孤对电子的生色团其 n 电子跃迁到 σ^* 轨道上,形成此类跃迁。饱和碳氢化合物中的 H 被 N、O、S 和卤素(Cl、Br、I)等杂原子取代时,可发生 $n \to \sigma^*$ 跃迁,表 2.2 列举了部分 $n \to \sigma^*$ 跃迁的实例。

表 2.2　部分 n→σ* 跃迁的实例

化合物	λ_{max}/nm	$\varepsilon_{max}/(L \cdot mol^{-1} \cdot cm^{-1})$	备　注
H_2O	167	1480	水、醇、醚等在
CH_3Cl	173	200	紫外-可见吸收光谱分
$(CH_3)_2O$	184	2520	析中可以作为溶剂
CH_3OH	184	150	
CH_3Br	204	200	n→σ* 跃迁的摩尔
CH_3NH_2	215	600	吸光系数一般较小
$(CH_3)_2NH$	220	100	
$(CH_3)_3N$	227	900	
$(CH_3)_2S$	229	140	
CH_3I	258	365	

2. π→π* 跃迁

不饱和有机化合物,如—C≡C—、—C＝C—化学键上有 π 电子,吸收能量跃迁至 π* 轨道上,属于 π→π* 生色团,其能量与 n→σ* 接近,在 200nm 左右,但 ε 值很大,属强吸收。必须指出,共轭系统中的 π→π* 跃迁所需的能量与其共轭程度密切相关,共轭程度越大所需能量越低,如叶绿素生色团是一个数十原子共轭的大 π 键系统,其 λ_{max} 为 660～668nm。

3. n→π* 跃迁

产生 n→π* 跃迁的生色团,如羰基、羧基、酰基、硝基、亚硝基、偶氮基等,既有孤对电子又有 π 分子轨道。这类跃迁所需的能量相对较小,一般为 200～400nm,但吸收程度不大,ε_{max} 值较小。

2.2.3　一些基本概念

1. 预离解跃迁

如果分子中的化学键能低于电子激发能,分子在接受较高能量的跃迁过程中,使某些化学键发生断裂,这种跃迁称为预离解跃迁。预离解跃迁不会产生该分子的吸光光谱或发光光谱,在紫外-可见光谱分析中应避免。

2. 助色团

助色团(auxochrome)是与生色团或饱和烃相连且能使吸收峰向长波方向移动,并使吸收强度增加的原子或原子团,如—OH、—NH₂ 及卤素等。苯的吸收峰在 254nm 处,苯环上连有助色团—OH 时,苯酚的吸收峰为 270nm,吸收强度也增加。

助色团中通常含有孤对电子,它们能与生色团中 π 电子相互作用,使 π→π* 跃迁能量降低,吸收峰向长波方向位移。

3. 长移和短移

某些有机化合物因反应引入含有未共享电子对的基团使吸收峰向长波长移动的现象称为长移或红移(red shift),这些基团称为向红基团;相反,使吸收峰向短波长移动的现象称为短移或蓝移(blue shift)效应,引起蓝移效应的基团称为向蓝基团。另外,使吸收强度增加的现象称为浓色效应或增色效应(hyperchromic effect);使吸收强度降低的现象称为淡色效应(hypochromic effect)。表 2.3 列举了部分向红基团和向蓝基团。

表 2.3　部分向红基团和向蓝基团

向红基团	$-NH_2$、$-Cl$、$-Br$、$-SH$、$-OH$、$-NR_2$、$-OR$、$-SR$、$-I$、$-NHR$
向蓝基团	$-CH_2$、$-CH_2CH_3$、$-O-COCH_3$

4. 溶剂效应

溶剂极性的不同也会引起某些化合物的吸收峰发生红移或蓝移,这种作用称为溶剂效应(solvent effect)。增强溶剂的极性使 $\pi \rightarrow \pi^*$ 跃迁红移,但却使 $n \rightarrow \pi^*$ 跃迁发生紫移。这是因为在 $\pi \rightarrow \pi^*$ 跃迁中,激发态的极性大于基态,当溶剂的极性增强时,由于溶剂与溶质相互作用,溶质的分子轨道 π^* 能量下降幅度大于 π 成键轨道,因而使 π^* 与 π 间的能量差减少,导致吸收峰 λ_{max} 红移。但在 $n \rightarrow \pi^*$ 跃迁中,溶质分子的 n 电子与极性溶剂形成氢键,降低了 n 轨道的能量,n 与 π^* 轨道间的能量差增大,引起吸收带 λ_{max} 蓝移。

溶剂还会影响吸收光谱的强度和溶质分子光谱的精细结构。一般来说,溶剂的极性增大会使溶质的精细结构清晰度减弱,甚至完全消失而呈现一个宽峰。所以,在溶解度容许范围内,应选择使用极性较小的溶剂。另外,溶剂本身也有自己的吸收光谱,该光谱如果与溶质的吸收光谱有重叠,就会影响对溶质吸收带的观察。紫外吸收光谱分析中常用的溶剂都有一个波长限度,低于此限度时溶剂的吸收必须加以考虑,选择溶剂时要注意这一点。表 2.4 列出了部分溶剂的最低使用波长。

表 2.4　部分溶剂的最低使用波长

溶　剂	最低使用波长/nm	溶　剂	最低使用波长/nm	溶　剂	最低使用波长/nm
二硫化碳	380	乙酸乙酯	260	甲基环己烷	210
硝基苯	380	乙酸正丁酯	260	乙腈	210
溴仿	335	乙酸	250	正丁醇	210
丙酮	330	氯仿	245	水	210
吡啶	305	二氯甲烷	235	异辛烷	210
苄腈	300	1,2-二氯乙烷	235	庚烷	210
石油醚	297	甘油	230	己烷	210
二甲苯	295	1,4-二恶烷	225	环己烷	210
四氯乙烯	290	正乙烷	220	乙醚	210
甲苯	285	对二氧六环	220	乙酯	210
苯	280	异丙醇	215	十氢萘	200
N,N-二甲基甲酰胺	270	甲醇	215	十二烷	200
四氯化碳	265	乙醇	215		
甲酸甲酯	260	96%硫酸	210		

5. 吸收带

吸收峰在紫外-可见吸收光谱中的波带位置称为吸收带,一般分四种。

1) R 吸收带

R 吸收带是由发色团（如 $\diagdown C{=}O$ 、 $-N{=}O$ 、 $-N{=}N-$ 等）的 $n\to\pi^*$ 跃迁产生的。它的特点是跃迁所需能量较少，通常为 200～400nm；跃迁概率小，一般 $\varepsilon<100$，属于弱吸收。

2) K 吸收带

K 吸收带是由共轭体系的 $\pi\to\pi^*$ 跃迁产生的。它的特点是：跃迁所需要的能量较 R 吸收带大，通常为 217～280nm；跃迁概率大，一般摩尔吸光系数大于 1.0×10^4，K 吸收带的波长及强度与共轭体系数目、位置、取代基的种类等有关。随着共轭体系的增长，K 吸收带向长波方向移动——相当于 200～700nm，吸收强度增加。

K 吸收带是共轭分子的特征吸收带，用于判断化合物的共轭结构。这是紫外-可见吸收光谱中应用最多的吸收带。

3) B 吸收带

B 吸收带是由芳香族化合物的 $\pi\to\pi^*$ 跃迁产生的，在 230～270nm 有一系列吸收峰，称为精细结构吸收带。λ_{max} 为 254nm，$\varepsilon=10^2$，当苯环上有取代基且与苯环共轭或在极性溶剂中测定时，苯的精细结构部分消失或全部消失。

4) E 吸收带

E 吸收带是由芳香族化合物的 $\pi\to\pi^*$ 跃迁产生的，可分为 E_1 带和 E_2 带。E_1 带在 184nm 处为强吸收，$\varepsilon>10^4$，由于在远紫外区，不常用。E_2 带在 204nm 处为较强吸收，$\varepsilon>1.0\times10^3$。B 吸收带和 E 吸收带是芳香族化合物的特征吸收带，常用来判断化合物中是否有芳香环存在。

2.2.4 无机化合物分子的电子跃迁

1. 电荷转移跃迁

某些无机化合物分子本身既含有电子供给体，又含有电子接受体，当受到光致激发时，电子从供给体的外层轨道跃迁到接受体轨道上。这种由于电子在分子内转移产生的吸收光谱称为电荷转移光谱，许多无机配合物能发生电荷转移跃迁，从而产生这种光谱，如

$$Fe^{3+}-SCN^- \xrightarrow{h\nu} Fe^{2+}-SCN$$

金属离子通常是电子接受体，配位体是电子供给体。电荷转移的吸收光谱吸收强度很高，摩尔吸光系数 $\varepsilon>1.0\times10^4$。利用它进行定量分析，有利于提高灵敏度。

2. 配位体场跃迁

过渡元素都含有未填满的 d 电子层，镧系和锕系元素含有 f 电子层，这些电子轨道均由能量相等的简并轨道组成。当金属离子受到配位体场作用时，5 个简并的 d 轨道和 7 个简并的 f 轨道分别分裂成几组能量有差异的 d 轨道和 f 轨道。如果轨道未充满，这些离子吸收光能后，低能态的 d 电子或 f 电子可以分别跃迁到高能态的 d 轨道和 f 轨道，分别称为 d-d 跃迁和 f-f 跃迁。

这两类跃迁必须在配位体的配位场作用下才有可能发生，故又称为配位体场跃迁，相应的光谱称为配位体场光谱。d-d 跃迁的吸收带在可见光区，强度较弱，ε_{max} 为 0.1～100。f-f 跃迁的吸收带在紫外-可见光区，因 f 轨道被已填满的外层轨道屏蔽，不易受溶剂和配位体的影响，所以吸收带较窄。配位体场吸收光谱在定量分析中应用不大，多用于配合物的结构及键合理论研究。

2.3　紫外-可见分光光度计

紫外-可见分子吸收光谱测定所用的仪器是紫外-可见分光光度计,其测定波长范围为200~1000nm。

2.3.1　仪器的基本组成

紫外-可见分光光度计主要有光源、单色器、吸收池、检测器和信号显示器五个部分,其一般组成如图 2.5 所示。

图 2.5　紫外-可见分光光度计一般组成示意图

1. 光源

光源是一种有光谱特性的器件,理想的光源必须满足:①在使用波长范围内有足够的辐射强度和良好的稳定性;②辐射光是连续的,其强度不随波长的变化而发生明显的变化。光源的稳定性直接影响测定结果的精密度和准确度,应配备性能良好的稳压电源。常用的紫外光源是氢灯或氘灯,波长范围为 160~375nm,同样条件下氘灯的辐射强度比氢灯大 4倍左右。常用的可见光源为钨灯或碘钨灯,使用的波长范围为 350~1000nm。近年来,碘钨灯因寿命长、强度大而代替了钨灯。

2. 单色器

单色器是将光源辐射的连续光分出单一波长的单色光的光学装置,是仪器的核心部件,其性能直接影响光谱带宽、测定的灵敏度、选择性和工作曲线的线性范围。

单色器通常由色散元件、狭缝和透镜系统组成。常用的色散元件有棱镜和光栅。目前的商品仪器多选用光栅,因光栅可在整个波长区提供良好的均匀一致的分辨能力,而且成本低,便于保存。

3. 吸收池

吸收池是用于盛放试液或参比溶液的装置,在可见光区使用光学玻璃吸收池,在紫外光区使用石英吸收池。吸收池也称为比色皿,其厚度有 0.5cm、1.0cm、2.0cm、3.0cm 等规格。

除底部外,普通的比色皿有两个透光性良好呈直线的相对面,利于入射光通过被测溶液,另两个面为磨砂毛玻璃,便于操作时用手捏持池体,通常一个比色皿一次仅盛装一个待测溶液,测得一个吸光度值。如果测定的数据不理想(如由于浓度过高或过低,测得数据偏大或偏小等),需要重新称样,重新处理样品和定容试液,或更换其他规格较为合适的比色皿,给实验操作带来较大的麻烦,工作效率大大降低。

多数据连续测定用吸收池的六个面均设置为可用来测定的透光面(专利号:ZL201720061431.8),由于设置吸收池的长度、宽度和高度各不相同并与比色槽大小规格匹配,相当于三个不同规格的比色皿。因此,一个比色皿盛装一个试液,只需调整测定时的放置

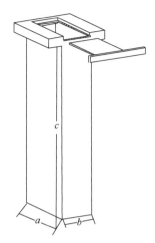

图 2.6　多数据连续测定用
吸收池示意图

a 为吸收池长；*b* 为吸收池宽；
c 为吸收池高

位置,即可获得三个不同数值的吸光度。如图 2.6 所示,上部设置的延伸区及其上的凹槽,与顶面通过磨砂玻璃形成良好的密封,防止装入测量溶液后,使用吸收池高度 *c* 作为测量光程时,测量液发生泄漏。因此,吸收池多数据用比色皿结构简单,提高了吸收池的应用价值,多数情况下不必重新称量和处理样品,既可满足测定所需,又提高了工作效率。

4. 检测器

检测器是将光学信号转变为电学信号的装置,对检测器的要求是:①灵敏度高;②响应时间短;③响应的线性范围窄;④对不同波长的辐射具有相同的响应可靠性,噪声低、稳定性好。常用的检测器是光电倍增管(PMT)。

光电二极管阵列检测器(PDAD)是近年来发展的新型检测器,二极管数目越多,仪器的光分辨率越高。PDAD 的最大优点是信噪比(S/N)高,扫描速率快,扫描 190～900nm 波段一般不超过 2s,而 PMT 至少需要 30s。PDAD 已用于多通道的自动扫描分光光度计等仪器上。

5. 信号显示器

由检测器进行光电转换后,信号经适当放大,用记录仪进行记录或数字显示。目前,许多紫外-可见分光光度计,如国产 TU-1800SPC 等型号的仪器都配置有工作站和激光打印机,测定信号的记录、处理、显示、打印和其他操作都可以通过工作站的计算机软件系统进行控制,工作较方便。

2.3.2　仪器的类型

紫外-可见分光光度计按光学系统可分为单光束和双光束分光光度计、单波长和双波长分光光度计几种类型。

1. 单波长单光束分光光度计

单波长单光束分光光度计只有一条光路。通过变换参比池和样品池的位置,参比溶液和样品分别进入光路进行测定。首先用参比溶液调透光率 100%,然后对样品溶液测量并读数。图 2.7 为其测量示意图。

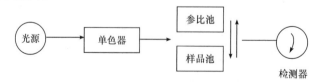

图 2.7　单波长单光束分光光度计测量示意图

使用单波长单光束分光光度计时,每换一次波长,要用参比溶液校正透光率到 100%,才能对样品进行测定。若要做紫外-可见全谱区分析,则很麻烦,并且光源强度不稳定会引入误差,此时可改用双光束分光光度计。

2. 单波长双光束分光光度计

单波长双光束分光光度计的光路设计基本上与单光束相似,不同的是在单色器与吸收池之间加了一个斩光器。它的作用是把均匀的单色光变成一定频率、强度相同的交替光,一束通过参比溶液(常用纯溶剂,目的是为补偿吸收池、样品溶液中的溶剂所引起的吸收),另一束通过样品溶液,然后由检测器交替接收参比信号和样品信号,并把它们的差值转变为电信号,经放大后由显示系统显示出来,其测量示意图如图 2.8 所示。

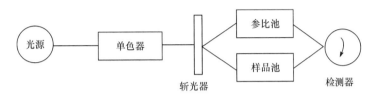

图 2.8　单波长双光束分光光度计测量示意图

单波长双光束分光光度计适用于在宽的光谱区域内扫描复杂的吸收光谱图,但对生物样品等复杂的试样不易找到合适的参比溶液。

3. 双波长分光光度计

双波长分光光度计用两种不同的波长(λ_1 和 λ_2)的单色光交替照射试液(不需使用参比溶液),并被光电倍增管交替接收,测得的是扣除了背景干扰的吸光度之差 ΔA。当光强度为 I_0 的两单色光 λ_1、λ_2 交替通过同一吸收池时,对 λ_1 波长有

$$A_{\lambda_1} = \varepsilon_{\lambda_1} bc + \Delta A_{s_1} \tag{2.3}$$

对 λ_2 波长有

$$A_{\lambda_2} = \varepsilon_{\lambda_2} bc + \Delta A_{s_2} \tag{2.4}$$

式中,ΔA_{s_1} 和 ΔA_{s_2} 为背景吸光度,如果 λ_1、λ_2 很相近,可视为相等。因此,测得的吸光度差 ΔA 为

$$\Delta A = A_{\lambda_2} - A_{\lambda_1} = (\varepsilon_{\lambda_2} - \varepsilon_{\lambda_1})bc \tag{2.5}$$

式(2.5)表明,试液中被测组分的浓度与双波长处测得吸光度之差成正比,这是双波长法定量测定的依据。双波长分光光度计测量示意图如图 2.9 所示。

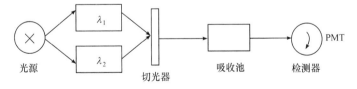

图 2.9　双波长分光光度计测量示意图

双波长测定法不用参比溶液,只用样品溶液即可完全扣除背景(包括溶液的浑浊、吸收池的误差等),大大提高了测定的准确度。同时,既可用于微量组分测定,又可用于相互有干扰(吸收光谱部分重叠)的多组分分析。此外,使用同一光源获得两束光,减少了光源电压变化所引起的误差。但要求 λ_1、λ_2 波长相差较小,ε_{λ_1}、ε_{λ_2} 相差较大,这样既有高的准确度,又有高的灵敏度。

4. 多通道分光光度计

多通道分光光度计与常规仪器不同之处在于使用了一个光电二极管阵列检测器,仪器光路方框图如图 2.10 所示。

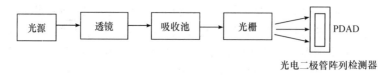

图 2.10 光电二极管阵列多通道分光光度计光路方框图

透镜的作用是将光源发出的非平行光聚焦到吸收池上,通过吸收池到达光栅,经分光后照射到由几百个光电二极管构成的阵列检测器上,整个仪器由计算机控制,可在 200~820nm 进行扫描和定量测定,波长的分辨率达到 2nm。

该类仪器具有多路优点,信噪比高于单通道仪器,测量速率快,扫描整个光谱只需 1s 左右,是研究反应中间产物的有力工具,已在动力学研究、液相色谱和毛细管电泳分析法中得到广泛应用。

图 2.11 为国产 TU-1800SPC 型紫外-可见分光光度计工作示意图。该机由计算机工作站控制,狭缝可以自动调节,通道多达 10 个,波长定位可以 0.1nm 为单位,对光谱进行 200~1100nm 的自动快速精细扫描。仪器设置有光谱扫描、光度测量、定量测量和时间扫描四个工作模式,分别对应有"应用"菜单各类项目,进行人机对话操作。

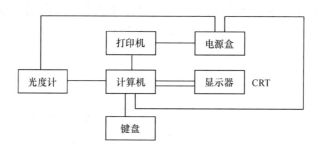

图 2.11 TU-1800SPC 型紫外-可见分光光度计工作示意图

2.4 紫外-可见吸收光谱法的应用

物质的紫外吸收光谱基本上是其分子中生色团及助色团的特征,而不是整个分子的特征。如果物质组成的变化不影响生色团和助色团,就不会显著地影响其吸收光谱,如甲苯和乙苯具有相同的紫外吸收光谱。另外,外界因素如溶剂的改变也会影响吸收光谱,在极性溶剂中某些化合物吸收光谱的精细结构会消失,成为一个宽带。所以,只根据紫外吸收光谱不能完全确定物质的分子结构,必须与红外吸收光谱、核磁共振波谱、质谱以及其他化学、物理方法共同配合才能得出可靠的结论。

2.4.1 定性分析

利用紫外-可见吸收光谱研究有机化合物,尤其是共轭体系很有用,通常根据吸收曲线可做如下判断：①在 $200\sim800$nm 无吸收峰，该有机化合物可能是链状或环状的脂肪族化合物及其简单的衍生物，如胺、醇、氯代烷及不含双键的共轭体系；②在 $210\sim250$nm 有强吸收带 $\varepsilon>1.0\times10^4$，可能含有两个共轭双键；③在 $210\sim300$nm 有强吸收带，可能含有 $3\sim5$ 个共轭双键；④如果在 $270\sim350$nm 产生一个很弱的吸收峰，并且在 $200\sim270$nm 无任何吸收时，可能含有带孤对电子的未共轭生色团，如羰基等；⑤如果化合物的长波吸收峰在 260nm 附近有中强吸收，可能具有芳香环结构，在 $230\sim270$nm 有精细结构是芳香环的特征吸收，当芳香环被取代而使共轭体系延长时，精细结构消失，吸收峰红移，吸收强度增加；⑥如果出现多个吸收峰，可能含有长链共轭体系或稠环芳烃，若化合物有颜色，则至少有 $4\sim5$ 个共轭发色团和助色团。

1. 比较法

在相同仪器、溶剂条件下对未知纯试样的紫外吸收光谱图与标准纯试样的紫外吸收光谱，或与标准紫外吸收光谱图比较进行定性分析，浓度相同时，若两紫外吸收光谱图的 λ_{max} 和 ε_{max} 相同，则此两物质可能为同一化合物，然后用其他方法进一步确定。

常用的工具书有《萨特勒标准图谱（紫外）》[*Sadtler Standard Spectra*（*Ultraviolet*），London：Heyden，1978]，该书收集了 4.6 万多种化合物的紫外光谱。

2. 最大吸收波长计算法

1）Woodward-Fieser 计算规则

Woodward 提出了计算共轭二烯、多烯烃和不饱和羰基化合物 $\pi\rightarrow\pi^*$ 跃迁最大吸收波长的经验规则，计算时以母体生色团的最大吸收波长 λ_{max} 为基数，再加上连接在母体 π 电子体系上的不同取代基助色团的修正值，如表 2.5 和表 2.6 所示。

表 2.5　计算共轭多烯烃的 λ_{max} 及修正值(溶剂:己烷)

生色团	λ_{max}/nm
母体是异环二烯或无环多烯烃类型	
	基数 217
（异环共轭二烯）	基数 214
母体是同环二烯	
	基数 253
助色团	修正值/nm
增加一个共轭双键	+30
增加一个烷基或环外双键或环外取代	+5
—OCOR(酯基)	+0
—Cl 或—Br	+5
—O—R(烷氧基)	+6
—NRR′	+60
—SR(烷硫基)	+30

表 2.6　计算不饱和羰基化合物 λ_{max} 及修正值（溶剂：乙醇）

生色团	λ_{max}/nm
 －C＝C－C＝C－C＝O（$\delta\ \gamma\ \beta\ \alpha$）与 X	X＝—R（烷）　215 X＝—H　207 X＝—OH　193 —OR 共轭体系内有 5 节 或 7 节环内双键时　193＋5
β/α 环己烯酮	215
α/β 环戊烯酮	202

助色团	修正值/nm					
	α	β	γ	δ	δ+1	δ+2
烷基—R	10	12	18	18	18	18
	10	10	10	10	10	10(酸酯)
—Cl	15	12	12			
—Br	25	30	25			
—OH	35	30	30			
—OR	35	30	17			
—SR		85				
—NR₂		95				
—OCOR	6	6	6			
残余环		12				
每扩展一个共轭双键		30				
环外双键		5				
同环共轭二烯		39				

溶剂校正值可参阅有关文献。

【例 2.1】

母体二烯	217nm
两个环外双键	5nm×2
四个取代烷基	5nm×4
计算值(λ_{max})	247nm
实测值(λ_{max})	247nm

【例 2.2】

母体同环二烯	253nm
环外双键	5nm
四个烷基取代	5nm×4
共轭系统延长	30nm
计算值(λ_{max})	308nm
实测值(λ_{max})	308nm

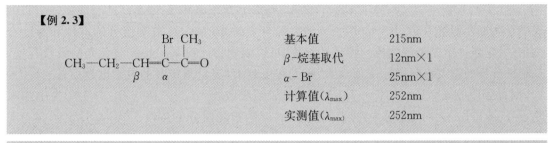

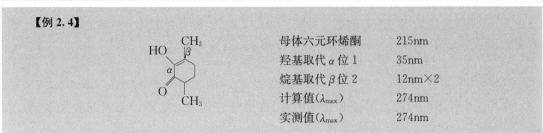

2) Scott 经验规则

用 Scott 经验规则可以计算苯的衍生芳族化合物的 λ_{max}，方法如下：

Y—⟨苯环⟩—X　　　　　母体基本值

　　　　　　　　—X 为　—COR（R 为烷基或环苯）　　　246nm

　　　　　　　　　　　　—CHO　　　　　　　　　　　250nm

　　　　　　　　　　　　—COOR　　　　　　　　　　230nm

　　　　　　　　　　　　—COOH　　　　　　　　　　230nm

　　　　　　　　　　　　—CN　　　　　　　　　　　　224nm

Y 为取代基	Y 取代位置及 λ_{max} 增加值		
	邻位	间位	对位
Y 为—R，残余环	3	3	10
—NH₂	13	13	58
—OH，—OR	7	7	25
—Cl	0	0	10
—Br	2	2	15
—O—	11	20	78
—NR₂	20	20	85

【例 2.5】

H_2N—⟨苯环⟩—COOH

对氨基苯甲酸

母体基本值　　　　　230nm

对位—NH₂　　　　　　58nm

计算值（λ_{max}）　　288nm

实测值（λ_{max}）　　288nm

2.4.2　定量分析

1. 朗伯-比尔定律

朗伯-比尔定律是紫外-可见吸收光谱法进行定量分析的理论基础，它的数学表达式为

$$A = \varepsilon bc \tag{2.6}$$

式中,ε 为摩尔吸光系数,$L \cdot mol^{-1} \cdot cm^{-1}$,仅与入射光的波长、被测组分的本性和温度有关,在一定条件下是被测物质的特征性常数,可以表明物质对某一特定波长光的吸收程度,是定性分析的重要参数指标(ε 值越大,吸光程度越大,定量测定时的灵敏度越高;$\varepsilon > 1.0 \times 10^4$ 时为强吸收,$\varepsilon = 1.0 \times 10^3 \sim 1.0 \times 10^4$ 为较强吸收,$\varepsilon = 1.0 \times 10^2 \sim 1.0 \times 10^3$ 为中强吸收,$\varepsilon < 1.0 \times 10^2$ 为弱吸收);b 为液层厚度,cm;c 为被测组分的浓度。式(2.6)说明在一定条件下溶液的吸光度 A 与被测物质的浓度和液层厚度的乘积成正比。但必须满足入射光是单色光、被照射物质是均匀的非散射性物质等条件。紫外-可见光谱法为微量、痕量分析技术,浓度大于 $0.01 mol \cdot L^{-1}$ 时会偏离朗伯-比尔定律。

2. 比较法

在相同条件下配制样品溶液和标准溶液,在最佳波长 $\lambda_{最佳}$ 处测得二者的吸光度 $A_{样}$ 和 $A_{标}$,进行比较,按式(2.7)计算样品溶液中被测组分的浓度 c_X。

$$c_X = \frac{A_{样}}{A_{标}} \times c_{标} \tag{2.7}$$

使用比较法时,所选择标准溶液的浓度应尽量与样品溶液的浓度接近,以降低溶液本底差异所引起的误差。

3. 标准曲线法

配制一系列不同浓度的标准溶液,在 $\lambda_{最佳}$ 处分别测定标准溶液的吸光度 A,然后以浓度为横坐标,以相应的吸光度为纵坐标绘制出标准曲线,在完全相同的条件下测定试液的吸光度,并从标准曲线上求得试液的浓度。该法适用于大批量样品的测定。

4. 多组分物质的定量分析

对含有两个以上组分的混合物,根据吸收光谱相互干扰的具体情况和吸光度的加和性,不需分离而直接进行测定,下面分三种情况讨论。

1) 吸收光谱不重叠

吸收光谱不重叠这种情况最简单,因吸收光谱互相不重叠,可在各自的 λ_{max} 处测定其含量,与单组分物质的测定完全相同。

2) 吸收光谱的单向重叠

如图 2.12 所示,在 X 组分的 λ_{max} 处(λ_1)Y 组分没有吸收,但在 λ_2 处测定 Y 组分时,X 组分也有吸收。此时,可列下面的联立方程式求解:

$$\begin{cases} A_{\lambda_1}^{总} = \varepsilon_{\lambda_1}^{X} b c_X \\ A_{\lambda_2}^{总} = \varepsilon_{\lambda_2}^{X} b c_X + \varepsilon_{\lambda_2}^{Y} b c_Y \end{cases}$$

方程组中 $\varepsilon_{\lambda_1}^{X}$、$\varepsilon_{\lambda_2}^{X}$ 和 $\varepsilon_{\lambda_2}^{Y}$ 分别由已知浓度的纯 X、Y 标准溶液在 λ_1 或 λ_2 处求得,$A_{\lambda_1}^{总}$ 和 $A_{\lambda_2}^{总}$ 由分光光度计上读出,吸收池的厚度 b 是已知的,因此解上述方程组即可计算出 c_X 和 c_Y。

3) 吸收光谱相互重叠

吸收光谱相互重叠如图 2.13 所示。根据吸光度的加和性,分别在 λ_1 和 λ_2 波长处测定混合液的总吸光度,并解以下联立方程:

$$\begin{cases} A_{\lambda_1}^{\text{总}} = \varepsilon_{\lambda_1}^{X} bc_X + \varepsilon_{\lambda_1}^{Y} bc_Y \\ A_{\lambda_2}^{\text{总}} = \varepsilon_{\lambda_2}^{X} bc_X + \varepsilon_{\lambda_2}^{Y} bc_Y \end{cases}$$

同前述一样,$\varepsilon_{\lambda_1}^{X}$、$\varepsilon_{\lambda_1}^{Y}$、$\varepsilon_{\lambda_2}^{X}$、$\varepsilon_{\lambda_2}^{Y}$分别由纯 X、Y 的标准溶液测定出,$A_{\lambda_1}^{\text{总}}$、$A_{\lambda_2}^{\text{总}}$从分光光度计上读出,所以代入联立方程组即可求解。混合物中如果有更多的组分,可利用计算机技术设计适当的程序求解。

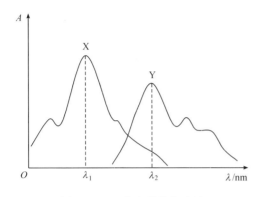

图 2.12　吸收光谱单向重叠

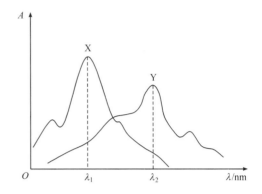

图 2.13　吸收光谱相互重叠

2.5　红外吸收光谱法

当样品受到频率连续变化的红外光照射时,如果选择性地吸收某些波长的红外光,以波长 λ 或波数为横坐标,以透光率或吸光度为纵坐标所得到的关系曲线即为该物质的红外吸收光谱(infrared absorption spectrum,IR)。它是鉴别和确定物质分子结构的常用手段之一。对单一组分或混合物中各组分也可以进行定量分析,尤其是对一些较难分离并在紫外、可见光区没有明显特征峰的样品可以得到满意的定量分析结果。

红外光是波长为 $0.75 \sim 1000 \mu m$ 的电磁波,波长为 $0.75 \sim 2.5 \mu m$ 的电磁波称为近红外区,$2.5 \sim 25 \mu m$ 的电磁波称为中红外区,而远红外区的波长为 $25 \sim 1000 \mu m$。本节介绍的是在有机化合物结构分析中有重要意义的中红外光谱,简称红外光谱。

在中红外区,物质对红外光的选择性吸收将产生分子振动能级的跃迁,由于振动能级的能量大于转动能级的能量,分子振动能级的跃迁将不可避免地伴随着许多转动能级的跃迁,所以红外光谱实质上是分子的振动-转动光谱。

红外吸收带的波长位置可以用来鉴定未知物质的分子结构,吸收带的强度可以用来对分子的组成或化学基团的含量进行定量分析。红外光谱与紫外-可见吸收光谱不同,后者常用于研究无机化合物和不饱和的有机化合物,尤其是具有共轭体系的有机物质和配合物,而红外光谱主要研究在振动中伴随有偶极矩变化的化合物。因此,除了如 He、Ne、O_2、H_2 等偶极矩为零的单原子分子和同核分子外,几乎所有的有机化合物在红外光区均有吸收。红外吸收光谱的特征性很强,凡是具有不同结构的化合物一定不会有相同的红外光谱,所以人们曾形象地称红外光谱法为物质分子的“指纹”分析。目前,红外光谱法已广泛应用于有机化学、化学化工、生物、医药、材料、环境、食品等各个领域。

2.5.1 基本原理

由以上讨论可知,分子产生红外吸收光谱应具备:①辐射光子具有的能量与发生振动跃迁所需的跃迁能量相匹配;②辐射与物质分子之间有偶合作用,即分子振动必须伴随偶极矩的变化。

1. 双原子分子的振动

分子振动可以近似地看成是分子中的原子以平衡点为中心,以非常小的振幅做周期性的简谐振动。这种分子振动的模型可以用经典的方法来模拟,如图 2.14 所示。把双原子分子的两个原子看成质量分别为 m_1、m_2 的两个小球,连接两原子的化学键设想成无质量的弹簧,弹簧的长度 r 就是化学键的长度。当一外力(相当于红外辐射能)作用于弹簧时,两小球沿轴心来回振动,振动频率 ν 取决于弹簧的强度(化学键强度)和小球的质量(原子质量)。用经典力学可导出振动频率 ν 的计算公式:

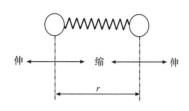

图 2.14 双原子分子振动示意图

$$\nu = \frac{1}{2\pi}\sqrt{\frac{k}{\mu}} \tag{2.8}$$

$$\sigma = \frac{1}{2\pi c}\sqrt{\frac{k}{\mu}} \tag{2.9}$$

式中,k 为化学键的力常数,是两原子由平衡位置伸长单位长度时的恢复力(一般来说,单键的 $k=4\sim6\mathrm{N}\cdot\mathrm{cm}^{-1}$,双键的 $k=8\sim12\mathrm{N}\cdot\mathrm{cm}^{-1}$,三键的 $k=12\sim18\ \mathrm{N}\cdot\mathrm{cm}^{-1}$);$\sigma$ 为波数,cm^{-1};c 为光速($3\times10^{10}\,\mathrm{cm}\cdot\mathrm{s}^{-1}$);$\mu$ 为原子的折合质量,g。

式(2.8)和式(2.9)中的 μ 为

$$\mu = \frac{m_1 m_2}{m_1 + m_2} \tag{2.10}$$

式中,μ 以折合相对原子质量 A_r 表示时为

$$\mu = A_r = \frac{A_{r_1} A_{r_2}}{A_{r_1} + A_{r_2}} \tag{2.11}$$

根据小球的质量和相对原子质量之间的关系,式(2.9)可写为

$$\sigma = \frac{N_A^{1/2}}{2\pi c}\sqrt{\frac{k}{A_r}} = 1302\sqrt{\frac{k}{A_r}} \tag{2.12}$$

式中,N_A 是阿伏伽德罗常量($6.022\times10^{23}\,\mathrm{mol}^{-1}$)。式(2.12)为分子振动方程式。对于双原子分子或多原子分子中其他因素影响较小的化学键,用式(2.12)计算所得的波数 σ 与实验值是比较接近的。

由式(2.12)可知,化学键的力常数 k 越大,折合相对原子质量 A_r 越小,则化学键的振动频率 ν 或波数值越高,吸收峰将出现在高波数区;反之,则出现在低波数区。有机化合物的结构不同,它们的相对原子质量和化学键的力常数不相同,就会出现不同的吸收频率,所以各有其特征的红外吸收光谱。表 2.7 列出了某些化学键的力常数 k。

需要指出的是,由于振动中随着原子间距离的改变,化学键的力常数也会改变,分子振动

并不是严格的简谐振动,由此引起的偏差称为分子振动的非谐性。另外,真实分子的振动能量变化是量子化的。分子中基团与基团之间,基团中的化学键之间都相互有影响。所以,上述方法是一个近似的处理方法,由式(2.12)计算出的值与实测值只是近似相等。

表 2.7　某些化学键的力常数 k(单位:N·cm^{-1})

化学键	k	化学键	k	化学键	k
—C≡N	18	≡C—H	5.9	—S—H	4.3
—C≡C—	15.6	＞C—F	5.9	H—Br	4.1
=C=O	15	—C—O—	5.4	＞C—Cl	3.6
＞C=O	12.1	≡C—C—	5.2	H—I	3.2
＞C=C＜	9.6	=C—H	5.1	—C—Br	3.1
H—F	9.7	H—Cl	4.8	—C—I	2.7
O—H	7.7	—C—H	4.8		
＞N—H	6.4	—C—C—	4.5		

2. 原子分子的振动

双原子分子振动只能发生在连接两个原子的直线上,并且只有沿轴方向的伸缩振动,而多原子分子振动还有变形振动(又称变角振动或弯曲振动)等多种振动方式。振动方式的数目称为振动自由度,每个振动自由度相应于红外光谱图上一个基频吸收带。基频吸收带是振动能级由基态跃迁至第一振动激发态时所产生的吸收带,如果跃迁至第二激发态、第三激发态等产生吸收带则分别称为二倍频峰和三倍频峰等。基频峰最强,二倍频峰较弱,三倍频峰很弱。

设多原子分子由 n 个原子组成,每个原子在空间都有沿 x、y、z 轴振动的方式,则分子有 $3n$ 个自由度,包括整个分子的质心沿 x、y、z 轴方向的平移运动和整个分子绕 x、y、z 轴的转动运动,这六种运动都不是分子的振动。但直线形分子只能绕 y、z 轴方向转动(设所有原子的轴在 x 方向),所以直线形分子的自由度为($3n-5$),而非线形分子有($3n-6$)种基本振动。例如,如图 2.15 所示的对称和非对称伸缩振动及弯曲振动,水分子是非线形分子,由 3 个原子组成,所以其振动自由度应为 $3 \times 3 - 6 = 3$。

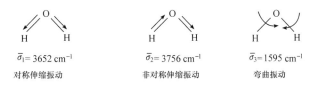

图 2.15　水分子的振动形式图

CO_2 是线形分子,振动自由度为 $3 \times 3 - 5 = 4$,四种振动形式如下:

$$O=C=O$$
$$O=C=O$$

面内弯曲($667cm^{-1}$) 面外弯曲($667cm^{-1}$)

对称伸缩没有偶极矩的改变,是非红外活性的,不产生吸收光谱。面内弯曲和面外弯曲产生的吸收峰重叠,其中⊕表示垂直于纸面向上运动,⊖表示垂直于纸面向下运动,这样 CO_2 只有两个基频吸收峰。大多数化合物在红外光谱图上实际出现的峰数比理论计算少得多,其原因如下:①某些振动频率完全相同,简并为一个吸收峰;②某些振动吸收频率十分接近,仪器无法分辨,表现为一个吸收峰;③某些对称振动没有偶极矩的变化,不产生吸收光谱;④某些振动吸收强度太弱,仪器灵敏度不够,检测不出来;⑤某些振动吸收频率超出了仪器的检测范围。

3. 基团频率和指纹区

实践表明,不同分子中的同一类基团的振动频率非常接近,都在一定的频率区间出现吸收谱带,这种吸收谱带的频率称为相应官能团的基团频率(group frequency)。只要掌握了各官能团的基团频率及其位移规律,就可应用红外光谱来确定化合物中存在的基团及其在分子中的相对位置,因此基团频率是鉴定官能团的依据,其波数为 $4000\sim1300cm^{-1}$。

在波数为 $1800\sim600cm^{-1}$ 区域中,除了 C—C、C—O、C—N 等单键的伸缩振动外,还有 C—H 的弯曲振动,由于这些化学键的振动很容易受到附近化学键振动的影响,所以分子结构稍有不同,该区的吸收光谱就有细微的差异,并显示出分子的特征,就像不同的人具有不同的指纹一样,因此称为指纹区。

在实际应用时,为便于对光谱进行解释,常将波数为 $4000\sim600cm^{-1}$ 分为四个区域:①X—H伸缩振动区,$4000\sim2500cm^{-1}$,X 可以是 O、N、C 和 S 原子,通常又称为"氢键区";②三键和累积双键区,$2500\sim1900cm^{-1}$,主要有炔键 —C≡C、腈键 —C≡N、丙二烯基 —C=C=C—、烯酮基 —C=C=O 等基团的非对称伸缩振动;③双键伸缩振动区,$1900\sim1200cm^{-1}$,主要包括 C=O、C=N、C=C 等的伸缩振动和芳环的骨架振动等;④单键区,$\sigma<1650cm^{-1}$,这个区域的情况比较复杂,主要包括 C—H、N—H 弯曲振动,C—O、C—X(卤素)等伸缩振动,以及 C—C 单键骨架振动等。

常见基团的基团频率和振动形式如表 2.8 所示。

表 2.8 常见基团的基团频率和振动形式

基团频率/cm^{-1}	基团及振动形式	备 注
①氢键区		
$3650\sim3200$(m. s)	—OH(伸缩)	判断醇、酚和有机酸
$3500\sim3100$(m. s)	—NH_2、—NH(伸缩)	
$2600\sim2500$	—SH(伸缩)、C—H(伸缩)	不饱和 CH 出现在 $>3000cm^{-1}$
3300附近(s)	≡C—H(伸缩)	
$3010\sim3040$(s)	=C—H(伸缩)	末端=CH 出现在 $3085cm^{-1}$
3030附近(s)	苯环中 C—H(伸缩)	
$3000\sim2800$	饱和 CH(伸缩)	取代基影响小
$2965\sim2860$(s)	—CH_3(对称、非对称、伸缩)	
$2935\sim2840$(s)	—CH_2(对称、非对称、伸缩)	
②三键及累积双键区		
$2260\sim2220$(s)	—C≡N(伸缩)	干扰少

基团频率/cm^{-1}	基团及振动形式	备　注
2260~2100(v)	—C≡C—(伸缩)	
1960 附近(v)	—C＝C＝C—(伸缩)	
③双键区		
1680~1630(m)	C＝C(非共轭非环)C＝N(伸缩)	
1680~1560(v)	C＝C(环合或共轭)(伸缩)	
1950~1600(s)	—C＝O(伸缩)	
1600~1500(s)	—NO₂(非对称伸缩)	
1300~1250(s)	—NO₂(对称伸缩)	
④单键区		
1300~1000(s)	C—O(伸缩)	强度强
1150~900(s)	C—O—C(伸缩)	
1460±10(m)	—CH₃(非对称变形)	经常出现
1375±5(s)	—CH₃(对称变形)	特征吸收
1400~1000(s)	C—F(伸缩)	
800~600(s)	C—Cl(伸缩)	
600~500(s)	C—Br(伸缩)	

注:s 表示强吸收;m 表示中强吸收;v 表示吸收强度可变。

其他基团频率和振动形式可参考有关专著及有关参考文献。

引起基团频率位移的因素有外部因素和内部因素,试样状态、测试条件、溶剂极性和温度等外部因素都会引起频率位移。同一化合物的气态、液态和固态的光谱有较大差异,在查阅标准图谱及相关文献时,要注意试样的状态及制样方法。

内部因素有化学键电子云分布不均匀引起的电子效应、氢键影响、振动偶合和费米共振等。由于取代基具有不同的电负性,引起分子中电子云分布发生变化,使化学键的力常数改变,引起特征频率发生位移,这种电子效应称为诱导效应(I 效应)。取代基的电负性越大,取代基越多,诱导效应越强,吸收带向高波数移动越显著。共轭体系中的电子云分布密度平均化,使共轭双键的电子云密度比非共轭双键的电子云密度低,共轭双键略有伸长,力常数减小,振动频率向低波数方向移动,这种电子效应称为共轭效应(C 效应)。含有孤对电子的原子与具有多重键的原子相连时,孤对电子和多重键形成 p-π 共轭,使键力常数减小,振动频率向低波数位移,这种作用称为中介作用。中介作用和诱导效应可能会同时发生在同一基团中,此时如果中介作用占主导地位,主导频率向低波数方向移动,若诱导效应起主要作用,主导频率向高波数方向移动。羰基和羟基之间容易形成氢键,使电子云密度平均化,从而使主导频率下降。

两个振动基团结合,如果原来的振动频率很接近并具有一个公共的原子,通过公共原子使两个键的振动相互作用,使振动频率一个向高频移动,一个向低频移动,这种两个振动基团之间的相互作用称为振动偶合。当一个振动的倍频与另一振动的基频接近时,由于发生相互作用而产生很强的吸收峰或发生裂分,这种现象称为费米共振。

2.5.2　红外光谱定性和定量分析

1. 定性分析

分子中的基团或化学键都有各自的特征振动频率,所以可利用未知化合物的红外光谱图上吸收带的位置,推断出分子中可能存在的官能团和化学键。

　　红外光谱最重要的应用是中红外区有机化合物的结构鉴定。通过与标准谱图比较,可以确定化合物的结构;对于未知样品,通过官能团、顺反异构、取代基位置、氢键结合以及络合物的形成等结构信息可以推测结构。在解析图谱之前,了解试样的来源、纯度、相对分子质量、熔点、沸点、溶解度、化学性质、组成元素等信息,对图谱的解析会有很大的帮助。

　　获得红外光谱后,借助相关书籍和手册中的基团频率表,推测可能存在的官能团和化学键。计算有机化合物的不饱和度对结构的推测也很有帮助。分子的不饱和度 U 等于 π 键数与环数之和。通常规定双键和饱和环状结构的不饱和度为 1,链状饱和烃的不饱和度为 0,三键的不饱和度为 2,苯环的不饱和度为 4。分子的不饱和度 U 按式(2.13)计算:

$$U = 1 + \frac{\sum_{i}^{n} n_i(v_i - 2)}{2} \tag{2.13}$$

式中,n_i 为分子中第 i 个元素的原子数目;v_i 为第 i 个元素在分子中的化合价数。

【例 2.6】 某化合物的化学式为 $C_9H_{10}O$,它的红外光谱图如图 2.16 所示,试推断其结构式。

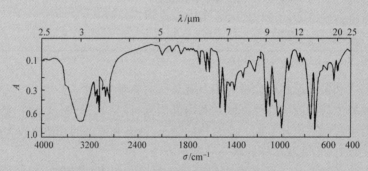

图 2.16　未知物的红外光谱图

　　解　①不饱和度计算:

$$U = 1 + \frac{9 \times (4-2) + 10 \times (1-2) + 1 \times (2-2)}{2}$$
$$= 1 + 4 = 5$$

说明分子中可能存在苯环。

　　②$1600cm^{-1}$、$1500cm^{-1}$ 及 $1450cm^{-1}$ 附近有三个尖锐的吸收带,而 $1500cm^{-1}$ 强于 $1600cm^{-1}$ 处的带,$1600cm^{-1}$ 附近又裂成两个带,说明苯环存在,证实苯环与 π 不饱和体系共轭,与不饱和度计算吻合。

　　③在 $1700cm^{-1}$ 附近无强吸收带,证明不存在羰基。

　　④在 $1380cm^{-1}$ 无吸收,说明不存在甲基。

　　⑤在 $3400cm^{-1}$ 附近有一强而宽的吸收带,是羟基的伸缩振动,在 $1050cm^{-1}$ 左右有一强吸收带,证明是伯醇,在 $700cm^{-1}$ 和 $750cm^{-1}$ 处有两个吸收带,证明是一元取代苯。综上所述,可以推断此化合物的结构式为

如果不能获得纯样品,可从有关手册或相关书籍中查找标准光谱图进行对照,当谱图上的特征吸收带位置、形状、强度一致时即可确证。

2. 定量分析

物质对红外光的吸收符合朗伯-比尔定律,故红外光谱也可用于定量分析。其优点是红外光谱有多个吸收谱带可供选择,有利于排除共存物质的干扰;缺点是红外光谱法灵敏度低,不适于微量组分的测定,仅在特殊情况下使用。

红外光谱定量时吸光度的测定常用基线法,如图 2.17 所示。图 2.17 中 I 与 I_0 之比就是透光率 T,吸光度 $A = \lg \dfrac{I_0}{I}$。

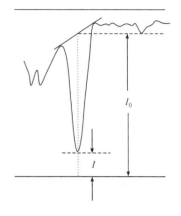

图 2.17　基线法求吸光度

通过测量一系列已知浓度的标准样品的吸光度,绘制标准曲线,再测量试样的吸光度,从标准曲线上找出其对应的浓度。此方法适合于测定气体、液体和固态物质,但试样的处理方法和制备的均匀程度都应与标准样品控制一致。

2.5.3　红外吸收光谱仪

根据仪器的结构和工作原理的不同,红外吸收光谱仪可分为色散型和干涉分光型。

1. 色散型红外吸收光谱仪

色散型红外吸收光谱仪也称双光束红外分光光度计,其结构示意图如图 2.18 所示。

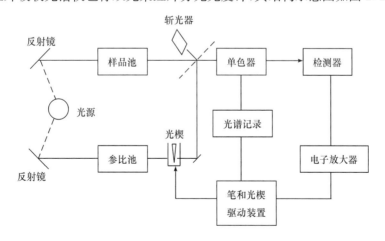

图 2.18　色散型红外吸收光谱仪结构示意图

红外吸收光谱仪由光源、样品池、单色器、检测器、放大器和记录器几个部分组成。从光源发出的红外光被分为等强度的两束光,分别通过样品池和参比池,然后通过斩光器以一定的频率将两束光交替送入单色器并作用于检测器,转变为电信号。如果样品没有被吸收,两束光强度相等,检测器上只有稳定的电压,没有交变信号输出;当样品中某组分对一定频率的红外光有吸收时,两束光强不相等,检测器输出相应的交变信号,信号经放大后,驱动伺服马达带动记录笔和光楔同步上下移动进行光谱扫描,光楔用于调整参比光路的光能,记录笔在记录纸上画出吸收强度随频率(或波数)而变化的轨迹,即红外吸收光谱。色散型红外吸收光谱仪是扫描式仪器,完成一个图谱常需要 10min 左右,不能测定瞬间光谱的变化,也不能实现与色谱技术联用,而且由于分辨率较低,想获得 $0.1\sim0.2\text{cm}^{-1}$ 的分辨率十分困难。干涉分光型仪器可以解决以上问题。

2. 干涉分光型红外光谱仪

干涉分光型红外光谱仪即傅里叶变换红外光谱仪(Fourier transform infrared spectro-photometer,FTIR),其结构示意图如图 2.19 所示。它没有色散元件,主要由光源、迈克尔孙(Michelson)干涉仪、检测器和计算机等组成。该仪器具有分辨率高、灵敏度高、波数精度高、扫描速度高和光谱范围宽等突出优点,特别适用于弱红外光谱的快速测定以及与色谱仪器联用,所以近年来得到了迅速的发展和广泛应用。

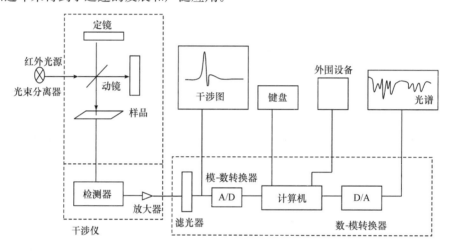

图 2.19　傅里叶变换红外光谱仪结构示意图

由图 2.19 可知,从光源发出的红外光,经光束分离器分为两束,分别经定镜和动镜反射后到达检测器并产生干涉现象。当动镜、定镜到达检测器的光程相等时,各种波长的红外光到达检测器时都具有完全相同的相位而彼此加强。如改变动镜的位置,形成一个光程差,不同波长的光落到检测器上得到不同的干涉强度。当光程差为 $\lambda/2$ 的偶数倍时,相干光相互叠加,相干光的强度有最大值;当光程差为 $\lambda/2$ 的奇数倍时,相干光相互抵消,相干光强度有极小值。当连续改变动镜的位置时,可在检测器得到一个干涉强度对光程差和红外光频率的函数图。将样品放入光路中,样品吸收了其中某些频率的红外光,干涉图的强度发生变化。很明显,这种干涉图包含了红外光谱的信息,但不是我们能看懂的红外光谱。经过电子计算机进行复杂的傅里叶变换,就能得到吸光度或透光率随频率(或波数)变化的普通红外光谱图。

傅里叶变换红外光谱仪不用狭缝,消除了狭缝对光通量的限制,1s 内可同时获得所有频率的信息,波数精度达 0.01cm^{-1},杂散光小于 0.01%,检出限为 $1.0\times10^{-9}\sim1.0\times10^{-12}\text{g}$,标准偏差通常为 0.1% 左右。

2.6　实　验　技　术

2.6.1　紫外-可见吸收光谱法实验技术

1. 测定条件的选择

为了使吸光度的测定有较高的准确度和灵敏度,选择和控制合适的光度测定条件十分重要。

1) 入射光波长的选择

为使测定有较高的灵敏度,应选择 λ_{max} 作为入射光,但要注意 λ_{max} 所在的波峰不能太尖锐,这样由波长不准确或非单色光引起偏离朗伯-比尔定律的程度较小,测定结果较准确。如果有干扰物质存在,应根据"干扰最小,吸收较大"的原则选择入射光。此时,测定的灵敏度可能有所降低,但能有效地减少或消除共存物质的干扰,提高测定的准确度。

2) 参比溶液的选择

用适当的参比溶液在一定的入射光波长下调节 $A=0$,可以消除由比色皿、显色剂、溶剂和试剂对待测组分的干扰。具体方法如下:

当显色剂、试剂在测定波长下均无吸收时,用纯溶剂(或 H_2O)作参比溶液,称为溶剂空白;若显色剂和其他试剂无吸收,而试液中共存的其他离子有吸收,则用不加显色剂的试液为参比溶液,称为样品空白(或试液空白);当试剂、显色剂有吸收而试液无色时,以不加试液的试剂、显色剂按照操作步骤配成参比溶液,称为试剂空白。总之,要求用参比溶液调 $A=0$ 后,测得被测组分的吸光度与其浓度的关系符合朗伯-比尔定律。

3) 吸光度范围的选择

希士凯根据朗伯-比尔定律,推导出吸光光度法浓度测量的相对误差计算式为

$$\frac{\Delta c}{c} = \frac{\Delta A}{A} = \left| \frac{0.4343\Delta T}{T \lg T} \right| \tag{2.14}$$

由式(2.14)计算可知,当透光率 T 为 0.368 即吸光度为 0.4343 时,浓度测量的相对误差最小;当透光率 T 为 0.65～0.15 即吸光度为 0.2～0.8 时,浓度测量的相对误差较小,准确度较高。所以,常控制在此范围内进行测定。这可以通过选择不同厚度的吸收池和改变试样的取用量及定容体积等方法进行调节。

4) 配对池的选择

吸收池由于在使用过程中受化学腐蚀或受摩擦的程度不同,因此在相同条件下测定的本底吸光度有差异,差异最小的同一规格的吸收池称为配对池。工作时,用空气空白或蒸馏水空白在一定波长下测定吸光度值,选择配对池投入使用。如果吸收池受污染严重,用适当的试剂处理并用蒸馏水洗净后再进行选择,以提高测定的准确度。

2. 量程扩展技术

吸光光度法采用空白溶液作参比,不宜测定高含量组分。对某些试液,如果吸光度超过0.8,通过改变浓度或吸收池厚度进行控制不一定有效。例如,几个样品间的浓度差异很小且必须测出这种关键性的差异。此时,若样品浓度很高,用稀释溶液或减小吸收池厚度的方法不但使差异更小不易辨别,而且使操作时间增加。采用量程扩展技术可以克服这一缺点。

量程扩展技术是用与试液浓度接近的标准溶液代替空白液作参比,由所测得的吸光度计算试样含量的方法,可分为单标准量程扩展法和双标准量程扩展法。该方法能够测定高浓度试液、低浓度试液和任何浓度区域差别较小而必须区分开这种较小差异的试液,量程扩展技术对仪器的性能要求较高,应用受到限制。下面仅简单介绍单标准量程扩展法。

(1) 高浓度试液的量程扩展法。在检测器未受光照时,调节仪器 $T=0$;当入射光通过一个比试液浓度 c_X 稍低的参比标准溶液 c_s 时,调节仪器的 $T=100\%$,再测定 c_X 的透光率或吸光度,如图 2.20 所示。

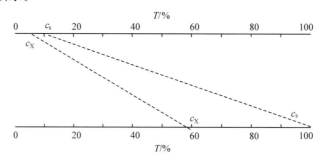

图 2.20　单标准高浓度试液量程扩展法示意图

如果将 c_s 的透光率由 10% 扩展到 100%,意味着将仪器的透光率扩展了 10 倍,则 c_X 由 6% 扩展到 60%,使吸光度落入了读数误差较小的范围,提高了测定的准确度。

(2) 低浓度试液的量程扩展法。和高浓度试液的量程扩展法不同,低浓度试液是采用参比调零量程扩展法。此时,c_s 的浓度比 c_X 稍大,先用 c_s 调节仪器的 $T=0$,并用纯溶剂调节 $T=100\%$(图 2.21),然后测定浓度稍低的 c_X,标尺扩展的结果将原来 $T=90\%\sim100\%$ 的一段变为 $T=0\%\sim100\%$,透光率 T 扩大了 10 倍,则原来 c_X 的 T 为 95%,扩展后为 50%,同样使吸光度落在了理想的读数区域,此法适用于痕量物质的测定。

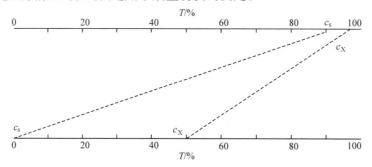

图 2.21　单标准低浓度试液量程扩展法示意图

3. 有机酸碱离解常数的测定

如果酸碱指示剂或显色剂的酸式色和碱式色具有不同的颜色,且它们的吸收曲线不发生重叠,就能用吸光光度法测定其离解常数 K,该法尤其适用于溶解度较小的有机弱酸或弱碱。

现以一元弱酸 HR 为例,在溶液中有下列平衡:

$$HR \Longrightarrow H^+ + R^-$$

$$K_a = \frac{[H^+][R^-]}{[HR]}$$

$$pK_a = pH + lg\frac{[HR]}{[R^-]} \tag{2.15}$$

首先,配制 n 个浓度 c 相等而 pH 不同的 HR 溶液,在某一确定波长下,用 1.0cm 的比色皿测量各溶液的吸光度,并用酸度计测量各溶液的 pH。各溶液的吸光度为

$$\begin{aligned}
A &= \varepsilon_{HR}[HR] + \varepsilon_{R^-}[R^-]\\
&= \varepsilon_{HR}\frac{[H^+]c}{K_a+[H^+]} + \varepsilon_{R^-}\frac{K_a c}{K_a+[H^+]}
\end{aligned} \tag{2.16}$$

$$c = [HR] + [R^-]$$

在高酸度时,认为溶液中只以 HR 型体存在,仍在上述确定的波长下测量吸光度,则

$$A_{HR} = \varepsilon_{HR}[HR] \approx \varepsilon_{HR}c$$

$$\varepsilon_{HR} = A_{HR}/c \tag{2.17}$$

在强碱性溶液中,可认为溶液中只以 R^- 型体存在,则在上述确定的波长下:

$$A_{R^-} = \varepsilon_{R^-}[R^-] \approx \varepsilon_{R^-}c$$

$$\varepsilon_{R^-} = A_{R^-}/c \tag{2.18}$$

将式(2.17)、式(2.18)代入式(2.16),整理得

$$K_a = \frac{A_{HR}-A}{A-A_{R^-}}[H^+] \quad 或 \quad pK_a = pH + lg\frac{A-A_{R^-}}{A_{HR}-A} \tag{2.19}$$

式(2.19)是用吸光光度法测定一元弱酸 K_a 的基本公式。式中,A_{HR}、A_{R^-} 分别为弱酸定量的以 HR、R^- 型体存在时溶液的吸光度,它们应是恒定值;A 为某一确定 pH 时溶液的吸光度。n 个 pH 不同的溶液,各测定其 A 和 pH,代入式(2.19)就可求得 n 个 pK_a,按数理统计规律处理数据,取平均值报告测定结果。

2.6.2　红外吸收光谱法实验技术

固态、液态和气态的样品均可以用红外光谱法测定,但对样品及其制备过程有一定的要求。

(1) 样品的组分应该是单一组分,且纯度要大于98%或应满足商业规格,方便与标准光谱进行对照比较和判断。

(2) 由于游离水分会产生干扰实验结果的红外吸收光谱,并会损害盐基窗片的透明度,因此,样品应不含有干扰测定的游离水分。

(3) 样品的厚度或浓度要适当,保证红外光谱中大多数吸收峰的透光率在 10% 到 80% 之间。

1. 样品的制备方法

制样方法和技术直接影响谱带的频率、数目和强度,不同的样品状态需要相应的制样方法。

1) 固态样品

(1) 压片法。将 1~3mg 样品与 200~300mg 光谱纯 KBr 混合均匀,充分研磨至粒度小于 2μm,并干燥除去游离水后,置于模具中,用压片机压成透明薄片进行测定。

（2）石蜡糊法。将干燥样品与液体石蜡或氟化煤油混合,在玛瑙研钵中研磨均匀后夹在盐基片中测定,但该法不能用来测定饱和烷烃。

（3）薄膜法。用于高分子化合物的测定,样品经熔融后涂膜或压制成膜,或将样品溶于易挥发的溶剂中,涂在盐基片上,待溶剂挥发,样品成膜后测定。

2）液体样品

（1）液池法。沸点低 100℃ 的液体可采用液池法,对强吸收的样品用溶剂稀释后再测定。装样和清洗时,将厚度为 0.01～1mm 的吸收池倾斜约 30°,用不带针头的注射器或移液枪吸取待测样液,由下孔注入直到从上孔看到样液溢出为止,用聚四氟乙烯塞子塞好上下孔,用纸巾轻轻擦去溢出的液体,即可用红外光谱仪进行测定。

（2）液膜法。沸点高于 100℃ 的液体或样品较为黏稠,可采用液膜法测定。这种方法较为简单,将 1～2 滴样液滴在两片 KBr 盐片之间,使之形成一层薄的液膜进行测定。

2. 气体样品的测定

气体样品可直接注入已经抽成真空的玻璃气槽内测定。先将吸收池内的空气抽去,然后导入干燥的待测定气体样品,放入光路中进行测定。由于溴化钾在 $4000cm^{-1}$ 到 $400cm^{-1}$ 的光区内无吸收,因此,通过玻璃气槽两端透明的氯化钠或溴化钾窗片,能够得到样品无干扰的全波段红外光谱图。

3. 载样材料的选择及保护

中红外光区（波数 $4000\sim400cm^{-1}$）通常选用的载样材料为 NaCl（波数 $4000\sim600cm^{-1}$）和 KBr（波数 $4000\sim400cm^{-1}$）等晶体,由于它们很容易吸水使表面"发暗"而影响其透光性,所以这些晶体做成的窗片应放在干燥器内保存,并在湿度较小的环境中操作。

对含水样品的测定应采用 ZnSe（波数 $4000\sim500cm^{-1}$）和 CaF_2（波数 $4000\sim1000cm^{-1}$）等材料作为载样材料。在近红外光区测定时用石英和玻璃材料,远红外光区用聚乙烯材料。

思考题与习题

1. 何谓光致激发? 在分子跃迁产生光谱的过程中主要涉及哪三种能量的改变?

2. 为什么分子光谱总是带状光谱?

3. 什么是单色光? 光的单色性如何衡量和评价?

4. 有机化合物分子的电子跃迁有哪几种类型? 哪些类型的跃迁能在紫外-可见光区吸收光谱中反映出来?

5. 何谓预离解跃迁? 预离解跃迁会产生分子吸收光谱吗? 为什么?

6. 何谓生色团、助色团、长移、短移、浓色效应、淡色效应、向红基团和向蓝基团?

7. 何谓溶剂效应? 为什么溶剂的极性增强时,$\pi\rightarrow\pi^*$ 跃迁的吸收峰发生红移,而 $n\rightarrow\pi^*$ 跃迁的吸收峰发生蓝移?

8. 在进行紫外光谱分析时,所选用的溶剂都要知道它的最低使用波长限度,为什么?

9. 有机物分子的吸收带有哪几种类型? 产生的原因是什么? 各有何特点?

10. 无机化合物分子的电子跃迁有哪几种类型? 为什么电荷转移跃迁常用于定量分析而配位场跃迁在定量分析中没有大用处?

11. 紫外分光光度计对检测器有何要求? 光电二极管阵列检测器有何突出优点?

12. 为什么说单波长双光束分光光度计测定试液的吸光度 A 与光源的入射光 I_0 的强度无关?

13. 如何选择使用参比溶液? 参比溶液的作用是什么?

14. 为什么双波长测定法无需使用参比溶液,只用样品溶液即可完全扣除背景?

15. 为什么单根据紫外光谱不能完全决定物质的分子结构,还必须与红外光谱、质谱、核磁共振波谱等方法共同配合,才能得出可靠的结论?

16. 量程扩展法扩展的是吸光度还是透光率? 该法有何显著优点? 举例说明。

17. 何谓配对池? 如何正确选择使用配对池?

18. 计算化合物 $CH_2=C-C=CH_2$ 的 λ_{max}。
$\qquad\qquad\qquad\quad CH_3\ CH_3$

19. 试比较下列化合物,指出何者吸收光的波长最长,何者最短,为什么?

(a)　　　　　　　　(b)　　　　　　　　(c)

20. 计算下列化合物的 λ_{max}。

21. 用分光光度法测定酸碱指示剂 HIn 的离解常数,HIn 的总浓度为 $5.00\times10^{-4}\ mol\cdot L^{-1}$,用 1.0cm 吸收池和相同波长,在 $0.100\ mol\cdot L^{-1}$ HCl 介质中测得吸光度为 0.085,在 $0.100\ mol\cdot L^{-1}$ NaOH介质中测得吸光度为 0.788,而在 pH=5.00 缓冲溶液中测得吸光度为 0.3510。如果加入的介质溶液无吸收或选用合适的参比溶液,求该指示剂的离解常数 K_{HIn}。

22. 某组分 X 溶液的浓度为 $5.00\times10^{-4}\ mol\cdot L^{-1}$,在 1.0cm 吸收池中于 440nm 及 590nm 时其吸光度分别为 0.683 及 0.139;组分 Y 溶液的浓度为 $8.00\times10^{-4}\ mol\cdot L^{-1}$,在 1.0cm 吸收池中于 440nm 及 590nm 下测定其吸光度分别为 0.106 及 0.470。现有一组分 X 和组分 Y 的混合液,在 1.0cm 吸收池中于 440nm 及 590nm 下测定其吸光度分别为 1.022 及 0.414,试计算该混合液中组分 X 和组分 Y 的浓度。

23. 有一个双色食用色素 HA,在水溶液中有下列平衡:$HA\rightleftharpoons H^++A^-$,$K_a=\dfrac{[H^+][A^-]}{[HA]}$。

酸式 HA 吸收 410nm 波长的光,$\varepsilon=347$,此时碱式无吸收;在 640nm 波长处碱式 A^- 有吸收,$\varepsilon=100$,此时 HA 无吸收。现有一加有少量该食用色素的提纯水溶液,pH=4.80,用 1.0cm 比色皿在 410nm 处测得吸光度为 0.118,在 640nm 测得吸光度为 0.267,求此食用色素 HA 的 pK_a(离子强度的影响忽略不计)。

24. 产生红外吸收的条件是什么? 是否所有的分子振动都会产生红外吸收光谱? 为什么?

25. 为什么说红外光谱实质上是分子的振动-转动光谱? 什么是基频吸收带?

26. 大多数化合物在红外光谱图上实际出现的峰数为何比理论计算少得多?

27. 进行红外光谱分析时,为什么要求试样为单一组分且为纯样品? 为什么试样不能含有游离水分?

28. 将已知量无害染料注射到人体静脉,待充分混合后测定血浆中染料的浓度。将血浆的体积除以在血液中所占的分数,就得到血液的体积。

现将 1.00mL 伊凡氏蓝注入 75kg 的某人体中,10min 后抽取血样,离心分离得知血浆占血液的 53%。用 1.00cm 比色皿,以空白溶液为参比,在一定波长下测得的吸光度为 0.380。另吸取一份 1.00mL 伊凡氏蓝样品,在容量瓶中用蒸馏水稀释至 1L 混匀后,吸取 10.00mL,再定容为 50.00mL,在同样条件下测定的吸光度为 0.200,计算该人体内血液的总容量(L)。　　　　　　　　(答:4.97 L)

29. 在 $1.00\ mol\cdot L^{-1}$ 的 H_2SO_4 溶液中含有 $Cr_2O_7^{2-}$ 和 MnO_4^-。用 1.00cm 比色皿在 440nm 处测定的吸光度为 0.385,在 545nm 处测定的吸光度为 0.653。

在 $1.00\ mol\cdot L^{-1}$ 的 H_2SO_4 溶液中用 $8.33\times10^{-4}\ mol\cdot L^{-1}Cr_2O_7^{2-}$ 标准溶液,在 440nm 处用 1.00cm 比色皿测定的吸光度为 0.308,在 545nm 处测定的吸光度为 0.009;又用 1.00cm 比色皿测定 $3.77\times10^{-4}\ mol\cdot L^{-1}$

的 MnO_4^- 标准溶液，在 440nm 处测定的吸光度为 0.035，在 545nm 处测定的吸光度为 0.886。计算 $Cr_2O_7^{2-}$ 在 440nm 处的摩尔吸光系数和 MnO_4^- 在 545nm 处的摩尔吸光系数，同时计算混合液中 $Cr_2O_7^{2-}$ 和 MnO_4^- 的浓度。　　　　　　　　　　（答：$370,2350,9.7\times10^{-4}\,mol\cdot L^{-1},2.7\times10^{-4}\,mol\cdot L^{-1}$）

第3章 分子发光分析法

3.1 概 述

某些物质的分子吸收各种能量跃迁到较高的电子激发态后,在返回基态的过程中伴随有光辐射,这种现象称为分子发光(molecular luminescence),以此建立起来的分析方法称为分子发光分析法。

物质因吸收光能而激发发光的现象,称为光致发光(photo luminescence,PL),吸收电能之后的发光现象称为电致发光(electroluminescence,EL),若吸收化学反应能激发发光,称为化学发光(chemiluminescence,CL),而发生在生物体内有酶类物质参与的化学发光反应则称为生物发光(bioluminescence,BL)。分子发光分析法通常包括光致发光分析、电致发光分析、化学发光分析和生物发光分析。

分子荧光(molecular fluorescence)和分子磷光(molecular phosphorescence)属于光致发光,是由两种不同发光机理过程产生的。普通荧光在光照停止之后几乎立即停止,而磷光寿命较长,往往能延续一段易测出来的时间后才停止。由于不同的发光物质有其不同的内部结构和固有的发光性质,所以可以根据荧光光谱鉴别荧光物质进行定性分析,或者根据特定波长下的发光强度进行定量分析。

本章主要讨论分子荧光分析法、化学发光分析法,也介绍了生物发光分析法和分子磷光分析法。目前,由于激光、微电子学、计算机和光导纤维等科学技术新成就的引入,大大推动了分子发光分析理论和技术的进步,使之不断朝着高效、痕量、微观、自动化和智能化的方向发展,建立了诸如同步、导数、敏化、偏振、激光诱导、时间分辨和相分辨荧光、三维荧光、发光免疫、流动注射化学发光、室温磷光、发光光极等新的分子发光分析技术,进一步提高了方法的灵敏度、准确度和选择性,解决了生产和科研中的不少难题。

目前,分子发光分析法在生物化学、生物技术、生物工程、生物科学、环境科学、医药学、免疫学以及食品分析、卫生检验、农林牧产品分析、工农业生产和科研等领域得到了广泛的应用。

3.2 分子荧光分析法

3.2.1 分子荧光和磷光的产生

1. 电子自旋状态的多重性

基态分子吸收光能后,价电子跃迁到高能级的分子轨道上称为电子激发态。分子荧光和磷光通常是基于 $\pi^* \rightarrow \pi$、$\pi^* \rightarrow n$ 形式的电子跃迁,这两类电子跃迁都需要有不饱和官能团存在以便提供 π 轨道。在光致激发和去激发光的过程中,分子中的价电子可以处在不同的自旋状态,常用电子自旋状态的多重性(multiplicity)来描述。一个所有电子自旋都配对的分子的电子态称为单重态(singlet state),用 S 表示;在激发态分子中,两个电子自旋平行的电子态称为三重态(triplet state),用 T 表示。

电子自旋状态的多重性 $M=2S+1$,其中 S 是电子的总自旋量子数,它是分子中所有价电子自旋量子数的矢量和。如果两个价电子的自旋方向相反，$S=(-1/2)+1/2=0$，多重性 $M=1$，该分子便处于单重态。当两个电子的自旋方向相同时，$S=1$，$M=3$，分子处于三重态。基态为单重态的分子具有最低的电子能，该状态用 S_0 表示。S_0 态的一个电子受激跃迁到与它最近的较高分子轨道上且不改变自旋，即成为单重第一激发态 S_1，当受到能量更高的光激发且不改变自旋，就会形成单重第二电子激发态 S_2。如果电子在跃迁过程中改变了自旋方向，使分子具有两个自旋平行的电子，则该分子便处于第一激发三重态 T_1 或第二激发三重态 T_2。

对同一物质，所处的多重态不同其性质明显不同。第一，S 态分子在磁场中不会发生能级的分裂，具有抗磁性，而 T 态有顺磁性。第二，电子在不同多重态间跃迁时需换向，不易发生，因此，S 与 T 态间的跃迁概率总比单重与单重间的跃迁概率小。第三，单重激发态电子相斥比对应的三重激发态强，所以各状态能量高低为：$S_2 > T_2 > S_1 > T_1 > S_0$，$T_1$ 是亚稳态。第四，受激 S 态的平均寿命大约为 1.0×10^{-8} s，T_2 态的寿命也很短，而亚稳的 T_1 态的平均寿命在 $10^{-4}\sim10$s。第五，$S_0\rightarrow T_1$ 形式的跃迁是"禁阻"的，不易发生，但某些分子的 S_1 态和 T_1 态间可以互相转换，且 $T_1\rightarrow S_0$ 形式的跃迁有可能导致磷光光谱的产生。

2. 无辐射跃迁

无辐射跃迁包括：振动弛豫、内转换和系间窜跃。

1）振动弛豫

在同一电子能级内，激发态分子以热的形式将多余的能量传递给周围的分子，自己则从高的振动能级回到低的振动能级，这种现象称为振动弛豫（vibrational lever relaxation，VR），产生振动弛豫的时间极为短暂，约为 1.0×10^{-12} s。

2）内转换

同一多重态的不同电子能级间可发生内转换（internal conversion，IC）。例如，当 S_2 的较低振动能级与 S_1 的较高振动能级的能量相当而发生重叠时，分子有可能从 S_2 的振动能级过渡到 S_1 的振动能级上，这种无辐射去激过程称为内转换。内转换同样会发生在三重态 T_2 和 T_1 之间，内转换发生的时间在 $1.0\times10^{-11}\sim1.0\times10^{-13}$ s。

3）系间窜跃

不同多重态之间的无辐射跃迁称为系间窜跃（intersystem crossing，ISC）。发生系间窜跃时电子自旋需换向，因而比内部转换困难，需要 1.0×10^{-6} s。系间窜跃易于在 S_1 和 T_1 间进行，发生系间窜跃的根本原因在于各电子能级中振动能级非常靠近，势能面发生重叠交叉，而交叉地方的位能是一样的。当分子处于这一位置时，既可发生内部转换，也可发生系间窜跃，这取决于分子的本性和所处的外部环境条件。

3. 分子荧光和磷光的产生及其类型

1）分子荧光

处于 S_1 或 T_1 态的分子返回 S_0 态时伴随发光现象的过程称为辐射去激（radiative relaxation），分子从 S_1 态的最低振动能级跃迁至 S_0 态各振动能级时所产生的辐射光称为荧光，它是相同多重态间的允许跃迁，其概率大，辐射过程快，一般在 1.0×10^{-8} s 左右完成，因而称为快速荧光或瞬时荧光（prompt fluorescence），简称荧光。

由于分子光致激发时，光能经过各种无辐射去激的消耗，落到 S_1 态的最低振动能级后再发光,因而所发射荧光的波长总比激发光长,能量比激发光小,这种现象称为斯托克斯位移(Stokes shift),常用符号"s"表示,它是荧光物质最大激发光波长与最大发射荧光波长之差,但习惯上用波长的倒数即波数之差表示如下:

$$s = 10^7 \left(\frac{1}{\lambda_{ex}} - \frac{1}{\lambda_{em}} \right) \tag{3.1}$$

式中,λ_{ex}、λ_{em}分别为最大激发光和最大发射荧光波长,nm。式(3.1)的物理意义是:荧光未发射之前,在荧光寿命期间能量的损失。斯托克斯位移越大,激发光对荧光测定的干扰越小,当它们相差大于20nm以上时,激发光的干扰很小,可以进行荧光测定。

2) 分子磷光

当受激分子降至S_1的最低振动能级后,如果经系间窜跃至T_1态,并经T_1态的最低振动能级回到S_0态的各振动能级,此过程辐射的光称为磷光。磷光在发射过程中不但要改变电子的自旋,而且可以在亚稳的T_1态停留较长的时间,分子相互碰撞的无辐射能量损耗大。所以,磷光的波长比荧光更长些,其寿命通常为$1.0 \times 10^{-4} \sim 10s$。为了抑制因分子运动和碰撞造成的无辐射去激,一般要在液氮冷却下使溶剂固化,在刚性玻璃态的溶剂中观测试样的磷光。图3.1为分子荧光和磷光产生示意图。

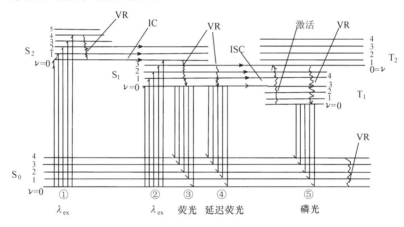

图 3.1　分子荧光和磷光产生示意图

3) 延迟荧光

某些物质的分子跃迁至T_1态后,因相互碰撞或通过激活作用又回到S_1态,经振动弛豫(VR)到达S_1态的最低振动能级再发射荧光,这种荧光称为延迟荧光(delayed fluorescence,DF),其寿命与该物质的分子磷光相当。不论何种荧光都是从S_1态的最低振动能级跃迁至S_0态的各振动能级产生的。所以,同一物质在相同条件下观察到的各种荧光其波长完全相同(图3.1③、④),只是发光途径和寿命不同。延迟荧光在激发光源熄灭后,可拖后一段时间,但和磷光又有本质区别,同一物质的磷光波长总比发射荧光的波长长。

3.2.2　分子荧光的性质

1. 荧光激发光谱

要使某荧光物质在一定条件下产生荧光,就需要有一个激发光源提供能量。一定强度的激发光经第一单色器分光,选择最佳波长的光去激发液池内的荧光物质。该物质发出的荧光可射向四面八方,但通过液池后的激发余光是沿直线传播的。为了准确地进行荧光测定,检测器不能直接对准光源,通常在液池的一边,与激发光传播方向成直角关系。这样,强烈的激发余光不会显著干扰测定,也减少了损坏检测器的可能性。在图 3.2 荧光分析基本装置示意图中,第一单色器的作用是给荧光物质选择具有特定波长的激发光。第二单色器的作用是滤除荧光液池的反射光、瑞利散射光、拉曼光以及溶液中干扰物质产生的荧光,只允许被测物质的特征性荧光照射到检测器上进行光电信号转换,从而消除杂光的干扰,提高测定的选择性。

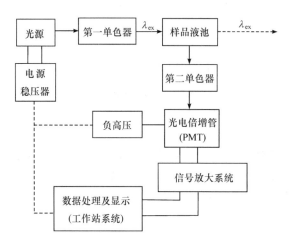

图 3.2　荧光分析基本装置示意图

1) 荧光激发光谱的测绘

激发光谱(excitation spectrum)是在激发光的波长连续变化时,某一固定荧光测定波长下测得的该物质荧光强度变化的图像。测定激发光谱时,先固定第二单色器的波长,使测定的荧光波长保持不变,后改变第一单色器的波长为 200~700nm 扫描。以显示系统测出的相对荧光强度为纵坐标,以相应的激发光波长为横坐标作图,所绘出的曲线就是该荧光物质的激发光谱。它反映了激发光波长与荧光强度之间的关系,为荧光分析选择最佳激发光提供依据。

为了获得较高灵敏度,理论上讲应选用最大激发的波长作为激发光,但实际上常选用波长较长的高波峰所对应的波长作为激发光。这样,既可产生较大的荧光强度,又不至于引起荧光分子的预离解跃迁,灵敏度和准确度都比较理想。

2) 荧光激发光谱的特性

激发光谱具有以下特征:

(1) 第二单色器不论怎样改变固定波长,同一荧光物质激发光谱的性质在其他条件一定时并不改变,变化的只是曲线高低,即测定的灵敏度发生变化。这是由于第二单色器波长只要一固定,荧光的相对比较强度即固定。如果改变第二单色器至新的固定波长,荧光的相对比较强度又固定在一个新的水平,激发光谱在各波长处的强度将移动同样的距离,使谱线的形状保持不变。

(2) 同一物质的最大激发波长与最大吸收波长一致。这是因为物质吸收具有特定能量的光而激发,吸收强度高的波长正是激发作用强的波长。因此,荧光的强弱与吸收光的强弱相对应,激发光谱与吸收光谱的形状应相同,但实际上并不完全一致,因为激发光包含着光源以及单色器的特性,荧光分光光度计并不能保证在各波长处以完全相同的强度激发。

2. 荧光发射光谱

荧光发射光谱简称荧光光谱。

1) 荧光光谱的测绘

如果固定第一单色器波长,使激发光波长和强度保持不变,然后改变第二单色器波长,从200~700nm 进行扫描,所获得的光谱就是荧光光谱(fluorescence spectrum)。它表示在该物质所产生的荧光中,各种不同波长组分的相对强度,为进行荧光分析选择最佳测定波长提供依据,也可用于荧光物质的鉴别。

2) 荧光光谱的特性

(1) 荧光光谱形状与激发波长无关,这是由于分子无论被激发到高于 S_1 的哪一个激发态,都经过无辐射的振动弛豫和内转换等过程,最终回到 S_1 态的最低振动能级,然后产生分子荧光。因此,荧光光谱与荧光物质被激发到哪一个电子能级无关。

(2) 荧光光谱和吸收光谱有很好的镜像(mirror image)关系。分子由 S_0 态跃迁至 S_1 态各振动能级时产生的吸收光谱,其形状决定于该分子 S_1 态中各振动能级能量间隔的分布情况(称为该分子的第一吸收带),而分子由 S_1 态的最低振动能级至 S_0 态各振动能级所产生荧光光谱同样有多个峰,也就是说,荧光光谱的形状取决于 S_0 态中各振动能级的能量间隔分布。由于分子的 S_0 态和 S_1 态中各振动能级的分布情况相似,因此荧光光谱和吸收光谱的形状相似。图 3.3 为蒽分子乙醇溶液的吸收光谱(a、b)和荧光光谱(c)。

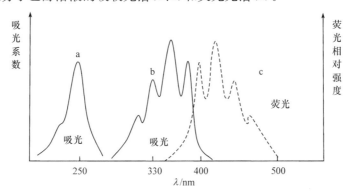

图 3.3 蒽分子乙醇溶液的吸收光谱(a、b)和荧光光谱(c)

在吸收光谱中,S_1 态的振动能级越高,与 S_0 态间的能量差越大,吸收峰的波长越短;相反,在荧光光谱中,S_0 态的振动能级越高,与 S_1 态间的能量差越小,产生荧光的波长越长。因此,荧光光谱和吸收光谱的形状虽相似,却呈镜像对称关系。

3.2.3 分子荧光的参数

1. 荧光寿命

荧光寿命(fluorescence lifetime),用 τ 来表示,荧光量子产率(fluorescence quantum efficiency)用 Φ_f 来表示,它们是荧光物质的重要发光参数。荧光寿命是处于激发态的荧光体返回基态之前停留在激发态的平均时间,或者说处于激发态的分子数目衰减到原来的 $1/e$ 所经历的时间,这意味着在 $t=\tau$ 时,大约有 63% 的激发态分子已去激衰变。荧光寿命在荧光分析或生命科学的研究中有重要意义,因为它能给出分子相互作用的许多动力学信息。例如,癌细胞比正常细胞的寿命要长得多,以此可以鉴别。利用荧光寿命的差别,可以进行荧光混合物的分析。

荧光寿命的测定方法,应用较广泛的是脉冲光激发时间分解法和相调制法。通过实验求得最大荧光强度 I_{0f} 和衰减不同时间 t 的荧光强度 I_t 后,用 $\ln(I_{0f}/I_t)$ 值为纵坐标,以对应的时间 t 为横坐标作图可得一直线,该直线的斜率等于 $1/\tau$,因此,可以求出荧光寿命 τ。

2. 荧光量子产率

荧光量子产率 Φ_f 反映了荧光物质发射荧光的能力,其值越大物质的荧光越强。荧光量子产率的计算公式为

$$\Phi_f = \frac{发射的光子数}{吸收的光子数}$$

可用式(3.2)表示:

$$\Phi_f = \frac{K_f}{K_f + \sum K} \tag{3.2}$$

式中,K_f 为荧光发射过程的速率常数;$\sum K$ 为其他各无辐射跃迁过程的速率常数的总和。通常,K_f 主要取决于分子的结构,$\sum K$ 主要取决于分子所处的环境。当 $K_f \ll \sum K$ 时,Φ_f 接近零,该物质为非荧光物质,当 $\sum K$ 趋近于零时,Φ_f 接近 1。所以,荧光物质的 Φ_f 通常大于 0 小于 1。

3.2.4 荧光强度的主要影响因素

1. 荧光强度与浓度

荧光物质浓度很稀时,所发射的荧光相对强度 I_f 可用式(3.3)表示:

$$I_f = K' \Phi_f I_0 (1 - e^{-A}) \tag{3.3}$$

式中,K' 为与仪器有关的常数;Φ_f 为荧光量子产率;I_0 为激发光强度;A 为荧光物质在激发光波长下测得的吸光度;e 为自然对数的底。

由式(3.3)可知,凡是影响 Φ_f 值的因素如温度、酸度、溶剂和物质的本性等对荧光强度都有影响。随着荧光体浓度增大,吸光度 A 增大,I_f 也增大。但当 A 无限增大时,e^{-A} 趋于零。所以,浓度增大到一定程度后若再增加,I_f 便不再增加。当荧光体浓度很稀,吸光度 $A < 0.05$ 时,式(3.3)中的 $e^{-A} = 1 - A$,因此

$$I_f = K' \Phi_f I_0 [1 - (1 - A)] = K' \Phi_f I_0 \varepsilon bc \tag{3.4}$$

当测定体系和测定条件确定之后,K'、Φ_f、I_0 以及摩尔吸光系数 ε 和液层厚度 b 均为常数。设 $K = K' \Phi_f I_0 \varepsilon b$,则

$$I_f = Kc \tag{3.5}$$

式(3.4)、式(3.5)就是进行荧光分析的定量关系式,它说明在一定条件下,溶液的荧光强度与荧光物质的浓度 c 成正比。

荧光分析是微量组分或痕量组分分析法,当荧光物质的浓度增至吸光度 $A \geq 0.05$ 时将产生显著的浓度效应,使荧光强度 I_f 与浓度 c 的关系偏离线性。图 3.4 说明了溶液浓度对荧光强度测定的影响,其中(a)为稀溶液($A < 0.05$),在入射光 I_0 激发下所产生的荧光体以黑点表

示,它均匀地分布于液池中;(b)为较浓溶液($A>0.05$),入射光被液池前部的荧光分子剧烈吸收产生强的荧光,液池中部、后部的荧光分子因不易受到入射光的照射使荧光强度大大下降,所以检测器窗口测到的荧光强度反而降低。浓度较高的溶液还会产生各种型体的复合物或荧光基态分子的聚集体,使荧光光谱改变或荧光强度下降。如果短波长的荧光被该荧光分子再吸收会产生自吸现象,导致荧光强度急剧下降。

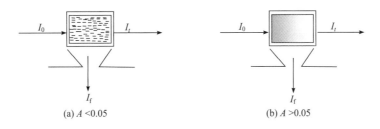

图 3.4　溶液浓度对荧光强度测定的影响

2. 荧光与分子结构

了解荧光与分子结构的关系,可以预示分子能否发光,在什么条件下发光、发出的荧光将具有什么特征,以便更好地运用荧光分析技术,将非荧光体与荧光体、弱荧光体与强荧光体进行相互转化,满足不同分析目的的需要。

通常,强荧光分子都具有大的共轭π键结构以及供电子取代基和刚性平面结构等,而饱和的化合物与只有孤立双键的化合物,不呈现显著的荧光。

1) 共轭π键体系

最强且最有用的荧光物质多是含有低能 π-π^* 跃迁的有机芳香族化合物及其金属离子配合物,电子共轭度越大,越容易产生荧光;环越大,发光峰红移程度越大,发光也往往越强。表 3.1 中,苯和萘的荧光位于紫外区、蒽位于蓝区、丁省位于绿区、戊省位于红区,且均比苯的量子产率高。

表 3.1　几种线状多环芳烃的荧光

化合物	结构式	Φ_f	$\lambda_{ex}(\lambda_{em})$/nm
苯		0.11	205(278)
萘		0.29	286(321)
蒽		0.46	365(400)
丁省		0.60	390(480)
戊省		0.52	580(640)

共轭环数相同的芳香族化合物,线性环结构的荧光波长比非线性者要长。例如,蒽和菲,后者为“角”形结构,荧光峰位于 350nm,而线性结构的蒽为 400nm。多环芳烃是重要的环境污染物,其中苯并[a]芘是著名的强致癌物,是食品卫生检验和环境检测的必做项目。

2）刚性平面结构

强荧光物质的分子多数具有刚性平面结构，这样，可以减少分子自身的振动，并使分子与溶剂或其他溶质的相互作用减少，降低了碰撞去激的可能性或程度。例如，荧光素是强荧光物质，但与其结构相似的酚酞由于没有氧桥，不易保持平面构型，是非荧光物质。同理，杂氮菲产生荧光而偶氮苯不发荧光，结构如下：

荧光素发荧光　　　　　　　　　　　　酚酞不发荧光

杂氮菲发荧光　　　　　　　　　　　　偶氮苯不发荧光

有些物质的同分异构体有不同的荧光特性，如1,2-二苯乙烯，反式是平面构型的强荧光物质，顺式为非平面构型则不发荧光。如果非刚性配位体与金属离子配位后变为平面构型，就可能出现荧光或荧光加强。例如，8-羟基喹啉是弱荧光物质，在一定条件下与 Al^{3+}、Mg^{2+} 等离子配位后荧光显著增强，从而拓展了荧光分析的应用范围。

3）取代基效应

取代基的种类和位置对荧光体的荧光光谱和强度有较强的影响。

给电子取代基加强荧光，如—OH、—OR、—CN、—NH_2、—NHR、—NR_2、—OCH_3 等。这是由于取代基上的 n 电子的电子云几乎与芳环上的 π 轨道平行，因而共享了共轭 π 电子结构，产生了 p-π 共轭效应，扩大了共轭双键体系。这类荧光体的跃迁特性接近于 π-π* 跃迁，而不同于一般的 n-π* 跃迁。

得电子取代基通常使荧光减弱，使磷光加强。例如，=C=O、—COOH、—NO_2、—SH等，它们 n 电子的电子云并不与芳环上 π 电子云共平面，不能构成 p-π 键。另外，芳环上取代F、Cl、Br、I 之后，使系间窜跃加强，其荧光强度随卤素相对原子质量的增加而减弱，磷光相应增强，这种效应称为重原子效应。

取代基的位置也有影响，对位、邻位取代增强荧光，间位取代抑制荧光。双取代和多取代基的影响较难预测，取代基之间如果能形成氢键增加分子的平面性，则荧光增强。两种性质和作用不同的取代基共存时，其中有一个起主导作用。

影响不明显的取代基有—NH_3、—R、—SO_3H 等。—CN 取代的芳烃通常都有荧光。不论何种类型的取代，随着共轭体的增大，其影响相应减小。

4）电子跃迁类型

含有氮、氧、硫杂原子的有机物如喹啉和芳酮类物质都含未键合的非键电子 n，电子跃迁多为 n-π* 型，系间窜跃强烈，荧光很弱或不发荧光，易与溶剂生成氢键或质子化从而强烈地影响它们的发光特性。

不含 N、O、S 原子的有机荧光体多发生 π-π* 类型的跃迁，这是电子自旋允许的跃迁，摩尔吸光系数大（ε 约为 10^4），荧光辐射强，在刚性溶剂中常有与荧光强度相当的磷光。

3. 荧光猝灭

荧光分子与溶剂或其他物质分子作用使荧光强度减弱的现象称为荧光猝灭（fluorescence quenching），能使荧光强度降低的物质称为荧光猝灭剂（quencher）。

荧光猝灭分为静态猝灭和动态猝灭，静态猝灭的特征是基态荧光分子 M 和猝灭剂 Q 发生反应，生成非荧光性物质 MQ，使 M 失去荧光特性。反应如下：

$$M + Q \rightleftharpoons MQ$$

动态猝灭的特征是激发态 M* 和 Q 碰撞，发生能量或电子转移从而失去荧光性，或生成瞬时激发态复合物 MQ*，使荧光分子 M 的荧光猝灭。与静态猝灭不同，动态猝灭通常并不改变 M 的吸收光谱。

$$M \xrightarrow{\lambda_{ex}} M^* + Q \longrightarrow MQ^* \longrightarrow MQ（无辐射跃迁）$$
$$或 \longrightarrow MQ + \lambda_{em}（荧光）$$

荧光猝灭通常有一定的选择性。常见的猝灭有下列几种主要类型。

1）自猝灭

如果 M* 在发光之前和它的基态碰撞引起猝灭，或生成不发荧光的基态多聚体，或因自吸收导致荧光强度减弱，这些现象统称为荧光分子的自猝灭（self quenching）。

2）电荷转移猝灭

激发态分子往往比基态具有更强的与其他物质发生氧化还原反应的能力，从而导致荧光猝灭，这种现象称为电荷转移猝灭。例如

无 Fe^{2+} 时：　　　　　　$M（甲基蓝）\xrightarrow{\lambda_{ex}} M^* \longrightarrow M + \lambda_{em}（荧光）$

有 Fe^{2+} 时：　　　　　　$M^* + Fe^{2+} \longrightarrow M^- + Fe^{3+}$

生成的 M^- 进一步发生下列反应：

$$M^- + H^+ \longrightarrow MH（半醌）$$
$$2MH \longrightarrow M + MH_2（无色染料）$$

I^-、Br^-、CNS^- 和 $S_2O_3^{2-}$ 等易于给出电子的阴离子对奎宁、荧光素和罗丹明 B 也会发生类似的猝灭作用，且猝灭的强弱顺序为：$I^- > CNS^- > Br^- > Cl^- > C_2O_4^{2-} > SO_4^{2-} > NO_3^- > F^-$，这一顺序与它们给出电子的难易程度相关联。

3）转入三重态猝灭

经系间窜跃转入三重态的大多数分子，很容易把多余的能量消耗在碰撞之中使荧光猝灭，这种现象称为转入三重态猝灭。只有在低温下分子碰撞作用极大地减弱，才可能发射磷光。氧的存在会增强荧光物质的系间窜跃，所以氧分子是荧光和磷光最常见的猝灭剂。

4）光化学反应猝灭

某些光敏物质在紫外或可见光照射下很容易发生光化学反应或发生预离解跃迁，如核黄素（维生素 B_2）经光照后会转化为光黄素，DNA、多糖类和蛋白质等物质在紫外光和可见光下可引起光解作用。荧光分析中因发生光化学反应引起猝灭的现象经常遇到。

4. 温度、酸度和溶剂的影响

温度降低，Φ_f 和 I_f 均增大。例如，荧光素钠的乙醇溶液，在 0℃ 以下每降低 10℃，Φ_f 约增

加 3‰,冷却至−80℃时,Φ_f 接近于 1。

荧光物质如果是弱酸或弱碱,pH 的改变会影响其型体分布和荧光强度,因此可以用控制酸度的办法提高荧光分析的灵敏度和选择性。

溶剂的改变会使荧光物质的 Φ_f 发生变化,或导致其他副反应的发生,既是有利因素也是不利因素。例如,生命科学中进行有关研究的荧光探针(fluorescence probe),通常对溶液极性的敏感度很高。在水溶液中 Φ_f 很低,但当它们结合到蛋白质或细胞膜上时,Φ_f 大大提高,所以可用来指示在蛋白质或膜上结合位置的极性。

5. 表面活性剂的影响

在水溶液中,当单体表面活性剂浓度增大到临界胶束浓度(CMC)时,便会缔合为球状胶束。它的存在使荧光分子处在胶束溶液更有序的微环境中,对荧光质点起到了保护作用,减小了荧光猝灭和非辐射去激,使 Φ_f 明显增大。胶束增敏作用具有较强的选择性,该技术在荧光分析中得到了广泛的应用和研究。

3.2.5　荧光定量分析方法

1. 工作曲线法

将已知量的标准物质经过与试样的相同处理后,配成一系列标准溶液并测定它们的相对荧光强度,以相对荧光强度对标准溶液的浓度绘制工作曲线,由试液的相对荧光强度对照工作曲线求出试样中荧光物质的含量。工作曲线法适用于大批量样品的测定。

2. 比较法

如果样品数量不多,可用比较法进行测定。取已知量的纯荧光物质配制和试液浓度 c_X 相近的标准溶液 c_s,并在相同的条件下测得它们的荧光强度 I_{fX} 和 I_{fs},若有试剂空白荧光 I_{f_0} 必须扣除,然后按式(3.6)计算试液的浓度 c_X:

$$c_X = \frac{I_{fX} - I_{f_0}}{I_{fs} - I_{f_0}} \cdot c_s \tag{3.6}$$

3. 荧光猝灭法

对静态猝灭,荧光分子 M 与猝灭剂 Q 如果生成非荧光基态配合物 MQ,则

$$M + Q \rightleftharpoons MQ \qquad K = \frac{[MQ]}{[M][Q]}$$

由于荧光的总浓度 $c_M = [M] + [MQ]$,根据荧光强度与荧光分子 M 浓度的线性关系,有

$$\frac{I_{0f} - I_f}{I_f} = \frac{c_M - [M]}{[M]} = \frac{[MQ]}{[M]} = K[Q]$$

即
$$\frac{I_{0f}}{I_f} = 1 + K[Q] \tag{3.7}$$

式中,I_{0f} 与 I_f 分别为猝灭剂加入前与加入后试液的荧光强度。当猝灭剂的总浓度 $c_Q < c_M$ 时式(3.7)成立,且 c_Q 与 [Q] 之间成正比关系。同理,也可以推导出与此式完全相似的动态猝灭关系式。

与工作曲线法相似,对一定浓度的荧光物质体系,分别加入一系列不同量的猝灭剂 Q,配成一个荧光物质体系,然后在相同条件下测定它们的荧光强度。以 I_{of}/I_f 值对 c_Q 绘制工作曲线即可方便地进行工作。该法具有较高的灵敏度和选择性。

4. 多组分混合物的荧光分析

(1) 如果混合物中各组分的荧光峰相互不干扰,可分别在不同的波长处测定,直接求出它们的浓度。

(2) 如果荧光峰互相干扰,但激发光谱有显著差别,其中一个组分在某一激发光下不吸收光,不会产生荧光,因而可选择不同的激发光进行测定。例如,Al^{3+} 和 Ga^{3+} 的 8 -羟基喹啉配合物的氯仿萃取液,荧光峰均在 520nm,但激发峰分别为 365nm 和 435.8nm,所以,分别用365nm 及 435.8nm 激发,在 520nm 测定。

(3) 如果在同一激发光波长下荧光光谱互相干扰,可以利用荧光强度的加和性,在适宜的荧光波长处测定,利用列联立方程的方法求结果。硫胺素的 $\lambda_{ex}=385nm$,$\lambda_{em}=435nm$;吡啶硫胺素的 $\lambda_{ex}=410nm$,$\lambda_{em}=480nm$,但互相干扰、重叠。用上述激发光激发,测定混合物试液在435nm 和 480nm 的荧光强度 $I_{f\lambda_{em}/\lambda_{ex}}$,并事先测定它们的纯物质各自在上述激发光和荧光测定波长下的相对摩尔荧光强度,然后可列出两组联立方程式:

$$\begin{cases} I_{f435/385} = 26339 \times 10^4 c_T + 210 \times 10^4 c_P \\ I_{f480/385} = 9685 \times 10^4 c_T + 1022 \times 10^4 c_P \end{cases}$$

或

$$\begin{cases} I_{f435/410} = 6419 \times 10^4 c_T + 252 \times 10^4 c_P \\ I_{f480/410} = 2816 \times 10^4 c_T + 1709 \times 10^4 c_P \end{cases}$$

式中,c_T、c_P 分别是硫胺素和吡啶硫胺素的浓度。解上述任一方程组即可求得混合物试液中c_T 和 c_P。目前,大多数荧光分光光度计都带有功能齐全的工作站,借助计算机处理技术,利用软件程序可以很方便地对更多组分的复杂混合物进行分析。

5. 荧光分析注意事项

荧光分析是一种微量、痕量分析技术,对溶液、仪器工作条件和环境特别敏感,除前述的有关影响外,工作中还需要注意以下问题:

1) 防止荧光污染

荧光污染通常是指所用器皿、溶剂混有非待测荧光体,或者荧光溶液制备、保存不当而引起的荧光干扰现象。肥皂粉、洗衣粉、去污粉和常用洗液都能产生荧光,手上的油脂也会污染所用器皿。因此,器皿用一般方法洗净后,可在 8mol·L^{-1} HNO$_3$ 中浸泡一段时间,用蒸馏水洗净后再投入使用。滤纸是芳环类化合物的残渣,常有荧光。涂活塞用的润滑油类有很强的荧光,橡皮塞、软木塞和去离子水也可造成荧光污染,均应避免使用。

溶液长期放置,因细菌滋生会产生荧光污染和光散射;对极稀的溶液会因被器壁吸附或被溶液中的氧氧化而造成损失。因此,所用溶液要采取保护措施,最好新鲜配制并设法除去溶解氧的干扰。

2) 防止散射光的干扰

溶液中可能存在的散射光有丁铎尔散射光、瑞利散射光和拉曼散射光。

丁铎尔散射光是溶液中的胶体颗粒对入射光的散射作用所产生的,在微量、痕量分析中不常见。如果溶剂分子吸收能量较低的光线后,不足以使分子中的电子跃迁到较高的电子激发态,而只是上升到基态中较高的振动能级,如果在极短的时间内 $(1.0\times10^{-15}\sim1.0\times10^{-12}\,\mathrm{s})$ 返回到原来的振动能级,便发出与激发光波长完全相同的瑞利散射光(Rayleigh scattering);如果返回到稍高或稍低于原来的振动能级,则产生分布在瑞利线两边的稍长(红伴线)或稍短(蓝伴线)的拉曼散射光(Raman scattering)。

选择合适的测定波长或滤光片,可以消除与激发光波长完全相同的液池表面散射光、丁铎尔和瑞利散射光的干扰。拉曼光的红伴线离荧光峰较近,常成为荧光分析的主要光学干扰。减小狭缝或选用复合滤光片可除去拉曼光的影响,但同时使荧光强度降低。CCl_4 的拉曼线与激发光极为靠近,用它为溶剂干扰极小。拉曼光随激发光波长而变化,荧光则与激发光的选择无关,利用这一点可以区分拉曼光和荧光,选择合适的激发光也可以排除拉曼光对测定的干扰。

3.2.6 荧光分光光度计

目前,商品荧光分析仪器多为荧光分光光度计(fluorescence spectrophotometer),主要包括手动式、自动记录式和微机化式几种类型,而前两种类型也将逐渐退出市场。近十几年来,性能较好的仪器都已微机化,配有满足需要的工作站,如美国 P. E 公司的 MPF-66 型、日立 850 型以及国产 970CRT 型荧光分光光度计等。

1. 仪器工作原理及主要部件

图 3.5 是微机化荧光分光光度计工作原理图,主机测得的荧光信号经放大器放大和经模/数转换后输入于中央处理器(CPU)。另外,由主机波长轴和电位计耦合的电压信号经模/数转换后也输入 CPU,CPU 根据"只读存储器"ROM 所存入的程序进行运算。运算程序的执行指令由操作键下达,结果由模/数转换器转为光信号以数字显示,或打印,或由 CRT 屏幕显示。微机数据处理器有给出真实激发荧光光谱、一阶、二阶导数荧光光谱、平均光谱和同步光谱的功能,可方便地扣除荧光光谱的背景以及对任一波长范围区间内的光谱面积进行积分。

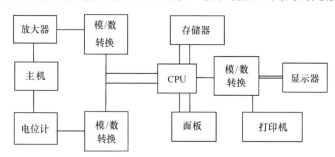

图 3.5 微机化荧光分光光度计工作原理图

荧光分光光度计主机的部件主要有光源、单色器、荧光液池、狭缝和光电倍增管等。例如,国产 970CRT 型,光源采用可发射 $250\sim800\mathrm{nm}$ 很强的连续光谱的氙灯,两个单色器采用光栅,荧光液池通常是方形的石英池,四个面都透光。因此,操作时要拿着棱,以防污染透光面。选用光电倍增管为检测器,灵敏的光电倍增管是保证分析顺利实施,并具有较高分辨率和灵敏度的基础。

2. 仪器的灵敏度

以荧光物质的量子产率 Φ_f 和摩尔吸光系数 ε 的乘积表示的灵敏度(sensitivity)称为绝对灵敏度,用 S_a 表示,即

$$S_a = \Phi_f \varepsilon \tag{3.8}$$

S_a 值越大,方法灵敏度越高。

由于实际测定时,激发光源的强度和光电倍增管的光谱特性随波长而变,灵敏度受仪器质量和工作条件等诸多因素的影响,因此同一物质在不同的条件和仪器上测定的灵敏度不同。故所用仪器都以在特定条件下能检出 $0.05\,\text{mol} \cdot \text{L}^{-1}$ H_2SO_4 介质中的硫酸奎宁的最低浓度为灵敏度指标,其值多在 $1.0 \times 10^{-10} \sim 1.0 \times 10^{-12}\,\text{g} \cdot \text{mL}^{-1}$。

目前,仪器的灵敏度趋向于用纯水的拉曼峰信噪比表示。以纯水的拉曼峰高为信号值(S),并固定发射波长,用工作站进行时间扫描,求出仪器的噪声值(N),用 S/N 的值作为衡量仪器灵敏度的指标,其值大多为 $20 \sim 200$,该值越大,仪器对荧光信号的检测就越灵敏。这种方法不但简便易行,实用性强,而且比较符合实际,很快被人们所采用。

3.3　分子磷光分析法

磷光现象是分子从亚稳态 T_1 的最低振动能级跃迁返回到 S_0 态的结果,主要有低温磷光和室温磷光分析法。目前,出现了固体表面室温磷光、胶束增敏室温磷光等方法,利用同步扫描、导数光谱、时间分辨和相分辨等技术扩展了磷光分析的应用,与荧光分析、计算机技术相互补充和有机结合,使分子磷光分析法在药物分析、细胞生物学、生物化学、生物科学等领域测定痕量有机活性组分方面得到了令人满意的结果。

3.3.1　低温磷光分析

低温磷光分析是将试样溶于有机溶剂中,在液氮(温度77K)条件下形成刚性玻璃状物后,测量磷光。这样,可减小分子间的碰撞,防止磷光猝灭。所用的溶剂应具备下列条件:①易于制备和提纯;②能很好地溶解被分析物质;③在77K温度下应有足够的黏度并能形成明净的刚性玻璃体;④在所研究的光谱区背景要低,没有明显的光吸收和光发射现象。表3.2列出了部分低温磷光分析常用溶剂。

表 3.2　部分低温磷光分析常用溶剂

溶剂及组成	混合比例(体积比)	使用温度/K
乙醇+异戊醇+乙醚(EPA)	2+5+5	77
异丙醇+异戊醇+乙醚	2+5+5	77
乙醇+甲醇+碘乙(丙)烷	16+4+1	77
水+乙二醇	1+2	123~150
EPA+氯仿	12+1	77
EPA+碘甲烷(IEPA)	10+1	77
三乙醇胺	纯溶剂	193~213

所用溶剂在混合使用之前必须通过萃取或蒸馏加以提纯,使用含有 Cl、Br、I 重原子的混合溶剂不但有利于系间窜跃,提高方法的灵敏度,还能利用重原子对磷光体的选择性作用,以

及对磷光寿命影响的差异,达到提高分析选择性的目的。

3.3.2　室温磷光分析

低温磷光需要适当的低温条件,限制了它的应用及发展。室温磷光分析避免了低温条件,将试样固定在滤纸、硅胶、氧化铝、玻璃纤维、淀粉、溴化钾等基体上,以增加其刚性,减少三重态的碰撞猝灭,增强磷光相对强度。

利用磷光物质溶解在胶束溶液中,并进入胶束使磷光增强的现象而建立起来的磷光分析方法称为胶束稳定的溶液室温磷光分析(MS-RTP)。胶束明显增加了三重态的稳定性,因而磷光强度显著增强。环糊精是另一类能使分子高度有序化的介质,其中所含的葡萄糖分子因偶联而形成一个刚性的圆锥体结构,其中含有特定体积的憎水空腔,憎水空腔具有与许多有机或无机分子形成稳定配合物(inclusion complex)的能力,而这种配合具有比较高的空间选择性。

在室温下测定环糊精溶液中有关组分磷光信息的方法,称为环糊精室温磷光(CD-RTP)。这种方法具有选择性好、灵敏度高、光谱振动带的分辨率较好的特点,是很有发展前途的分子发光分析法。

3.4　化学发光分析法

某一反应物、产物或其他能量接受体,吸收化学反应能后处于电子激发态,当它跃回到基态时所产生的光辐射称为化学发光(chemiluminescence,CL)。目前,在红外、紫外和可见光区均观察到了化学发光现象,人们把发光效率大于0.001%的发光反应称为强化学发光,发光效率为$1.0\times10^{-6}\%\sim1.0\times10^{-3}\%$的发光反应称为弱化学发光,发光效率小于$1.0\times10^{-6}\%$的发光反应称为超微弱化学发光,把基于化学发光现象建立起来的分析方法称为化学发光分析法。该法具有灵敏度高、线性范围宽、设备简单、分析速度快且易实现自动化等显著优点。因此,近年来得到了迅速发展,已广泛应用于生物科学、食品科学、药物检验、微生物学、临床和免疫分析、环境检测、农林科研等领域,可以测定数十种元素、大量无机物质和有机化合物。但该法可利用的理想发光体系不多,无机物质测定的选择性有待进一步提高。

3.4.1　化学发光分析的基本理论

1. 化学发光反应的基本要求

一个反应要成为化学发光反应,必须满足如下基本要求:

(1) 化学反应必须提供足够的化学能,且被发光物质吸收形成电子激发态。如果在$760\sim280$nm的紫外-可见光区产生化学发光,则要求化学反应提供$160\sim420$kJ·mol^{-1}的能量,具有过氧化物中间产物的氧化还原反应一般能满足这种要求。因此,化学发光反应大多数是有H_2O_2、O_3等参加的高能氧化还原反应。

(2) 吸收化学能处于电子激发态的分子返回到基态时,能以光的形式释放出能量,或者把能量转移到一个合适的接受体上,该接受体能以光的形式释放能量,产生敏化化学发光(sensitized chemiluminescence)。

化学激发:

$$A+B\longrightarrow C^*+D\longrightarrow C+h\nu(CL)　　或　　A+B+C(接受体)\longrightarrow AB+C^*$$

敏化化学发光:

$$C^*\longrightarrow C+h\nu(CL)$$

2. 化学发光效率

化学发光效率 ϕ_{CL} 等于激发态分子的产率 ϕ_{Ce} 和激发态分子发光效率 ϕ_{em} 的乘积,即

$$\phi_{CL} = \phi_{Ce}\phi_{em} = \frac{激发态分子数}{参加反应分子数} \cdot \frac{发射光子的分子数}{激发态分子数}$$
$$= \frac{发射光子的分子数}{参加反应分子数}$$

通常,化学发光反应的发光效率 ϕ_{CL} 较低,超过 1% 的反应体系不多。

3. 化学发光的强度与反应物浓度间的关系

根据化学发光发生和消失时间的长短,通常分为快发光和慢发光两种。快发光在反应进行 1s 之内即可达到发光峰值,在 5s 之内峰值衰减 90%,慢发光的发生和衰减时间相对要长一些。不论是快发光还是慢发光,化学发光的相对强度 I_{CL} 取决于化学发光反应的转化速率,而后者常用单位时间内反应物或产物浓度的变化表示。因此,若某种被测物质与过量试剂反应而发光,则相对发光强度与被测物浓度间有如式(3.9)关系:

$$I_{CL}(t) = \phi_{CL}\frac{dc}{dt} \tag{3.9}$$

式中,$I_{CL}(t)$ 表示 t 时刻的化学发光相对强度;dc/dt 为被测物的转化速率。积分可得

$$\int I_{CL}dt = \phi_{CL}\int \frac{dc}{dt}dt = \phi_{CL}c \tag{3.10}$$

由此可知,当 ϕ_{CL} 维持恒定时,化学发光强度的积分即总的发光强度与被测物的浓度 c 成正比,这是化学发光定量分析的基础。通常,对于快发光用峰高代替积分发光强度,利用峰高与被测物浓度的正比关系进行定量分析。

某些痕量金属离子本身并不产生化学发光,但它们可以催化或抑制某一化学发光体系,使发光强度的变化与离子的浓度在一定范围内呈线性关系,以此来测定这些无机离子。

4. 灵敏度和检出限

化学发光分析法的灵敏度通常不是由仪器可检测的最低浓度决定的,因为许多化学发光法都是高灵敏的,仪器检测光的能量不是主要问题,而环境污染和其他低浓度的干扰因素及排除显得特别重要,它们往往决定方法的灵敏度。

一般把所产生的化学发光相对强度等于空白信号标准偏差 S_0 三倍时的被测物浓度作为它的检测下限,简称检出限(detection limit,DL),即

$$DL = \frac{3S_0}{m} \tag{3.11}$$

式中,m 为被测物质工作曲线的斜率。

检出限与空白信号的污染水平或杂质的干扰程度关系不大,主要取决于仪器的稳定性和发光体系的发光效率,仪器越稳定,标准偏差 S_0 越小;体系的发光效率 ϕ_{CL} 越高,工作曲线斜率 m 越大,检测的下限浓度就相应越低。

3.4.2　化学发光分析的主要类型

1. 液相化学发光

用于分析上的液相化学发光体系很多,但研究和应用的比较广泛的有鲁米诺(Luminol)、

光泽精（lucigenin）和过氧草酰类（peroxyoxalate）。

1）鲁米诺体系

鲁米诺（3-氨基苯二甲酰环肼）也称为冷光剂，它在碱性介质中与 H_2O_2 等氧化剂反应，可以产生最大发射波长为 425nm 的化学发光，ϕ_{CL} 在 1% 左右，其发光历程如下：

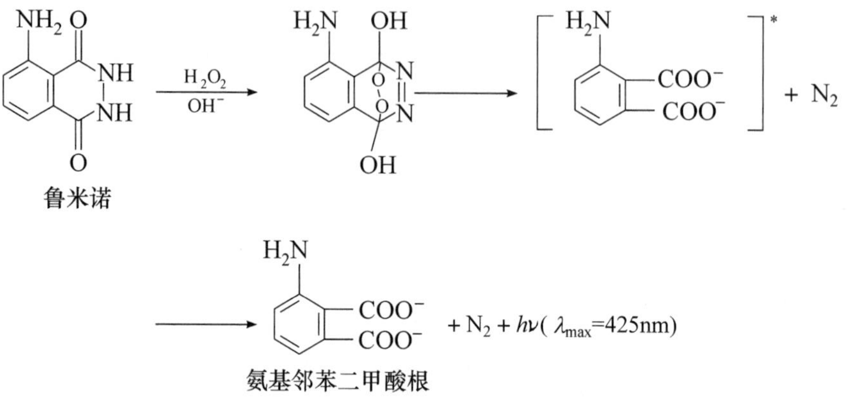

鲁米诺

氨基邻苯二甲酸根

该化学发光反应的转化速率很慢，某些金属离子如 Cr^{3+} 可线性催化该反应，使相对发光强度增强。也有人认为，一些离子如 Co^{2+}、Cu^{2+} 在反应中其价态发生了变化，并非起催化剂的作用，而是一种反应物，其作用机理有待人们进一步探讨。该体系对 Co^{2+}、Cr^{3+} 的检出限分别为 $7.0 \times 10^{-14} g \cdot mL^{-1}$ 和 $6.2 \times 10^{-13} g \cdot mL^{-1}$，为目前测定这些离子的最灵敏方法。

2）光泽精体系

光泽精（N,N-二甲基-9,9-联吖啶二硝酸盐）在碱性溶液中与 H_2O_2 反应生成激发态的 N-甲基吖啶酮，产生最大发射波长为 470nm 的光，其 ϕ_{CL} 为 1%～2%，反应历程如下：

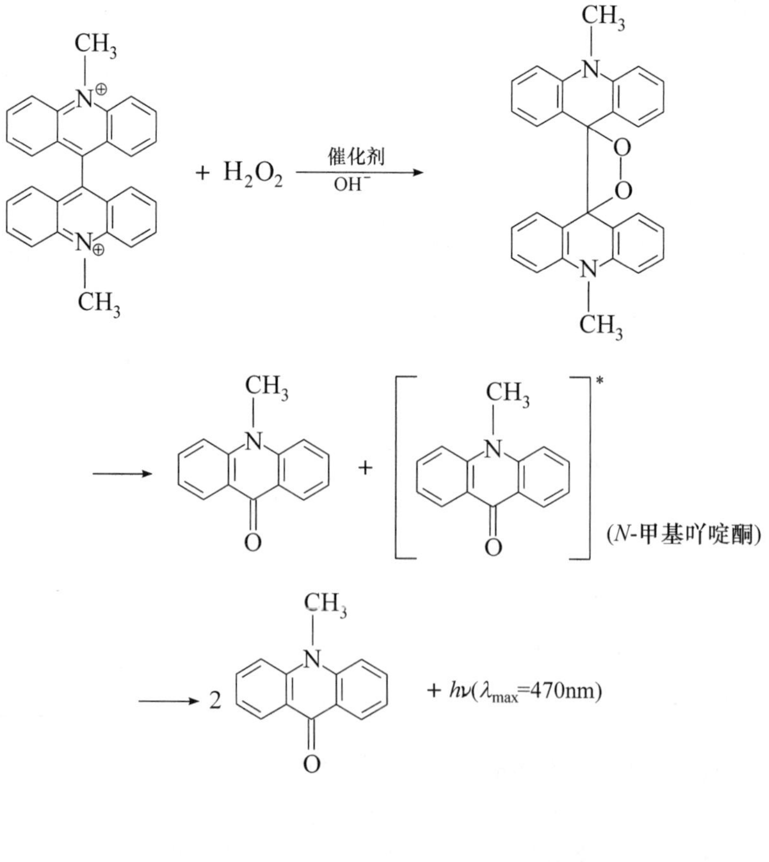

（N-甲基吖啶酮）

$+ h\nu(\lambda_{max}=470nm)$

该体系可测定 Fe^{2+}、Fe^{3+}、Cr^{3+}、Mn^{2+}、Ag^+ 等,尤其是可以测定鲁米诺体系不能直接测定的 Pb^{2+}、Bi^{3+} 等离子。还可以测定丙酮、羟胺、果糖、维生素 C、谷胱甘肽、尿素、肌酸酐和多种酶。用光泽精作化学发光探针,可用来测定人体全血中吞噬细胞的活性。

3) 过氧草酰体系

过氧草酰发光体系应用最多的是双(2,4,6-三氯苯基)草酸酯(TCPO)和双(2,4-二硝基苯)草酸酯(DNPO),它们与 H_2O_2 作用在荧光体如红萤烯的存在下产生化学发光,ϕ_{CL} 高达 $22\%\sim27\%$,是目前非生物发光中发光效率最高的体系,其反应历程如下:

$$RO-\overset{\overset{O}{\parallel}}{C}-\overset{\overset{O}{\parallel}}{C}-OR + H_2O_2 \longrightarrow \left[\begin{matrix} O=C-C=O \\ | \quad\quad | \\ O\!-\!O \end{matrix} \right]^*$$

$$\left[\begin{matrix} O=C-C=O \\ | \quad\quad | \\ O\!-\!O \end{matrix} \right]^* + \underset{\text{荧光体}}{\text{fluorophor}} \longrightarrow \text{fluorophor}^* + 2CO_2$$
$$\longrightarrow \text{fluorophor} + h\nu$$

此类反应中,荧光体为能量接受体,激发态的过氧草酰产物并不发光,而是把能量转移给相匹配的荧光体,发射荧光体的特征荧光光谱。该体系可测定甲醛、甲酸、H_2O_2、葡萄糖、氨基酸、多环芳胺类化合物和 Zn^{2+}、Cr^{6+}、Mo^{6+}、V^{5+} 等多种金属离子。

其他液相化学发光有没食子酸、洛粉碱、硅氧烯(siloxene)、苏木色精、槲皮素和邻菲咯啉、罗丹明 B、连苯三酚等体系,它们都有可能应用于分析实践中,亟待人们去研究和开发。

2. 气相化学发光

气相化学发光已广泛用于大气污染检测,测定对象主要有两类:一类是常温下呈气态的氰化物、硫化物、氮化物、臭氧和乙烯等;另一类是在火焰中易生成气态原子的 P、N、S、Te 和 Se 等元素,这一类也称为火焰气相发光。典型的气相化学发光反应如下:

$$NH_n + O_3 \xrightarrow{\text{常温}} H_xMO_y^*$$
$$\longrightarrow H_xMO_y + h\nu$$

利用该反应可测定 $As(0.15ng)$、$Sb(35ng)$、$Se(110ng)$,线性范围达 $4\sim5$ 个数量级。

下面举三个例子。

(1)　　　　　$NO + O_3 \xrightarrow{\text{常温}} NO_2^* + O_2$
$$\longrightarrow NO_2 + h\nu \quad\quad (\lambda \geqslant 600nm)$$

$$SO_2 + O + O \xrightarrow{\text{常温}} SO_2^* + O_2$$
$$\longrightarrow SO_2 + h\nu \quad\quad (\lambda_{max} = 280nm)$$

$$C_2H_4 + 2O_3 \xrightarrow{\text{常温}} 2CH_2O^* + 2O_2$$
$$\longrightarrow 2CH_2O + h\nu \quad (\lambda_{max} = 435nm)$$

反应中生成的激发态甲醛为发光体,$\lambda_{max}=435nm$,该反应对 O_3 是特效的。

(2)　　　　罗丹明 $B + O_3 \xrightarrow{\text{常温}}$ 罗丹明 $B^* + O_2$
$$\longrightarrow \text{罗丹明 } B + h\nu \quad (\lambda_{max} = 584nm)$$

该反应常用在气象卫星上,以便测绘大气或同温层中 O_3 的含量,因罗丹明 B 为固态,所以也称为异相化学发光。

$$(3) \qquad S+S \xrightarrow{\text{火焰}} S_2^* \longrightarrow S_2+h\nu \qquad (\lambda_{max}=394nm)$$

$$H+NO \xrightarrow{\text{火焰}} HNO^* \longrightarrow HNO+h\nu \quad (\lambda_{max}=690nm)$$

$$H+PO \xrightarrow{\text{火焰}} POH^* \longrightarrow POH+h\nu \quad (\lambda_{max}=526nm)$$

以上在火焰中由气态原子反应产生的化学发光已应用于试样中的 CS_2、H_2S、SO_2、NO 和痕量磷的测定。但由于反应体系的流速、流量、压力、温度等条件的控制要求较严格,进行气相化学发光分析不如液相化学发光体系方便,应用上受到一定程度的限制。

除此之外,还有异相化学发光、电生化学发光等类型。

3.4.3　化学发光分析仪器

液相化学发光分析仪不需要激发光源,通常也不需要复杂的分光系统,具有构造简单、价格便宜、操作方便的特点。一般由进样系统、发光反应池、检测器、信号放大系统和工作站等几个部分组成。根据进样方式的不同,液相化学发光仪可分为分立取样式和流动注射式两种类型。

分立取样式仪器采用静态测量法,用吸量管或进样器分别取一定量的试剂和试液,选择最佳进样程序注入发光反应池中测量相对发光强度。仪器操作简便、工作条件易于选择,能够利用时间分辨技术同时测定试液中的多种组分,适用于进行动力学研究,而且价格也相对便宜,但分析速度慢,测定的精密度易受人工加样等因素的影响。商品仪器已不多见。

流动注射化学发光分析仪采用动态测量法,试液和试剂通过蠕动泵传送,并在流动中进行混合,恰好流动至盘管中反应发光。流动注射化学发光分析的自动化程度、精密度和准确度都比较高,分析速度快,适用于批量试液的测定。国产 MCFL-A 型多功能化学发光分析仪、IFFM-D 型流动注射化学发光分析仪等属于此种类型,它们都配置有功能强大的工作站,可进行流动注射、静态注射、毛细管电泳发光等多种化学发光分析。高精度数据采集系统由主计算机控制,进行人机对话,设定各种工作参数,有效记录反应动力学全过程,并进行精确的数据处理和分析。图 3.6 为流动注射液相化学发光分析原理示意图。

试液注射换向阀 5 是有机玻璃或装有外置钢套的聚四氟乙烯材料的装置,耐磨损、耐腐蚀,密闭性好,旋转自动控制,取样准确。主、副蠕动泵可在 $0.01\sim99 r \cdot min^{-1}$ 内任意控制,对不同的化学发光体系,可以通过调节泵的转速、盘管的长度和内径,使试液和试剂恰好在透光性良好的发光盘管 7 中产生最佳的化学发光。其信号通过紧挨盘管的光电倍增管进行光电转换,然后通过电路放大系统(AMP),由计算机的显示屏显示结果,并通过打印机打印相关信息,工作极为便利,且可以令人满意地测定超微弱化学发光体系。

蠕动泵的转速、发光盘管的长度必须与体系的发光速度相匹配,如果发光速度快,泵的转速慢,混合溶液到达盘管 7 之前就已经完成了发光反应;反之,体系发光速度慢,泵的转速太快,盘管设置太短,混合溶液会在流过盘管后发光,这两种情况下光电倍增管均不能获得化学发光信号,更无法进行光电转换。

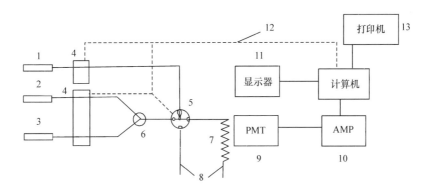

图 3.6 流动注射液相化学发光分析原理示意图

1. 试液储瓶;2,3. 试剂储瓶;4. 蠕动泵;5. 注射换向阀;6. 三通混合器;7. 发光盘管;
8. 废液排放管;9. 光电倍增管(PMT);10. 电路放大系统;11. 信号显示器;
12. 主计算机连接线;13. 打印机

3.4.4 影响液相化学发光的主要因素

1. 溶液的酸度

酸度影响被测物质和发光体的存在形态或发生其他副反应,对发光体系产生严重影响。每个发光体系的最佳控制酸度应该通过实验确定,并严加控制。例如,用鲁米诺-H_2O_2 发光体系测定 Cr^{3+} 时,试液 pH 为 2.50,鲁米诺分析液的 pH 为 12.60,反应混合液的 pH 控制为 10.95 时可获得最大发光强度。所以,仔细调整和控制每种溶液的流速(或体积),能使体系处于最佳发光状态。

2. 试液的注入速率

试液的注入速率越大,发光强度变化也越大。因此,对分立取样式液相化学发光仪来说,开启试液储管活塞的速率应快速一致,使测定既有良好的重现性,又有高的灵敏度。

3. 共存干扰物质

微量干扰物质存在就会引起污染,导致化学发光测定失败。因此,实验所用器皿必须洁净,试剂和纯水的质量要高且应进行空白测定,实验室的环境应严格质量控制。对具体的测定,干扰物质的影响应能通过光学分辨或化学分辨加以消除。

另外,光电倍增管负高压、仪器的增益、泵速等都必须通过实验选定最佳值。

3.4.5 生物发光分析法

发生在生物体内有酶参与的化学发光现象称为生物发光,以此建立起来的分析技术称为生物化学发光分析法。生物发光分析将酶反应的专一性和化学发光的高灵敏性巧妙结合,在温和的自然条件下能以较高量子产率产生连续的冷光辐射,具有灵敏度高、选择性好的显著特点。

荧光素体系测定磷酸三腺苷(ATP)是生物发光分析的典型实例,在 pH 7~8 的介质中,荧光素(LH_2)与 ATP 在荧光素酶(E)和 Mg^{2+} 的存在下发生反应,生成磷酸腺苷(AMP)与荧光素的复合物和焦磷酸镁,然后复合物与氧反应,产生生物发光,其量子产率 ϕ_{CL} 几乎接近于 1。反应如下:

$$(LH_2) + ATP + Mg^{2+} + E$$

$$\xrightarrow{pH=7\sim8} (AMP \cdot LH_2 \cdot E) \quad C—OAMP \cdot E + MgP_2O_7 + 2H^+$$

$$AMP \cdot LH_2 \cdot E + O_2 \longrightarrow (激发态氧化荧光素) + AMP + CO_2 + H_2O$$

$$氧化荧光素 + h\nu(\lambda_{max} = 562nm)$$

该体系可测定低至 $2.0 \times 10^{-17} mol \cdot L^{-1}$ 的 ATP,这相当于一个细菌中的 ATP 含量,可用于细菌的计数测定,不但选择性好、灵敏度高,而且线性范围达 6 个数量级。

氧化型黄素单核苷酸(FMN)可与烟酰胺腺嘌呤二核苷酸(NADH)在脱氢酶的存在下发生反应,生成还原型黄素单核苷酸(FMNH₂),FMNH₂ 有荧光素酶和八碳以上长链脂肪醛参与时,可被氧分子氧化,产生生物发光。

$$FMN + NADH + H^+ \xrightarrow{NADH\ 脱氢酶} NHD^+ + FMNH_2$$

$$FMNH_2 + RCHO + O_2 \xrightarrow{细菌荧光素酶} FMN + RCO_2H + H_2O + h\nu \ (\lambda_{max} = 495nm)$$

将以上两个反应结合,可以灵敏准确地测定 NADH。

目前,已知约有 2000 多种酶,其中 10% 是与 ATP 或 ADP 有关的化合物,另有 10% 与 NADH 或 NAD 有关,这些酶的活性以及与酶相关的基质都可用上述典型酶反应生物发光法进行测定。由于氧化酶催化的生化反应都涉及 H_2O_2 的生成,所以鲁米诺-H_2O_2 发光体系可用来测定酶促反应的底物、各类氧化酶的活性,以及氨基酸、葡萄糖、生物多胺等生物物质。生物发光分析法已经深入到生命科学的各个领域,为免疫分析、生化分析提供了一种灵敏、快速、准确、简便、经济实用的新型痕量分析技术,必将推动该学科各领域的快速发展。

3.5　实　验　技　术

3.5.1　分子荧光、分子磷光分析实验技术

1. 时间分辨技术

基于不同发光体光强度的产生和衰减速率的差异,从而实现对样品中不同组分分别测定的技术称为时间分辨技术或时间分辨测定法。该技术所用仪器需装备有带时间延迟设备的脉冲光源(闪光灯或激光器)和带有门控时间电路的检测器。通过选定发光后的延迟时间和取信号的门控时间,对发射单色器进行扫描,得到时间分辨发射光谱,从而实现对光谱重叠但发光寿命不同的组分的测定。时间分辨技术也可利用发光体形成速率的差异进行选择性测定。例如,钍-桑色素-TOPO-SLS 体系,Th、Zr、Al 的配合物都可以产生荧光,但钍的配合物一旦光

致激发立即产生荧光,而锆和铝的配合物在光致激发 12s 之后才产生荧光,并不断增强,此时钍的配合物荧光强度基本保持恒定。因此,在 12s 之内测定荧光信号,可基本消除锆、铝对钍测定的干扰。12s 之后可获取三者的总荧光强度。

磷光的寿命比荧光长得多,这更有利于用时间分辨技术区别荧光体和磷光体,还可区别不同寿命的磷光体,进行有关信号的测量。

2. 室温固体基质发光技术

室温固体基质发光技术包括荧光和磷光测定。通常将被测组分吸附在滤纸、氧化铝、硅胶、溴化钾、乙酸钠、纤维素等基质上,然后进行发光测定。工作时,一般需要标准物质对照进行,常与薄层色谱法联合使用,经色谱分离后对各组分进行定性和定量分析。实验表明,荧光既可以发生在固体表面的单层分子上,也可以发生在被吸附的多层分子上,而磷光只能来自吸附在表面上的单层分子。

近年来,出现了表面敏化发光法,在基体表面加上敏化剂,敏化剂能吸收大量激发光并将激发能量转移至荧光体,使难以检测的低浓度的荧光体发光强度得到极大提高。例如,$1.0 \times 10^{-4} \mathrm{mol} \cdot \mathrm{L}^{-1}$ 的蒽在滤纸基质上检测不出荧光信号,但如果添加 $1.80 \mathrm{mol} \cdot \mathrm{L}^{-1}$ 的萘作为敏化剂,由于形成了混合微晶,使蒽的荧光信号增加了 40 多倍而易于测定。

室温固体基质发光技术具有简单、快速、取样量少、灵敏度高、成本低廉的优点,已在食品分析、生物化学、农药残留、法医检测、临床检测、环境保护等领域得到广泛应用。但是,固体表面荧光测定的精密度不太理想,因此从选择和制备基质到点样都应控制相同的条件,标准溶液和试液也应在同一基质表面上进行测定,这样,才有可能获得满意的分析结果。

3. 无保护流体室温磷光法

某些具有适宜化学结构和跃迁类型的化合物,如果有内重原子或外重原子存在,即使没有表面活性剂胶束、环糊精或微乳状液等保护性介质,经通入氮气除氧后,也可在水溶液中产生强而稳定的 RTP 发射,这种现象称为无保护流体室温磷光(NP-RTP),是近年来新建立的分析技术,很容易与高效液相色谱(HPLC)和流动注射分析(FTA)等技术联用。

除此之外,还有三维光谱法、荧光偏振、相分辨、同步扫描等实验技术和方法。

3.5.2　化学发光和生物发光分析实验技术

1. 偶合反应技术

偶合反应技术是化学发光、生物发光分析中常用的技术之一,一些不能直接用发光法测定的物质,若利用偶合反应生成一种对发光体系产生影响的物质,则可以用间接法进行测定。例如,反应物 A 和 M 对发光体系均无影响,但产物 C 在一定浓度范围内能线性催化 L 与 H_2O_2 的发光反应。因此,当 A 适当过量时,M 便定量地与 A 反应生成等物质量的 C,因而可以间接测定 M,反之也可以定量测定 A 物质。

偶合反应: $\qquad\qquad\qquad\qquad A+M \longrightarrow C$

发光反应: $\qquad\qquad\qquad L+H_2O_2 \xrightarrow{\ C\ } D^* \longrightarrow D+h\nu$

2. 免疫发光技术

免疫发光技术主要包括化学发光和生物发光免疫分析、荧光免疫分析,这些方法分别使用化学发光和生物发光组分、荧光基团作为免疫标记,以代替放射性碘标记和酶标记,克服了放射性元素对人的危害和酶易失活的缺点。免疫发光检测法通常是以未标记的抗原与特定抗体间的竞争性抑制作用为基础的,测定体系中抗原是过量的,抗体(Ab)和已标记的抗原(AgL)的浓度是恒定的。当未标记的抗原(Ag)加入到温度一定的混合物体系中时,发生如下反应:

$$AgL+Ag+Ab \rightleftharpoons (AgL-Ab)+(Ag-Ab)$$

Ag 对 Ab 的联结作用使原来可连接于 AgL 的 Ab 量减少了,因而使生成(AgL−Ab)配合物的量减少,游离 AgL 的量增加,根据这些物质量的变化来测定混合物体系中的抗原(Ag)。

辣根过氧化物酶(horseradish peroxidase,HRP)是生化分析中常用的标记酶,它对鲁米诺化学发光反应有很强的催化作用,因此利用该体系可以对 HRP 进行灵敏地测定。将 HRP 标记到抗体(Ab)或抗原(Ag)上,可以进行化学发光免疫分析。化学发光和生物发光免疫分析法的灵敏度很高,但是其影响因素多,稳定性差。荧光免疫分析的主要问题是测量过程中的荧光污染和高背景干扰,从而使灵敏度受损。另外,荧光标记物或荧光探针的选择是检测的关键,不断开发新型的特异性试剂,才能使免疫发光技术不断发展和提高。

3. 分离分析在线发光技术

分离分析在线发光技术是将流动分析技术、色谱分离技术与化学发光高灵敏特性相结合,有机地融合为一个分析系统,使试液中的共存组分经在线色谱柱分离后,依次进行发光检测。例如,开启蠕动泵使混合物试液通过阳离子交换柱,用适当的流动相以一定的流速洗脱,洗脱液经三通混合器与试剂相混合,用鲁米诺发光体系可在线顺序准确测定皮克(1.0×10^{-12} g)级的 Co^{2+} 和 Cu^{2+}。用 TCPO-H_2O_2 发光体系结合微孔柱的高效液相反相色谱法测定缬氨酸、异白氨酸、苯基丙氨酸等,检量限为 1.0×10^{-10} mol 数量级。

4. 电生化学发光技术

电生化学发光(ECL)是指靠电极过程诱发溶液的化学发光,其主要优点在于将电生化学分析与化学发光分析技术相结合,使之不仅成为很有发展前景的分析新技术,而且为化学发光反应机理的探讨,提供了一个强有力的工具。

ECL 仍属于化学发光分析,电极系统只是供产生某一化学发光反应的,所以仪器设计时应对电极系统进行光封闭,然后进行光电转换和检测。目前,这方面的商品仪器不多见。

3.6　分子发光分析法应用简介

3.6.1　分子荧光分析法的应用

1. 无机化合物的荧光分析

无机化合物的荧光分析主要依赖于待测元素与有机试剂生成的具有荧光特性的配合物的测定。目前,利用各种有机试剂和各种荧光分析技术可对 Ca^{2+}、Mg^{2+}、K^+、Na^+、Zn^{2+}、Cd^{2+}、Pb^{2+}、Fe^{3+}、Co^{2+}、Ni^{2+}、F^-、Cl^-、Br^-、I^- 等近 70 种元素进行灵敏地测定,也可以分析氮化物、氰化物、硫化物以及氧、臭氧及过氧化物等,涉及的样品多种多样,形形色色,应用日益广泛。

2. 有机化合物的荧光分析

有机化合物的荧光分析是荧光分析法研究最活跃、应用最广泛、发展最有前途、涉及生命科学课题最多的领域。许多在食品工艺、发酵工艺、医药卫生、环境保护、农副产品质量检验中有意义的化合物都能用荧光法分析,而且由于分析体系和方法的高灵敏度和高选择性,使某些测定体系更具有特殊的价值。

目前,用荧光法可以测定数百种有机化合物,尤其在生物活性物质的测定方面,荧光分析显示了它广阔的应用前景。荧光法可以测定某些醇、肼、醛、酮、酯、脂肪酸、酰氯、糖类、多环芳烃、酚、醌、叶绿素、维生素、蛋白质、氨基酸、尿素、肽、有机胺类、甾类、酶和辅酶等类化合物,尤其以核糖核酸(RNA)和脱氧核糖核酸(DNA)的荧光分析显得极其重要,因为它们起着存储、复制和传递遗传信息的作用,决定着细胞的种类及其功能。

在药物、毒物分析方面,荧光法可以测定青霉素、四环素、金霉素、土霉素等抗生素在饲料、蛋、奶、肉等样品中的残留,也可以测定粮食、油料等食物中的黄曲霉(aflatoxin)、棒曲霉素(patulin)、赭曲霉(ochratoxin)等毒素。有机磷类农药和氨基甲酸酯类农药在一定条件下也可以用荧光法进行测定。

3.6.2 分子磷光分析法的应用

分子磷光分析法主要应用于有机化合物的检测,测定样品中的多环芳烃、氨基甲酸酯类农药、可待因等许多生物碱以及萘乙酸等植物生长激素。

近年来,室温磷光分析在药物分析方面的应用日益增多,并广泛应用于生物体液中痕量药物的分析,如阿托品、氯丙嗪、盐酸苯海拉明、磺胺、咪唑类等。磷光分析法在生物活性物质的测定上已得到应用,可以测定色氨酸、酪氨酸和研究蛋白质的结构。

3.6.3 化学发光分析法的应用实例

Cr^{3+} 是生物所需微量元素之一,微量铬可提高植物体内过氧化酶和多酚氧化酶活性,增加叶绿素和葡萄糖含量,使产量大幅度提高。但土壤含铬量大于一定限度时会毒害某些植物的根,阻碍植物对钙、镁、磷和铁等元素的吸收,出现缺铁失绿现象甚至死亡。

应用化学发光分析法测定环境水样、土壤和生物样品、粮食和食品中的微量、痕量铬,具有灵敏度高、选择性好、线性范围宽、成本低廉等特点而显著优于其他分析方法。所依据的原理是:样品经混酸用微波压力消解为试液后,用 H_2SO_3 将 Cr^{6+} 还原为 Cr^{3+},利用 Cr^{3+} 对碱性鲁米诺-H_2O_2 化学发光体系的线性催化作用,定量测定样品中的铬。

该体系在适量 EDTA 和 PAN 联合配位剂存在下,试液中常见的 Ca^{2+}、Mg^{2+}、Cu^+、Zn^{2+}、Fe^{3+}、Mn^{2+}、Fe^{2+}、Co^{2+} 和 NO_3^-、NO_2^-、CO_3^{2-}、SO_4^{2-}、SiO_3^{2-} 等离子均不干扰,所以该法测铬有很好的选择性,检测下限为 6.2×10^{-13} g・mL^{-1}。

思考题与习题

1. 处于单重态和三重态的分子其性质有何不同? 为什么会发生系间窜跃?
2. 解释名词:(1)荧光;(2)磷光;(3)延迟荧光;(4)化学发光;(5)生物发光;(6)瑞利光和拉曼光;(7)振动弛豫;(8)内部转换;(9)系间窜跃;(10)量子产率;(11)斯托克斯位移;(12)预离解跃迁;(13)荧光寿命;(14)快发光;(15)去激发光;(16)电生化学发光;(17)光致发光;(18)重原子效应。

3. 同一荧光物质的荧光光谱和第一吸收光谱为什么会呈现良好的镜像对称关系?

4. 第一、第二单色器各有何作用? 荧光分析仪器的检测器为什么不放在光源-液池的直线上?

5. 一个发光体系中的发光分子数远远小于吸光分子数,为什么荧光分析法的灵敏度比吸光光度法的灵敏度还要高 2~3 个数量级呢?

6. 荧光光谱的形状取决于什么因素? 为什么与激发光的波长无关?

7. 根据取代基对荧光性质的影响,请解释下列现象:(1)苯胺和苯酚的荧光量子产率比苯高 50 倍;(2)硝基苯、苯甲酸和碘苯是非荧光物质;(3)氟苯、氯苯、溴苯和碘苯的 Φ_f 分别为 0.10、0.05、0.01 和零。

8. 什么是荧光猝灭? 动态猝灭和静态猝灭有何异同?

9. 如何扫描荧光物质的激发光谱和荧光光谱?

10. 试写出荧光强度与荧光物质浓度之间的关系式,该式的应用前提是什么?

11. 一个化学反应要成为化学发光反应必须满足哪些基本要求?

12. 生物发光分析具有哪些显著特点? 它可以测定哪些生物活性物质? 举例说明。

13. 为什么各类发光分析都在暗盒中进行? 影响液相化学发光测定的主要因素有哪些? 怎样测定一个化学发光体系的检出限?

14. 化学发光分析仪与荧光分光光度计的结构有何不同? 功能有何差异?

15. 根据掌握的知识,从因特网上查阅荧光分析或化学发光分析在自己所学专业上的应用,并归纳、总结,撰写一篇条理清楚的专题或综述文章。

16. 如何利用化学发光技术准确测定样品中的葡萄糖、氨基酸等生物物质? 请查阅相关文献,设计出较详细的实验方案,并利用开放实验室或教学实习时予以实施。

17. 下述化合物中,哪个的磷光最强?

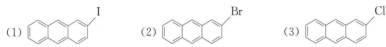

(1)   (2)   (3)

18. 下列化合物中,哪个有较大的荧光量子产率? 为什么?

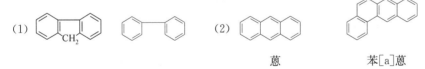

(1)   (2)   蒽   苯[a]蒽

19. 浓度和温度等条件相同时,萘在 1-氯丙烷、1-溴丙烷、1-碘丙烷溶剂中,哪种情况下有最大的荧光? 为什么?

20. NADH 的还原型是一种重要的强荧光性物质,其最大激发波长为 340nm,最大发射波长为 465nm,在一定的条件下测得 NADH 标准溶液的相对荧光强度如下所示。

NADH/$(10^{-8} mol \cdot L^{-1})$	相对荧光强度 I_f	NADH/$(10^{-8} mol \cdot L^{-1})$	相对荧光强度 I_f
1.00	13.0	5.00	59.7
2.00	24.6	6.00	71.2
3.00	37.9	7.00	83.5
4.00	49.0	8.00	95.0

根据所测数据绘制标准曲线,并求出相对荧光强度为 42.3 的未知液中 NADH 的浓度。

(答案:$3.50 \times 10^{-8} mol \cdot L^{-1}$)

21. 简述流动注射液相化学发光仪的工作原理及其特点。

22. 区别图 3.7 中某组分的三种光谱:吸收光谱、荧光光谱和磷光光谱,并简述判断依据或原则。

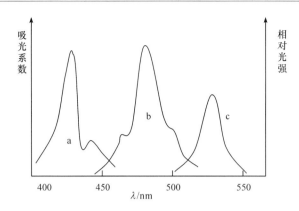

图 3.7 吸收光谱、荧光光谱和磷光光谱

23. 用流动注射化学发光法测定植物组织中的铬,准确称取 0.1000g 干燥样品,加入 H_2SO_4-HNO_3 混合酸 (1+1)4.0mL,用微波压力法按一定程序快速消解完全后定容为 50.00mL,与标准溶液一起在相同的条件下测定,数据如下(5 次测定平均值):

Cr^{3+} 标准溶液/(ng·mL^{-1})	0.0	2.0	6.0	8.0	10.0	12.0	14.0
相对发光值 I_{CL}	0.6	7.6	21.1	28.4	35.4	41.3	48.8

试液的相对发光值为 24.8,求样品中铬的含量。 [答案:3.5μg·g^{-1}(干基)]

第4章　原子光谱分析法

原子光谱的产生是原子核外电子发生能级跃迁的结果,包括原子发射光谱和原子吸收光谱以及X射线荧光、原子荧光等,原子光谱是线状光谱。原子核外价电子发射光子形成的光谱称为原子发射光谱,吸收光子能量形成的光谱称为原子吸收光谱。如果原子核外内层电子在跃迁过程中发出X射线区的光谱,则称为X射线荧光光谱,它和原子荧光一样都是一种光致发光。本章重点介绍原子吸收光谱法。

4.1　原子发射光谱分析的基本原理

4.1.1　概述

利用原子(或离子)在一定条件下受激发后所发射的特征光谱来研究物质的化学组成和含量的分析方法称为原子发射光谱法(atomic emission spectrometry, AES),该法具有以下特点:

(1)原子发射光谱法是一种多元素测定法,可同时测定样品中的数十种元素,且不必进行复杂的分离操作。

(2)简便快速,在1~2min内可给出数十种元素的分析结果。

(3)用样量少,样品不需要化学处理即可直接进行分析,取样量通常只有数毫克至数十毫克。

(4)选择性好,灵敏度高。由于不同的原子可产生不同的特征谱线,可选择性地进行定性分析,最低检出限量通常在1.0×10^{-10}g数量级,是比较灵敏的仪器分析法。

(5)有时不需纯样品,利用已知图谱即可进行定性分析。

(6)定量分析必须有一套组成和结构状态与待测样品基本一致的标准样品做基准进行比较测定,通常不能满足,对高含量元素的定量分析会产生较大的误差;定性分析需要与纯铁样品谱图比较进行。

(7)原子发射光谱不能测定物质的空间结构和官能团,仪器设备比较复杂,价格昂贵,难以普及应用。

近年来,由于电感耦合等离子体光源(ICP)和计算机技术的应用,给原子发射光谱法注入了新的活力,使该法成为目前成分分析中最通用的多元素分析技术。

4.1.2　原子发射光谱的产生

原子通常处于稳定的最低能量状态即基态(ground state),当原子受到外界电能、光能或热能等激发源的激发时,原子核外层电子便跃迁到较高的能级上而处于激发态(excited state),大约在1.0×10^{-8}s内很快从激发态跃迁回到基态,并以光的形式释放出能量,其能量$h\nu$即为电子跃迁前后两个能级的能量之差ΔE:

$$\Delta E = E_2 - E_1 = h\nu = \frac{hc}{\lambda} \tag{4.1}$$

式中，h 为普朗克常量；ν 为光子频率；c 为光速；λ 为光的波长；E_2 和 E_1 分别为电子所在的较高能级能量和较低能级能量。显然，原子发射光谱线的波长为

$$\lambda = \frac{hc}{\Delta E} \tag{4.2}$$

在一定条件下，一种原子的电子可能在多种能级间跃迁，能辐射出不同特征频率的光。利用分光仪将原子发射的特征性光按频率分成若干条线状光谱，这就是原子发射光谱。由于不同原子的核外电子能级结构不同，所发射的光谱频率也不同。测定时，根据某元素原子的特征频率（或波长）的发射光谱线出现与否，对试样中该原子是否存在进行定性分析。试样中该原子的数目越多，则发射的特征光谱线也越强，将它与已知含量标样的谱线强度进行比较，即可对试样中该种原子的含量进行定量分析。

4.1.3　原子线和离子线

原子外层电子由低能级跃迁到高能级所需要的能量称为激发能，以电子伏特 eV 表示。原子外层电子吸收激发能后产生的谱线称为原子线，用罗马数字 Ⅰ 表示，如 Ca(Ⅰ)422.67nm 为钙的原子线。如果原子的外层电子获得足够大的能量，将会脱离原子，此现象称为电离。原子失去一个电子称为一级电离，失去两个电子称为二级电离，依次类推。使原子电离所需要的最小能量称为电离能（ionization energy）。离子的外层电子从高能级跃迁到低能级时所发射的谱线称为离子线，每条离子线都有相应的激发能，离子线激发能的大小与离子的电离能无关。同样道理，原子的激发能大小与原子的电离能也不同。通常用 Ⅱ 表示一级电离线，用 Ⅲ 表示二级电离线，如 Ca(Ⅱ)396.85nm 和 Ca(Ⅲ)376.16nm 分别为钙的一级电离线和二级电离线。

在所有原子发射的谱线中，凡是由各高能级跃迁回到基态时所产生的谱线称为共振线（resonance line），从第一激发态跃迁到基态所发射的谱线称为主共振线，也称第一共振线。

光谱图上出现谱线的数目与样品中被测元素的含量有关系。含量高时，同时出现的谱线数目比较多，含量低时则比较少，如果含量（或浓度）不断降低，强度弱的谱线就从光谱图上消失，接着是次强的谱线消失，当含量降至一定值后，只剩下最后的谱线，称为最后线或最灵敏线。最后线通常是元素谱线中最易激发或激发能较低的谱线，如元素的第一共振线。各元素最后谱线的波长，可从专门的元素光谱波长表中查得。由于工作条件不同和存在自吸收，元素的最后线不一定就是最强的线。

对于每种元素，可选择一条或几条谱线作为定性或定量测定所用的谱线，这种谱线称为分析线。

4.1.4　谱线强度与元素含量的关系

当激发能和激发温度一定时，谱线强度 I 与试样中被测元素的浓度 c 成正比，即

$$I = ac \tag{4.3}$$

式中，a 是与谱线性质、实验条件有关的常数。式(4.3)在低浓度时成立，浓度较大时，处于激发光源中心的原子所发射的特征谱线被外层处于基态的同类原子所吸收，使谱线的强度减弱，这种现象称为自吸收（self absorption）。此时，式(4.3)应修正为

$$I = ac^b \quad 或 \quad \lg I = b \lg c + \lg a \tag{4.4}$$

式中，b 为自吸常数。浓度较低时，自吸现象可忽略，b 值接近于 1。随着浓度的增加，b 逐渐减

小,当浓度足够大时,b接近于零,此时谱线强度几乎达到饱和。式(4.4)是原子发射光谱法定量分析的基本公式。

4.2　原子吸收光谱分析的基本原理

4.2.1　原子吸收光谱分析引论

原子吸收光谱法(atomic absorption spectrometry,AAS)简称原子吸收法。它是基于试样蒸气相中被测元素的基态原子对由光源发出的该原子的特征性窄频辐射产生共振吸收,其吸光度在一定浓度范围内与蒸气相中被测元素的基态原子浓度成正比,以此测定试样中该元素含量的一种仪器分析方法。根据被测元素原子化方式的不同,可分为火焰原子吸收法和非火焰原子吸收法两种。另外,某些元素如汞,能在常温下转化为原子蒸气而进行测定,称为冷原子吸收法。

原子吸收法与紫外和可见光吸光光度法的基本原理是相同的,都遵循朗伯-比尔定律,均属于吸收光谱法。但它们的吸光物质的状态不同,原子吸收法是基于蒸气相中基态原子对光的吸收现象,吸收的是由空心阴极灯等光源发出的锐线光,是窄频率的线状吸收,吸收波长的半宽度只有1.0×10^{-3}nm,所以原子吸收光谱是线状光谱。紫外和可见光吸光光度法则是基于溶液中的分子(或原子团)对光的吸收,可在广泛的波长范围内产生带状吸收光谱,这是这两种方法的根本区别。

原子吸收法具有以下特点:

1) 灵敏度高

火焰原子吸收法测定大多数金属元素的相对灵敏度为$1.0\times10^{-8}\sim1.0\times10^{-10}$ g·mL^{-1},非火焰原子吸收法的绝对灵敏度为$1.0\times10^{-12}\sim1.0\times10^{-14}$ g。这是由于原子吸收法测定的是占原子总数99%以上的基态原子,而原子发射光谱测定的是占原子总数不到1%的激发态原子,所以前者的灵敏度和准确度比后者高得多。

2) 精密度好

由于温度的变化对测定影响较小,该法具有良好的稳定性和重现性,精密度好。一般仪器的相对标准偏差为1%~2%,性能好的仪器可达0.1%~0.5%。

3) 选择性好,方法简便

由光源发出的特征性入射光很简单,且基态原子是窄频吸收,元素之间的干扰较小,可不经分离在同一溶液中直接测定多种元素,操作简便。

4) 准确度高,分析速度快

测定微量、痕量元素的相对误差可达0.1%~0.5%,分析一个元素只需数十秒至数分钟。

5) 应用广泛

可直接测定岩矿、土壤、大气飘尘、水、植物、食品、生物组织等试样中70多种微量金属元素,还能用间接法测定硫、氮、卤素等非金属元素及其化合物。该法已广泛应用于环境保护、化工、生物技术、食品科学、食品质量与安全、地质、国防、卫生检验和农林科学等各部门。

与原子发射光谱分析法比较,原子吸收法不能对多种元素进行同时测定,若要测定不同的元素,需改变分析条件和更换不同的光源灯。对某些元素如稀土、锆、钨、铀、硼等的测定灵敏度较低,对成分比较复杂的样品,干扰仍然比较严重。这些缺点和不足,正在不断地得到改进。

总之,原子吸收法是测定微量元素的一种很好的定量分析方法,现已进入某些标准分析法中,在我国国民经济建设的各领域中发挥着越来越大的作用。

对原子吸收分析法基本理论的讨论,主要是解决两个方面的问题:①基态原子的产生以及它的浓度与试样中该元素含量之间的定量关系;②基态原子吸收光谱的特性及基态原子的浓度与吸光度之间的关系。

4.2.2　一般分析过程

原子吸收法的一般分析过程如图 4.1 所示,试液以一定的速率被燃气和助燃气带入火焰原子化器中,当从空心阴极灯光源发出的某种元素的特征性锐线光以一定的强度通过火焰时,火焰蒸气相中该被测元素的基态原子可对其特征性锐线光产生共振吸收,使光强减弱。火焰中基态原子的数目越多,浓度越大,吸光程度也越大,所以根据其吸光度即可测定试样中待测元素的含量。

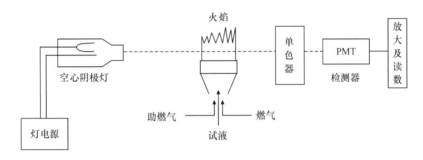

图 4.1　原子吸收法的一般分析过程示意图

例如,测定镁时,使试液雾化进入火焰产生镁原子蒸气,以镁灯作为光源,镁灯中的金属镁在电源作用下可产生镁的 285.2nm 特征谱线,并被火焰蒸气中的镁基态原子吸收一部分而减弱,其减弱程度与蒸气中镁原子的浓度呈线性关系。由单色器将被测的吸收线与其他干扰谱线分开,由光电倍增管进行光电转换,信号经过一系列处理,最后由读数装置读得相应的吸光度。

4.2.3　基态原子及原子吸收光谱的产生

含有待测金属元素 M 的化合物 MX,制成试液后经过雾化成为细小的雾粒,当喷入高温火焰中时会发生蒸发脱水、热分解原子化、激发、电离或化合等一系列过程。蒸发脱水的过程表示如下:

$$MX(湿气溶胶) \xrightarrow{脱水} MX(s) \xrightarrow{气化} MX(g)$$

气态分子的 MX 在高温下吸收热能,发生热分解,使被测元素 M 成为自由原子,此过程称为该元素的原子化,即

$$MX(g) \Longrightarrow M(g) + X(g)$$

由热分解产生的气态自由原子 M 在热力学平衡的蒸气相中几乎全部处于基态,称为基态原子。少数基态原子进一步吸收热能后会发生激发,甚至电离或化合等过程,即

$$M(g) \xrightarrow{热能} M^*(g) \xrightarrow{热能} M^+ + e$$

$$MOH^* \xleftarrow{OH} M(g) \xrightarrow{O} MO \longrightarrow MO^*$$

由于原子吸收法是基于基态原子对光的吸收而进行测定的,所以热分解产生基态原子的过程最为重要。如何控制火焰条件,提高被测元素的原子化程度将在以后进行具体讨论。

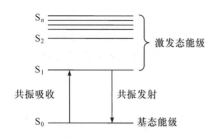

图 4.2 原子吸收与原子发射之间的关系

原子吸收光谱的产生与原子发射光谱的产生是相互联系的两种相反过程,如图 4.2 所示,一种元素的原子不仅可以发射一系列特征谱线,而且也可以吸收与发射波长相同的特征谱线。一般说来,同种原子的发射光谱线要比吸收光谱的谱线多得多,这是因为吸收光谱的大多数谱线是原子中的价电子从基态到各激发态之间跃迁产生的,而原子发射光谱中,除了电子从各激发态跃迁到基态外,还包含了不同激发态之间的跃迁,所以谱线比原子吸收谱线多。人们把原子在基态与激发态之间的相互跃迁称为共振跃迁,由此产生的谱线称为共振(吸收或发射)线。由于基态与第一激发态间的跃迁概率大,最易发生,所以对大多数元素来说,基态原子吸收的是该原子的第一激发态至基态的共振辐射。这种辐射是特征性的最灵敏辐射,由此所产生的原子吸收谱线称第一共振吸收线(或主共振吸收线),原子吸收法通常就是利用第一共振吸收线来进行测定的。

4.2.4 基态原子与激发态原子的分配

由空心阴极灯(hollow cathode lamp,HCL)光源发出的锐线共振辐射被吸收的程度取决于火焰中基态原子的数量 N_0,可用玻耳兹曼(Boltzmann)方程式表示:

$$N_q = N_0 \left(\frac{g_q}{g_0}\right) e^{-\frac{(E_q - E_0)}{KT}} \tag{4.5}$$

式(4.5)中,若以基态为标准令 $E_0 = 0$,可整理为

$$\frac{N_q}{N_0} = \frac{g_q}{g_0} e^{-\frac{E_q}{KT}} = \frac{g_q}{g_0} e^{-\frac{h\nu}{KT}} \tag{4.6}$$

式中,E_q 是原子由基态激发到 q 能态所需的能量;K 为玻耳兹曼常量;h 为普朗克常量;ν 为光的频率;T 是激发温度,单位为 K;N_q 和 N_0 分别为激发态和基态原子数。

对一定频率的原子谱线,g_q/g_0 和 E_q 都是定值,因此只要火焰温度 T 确定,就能够求得 N_q/N_0 的值。某些元素在不同温度下根据式(4.6)计算出的 N_q/N_0 值如表 4.1 所示。

表 4.1 某些元素共振线的 N_q/N_0 值

元　素	共振线/nm	N_q/N_0		
		2000K	2500K	3000K
K	766.49	1.68×10^{-4}	1.10×10^{-3}	3.84×10^{-3}
Na	589.00	9.86×10^{-6}	1.14×10^{-4}	5.83×10^{-4}
Ca	422.67	1.22×10^{-7}	3.67×10^{-6}	3.55×10^{-5}
Fe	371.99	2.29×10^{-9}	1.04×10^{-7}	1.31×10^{-6}
Cu	324.75	4.82×10^{-10}	4.04×10^{-8}	6.65×10^{-7}
Mg	285.21	3.35×10^{-11}	5.20×10^{-9}	1.50×10^{-7}
Zn	213.86	7.45×10^{-15}	6.22×10^{-12}	5.50×10^{-10}

注:g_q、g_0 分别为激发态和基态的统计权重,是指电子在外磁场作用下,每一能级可能具有的几种不同运动状态数,$g = 2J + 1$。

由表 4.1 可知,对同一原子来说,T 越高,N_q/N_0 值越大。对不同的原子,同一温度时,共振

线波长越长,N_q/N_0 值也越大。但是,即使在高温和长波长的共振线跃迁时,N_q/N_0 的值也很小,N_q 与 N_0 比较,N_q 可以忽略不计。因此,在原子吸收法中,可以把吸收辐射的基态原子数 N_0 看成总原子数 N,这对原子吸收法很有利,使它的测定灵敏度和准确度都比原子发射光谱法高。

4.2.5　谱线的轮廓及其变宽

由于入射光的强度随频率而改变,若入射光不是绝对的单色线,则吸收线的频率也不可能是单一的。如果以透光强度 I_ν 对谱线的频率 ν 作图,可得到如图 4.3 的透光强度-频率关系曲线。由图 4.3 可知,在中心频率 ν_0 处透过光最少,即吸收光最大。所以,若以吸收系数 K_ν 对频率 ν 作图,即可得到吸收光的强度与频率之间的关系曲线(图 4.4),称为吸收线的轮廓。它是一个围绕中心频率 ν_0 且具有一定频率宽度的峰形吸收,峰的最大吸收系数 K_{ν_0} 所对应的频率就是原子的特征吸收频率即中心频率 ν_0,K_{ν_0} 也称为峰值吸收系数。峰值吸收系数一半处的频率范围 $\Delta\nu$ 称为吸收线轮廓的半宽度,通常为 $1.0\times10^{-2}\sim1.0\times10^{-3}$ nm,一般用 $\Delta\nu$ 来表征吸收线的轮廓(profile of absorption line)。同理,原子发射线也有一定的轮廓,其半宽度比原子吸收线要窄得多,一般为 $5.0\times10^{-4}\sim2.0\times10^{-3}$ nm。

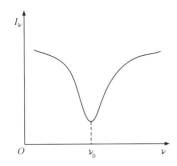

图 4.3　透光强度-频率关系曲线

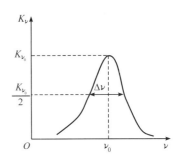

图 4.4　吸收光强度-频率关系曲线

引起谱线变宽的因素很多:一是原子内因性质所决定的(如自然变宽);另一则是由外界影响引起的。谱线的变宽会影响原子吸收分析的灵敏度和准确度,下面简要进行讨论。

1) 自然变宽

量子力学指出:原子中的电子所处的能级能量和寿命不可能同时测定,这称为测不准原理,但符合:

$$\Delta E\tau = 常数$$

由于原子中的电子在激发态停留的时间为 $1.0\times10^{-8}\sim1.0\times10^{-6}$ s,即它们的寿命 τ 不同,所以激发态的能量具有一定的分布范围。因此,当基态原子跃迁到激发态时,围绕着中心频率 ν_0 有一定的频率分布范围,称为谱线的自然宽度或自然变宽(natural broading),用 $\Delta\nu_n$ 表示,其值约为 1.0×10^{-5} nm,对原子吸收分析的影响较小,可以忽略不计。

2) 热变宽

热变宽是谱线变宽中的一种主要变宽,也称为多普勒(Doppler)变宽,是由于原子受热后在空间做无规则运动产生多普勒效应所引起的变宽,即在原子蒸气中,原子处于杂乱无章的热运动中,如果向远离检测器的方向运动,则原子发出的光对检测器来说,其频率较静止的原子发出的光为低,产生红移;反之,如果原子向着检测器运动,则光产生紫移。所以,检测器接收到的是相对于中心频率 ν_0 既有红移又有紫移的一定频率范围的光。多普勒效应所引起的谱线变宽 $\Delta\nu_D$ 可用式(4.7)计算:

$$\Delta\nu_D = \frac{2\nu_0}{c}\sqrt{\frac{2RT\ln2}{A_r}} = 7.16\times10^{-7}\times\nu_0\sqrt{\frac{T}{A_r}} \tag{4.7}$$

式中,R 为摩尔气体常量;c 为光速;A_r 为吸光质点的相对原子质量。

由式(4.7)可以看出:多普勒变宽与相对原子质量的平方根成反比,A_r 越大,$\Delta\nu_D$ 越小;与火焰温度 T 的平方根成正比。在 $2000\sim3000K$ 时,多普勒变宽一般为 $0.001\sim0.005$nm。

用谱线中心波长 λ_0 表示,并计算多普勒变宽 $\Delta\lambda_D$ 时:

$$\Delta\lambda_D = 7.16\times10^{-7}\times\lambda_0\sqrt{\frac{T}{A_r}} \tag{4.8}$$

【例 4.1】 当吸收原子处在 2000K 火焰中时,计算钠原子 D 线(589.3nm)的热变宽宽度。

解 把 $A_r=23$,$\lambda_0=589.3$nm,$T=2000$K 代入式(4.8),得

$$\Delta\lambda_D = 7.16\times10^{-7}\times589.3\times\sqrt{\frac{2000}{23}} = 3.9\times10^{-3}(nm)$$

3) 压力变宽

压力变宽和原子蒸气中的气体压力有关。气体压力升高,粒子之间相互碰撞的机会增多,由于碰撞引起吸光原子与蒸气中的原子或分子的能级稍有变化,使吸收频率变化导致谱线变宽,所以这类变宽也称为碰撞变宽。

压力变宽可分为两类,如果是非同类原子(或粒子)间碰撞所产生的谱线变宽称为洛伦兹变宽(Lorentz broading),用 $\Delta\nu_L$ 表示。如果是同类原子间碰撞所产生的谱线变宽称为共振或赫鲁兹马克(Holtsmark)变宽,只有在被测元素浓度较大时才明显产生共振变宽,一般情况下可以不予考虑。通常,压力变宽主要是指洛伦兹变宽,可用式(4.9)进行计算:

$$\Delta\nu_L = 3.5\times10^{-9}\nu_0\sigma^2 p\sqrt{\frac{1}{T}\left(\frac{1}{A_r}+\frac{1}{M_r}\right)} \tag{4.9}$$

式中,σ^2 为粒子碰撞的有效面积;p 为外来气体压力;T 为热力学温度;A_r 为待测元素的相对原子质量;M_r 为外来气体的相对分子质量。

洛伦兹变宽与温度的平方根成反比,这一点和多普勒变宽相反,但它显著地随气体压力的增大而增大。在原子蒸气中,因为火焰中外来气体的压力较大,洛伦兹变宽占有重要地位,$\Delta\nu_D$ 和 $\Delta\nu_L$ 为同一数量级,是谱线变宽的主要因素之一。

在空心阴极灯中,由于气体压力很低,一般仅为 $266.6\sim1333$Pa,产生的洛伦兹变宽影响不大,$\Delta\nu_L$ 为 $1.0\times10^{-4}\sim5.0\times10^{-4}$nm,只有 $\Delta\nu_D$ 的 $1/10$。用谱线中心波长 λ_0 计算时为

$$\Delta\lambda_L = 3.5\times10^{-9}\lambda_0\sigma^2 p\sqrt{\frac{1}{T}\left(\frac{1}{A_r}+\frac{1}{M_r}\right)} \tag{4.10}$$

【例 4.2】 已知钠 D 线的 $\Delta\lambda_L$ 在 3000K 时为 0.0027nm,试求在 2000K 火焰中的洛伦兹变宽。

解 由式(4.10)可知,$\Delta\lambda_L$ 与 $\sqrt{T^{-1}}$ 成正比,故

$$\frac{\Delta\lambda_{3000}}{\Delta\lambda_{2000}} = \sqrt{\frac{2000}{3000}}$$

$$\Delta\lambda_{2000} = \Delta\lambda_{3000}\times\sqrt{\frac{3000}{2000}}$$

$$= 0.0027\times\sqrt{1.5}$$

$$= 0.0033(nm)$$

4）谱线叠加变宽

如果原子蒸气中有待测元素的同位素存在，由于同位素原子的质量不同，因而吸收中心的频率不同，谱线叠加将使谱线变宽，这种变宽与热变宽和压力变宽有相同的数量级，要加以注意。但在一般情况下，同位素存在的情况不多，可不予考虑。

5）自吸变宽

在空心阴极灯中，激发态原子发射出的光，被阴极周围的同类基态原子所吸收的自吸现象，也会使谱线变宽，同时也使发射强度减弱，致使标准曲线弯曲。自吸变宽随着灯电流的增大而增大，因此应尽量使用小的灯电流工作。

另外，还有外来电场存在引起的电场变宽，因外部磁场作用使原子能级发生裂变引起的磁变宽，即塞曼效应变宽等。通常，在原子吸收光谱仪周围不允许有强大的磁场或电场存在，所以这两种场致变宽可以忽略不计。

然而，人们利用塞曼效应，在强磁场作用下可以将重叠的谱线分开，扣除背景并用于同位素的分析，这将在下文中专门讨论。

4.3　原子吸收谱线的测量

4.3.1　积分吸收

所谓积分吸收就是吸收线（图 4.4）所包括的总面积，即 $\int K_\nu \mathrm{d}\nu$ 它代表真正的吸收程度。

根据经典的爱因斯坦理论，积分吸收与基态原子数 N_0 之间有如下关系：

$$\int K_\nu \mathrm{d}\nu = \frac{\pi e^2}{mc} f' N_0 \tag{4.11}$$

式中，e 为电子电荷；m 为电子质量；c 为光速；f' 为振子强度，即每个原子能够吸收入射光的平均电子数；N_0 为火焰蒸气中单位体积（$1\mathrm{cm}^3$）内的基态原子数目，即基态原子的浓度。

对给定的元素，在一定条件下，$\dfrac{\pi e^2 f'}{mc}$ 项为一常数，并设为 K'，则

$$\int K_\nu \mathrm{d}\nu = K' N_0 \tag{4.12}$$

式（4.12）说明，积分吸收与火焰中基态原子的浓度在一定条件下呈线性关系。这种关系与产生吸收线轮廓的方法以及与被测元素原子化的手段无关。

按式（4.12），如果能够测得积分吸收值，就可以计算出待测原子的浓度。然而，在实际工作中，积分吸收值的测定很难实现，主要有以下两个原因。

（1）积分吸收对单色光的纯度要求很高，一般光源不能满足。由于原子吸收谱线的半宽度通常小于 0.005nm，要进行原子吸收测量，不但要求光源发出光的中心频率与吸收谱线的中心频率完全一致，便于吸收，而且要求光源单色光的半宽度小于吸收谱线的半宽度，便于进行灵敏地测定。如果像分子吸光光度法那样采用一个连续光源，即使采用质量很高的单色器，获得 0.2nm 的纯度较高的光作为原子吸收法的入射光，也只有很少一部分光被吸收（1%左右），而大部分的光透过，使产生的吸光度很小且又不易区别。也就是说，入射光和透过光的强度几乎没有什么差异，吸光度 A 接近于零，测定根本无法进行，而由普通的单色器很难得到半宽度小于 0.2nm 的单色光，满足不了原子吸收法的要求。

（2）对仪器的分辨率要求太高，普通仪器不能满足。如果吸收光谱的半宽度为 0.001nm，

以 500nm 的光作为入射光,则要求单色器的分辨率(分辨本领)R 为

$$R = \frac{500}{0.001} = 500\ 000$$

目前的仪器还达不到这一水平。所以,直至澳大利亚物理学家沃尔什(Walsh)于 1955 年提出采用锐线光源测量谱线的峰值吸收后,这个问题才得以解决。

4.3.2　峰值吸收

锐线光源(sharp line resource)是空心阴极灯中特定元素的激发态,在一定条件下发出的半宽度只有吸收线五分之一的辐射光,如图 4.5 所示。当两者的中心频率或中心波长恰好相重合时,发射线的轮廓就相当于吸收线中心的峰值频率吸收,吸收程度很大,故可以进行峰值吸收测量。

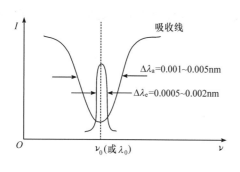

图 4.5　峰值吸收测量示意图

若仅考虑火焰中原子的热运动,峰值吸收与积分吸收之间的关系服从:

$$\int K_\nu \mathrm{d}\nu = \frac{\Delta\nu_D}{2} K_{\nu_0} \sqrt{\frac{\pi}{\ln 2}}$$

测定条件一定时,$\Delta\nu_D$ 为一常数,所以

$$\int K_\nu \mathrm{d}\nu = k K_{\nu_0} \qquad (4.13)$$

即峰值吸收(K_{ν_0} 为峰值吸收系数)在一定的条件下与积分吸收成正比,因而可以代替积分吸收,且工作非常方便。

由式(4.13)和式(4.12)可得

$$K_{\nu_0} = \frac{K'}{k} N_0 \qquad (4.14)$$

根据光吸收定律,进一步可以证明吸光度 A 与 K_{ν_0} 的关系是

$$A = 0.4343 K_\nu L = 0.4343 L \frac{K'}{k} N_0$$

当吸收光程 L 一定时,有

$$A = K N_0 \qquad (4.15)$$

式(4.15)说明:当使用锐线光源进行原子吸收测量时,吸光度在一定条件下与原子蒸气中待测元素的基态原子浓度呈线性关系。

因 N_0 在测定条件下与试液中待测物质的浓度 c 成正比,所以通过测定吸光度 A 就可以进行定量分析。

4.4　原子吸收光谱仪

4.4.1　基本装置及其工作原理

原子吸收光谱仪也称为原子吸收分光光度计(atomic absorption spectrophotometer),其类型和品种很多,不可能逐一介绍。我们仅以常见的单光束和双光束仪器为例,简要讨论它们的基本装置和工作原理。

1) 单光束原子吸收光谱仪

单光束原子吸收光谱仪是最简单的原子吸收光谱仪,基本结构图如图 4.6 所示。它和单波长紫外-可见分光光度计一样,用一个给定波长的光源,每次只能测定一个溶液的吸光度,所以不能消除光源和参比火焰波动所引起的误差。但由于结构较简单,并能获得较好的准确度和灵敏度,所以应用广泛。

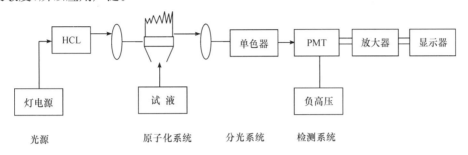

图 4.6　单光束原子吸收光谱仪基本结构图

2) 双光束原子吸收光谱仪

双光束原子吸收光谱仪可以克服光源和火焰波动所产生的影响,光学系统的工作原理图如图 4.7 所示。将光源的辐射光用切光器分为性质完全相同的两束光:一束光通过火焰原子化蒸气,经单色器到达光电检测器上;另一束光则不通过火焰,而通过装有可调光阑的空白池作为参比光束,然后用半透射半反射镜将试样光束及参比光束交替通过单色器至检测系统,这样就可检测出两束光的强度之比。如果先用空白液喷入火焰,通过仪器调节两束光强度相等,然后换用试液喷入火焰,则测得的吸光度仅与待测元素的吸收有关。所以,双光束型仪器可消除火焰背景和光源波动的影响,准确度和灵敏度都高,但光学系统复杂,入射能损失较大且仪器价格昂贵。

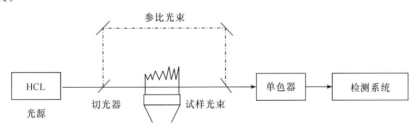

图 4.7　双光束型光学系统的工作原理图

由以上讨论可知,原子吸收光谱仪一般是由光源、原子化系统、分光及检测系统等四个主要部分组成。

4.4.2　光源

原子吸收分析用的光源必须具备:①稳定性好;②发射强度高;③使用寿命长;④能发射待测元素的共振线,半宽度要小于吸收谱线;⑤背景辐射值小。空心阴极灯、蒸气放电灯、高频无极放电灯和可调激光器等能满足上述要求,但应用最广泛的是能够发射锐线光源的空心阴极灯。

空心阴极灯是一种阴极呈空心圆柱形的气体放电管,阴极和阳极密封于玻璃管中,管内充有低压惰性气体,其结构图如图 4.8 所示。

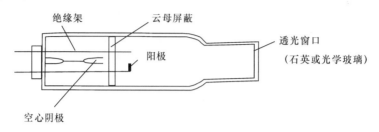

图 4.8　空心阴极灯结构图

空心阴极的材料是被测元素的纯金属或合金,阳极用金属钨制成,上绕钛丝或锆丝,也有用钛、锆等材料作阳极的。由于高纯金属一般是用电解法精制的,会有少量 H_2 溶于其中,若工作时释放于空心阴极灯内,则产生噪声,使信噪比降低。如果工作一段时间后,把空心阴极灯的阳极、阴极反接,加 20mA 的电流,阳极上的钛、锆即可吸收 H_2,保证空心阴极灯有良好的工作性能。

当在阴极和阳极间施加足够大的直流电压后,电子由阴极高速射向阳极,运动中与内充惰性气体原子碰撞并使其电离。电离产生的正离子在电场作用下高速撞击阴极腔内壁被测元素的原子,使其以激发态的形式溅射出来,当它很快从激发态返回基态时,便辐射出该金属元素的特征性共振线,这就是空心阴极灯产生锐线光辐射的机理。

阴极腔的内径约为 2mm,深 10~20mm,这样可使放电的能量集中在比较小的面积上,产生较强的光辐射,云母屏蔽和环形阳极的作用可阻止放电向阴极腔外扩展。

如果灯电流控制在 5~20mA,阴极表面温度很低,灯内惰性 Ar(或 Ne)气的压强一般只有 133.3~266.6Pa,所以 $\Delta\nu_D$ 和 $\Delta\nu_L$ 都很小,这样的光源锐线性很强,接近自然宽度(约 10^{-5} nm),是较理想的光源。

为了把光源发射的共振线与火焰所产生的干扰辐射区别开来,就必须对光源进行"调制"。光源调制就是用适当的技术使光源的辐射光转变成一定频率的脉冲(断续)射线,这种脉冲射线照到检测器上便产生一个交流电信号。如果把交流放大器调到与之同步,便能对这个信号加以放大并在读数器上读出。火焰产生的干扰辐射未经调制成交流信号,因而不能被交流放大器放大,这样便消除了火焰辐射的干扰。通常,空心阴极灯采用脉冲式供电进行调制。

原子吸收用的光源主要是空心阴极灯,即锐线光源,每分析一个元素要更换一个灯,使分析速度、信息量和使用方便性等受到限制,克服这些缺点的有效方法是用连续光源进行多元素测定。2004 年 4 月,德国耶拿分析仪器股份公司(Analytik JenaAG)成功生产出世界第一台连续光源原子吸收光谱仪 contrAA,改变了原子吸收法逐个元素测定的现状。contrAA 用特制高聚焦短弧氙灯为连续光源,灯内充有高压氙气,在高频高压激发下形成高聚焦弧光放电,辐射出 189~900nm 的能量比一般氙灯大 10~100 倍的强连续光谱。一支高聚焦短弧氙灯即可满足所有元素的测定需求,并可选择任一条谱线进行分析。光源在启动后即能达到最大光输出,不需要预热,开机即可顺序测 70 余种元素,还可测放射性元素。

耶拿 contrAA 用石英棱镜和高分辨率大面积光栅组成双单色器,得到 0.002nm(280nm 处)的极高分辨率,解决了谱线的宽度问题。采用新一代高性能 CCD 线阵检测器(512 点阵),

进一步提高了量子效率。512 个感光点同时检测 1~2nm 波段的全部精细光谱信息,能同时测定特征吸收和背景信号,得到时间-波长-信号的三维信息,并将所有背景信号同时扣除,实现实时背景校正,使检出限优于普通原子吸收光谱仪。

耶拿 contrAA 主要特点:①用 300W 高聚焦短弧氙灯作连续光源,覆盖原子吸收全部波长范围,无空心阴极灯换灯和购灯的麻烦;②高分辨率的中阶梯光栅双单色器,分辨率达到 0.002nm,解决了连续光源的单色性;③高灵敏度 CCD 检测器,适于进行原子吸收干扰和机理方面的研究;④用氖线作动态波长校正,波长稳定精确;⑤同时记录所有背景信息,可将各种背景扣除干净;⑥检出限优于锐线光源原子吸收;⑦多元素顺序快速分析,成本比普通原子吸收低;⑧可用锐线光源无法使用的谱线进行定量测定;⑨原子吸收谱线的干扰少;⑩仪器无需预热,开机立即测定。另外,contrAA 仪器维护和消耗成本低;可配自动进样器、氢化物发生器、分段流动注射微量进样器等。连续光源火焰原子吸收光谱仪的面世,必将对传统原子吸收及等离子体光谱仪器产生重要影响,多元素同时测定的原子吸收光谱仪器走向实际应用的时代已经到来。

4.4.3　原子化系统

将试样中的待测元素转变成气态的能吸收特征辐射的基态原子的过程,称为原子化。完成原子化过程的装置称为原子化器或原子化系统,它的质量对原子吸收法的灵敏度和准确度都有很大的影响。

应用化学燃烧火焰使试样原子化的方法称为火焰原子化法;靠热能或电加热手段实现原子化的方法称为无火焰原子化法。后者比前者有较高的原子化效率和灵敏度,但没有前者简单、方便。

1. 火焰原子化装置

火焰原子化器(flame atomizer)包括雾化器和燃烧器。

1) 雾化器

雾化器(nebulizer)的作用是将试液转变成细微、均匀的雾粒,并以稳定的速率进入燃烧器。对雾化器的要求是:喷雾要稳定,雾化效率高,适用于不同黏度、不同密度的试液。图 4.9 是雾化器工作原理示意图,当助燃气(如空气)以一定的压力高速从喷嘴喷出时,在吸液毛细管尖端产生一个负压,将试液吸提上来而被高速气流吹至撞击球上,破碎为细小雾粒。雾化器与雾化室紧密相连,雾化后的雾粒在雾化室内与燃气充分混合后进入燃烧器。雾化器多用特种不锈钢或聚四氟乙烯塑料制成,撞击球是一个固定在雾化室壁上的玻璃小球(或金属小球),置于喷嘴的前方。毛细管则多用耐腐蚀的惰性金属如铂、铱、铑的合金制成。

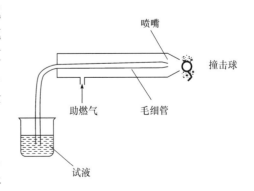

2) 燃烧器

燃烧器的作用是使雾粒中的被测组分原子化,有全消耗型和预混合型两种。全消耗型燃烧器是将试液直接喷入火焰。预混合型可将试液雾化后进入

图 4.9　雾化器工作原理示意图

雾化室,与燃气(如氢气、乙炔等)在室内充分混合,较大的雾滴在室壁上凝结后经雾化室下方的废液管排出,最细微的雾粒进入火焰原子化。对雾化室的要求是"记忆"效应小、雾滴与燃气混合充分、噪声低和废液排出快。

预混合型燃烧器产生的原子蒸气多、火焰稳定安全、背景低,目前应用较普遍,缺点是试样利用率低。

燃烧器的喷灯有多孔型和长缝型两种,通常采用后者,它是由不锈钢制成,中间有一长缝,整个燃烧器可以调整其高度和水平程度,以便使空心阴极灯发射的共振辐射准确地通过火焰的原子化层。另外,在双光束原子吸收光谱仪中常用三缝燃烧器,与上述单缝式比较,减少了缝口堵塞,增加了火焰宽度,降低了火焰噪声,灵敏度和稳定性都有所提高,但气体耗量大,装置比较复杂且易回火。

3) 火焰

火焰在燃烧器的上方燃烧,是进行原子化的能源。试液的脱水、汽化和热分解原子化等反应都在其中进行,所以火焰的性质很重要,它直接影响试液的原子化程度。由于燃气和助燃气的种类不同,所形成的火焰温度和性质不同;同种类的燃气和助燃气的燃助比(燃气和助燃气的流量之比)不同,火焰的性质也有差异,因此,要正确、恰当地选用火焰,一些常用火焰的组成和性质列于表4.2中。

表 4.2　常用火焰的组成和性质

燃气-助燃气	燃助比	最高温度/℃	燃烧速率/(cm · s^{-1})	适合的用途
乙炔-空气	1+4(正常焰)	2300	160	约测35种元素,对W、Mo、V等灵敏度低
乙炔-空气	小于1+4(贫燃焰)	2300	160	适于碱金属,适于有机溶剂喷雾
乙炔-空气	大于1+4(富燃焰)	稍低于2300	160	对W、Mo、V灵敏度高
乙炔-N$_2$O	(1+3)~(1+2)	3000	180	适于Si、W、V、Be、Ti和稀土
氢气-空气	(2+1)~(3+1)	2050	320	易回火,但对Cd、Pb、Sn、Zn灵敏度高
氢气-氩气	1+2	1577		适于Cs、Se,对Cd、Pb、Sn、Zn灵敏度高
煤气-空气		1840	55	适于碱金属、碱土金属
丙烷-空气	(1+10)~(1+20)	1925	82	适于Ag、Au、Bi、Fe、In、Pb、Ti、Cd等,干扰小
氢气-氧气		2700	900	燃速快,易回火

同种火焰,按燃助比的不同可分为三种类型:正常焰,是按化学式计量配比的;富燃焰,燃助比大于化学计量配比值;贫燃焰,燃助比小于化学计量配比值。富燃焰具有还原性,贫燃焰的氧化性强。对于易生成氧化物的元素如K、Mg、Mo、V等应使用具有还原性的富燃焰,以抑制氧化物的生成,利于原子化。对易挥发和电离电位较低的元素如碱金属、部分碱土金属应采用低温火焰;对于难挥发或不易离解的氧化物应选用高温的富燃焰,如乙炔-N$_2$O、氢-氧火焰等。但要注意,原子吸收分析中,一般不提倡使用燃烧速率太快的燃气,如果燃烧速率大于供气速率,火焰可能会在燃烧器或雾化室内燃烧(回火),将损坏仪器甚至可能发生爆炸。

乙炔-空气、乙炔-N$_2$O火焰是最常用的火焰,可以满足大多数元素测定的需要。

2. 无火焰原子化装置

无火焰原子化装置(non-flame atomizer)的原子化效率较高,图4.10是应用较多的电热高温石墨炉原子化器装置示意图。将试样或试液置于石墨炉(graphite furnace)中,用 300A 的大电流通过石墨炉并将其加热至 3000℃使试样原子化。

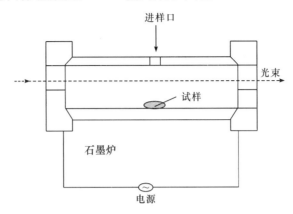

图 4.10　电热高温石墨炉原子化器装置示意图

为了防止样品及石墨炉本身被氧化,需要在惰性气氛中进行加温(不断通入氮气或氩气)。测定时分干燥—灰化—原子化—净化四个阶段进行程序升温。

1) 干燥

在灰化或原子化过程中,为了防止试样的突然沸腾或渗入石墨炉壁中的试液激烈蒸发而引起的飞溅,必须将试样预先干燥。干燥温度一般在 100℃左右,每微升试液的干燥时间为 1~2s。

2) 灰化

灰化是为了除去共存有机物或低沸点无机物烟雾的干扰,灰化时间应与试样量成正比。通常,在低于 600℃时大多数元素不会损失,所以灰化温度应适当高些,但灰化时间应适当短些。灰化温度在 450℃左右时,石墨的消耗很少。

3) 原子化

一般情况下,原子化温度每提高 100℃,信号峰值提高百分之几。原子化阶段的最基本考虑是怎样以一定的速率使分析元素的信号峰从基体中分离出来,因此在所选定的条件中,应保持热量、原子化时间、停留时间等足够稳定。

4) 净化

试样热分解的残留物有时会附着在石墨炉的两端,对下次样品的测定存留着记忆效应,产生影响,故应在每次测定之后升高温度,并通入惰性气体"洗涤",以使高温石墨炉内部净化。

石墨炉原子化器具有以下特点:

(1) 需样量少、灵敏度高。通常,试液只需数微升,试样只需 0.1~10mg。检出限多为 $1.0 \times 10^{-10} \sim 1.0 \times 10^{-12}$ g,某些元素可达 1.0×10^{-14} g,是一种微量、痕量分析技术。

(2) 试样利用率高。原子化的原子在致密的石墨炉中可以停留较长的时间,且原子化过程是在还原性气氛中进行的,原子化效率达 90% 以上。

(3) 可直接测定黏度较大的试液和固体样品。

(4) 整个原子化过程是在一个密闭的配有冷却装置的系统中进行,较安全,且记忆效应小。

（5）因多采用人工加样,精密度不高,且装置复杂,操作不简便,分析速率较慢。

3. 还原气化法原子化

还原气化法是将一些元素的化合物在低温下与强还原剂反应,使被测原子本身变为气态或生成气态化合物,然后送入吸收池中或在低温(低于 1000℃)下加热进行原子化,这种方法也称为冷原子吸收法。

目前多采用氢化物生成法测定 As、Sb、Bi、Sn、Pb、Se 和 Te 等元素,如测定 As^{3+} 时,反应瓶中放入试液,通入 Ar 或 N_2 排尽空气后,加入还原剂 KBH_4(或 $NaBH_4$),As^{3+} 在盐酸介质中发生下列反应:

$$AsCl_3 + 4KBH_4 + HCl + 8H_2O \Longrightarrow AsH_3\uparrow + 4KCl + 4HBO_2 + 13H_2\uparrow$$

反应产生的砷化氢(AsH_3)气体待反应完全后,用 Ar 或 N_2 送入原子化装置进行测定。

氢化物生成法的基体干扰和化学干扰少,选择性好,灵敏度高,操作简便,但 As、Bi、Pb 等元素的氢化物毒性较大,要注意发生器的质量并在良好的通风条件下操作。

冷原子吸收法测汞是将试液中的汞离子用 $SnCl_2$ 等强还原剂还原为金属汞,然后用氮气将汞蒸气吹入置于汞灯照射光程的石英窗吸收管内进行测定。本法的灵敏度和准确度都比较高,是测定微量、痕量汞的较好方法。

4.4.4　分光系统

分光系统的作用是把待测元素的共振线与其他干扰谱线分离开来,只让待测元素的共振线通过。常用的单色器有石英棱镜和光栅,后者用得较多。

原子吸收法要求单色器有一定的分辨率和集光本领,这可以通过选用适当的光谱通带来满足。所谓光谱通带是通过单色器出射狭缝的光束的波长宽度,即光电倍增管所接受到的光的波长范围,用 W 表示,它等于光栅的倒线色散率 D 和出射狭缝宽度 S 的乘积,即

$$W = DS$$

式中,D 的含义是单色器焦面上单位距离所相当的波长宽度(nm/mm),值越小,单色器的色散能力越大。

光谱通带宽,单色器的集光本领加强,出射光强度增加,但所包含的波长范围宽,使光谱干扰和光源背景干扰增加,影响测定;反之,光谱通带窄,虽然减少非吸收线的干扰,但出射光强度降低,对测定也是不利的。因此,应根据具体情况选择合适的光谱通带。对仪器所用的具体光栅来说 D 是一定的,所以光谱通带一般是通过调节狭缝宽度来进行选择的。狭缝的选择原则是在排除非共振线干扰的前提下,尽可能选用较宽一些,以便得到较大的光谱通量,提高测定的灵敏度。

4.4.5　检测和显示

原子吸收光谱仪中的检测和显示装置的作用与紫外-可见分光光度计相同,都是将待测的光信号转换为电信号,经放大后显示出来。但是,由于原子吸收法中的信号是交变的光信号,所以在检测和放大装置上就不同于紫外-可见分光光度计。

从转换效率、波长灵敏性、信噪比和进一步放大等方面的性能考虑,原子吸收光谱仪都是

采用光电倍增管作为检测器的,它是利用二次电子发射现象放大光电流的光电管,将通过原子化器和单色器后的共振光转换成电信号。光电倍增管的高压电源是可调的,在仪器的外部设有增益旋钮,以便选择所需要的增益和便于调节参比的透光率 T 为 100%。

放大器的作用是将光电倍增管输出的电信号进行放大,再经对数变换器变换,提供给显示装置。在显示装置里,信号可以转换成吸光度或透光率,也可以转换成浓度用数字显示器显示出来,还可以用记录仪记录吸收峰的峰高或峰面积。近年来,中、高档商品仪器都配有功能齐全的工作站,用计算机软件和程序来处理测定过程中的各种问题,分析工作的自动化程度大为提高。

4.5　原子吸收定量分析方法

原子吸收的定量分析方法和分子吸光光度分析法很相似,所依据的原理仍然是光吸收定律,常用的方法有标准曲线法、标准加入法、浓度直读法、双标准比较法和内标法等。

4.5.1　标准曲线法

在浓度合适的范围内,配制一系列浓度不同的标准溶液,由低浓度到高浓度依次在原子吸收光谱仪上测定其吸光度 A,再以吸光度为纵坐标,以待测元素的浓度或含量 c 为横坐标绘制标准曲线,有时也采用峰高对浓度或含量作图绘制标准曲线,然后根据待测样品的峰高(或吸光度),从标准曲线上查得其相应的浓度或含量。

标准曲线法适用于测定与标准溶液组成相近似的批量试液,但由于基体及共存元素的干扰,其分析结果往往会产生一定的偏差。如果基体组成和含量是恒定的或已知的,则可以配制与试样基体尽量相同的标准系列,以克服基体的干扰。另外,要注意将浓度控制在线性范围内进行工作。

4.5.2　标准加入法

标准加入法(standard addition method)是将标准溶液加入到试液中进行测定的一种定量分析方法,可分为计算法和作图法两种。

1. 计算法

计算法是将试样分成完全等同的两份:一份不加标准溶液,设待测元素的浓度为 c_X,测得其吸光度为 A_X;另一份试液中加入标准溶液,其浓度的增加值设为 c_0,在此溶液中待测元素的总浓度为 (c_X+c_0),在完全相同的条件下测得其吸光度为 A_0,则

$$A_X = Kc_X$$
$$A_0 = K(c_X + c_0)$$
$$c_X = \frac{A_X}{A_0 - A_X} \cdot c_0 \tag{4.16}$$

式(4.16)必须在测定的线性范围内使用,加标量不可太多。

【例 4.3】 准确称取干燥的面粉 1.000g 两份,在完全相同的条件下灰化处理后,各加入少量盐酸溶解,一份不加标准溶液,用水定容为 10mL,测得其吸光度为 0.015;另一份加入 2.00$\mu g \cdot mL^{-1}$ 的镉标准溶液 1.00mL,最后加水定容为 10mL,测得其吸光度为 0.027,试计算面粉中的镉含量。

解
$$A_X = 0.015 \quad A_0 = 0.027$$
$$c_0 = \frac{2.00 \times 1.00}{10.00} = 0.200(\mu g \cdot mL^{-1})$$

代入式(4.16),得

$$c_X = \frac{A_X}{A_0 - A_X} \cdot c_0 = \frac{0.015}{0.027 - 0.015} \times 0.200 = 0.25(\mu g \cdot mL^{-1})$$

所以,面粉中镉的含量为

$$\frac{0.25 \times 10}{1.000} = 2.5(\mu g \cdot g^{-1})$$

2. 作图法

取四至五份等体积的试液,从第二份开始分别按比例加入不同量的待测元素的标准溶液,

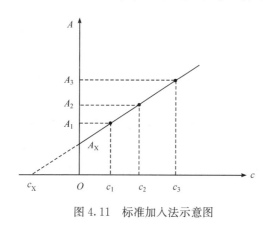

图 4.11　标准加入法示意图

然后用溶剂定容到相同的体积,测定各溶液的吸光度,以吸光度 A 对各溶液中标准溶液的浓度 c(或待测物质的质量)作图,把曲线外推至横轴,如图 4.11 所示,自原点到相交处的截距即为待测元素的浓度 c_X(或含量)。

标准加入法要求待测元素的浓度在加入标准后仍呈良好的线性,所以应注意标准溶液的加入量。由于每个溶液都含有相同量的试样,可以消除基体效应的干扰,适用于基体未知,成分复杂的试液。但是标准加入法不能消除分子吸收和背景吸收等假吸收的影响,且直线的斜率太小时容易引进较大的误差,该法比较费时,工作效率低,不适于大批样品的测定。

4.5.3　浓度直读法

浓度直读法是在标准曲线的工作范围内,用仪器中的量程扩展和数字直读装置进行测量。工作时,用待测元素的标准溶液将原子吸收光谱仪上指示值调到相应的浓度指示值,然后测定待测液并使其浓度在仪表上直接读出。该法不用标准曲线,快速简便,但必须保证仪器工作条件稳定,试液与标准溶液操作条件相同。在整个工作过程中,要注意反复用标准溶液进行校正,避免引入较大的误差。

4.5.4　双标准比较法

双标准比较法也称紧密内插法,它是采用两个标准溶液进行工作的,其中一个比试液稍浓(c_1),而另一个比试液的浓度稍稀(c_2),在相同的条件下与试液一起测定吸光度,假设吸光度分别为 A_1、A_2 和 A_X,则试液的浓度 c_X 按式(4.17)计算:

$$c_X = c_2 + \frac{c_1 - c_2}{A_1 - A_2} \times (A_X - A_2) \tag{4.17}$$

4.5.5　内标法

内标法(internal standard method)是在标准溶液和待测试液中分别加入一定量试样中不存在的内标元素,同时测定分析线和内标线的强度比,并以吸光度的比值对待测元素含量绘制标准曲线。

内标元素与待测元素在原子化过程中应具有相似的性质。内标法的优点可以补偿因燃气、助燃气流量、基体组成、试液黏度、进样速率等因素变化而造成的误差,提高了测定的精密度和准确度,但要求使用双波道原子吸收光谱仪,应用上受到限制。

4.5.6　差异加标法

用标准曲线法定量需配制 $5\sim7$ 个标准系列溶液,耗时长,成本高,且需时常校正或重新绘制工作曲线。因标准溶液与试液背景组成不同,采用蒸馏水不能完全扣除背景干扰。差异加标法是向同体积的两份试液中加入不同量的标准溶液后,在完全相同的条件和试液背景中测定,可以消除试液背景对测定的干扰,操作简单,快速方便,准确度高。

设试液中待测组分的质量浓度为 $\rho_X(\mu g \cdot mL^{-1})$,取相同体积的试液两份,一份加入标准溶液后使待测组分的质量浓度增加 $\rho_{S1}(\mu g \cdot mL^{-1})$,另一份加入标准溶液后使待测组分的质量浓度增加 $\rho_{S2}(\mu g \cdot mL^{-1})$,其中 $\rho_{S2}>\rho_{S1}$。

由于在一定仪器条件下,测定一定浓度范围内的同一组分时,待测组分的浓度与吸光度 A 成正比关系,因此

$$A_1 = K_b(\rho_X + \rho_{S1}) \qquad A_2 = K_b(\rho_X + \rho_{S2})$$

同等条件下测定时,仪器常数 K_b 相等,因此有

$$\frac{A_2}{A_1} = \frac{\rho_X + \rho_{S2}}{\rho_X + \rho_{S1}}$$

所以

$$\rho_X = \frac{A_1 \rho_{S2} - A_2 \rho_{S1}}{A_2 - A_1}$$

样品中待测组分质量分数 w,按下式计算:

$$w/(\mu g \cdot g^{-1}) = \frac{\rho_X \times V}{m}$$

式中,V 为所取试液的体积,mL;m 为 V mL 试液中样品的质量,g。加入标准溶液后,待测组分增加的质量浓度是已知的,因此差异加标法向相同体积的试液中加入不同量的标准溶液后,只要在完全相同的条件下测定出加标后试液的吸光度 A_1 和 A_2,即可代入公式快速获得测定结果,无需绘制标准曲线和测定空白溶液,快速、简便、成本低。该方法适用原子吸收光谱法、分子吸收光谱法,也适用于分子荧光、分子磷光、生物发光、化学发光、原子荧光、色谱分析等方法,只是测定的信号有所不同而已。

4.6 实 验 技 术

4.6.1 溶样方法简介

原子吸收分析法是微量、痕量组分的分析法,火焰法在测定前需将试样处理成溶液,以便于喷雾和进行分析。但如果处理不合适,会使被测元素挥发损失,或生成不利于原子化的形态,或在溶样过程中造成样品污染,甚至使测定工作无法进行。因此,溶样方法应根据样品的存在形态、被测元素的性质以及共存物质等情况加以考虑和选择。

目前,原子吸收法中常用的溶样方法有干法和湿法,干法是将样品先高温灰化,以除去样品中的有机物,然后将灰分用适当的溶剂溶解,以制成均匀的便于喷雾的溶液,或者用石墨炉原子化法直接测定。这种方法往往造成被测元素的挥发损失,尤其是样品中的被测元素如碱金属、碱土金属以氯化物的形式存在时,更是如此。因此,实际工作中多采用湿法消解。

普通的湿法消解是在敞开的容器中进行,需消耗较大量的酸,样品易被污染且仍存在挥发损失。消解中产生的酸雾会污染环境,如果用酸量太大,试液中的盐类多,会使燃烧器狭缝堵塞并产生一系列的干扰。因此,近年来采用压力密闭消解法和微量进样技术基本上解决了上述问题。

压力密闭消解法多采用密闭的聚四氟乙烯溶样罐,外装耐高压的不锈钢外套,旋紧后可压紧内罐。聚四氟乙烯内罐具有耐强酸、强碱、耐高温(230℃)的良好性能,当称取的少量样品(一般为 0.1～0.2g)加 1～2mL 酸在普通的恒温箱中加热消解时,产生的酸蒸气在密闭的容器中可多次重复利用。因此,这种消解法省酸省试剂,样品不易污染环境也不易被环境所污染。由于取样量少,耗酸少,加之采用微量进样技术,避免了燃烧器狭缝的堵塞。但消解时间较长,安装压力溶样罐麻烦费时。

利用微波加热技术,用纯质的全聚四氟乙烯压力釜密闭消解样品,一般只需2～5min 即可消解完全。但压力釜耐压有限,若密闭不严密,产生的酸雾会腐蚀微波炉元件。目前,厂家生产的实验室专用微波炉已较好地解决了这一问题。工作时,根据情况准确称取少量的样品于消解容器内,加入少量消解试剂,密封后置于微波炉内于一定的功率挡进行消解。这时,样品在介质中进行即时深层内加热,使消解反应瞬时间就在高于 100℃ 的密闭容器中快速进行,同时微波产生的交变磁场导致容器内分子高速振荡,使反应"界面"不断更新,消解时间大为缩短。例如,在密闭的全聚四氟乙烯溶样罐中,用微波加热转化法测定 $BaSO_4$ 可将前述普通压力溶样转化法的转化时间由 5h 缩短至 5min,而且微波炉的转盘上一次可以放约 20 个溶样罐。因此,工作效率可以提高两个数量级,适用于大批试样的快速消解和转化。由于微波加热压力溶样技术比其他溶样方法具有以上突出的优点,近年来得到了迅猛的发展和应用,已有用来消解并测定环境水样中 COD_{Mn}、土壤和风化煤中的腐殖酸、沉淀 $BaSO_4$ 试剂、土壤中的酚类和木糖、食品、头发和植物组织等生物样品中的微量元素的报道。微波压力釜快速消解法有可能发展成为分析化学中消解试样的最主要方法之一。

4.6.2 干扰及其抑制

在原子吸收法中,干扰效应大致有四类:光谱干扰、电离干扰、化学干扰和物理干扰。要进行准确的测定,必须了解它们的来源并采取适当的措施,加以抑制或消除。

1. 光谱干扰

光谱干扰是指光谱发射或吸收过程中来源于仪器、光源和火焰的有关干扰效应,主要有以下几种:

1) 非共振线的干扰

在测定的共振线附近,若有非共振线存在,将导致测定的灵敏度下降及标准曲线弯曲。这种情况常见于多谱线元素,用减小单色器出射狭缝宽度的办法可改善或消除这种干扰。

2) 空心阴极灯的发射干扰

空心阴极灯内材料中的杂质如果发射出非待测元素的谱线,这个谱线又不能被单色器分开,如果试样蒸气中恰好含有这种杂质元素的基态原子时,会造成待测元素的假吸收而引入正误差。所以,应采用纯度较高的单元素灯,可减免这种干扰。

另外,要注意灯内气体的发射线的干扰。例如,铬灯如果用氩作内充气体,氩的 357.7nm 线将干扰铬的 357.9nm 谱线。灯内的氢气等杂质气体的背景辐射同样使灵敏度下降并使标准曲线弯曲。因此,应选用适当内充气,并用前述反接灯极的方法定期纯化灯内气体,必要时可考虑更换新灯。

3) 分子光谱吸收的干扰

如果原子化蒸气中的某些分子的吸收光谱带重叠在待测元素的共振线上,也会导致假吸收,这种假吸收通常称为背景吸收(background absorption)。背景吸收可利用氘灯(deuterium lamp)发射的连续光源作背景校正来扣除,原理如下:

由于原子吸收线的半宽度只有 0.001nm 左右,对一个氘灯的连续光源来说,由原子吸光所导致的总光强减弱很小,不大于 0.5%,可忽略不计。此时,用氘灯作光源所测得的吸光度可认为是背景的吸光度,即 $A_{氘}=A_{背}$。当空心阴极灯的锐线光通过原子化蒸气时,即可被待测原子吸收,也可被蒸气中各种分子的背景所吸收,即 $A_{空}=A_{测}+A_{背}$。因此,对同一试液在相同条件下用氘灯和待测元素的空心阴极灯分别测定吸光度,两次测定吸光度之差就是被测元素的真实吸光度 $A_{测}$,即

$$A_{空}-A_{氘}=A_{测}+A_{背}-A_{背}=A_{测}$$

用氘灯扣除背景有一定的局限性,第一,要求氘灯和空心阴极灯的光线通过原子化蒸气的同一区域,因光源不同,实际上很难做到完全一致。第二,氘灯扣背景只能在 190~360nm 的波长范围内工作,选用的光谱通带不能小于 0.2nm;否则,信噪比降低。第三,当 $A_{背}\geqslant 1$ 时,背景很高不能扣除,此时可利用塞曼效应扣除背景。

塞曼效应扣背景是利用光的偏振性,当在光源上加上几万高斯方向与光束相垂直的强磁场并在光束前进方向进行观测时,光源发射的谱线分裂为 π 和 $σ^{\pm}$ 成分,π 是与磁场方向相平行的偏振光,波长不变;发生红移和紫移的 $σ^{\pm}$ 偏振光与磁场垂直。这种方法称为光源调制法(resource modulation),测定过程中,当光源的 π、$σ^+$、$σ^-$ 这三条分线(图 4.12)通过原子化器时,基态原子仅对 π 分线产生吸收,而 $σ^{\pm}$ 分线与共振吸收线的波长位置不同,不能被基态原子所吸收。但原子化体系背景对 π 分线和 $σ^+$、$σ^-$ 分线均有吸收。用旋转式检偏器将光源的 π 和 $σ^+$、$σ^-$ 分线分开,自动交替通过原子化器。用 π 分线的吸光度 $A_{/\!/}$ 减去 $σ^{\pm}$ 分线的吸光度值 $A_{\perp}$,即得到待测元素的真实吸光度 $A_{测}$,从而实现塞曼效应自动扣背景,即

$$A_{/\!/}=A_{测}+A_{背}$$

$$A_{\perp}=A_{背}$$

$$A_{/\!/} - A_{\perp} = (A_{测} + A_{背}) - A_{背} = A_{测}$$

塞曼效应扣背景的能力强,即使 $A_{背} = 1.7$ 仍可以扣除,而且噪声小,基线稳定,由于用同一光源,可消除光路系统造成的差异,是目前较为理想的背景校正方法。

无磁场时不分裂   有磁场时分裂

图 4.12　塞曼效应示意图

2. 电离干扰

若火焰温度较高,一部分被测基态原子将发生电离,生成的离子不产生吸收,因此会使吸光度降低,引入误差。电离电位小于 6eV 的元素如碱金属、碱土金属特别容易产生电离干扰。这时,可加入大量的更易电离的非待测元素,使其电离产生大量的电子,从而抑制被测元素的电离,提高分析的准确度和灵敏度。这种加入大量更易电离的非待测元素称为消电离剂。

3. 化学干扰

化学干扰比较重要,其机理也比较复杂,主要原因是待测元素不能全部原子化。例如,待测元素与一些物质形成高熔点、难挥发、难离解的化合物,导致吸光度下降,甚至使测定不能进行。根据具体情况加入某些试剂,是抑制化学干扰的常用方法。

1) 加入释放剂

加入一种金属元素与干扰物质化合成更稳定或更难挥发的化合物,从而使待测元素释放出来,以抑制化学干扰。这种加入的金属元素称为释放剂。

例如,试样中有 PO_4^{3-} 存在时对钙的测定有严重干扰,这是由于生成难挥发、难离解的焦磷酸钙:

$$2CaCl_2 + 2H_3PO_4 =\!=\!= Ca_2P_2O_7 + 4HCl + H_2O$$

如果向试样中加入足量的氯化镧（$LaCl_3$）,由于 PO_4^{3-} 生成了更难离解的磷酸镧,使钙仍以氯化物的形式进入火焰进行原子化:

$$H_3PO_4 + LaCl_3 =\!=\!= LaPO_4 + 3HCl$$

2) 使氧化物还原

用还原性强的富燃焰和石墨炉原子化器,使氧化物还原,如测铬时,用乙炔-空气富燃焰,发生如下反应:

$$CrO + C \longrightarrow Cr + CO$$

3) 加入保护剂

加入的保护剂多为有机配位剂,它们可以与待测金属元素生成稳定的更易于原子化的配合物,从而保护了待测元素,消除了部分干扰。例如,在一定条件下向试液中加入 EDTA,与钙形成稳定的 Ca-EDTA,能防止钙与 PO_4^{3-} 生成难离解的焦磷酸盐。

4) 加入缓冲剂

加入缓冲剂就是加入大量过量的干扰元素,使干扰达到饱和并趋于稳定,这种含有大量干扰元素的试剂称为缓冲剂（buffering agent）。如果在标准溶液和试液中加入同样量的缓冲剂，则干扰可抵消。例如，当标准溶液和试液中加入的铝盐为 $200\mu g\cdot mL^{-1}$ 时，可以消除铝对钛测定的影响，但灵敏度有损失。

也可用标准加入法控制化学干扰，这些方法都不能令人满意时，可考虑用溶剂萃取等化学分离的方法除去干扰元素。

4. 物理干扰

物理干扰是指溶质和溶剂的物理特性发生变化，引起吸光度下降的效应，主要指由于试液的黏度、表面张力等的差异引起的雾化效率、溶剂和溶质的蒸发速率等变化而造成的干扰。消除的方法是：尽量保持试液与标准溶液的物理性质和测定条件一致。

4.6.3 测定条件的选择

1. 空心阴极灯的工作电流

灯的发射特性依赖于工作电流，商品灯均标有允许使用的电流范围或最佳工作电流。但最好通过实验决定，工作时应在保证放电稳定和合适光强度输出的情况下，选用较低的灯电流。

2. 分析线的选择

通常选用共振吸收线作为分析线，因为这是最灵敏的吸收线。但也不是绝对的，在某些情况下，可选用次灵敏线或其他谱线作吸收线。例如，当待测元素含量高时，为避免过度稀释试液和最大限度地减少污染等原因，选用次灵敏线对测定是有利的。此外，还应根据共存干扰元素的情况，选择能减少干扰的谱线作分析线。如果没有干扰，选用最强的吸收线适于痕量元素的测定。

3. 燃烧器高度的选择

根据被测组分在火焰中发生的物理、化学过程，自下而上可将火焰分成干燥、蒸发、热解原子化和氧化还原四个区域，火焰的区域不同，基态原子的密度不同，因而测定的灵敏度也不同。通常，热解原子化区内基态原子密度最大，应使共振线通过该区。一般来说，热解原子化区在距燃烧器狭缝口上方 10mm 左右，但随被测元素和火焰的种类而不同，应用一标准溶液喷雾，通过实验决定，即上下调节燃烧器的高度，至获得最大的吸光度读数时的位置为止。

4. 有机溶剂和配位剂的选择

有机溶剂是附加的燃料，可提高火焰温度，其中的含碳基团又常常使火焰具有很强的还原性，利于氧化态被测元素的原子化。有机溶剂可改变试液的表面张力和黏度。黏度小、喷雾速率大、喷雾后有机溶剂分散率大、生成的雾滴小、提高雾化效率并增加原子在火焰中的停留时间也利于原子化，因此，用有机溶剂和配位剂可提高原子吸收测定的灵敏度。但也有降低灵敏度的个别情况，这是由于它们与待测元素生成了难以离解的化合物。

4.6.4 原子吸收分析中的萃取技术

为除去测定中的化学干扰，可向试液中加入适当的有机溶剂与被测元素形成配合物，萃取后将有机相直接进行喷雾，或将萃取的有机溶剂蒸发，配成水溶液后喷雾，或用有机溶剂萃取除去干扰元素,再将水相喷雾测定。

萃取剂不宜选用氯仿、苯、环己烷和异丙醚等,因为它们不但对光有吸收,产生较严重的背景干扰,而且由于燃烧不完全产生的微粒使光发生散射,造成假吸收。最适宜的萃取剂有酯类、酮类,在测定波长范围内,它们对光无吸收,燃烧完全,火焰稳定。AAS 中常用的萃取方法见表 4.3。

表 4.3　AAS 中常用的萃取方法

元　素	被萃取配合物	水　相	有机相
Al^{3+}	$Al(Cf)_3$	pH 3.6	MIBK
Au^{3+}	$AuBr_4^-$	HBr $3mol \cdot L^{-1}$	MIBK
Bi^{3+}	$Bi(PDTC)_3$	pH 2.8	MAK
Ca^{2+}	$Ca(OX)_2$	pH>13	异戊醇
Cd^{2+}	$Cd(PDTC)_2$	pH 2.8	MAK
Co^{2+}	$Co(PDTC)_2$	pH 6.5	异戊醇
Cr^{3+}	$Cr(AC)_3$	pH 6~7	MIBK
Cu^{2+}	$Cu(PDTC)_2$	酸性液	乙酸乙酯
Fe^{3+}	$Fe(OX)_3$	pH 2~4.5	乙酸乙酯
Hg^{2+}	$Hg(PDTC)_2$	pH 2.8	MAK
Mg^{2+}	$Mg(OX)_2$	pH>11	MIBK
Mn^{2+}	$Mn(DDTC)_2$	pH 7	MIBK
Ni^{2+}	$Ni(DDTC)_2$	pH 9~9.5	MIBK
Pb^{2+}	H_2PbI_4	5%HCl	MIBK
Pd^{2+}	$Pd(DDTC)_2$	pH>11	MIBK
Sb^{3+}	$Sb(PDTC)_3$	pH 3.5	MIBK
Te^{4+}	K_2TeI_6	5%HCl	MIBK
	$Te(DDTC)_4$	pH 8.5~8.8	MIBK
Zn^{2+}	$Zn(PDTC)_2$	pH 2.5~5	MIBK

注:Cf 表示铜铁试剂;PDTC 表示吡咯啶二硫代氨基甲酸铵;OX 表示 8-羟基喹啉;AC 表示乙酰丙酮;DDTC 表示二乙基二硫代氨基甲酸钠;MIBK 表示甲基异丁酮;MAK 表示甲基正戊酮。

4.7　灵敏度与检出限

4.7.1　灵敏度与最佳测量范围

1. 灵敏度

原子吸收分析的灵敏度(sensitivity),通常用能在水溶液中产生 1% 吸收(或吸光度为 0.0044)时待测元素的浓度($\mu g \cdot mL^{-1}$)表示相对灵敏度,也称为百分灵敏度,计算式如下:

$$S = \frac{c}{A} \times 0.0044 \tag{4.18}$$

式中,S 为百分灵敏度,$\mu g \cdot mL^{-1} \cdot 1\%$;$c$ 为试液的浓度,$\mu g \cdot mL^{-1}$;A 为浓度为 c 的试液的吸光度。

【**例 4.4**】　用某仪器测定钙的灵敏度时,配制浓度为 $3\mu g \cdot mL^{-1}$ 钙的标准溶液,测得其透光率 $T = 48\%$,计算钙的百分灵敏度。

解
$$A = \lg\frac{1}{T} = \lg\frac{1}{0.48} = 0.3188$$

$$S = \frac{c}{A} \times 0.0044 = \frac{3 \times 0.0044}{0.3188}$$

$$= 0.041(\mu g \cdot mL^{-1} \cdot 1\%)$$

在非火焰原子吸收法中,常用绝对灵敏度表示。其定义为:在给定实验条件下,某元素能产生 1% 吸收时的质量,以 g/1% 表示,计算式为

$$S = \frac{cV \times 0.0044}{A} = \frac{m \times 0.0044}{A} \tag{4.19}$$

式中,c 为试液浓度,$g \cdot mL^{-1}$;V 为体积,mL;A 为吸光度;m 为待测元素的质量,g。

2. 最佳测量范围

原子吸收的最佳分析范围是使其产生的吸光度落在 $0.1 \sim 0.5$,这时测量的准确度较高。根据灵敏度的定义,当吸光度 $A = 0.1 \sim 0.5$ 时,其浓度为灵敏度的 $25 \sim 125$ 倍。由于各种元素的灵敏度不同,所以其最适宜的测定浓度也不同,应根据实验确定。

4.7.2　检出限与灵敏度间的关系

检出限是指待测元素能产生 3 倍于标准偏差(此标准偏差由接近于空白的标准溶液进行至少 10 次以上平行测定而求得,用 S 表示)时的浓度,用 $\mu g \cdot mL^{-1}$ 表示,计算式为

$$D = \frac{3S}{A} \times c \tag{4.20}$$

式中,c 为测试溶液的浓度,$\mu g \cdot mL^{-1}$;D 为待测元素的检出限,$\mu g \cdot mL^{-1}$;$\overline{A}$ 为测试溶液的平均吸光度;S 为吸光度的标准偏差。

$$S = \sqrt{\frac{\sum\limits_{i=1}^{n}(A_i - \overline{A})^2}{n-1}} \tag{4.21}$$

其中,测定次数 $n \geqslant 10$;A_i 是单次测定的吸光度。也可用空白溶液测定 S。

检出限与待测元素的性质有关,也与仪器的工作情况和质量有关。检出限与灵敏度相关,一般说来,检出限越低,灵敏度越高。但它们是完全不同的两个概念,灵敏度与仪器的工作稳定性或测量的重现性(精密度)没有相关性,只有高的灵敏度,没有好的稳定性或精密度,则检出限也不会低。所以,低的检出限必定要求高的灵敏度和好的精密度,这就是它们之间的关系。精密度可用标准偏差 S 或相对标准偏差 RSD(%)表示。

4.8　原子吸收光谱法的应用

原子吸收光谱法主要用于测定各类样品中的微量、痕量金属元素,但如果和其他的化学方法或手段相结合,也可以用间接法测定一些无机阴离子或有机化合物,扩大其应用范围。例如,根据氯化物和硝酸银生成沉淀的反应,用原子吸收法测定溶液中剩余的银,即可以间接测定氯的量。利用 8-羟基喹啉在一定条件下与铜盐形成可萃取性配合物的特点,用铜灯测定萃取物中的铜,可间接定量 8-羟基喹啉。用这种方法可以测定一些药物、激素和酶等物质。

原子吸收法在农林科学上的应用十分广泛,可进行土壤、肥料和植物体元素的分析,可进行废料、废水和灌溉用水的质量监测,可测定面粉、大米和食品中的微量元素,也可对大气飘尘、污泥和生物体内的重金属含量进行测定,为环境评价提供依据。测定的元素有汞、锰、铅、镉、铍、镍、钡、铬、铋、硒、铁、钴、铜、锌、钼、铝和砷等近 70 种。

对土壤、污泥等样品,如果用石墨炉法测定时应充分考虑如何除去硅的影响。这类样品的共存物除硅外,还含有较多的钠、钾、钙、镁、铝、铁及有机物。所以,一般用 $HF-HClO_4$ 混合溶剂将有机物氧化,将 SiO_2 转化为 SiF_4,然后再根据不同的目的选择适当的处理法。但要注意,土壤用氢氟酸除硅并不是简易法。

测定食品、罐头、饮料、奶制品、豆制品、血液、植物等样品,由于含有较高的有机物、氯化物和氟化钙会产生很高的背景,使测定无法进行,必须先将这些杂质除去或降低其含量。为了防止灰化过程中可能造成的挥发损失,应将其转变成热稳定的化合物,再制成溶液进行测定。例如,在进行小麦中镉的测定时是用经硫酸-硝酸长时间湿法消解后的试样。对鱼肉中的铅、植物组织中的钼、砷、硒的分析,用直接法测定几乎是行不通的。分析汞时,如果用塞曼效应的原子吸收法可正确地校正背景,因此可自由地选择原子化的方法。砷、硒应利用还原气化法进行原子化。

水质分析是常做的项目,对于雪、雨水、无污染的清洁流水,金属元素的含量极微时,可采用共沉淀、萃取等富集手段,然后测定。但要注意干扰,如果对各元素的干扰程度不明时,采用标准加入法可获得理想的结果,即使在共存物少、无合适的标准样品对照等情况下,用标准加入法也能得到较好的结果。对污水、矿泉水,所含的无机物、有机物多,情况比较复杂,一般是将萃取法、离子交换法等分离技术与标准加入法配合使用。

利用原子吸收法测定大气或飘尘中的微量元素时,一般用大气采样器,控制一定的流量,用装有吸收液的吸收管或滤纸采样,然后用适当的办法处理、测定。用原子吸收法还可以进行元素的形态与价态分析,例如,用巯基棉分离法,选择不同的洗脱剂,用冷原子吸收法可分别测定河水中的有机汞和无机汞。利用巯基棉在酸性介质中对三价砷有较强的吸附能力,但对五价砷却完全不能吸附的特点,将水样适当酸化后,通过巯基棉可定量吸附三价砷。再将水样中的五价砷用碘化钾还原后,用另一巯基棉柱吸附,然后分别用盐酸洗脱。采用砷化氢发生器系统,用原子吸收法可分别测定环境水样中的价态砷。

有关原子吸收法在农林科学、生理生化、环境监测、农副产品加工和食品卫生检验中的应用,已有大量的文献资料报道,有的已经进入了标准分析法中,具体应用时可参考有关文献。表 4.4 列出了原子吸收法测定的部分元素及常用分析线。

表 4.4　原子吸收法测定的部分元素及常用分析线

测定元素	分析线 λ/nm	测定元素	分析线 λ/nm	测定元素	分析线 λ/nm
Ag	328.1	Ga	287.4	Pd	244.8
Al	309.3	Gd	368.4	Pt	306.5
As	193.64	Ge	265.2	Rb	780.0
Au	242.8	Hf	307.3	Sc	391.2
B	249.7	Hg	253.7	Se	196.1
Ba	455.4	Ho	410.4	Si	251.6
Be	234.86	In	303.9	Sn	224.6
Bi	223.1	Ir	208.9	Sr	460.7
Ca	422.7	K	769.9	Ta	271.5
Cd	228.8	La	550.1	Ti	364.3
Ce	520.0	Li	670.8	Tl	267.8
Co	240.7	Lu	328.2	U	358.5
Cr	357.9	Mg	285.2	V	318.4
Cs	852.1	Mn	279.5	W	255.1
Cu	324.8	Mo	313.3	Y	410.2
Dy	404.6	Na	589.0	Zn	213.9
Er	400.8	Ni	232.0	Zr	360.1
Eu	459.4	Os	290.9		
Fe	248.3	Pb	216.7		

4.9　原子荧光分析法

4.9.1　概述

气态自由原子吸收来自光源特征波长的光辐射后,原子的外层电子从基态或低电子能级跃迁到较高的电子能级,然后又跃迁至基态或低电子能级,同时发射出与原激发波长相同或不同的光辐射,这种现象称为原子荧光。以原子荧光谱线的波长和强度为基础,对待测物质进行定性和定量的分析方法称为原子荧光光谱分析法(atomic fluorescent spectrometry,AFS),简称原子荧光分析法。

原子荧光分析法主要有以下特点:

(1) 谱线较简单。AFS 的光谱干扰相对较小,多元素分析的能力优于原子吸收光谱法(AAS)。

(2) 灵敏度较高。大多数元素的检出限比 AAS 测得的低 2～3 个数量级,表 4.5 列出了 AFS 测定元素的检出限。

表 4.5 原子荧光法(AFS)测定某些元素的检出限(单位:ng·mL^{-1})

方 法	氢化物发生原子荧光法					火焰原子荧光法		
元素	As、Bi、Sb	Pb、Sn、Te、Se	Zn	Ge	Hg、Cd	Au	Ag、Cu	Zn、Cd
检出限	<0.01	<0.01	<1.0	<0.05	<0.001	<1.0	<5.0	<0.2

(3) 可同时进行多元素分析。原子荧光能同时向四面八方辐射,为制造多通道仪器,同时对样品进行多元素测定提供了便利条件。

(4) 校准曲线的线性范围宽,可达 3~7 个数量级。

(5) 散射光影响较严重,在一定程度上限制了该法的普及和发展。

(6) 测定元素不多,目前,该法主要用于 As、Bi、Cd、Hg、Pb、Se、Sb、Te、Sn、Zn、Ge 等 11 种元素的测定。氢化物发生技术能使可产生氢化物的被测元素与基体元素很好地分离,进行富集、提纯,氢化物发生技术与原子荧光结合,不但能获得很低的检出限,还可以对包括上述 11 种元素以及 Au、Ag、Cu 共 14 种元素进行痕量分析,相对标准偏差 RSD<1.0%。

(7) 仪器价格较高。仪器性能相近时,原子荧光光谱仪比原子吸收光谱仪或原子发射光谱仪更复杂,成本和维护费用也较高,没有得到较广泛的应用。对高含量和基体复杂的样品分析,尚有一定的困难。

由于原子荧光法具有上述特点,已在卫生防疫、药品检验、食品卫生检验、环境监测、食品质量监测、农产品与饲料监测等领域得到了应用。一些元素的原子荧光分析法已用作国家颁布标准的第一方法。

4.9.2 基本原理

1. 原子荧光的类型

原子荧光为光致发光,可分为共振荧光和非共振荧光两大类别。

1) 共振荧光

气态原子吸收共振线被激发后,发射出与原吸收线波长相同的荧光,称为共振荧光,它的特点是在激发和去激发光过程中涉及相同的基态和激发态;因原子受热激发处于亚稳态,再吸收光辐射进一步激发,然后发射的共振荧光称为热助共振荧光或激发态共振荧光,如图 4.13 所示。

图 4.13 共振荧光的产生

2) 非共振荧光

荧光的波长与原子激发光的波长不同时,称为非共振荧光。如图 4.14 所示,有直跃荧光和阶跃荧光等类型。

(1) 直跃荧光。激发态原子直接跃回至高于基态的亚稳态时所发射的荧光,同样,有激发态直跃荧光。

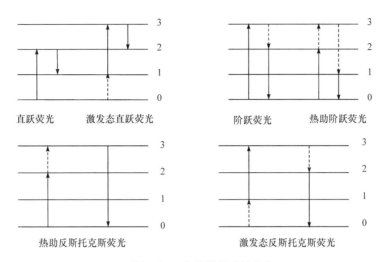

图 4.14　非共振荧光的产生

（2）阶跃荧光。激发态原子先以非辐射的形式失去部分能量回至较低的激发态，然后跃迁回至基态而产生荧光。若原子光致激发至中间能级，又热助激发至高能级，然后返回至低能级发射的荧光称为热助阶跃荧光。由于原子较高能级间隔与较低能级间隔不同，当发射的荧光波长比激发光波长长时称为斯托克斯荧光，反之，称为反斯托克斯荧光。

表 4.6 中列出了部分元素原子荧光的光谱线。

表 4.6　部分元素原子荧光的光谱线

谱线类型	元　素	激发光谱/nm	荧光发射光谱/nm
共振线	Zn	213.86	213.86
热助共振线	Ga	417.2	417.2
斯托克斯直跃线	Pb	283.31	405.78
斯托克斯阶跃线	Na	330.30	588.9
激发态直跃线	Sn	270.7	333.1
反斯托克斯直跃线	In	451.13	410.18
热助反斯托克斯阶跃线	Cr	359.35	357.87
激发态斯托克斯阶跃线	Pb	283.31	368.4

以上原子荧光谱线中，共振荧光的强度最大，最为常用。

（3）敏化原子荧光。D 原子光致激发成为激发态 D^* 后，与能量接受体 A 相碰撞，而使 A 成为激发态 A^*，由 A^* 去激发时所产生的荧光，称为敏化原子荧光。

光致激发：　　　　　　　　　　$D + h\nu \longrightarrow D^*$

能量传递：　　　　　　　　　　$D^* + A \longrightarrow A^* + D$

敏化原子荧光：　　　　　　　　$A^* \longrightarrow A + h\nu$

2. 原子荧光强度与被测元素浓度的关系

对频率一定的原子荧光，其荧光相对强度 I_f 与单位体积内的基态原子数 N_0 有如下的关系：

$$I_f = \Phi_f A I_0 \varepsilon L N_0 \tag{4.22}$$

式中，Φ_f 为荧光量子效率；A 为受光源照射的检测系统中观察到的有效面积；I_0 为原子化器单位面积上接受的光源相对强度；L 为吸收光程长；ε 为峰值吸收系数。

当测定的仪器和操作条件一定时，除 N_0 外，其他均为常数，令 $K=\Phi_f AI_0\varepsilon L$，而 N_0 与试样中被测元素的浓度 c 成正比，因此

$$I_f = Kc \tag{4.23}$$

(4.23)式即是原子荧光光谱法定量分析的基础。

4.9.3　原子荧光定量分析及其主要影响因素

1. 原子荧光定量分析

原子荧光定量分析一般采用标准曲线法和标准加入法。

(1) 标准曲线法，是最常用的定量分析方法，适用于大批量样品的测定。与 AAS 相似，配制含有试样基体的标准系列溶液，其基体含量、组成与被测试液尽可能接近，在相同的仪器操作条件下依次喷入火焰测定原子荧光相对强度 I_f，绘制浓度 c 与 I_f 关系的标准曲线，然后在完全相同的条件下测定试液的原子荧光相对强度，由标准曲线上查得试液的浓度并根据称取样品质量和处理方法计算出样品中被测元素的相对含量。

(2) 标准加入法，当试样基体比较复杂，无法配制与试样基体组成相同的标准时，则采用标准加入法。取等体积的同一试液两份分别置于容量瓶 A 和 B 中，B 瓶中加入一定量的标准溶液，分别定容为相同体积，在完全相同的条件下测定，除了测定信号不同之外，其操作方法与原子吸收法完全相同。并按下式计算：

$$c_x = \frac{\Delta c}{I_{fs} - I_{fx}} \cdot I_{fx} \tag{4.24}$$

式中，I_{fs} 为 B 瓶中加标后试液的原子荧光强度；I_{fx} 为 A 瓶试液的原子荧光强度；Δc 为加入标准溶液后，B 瓶中被测元素浓度的增加量，可根据实际操作进行计算，为已知值。然后根据取样量和具体操作计算样品中被测元素的含量。

2. 影响原子荧光分析的主要因素

(1) 增加吸收光程 L 和激发光的相对强度 I_0，可提高原子荧光分析的灵敏度。

(2) 量子效率 Φ_f 因火焰的种类、组成和温度的不同而变化，所以，必须严格进行控制。

(3) 高浓度时易产生自吸收，故该法特别适用于痕量元素的测定。

(4) 使用乙炔等烃类火焰，易产生荧光猝灭现象，降低了方法的灵敏度。若用 Ar 气稀释过的氢-氧火焰，可以避免或减弱荧光猝灭现象。选用较强的激发光可以弥补荧光猝灭的损失。

4.9.4　原子荧光光谱仪

原子荧光分析法所用的仪器称为原子荧光分光光度计或原子荧光光谱仪，有色散型和非色散型，其结构基本相似，主要由激发光源、原子化系统、分光与检测系统组成。由图 4.15 可知，为了避免激发光源对原子荧光检测信号的影响，激发光源与检测器呈直角设计和安装，以提高测定的准确度。

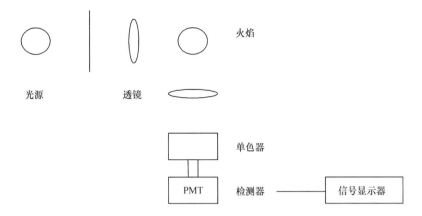

图 4.15　原子荧光分光光度计结构示意图

（1）光源，其作用是用来激发原子使其产生荧光，最常用的是锐线光源，例如，高强度的空心阴极灯（HI-HCL）和无极放电灯（EDL）。或者使用连续光源，如高压氙弧灯，它不必采用高色散的单色器。由于连续光源稳定，调谐简单，寿命长，可用于多元素的同时分析。

（2）原子化器，其作用是将被测元素转化为原子蒸气，是原子荧光光谱仪的主要部件。与 AAS 法基本相同，有火焰原子荧光分析、电热原子荧光分析、还有 ICP 焰矩原子荧光分析。由于火焰具有荧光效率高、稳定和简便的优点，因此原子荧光分析中常采用火焰原子化器。

（3）色散系统，色散型原子荧光光谱仪的色散部件为光栅。由于原子荧光光谱较简单，对色散率和分辨率要求不高，因此，非色散型原子荧光光谱仪用干涉滤光片来分离分析线和邻近谱线，并能降低背景干扰。

（4）检测系统。非色散型仪器多用日盲光电倍增管，其光阴极为 Cs-Te 材料，对 160～280nm 的光有很高的灵敏度，但对大于 320nm 的光响应不太灵敏。

色散型原子光谱仪采用光电倍增管（PMT）为检测器。

4.9.5　原子荧光分析法的应用

原子荧光光谱分析法是一种发展较晚的新型分析技术。1996 年以来，人们在研究原子荧光光谱法的原理和应用方面做了大量的工作，为定量测定一些元素提供了一种新型的有用的分析方法。其中有些已经被列入国家标准，例如，在国家颁布的《食品卫生检验（理化部分）》标准方法中，GB/T 5009.11—2003《食品中总砷及无机砷的测定》、GB/T 5009.12—2003《食品中铅的测定》、GB/T 5009.93—2003《食品中硒的测定》均是氢化物原子荧光光谱法，并且多是第一标准分析法。GB/T 5009.15—2003《食品中镉的测定》、GB/T 5009.16—2003《食品中锡的测定》、GB/T 5009.17—2003《食品中总汞及有机汞的测定》中的第一标准分析方法也是原子荧光光谱法，由此可见原子荧光光谱分析法在这些领域中所具有的重要位置。

另外，也有用该法测定润滑油中银、铜、铁和镁，土壤中钙、铜、镁、锰、锌、锗和铝等应用方面的报道。

思考题与习题

1. 何谓原子发射光谱？它是怎样产生的？有哪些特点？
2. 解释名词：(1)原子线；(2)离子线；(3)共振线；(4)最后线；(5)分析线；(6)自吸收；(7)电离能。

3. 原子发射光谱图上出现谱线的数目与样品中被测元素的含量有何关系? 如何进行定量分析和定性分析?

4. 原子发射光谱法定量分析的基本公式为

$$\lg I = b\lg c + \lg a$$

为什么说该式只有在低浓度时才成立?

5. 试从原理、仪器、测定灵敏度和应用等方面比较原子发射光谱法、原子吸收光谱分析法和原子荧光光谱法的异同。

6. 原子吸收法有何特点? 它与吸光光度法比较有何异同?

7. 同一种原子的发射光谱线为什么往往比吸收光谱的谱线多得多?

8. 何谓锐线光源? 原子吸收法中为什么要采用锐线光源? 简述空心阴极灯(HCL)产生特征性锐线光源的基本原理。

9. 原子吸收分析法的灵敏度为什么比原子发射光谱法高得多?

10. 如何计算原子吸收法的灵敏度和检出限? 它们之间有何关系?

11. 原子吸收法主要有哪些干扰? 怎样抑制或消除,各举一例加以说明。

12. 使谱线变宽的主要因素有哪些? 它们对原子吸收法的测定有什么影响?

13. 何谓积分吸收和峰值吸收? 峰值吸收为什么在一定条件下能够取代积分吸收进行测定? 测量峰值吸收的前提是什么?

14. 在火焰热力学平衡体系中,基态原子数 N_0 与激发态原子数 N_q 的分配有何规律?

15. 根据被测组分在火焰中的变化情况,可将火焰分为干燥、蒸发、原子化和氧化还原四个区,如下所示。

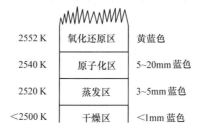

2552 K	氧化还原区	黄蓝色
2540 K	原子化区	5~20mm 蓝色
2520 K	蒸发区	3~5mm 蓝色
<2500 K	干燥区	<1mm 蓝色

试液在各区发生的变化如下:

(1) 干燥区 MX(溶液) $\xrightarrow{脱水}$ MX(s)

(2) 蒸发区 MX(s) $\longrightarrow$ MX(g)

(3) 原子化区 MX(g) $\xrightarrow{解离}$ M^0(g)基态+X^0(g)

(4) 氧化还原区 MOH^*(g) $\longleftarrow$ MOH(g) $\xleftarrow{OH}$ M^0(g) $\xrightarrow{O}$ MO(g) $\longrightarrow$ MO^*(g)
　　　　　　　　　　　　　　　　　　　(基态)

根据试液在各火焰区发生的变化,你认为如何调整燃烧器的高度,才能获得灵敏、准确地测定结果。为什么?

16. 什么是正常焰、富燃焰、贫燃焰? 为什么说原子吸收分析中一般不提倡使用燃烧速度太快的燃气?

17. 石墨炉原子化法有何优缺点? 简述还原气化原子化法测定 As、Hg 的基本原理。

18. 原子吸收定量分析方法有哪几种? 各适用于何种场合?

19. 用原子吸收法测定钴,获得如下数据:

标准溶液/($\mu g \cdot mL^{-1}$)	2	4	6	8	10
T/%	62.4	39.8	26.0	17.6	12.3

(1) 绘制溶液浓度-吸光度工作曲线。

(2) 某一试液,在同样条件下测得 $T=20.4\%$,求该试液中钴的浓度。

20. 将 $0.20\mu g \cdot mL^{-1}$ 的含镁试液在一定条件下以 AAS 喷雾燃烧,所用试液的体积为 $100.0\mu L$,测得吸光度

$A=0.220$,试计算镁在该条件下的相对灵敏度和绝对灵敏度。

21. 用石墨炉原子化法测定浓度为 $3.6\times10^{-8}\mathrm{g}\cdot\mathrm{mL}^{-1}$ 的某金属元素溶液,11 次平行测定的平均吸光度为 0.270,标准偏差为 0.01,计算此测定的最低检出浓度。

22. 两个含 Zn^{2+} 的标准溶液浓度分别为 $25\mu\mathrm{g}\cdot\mathrm{mL}^{-1}$、$16\mu\mathrm{g}\cdot\mathrm{mL}^{-1}$,在原子吸收光谱仪上测得它们的吸光度分别为 0.480、0.350,在相同条件下测得试液的吸光度为 0.422,求试液中 Zn^{2+} 的浓度。

23. 用标准加入法测定试液中的镉,各等体积的试液加入镉标准溶液后,用水稀释至 50mL,测得吸光度如下数据,求试液中镉的浓度。

试液体积/mL	加入镉标准溶液($10.00\mu\mathrm{g}\cdot\mathrm{mL}^{-1}$)的体积/mL	测得吸光度 A
20.00	0.00	0.042
20.00	1.00	0.080
20.00	2.00	0.116
20.00	3.00	0.153
20.00	4.00	0.190

24. 使用 285.2nm 共振线,用配制的镁标准溶液得到下列分析数据:

镁标准溶液/($\mu\mathrm{g}\cdot\mathrm{mL}^{-1}$)	0.00	0.20	0.40	0.60	0.80	1.00
吸光度 A	0.000	0.079	0.161	0.236	0.318	0.398

取血清 2.00mL,用水稀释 50 倍,在同样条件下测得吸光度为 0.213,求血清中镁的含量。

25. 用原子吸收光谱法测定试液中的 Al,准确移取 2 份 50.00mL 试液,用铝空心阴极灯在 309.3nm 处测得一份试液的吸光度为 0.325,另一份试液中加入 $100.0\mathrm{mg}\cdot\mathrm{L}^{-1}$ 铝标准溶液 $150.0\mu\mathrm{L}$,混匀后在完全相同的条件下测得吸光度为 0.650,计算试液中铝的浓度($\mathrm{mg}\cdot\mathrm{L}^{-1}$)为多少?

26. 测定某样品中的锌,称取 2.5000g,用适当的方法溶解后定容为 250.00mL,混匀后用原子吸收法进行测定。现准确吸取 10.00mL 该定容溶液两份,一份加入 $25\mu\mathrm{g}\cdot\mathrm{mL}^{-1}$ 锌标准溶液 $100\mu\mathrm{L}$,然后定容为 25.00mL,混匀,在原子吸收分光光度计上测得吸光度为 0.033。另一份不加标准溶液,同样定容为 25.00mL,在相同条件下测得吸光度为 0.022,求样品中锌的含量。

27. 何谓原子荧光? 原子荧光主要有哪些类型?

28. 原子荧光光谱分析法具有哪些特点? 影响原子荧光分析的主要因素有哪些?

第5章 动力学分析法

5.1 概 述

在研究化学反应时,仅从化学平衡的角度来判断反应进行的程度有时是不全面的。例如,在氧化还原反应中,我们可以根据反应的类型,利用两个电对的标准电极电位或条件电位来判断反应能否进行,这是以化学热力学为依据的。但是,经常遇到从化学热力学上判断能进行完全的反应,由于反应的速率非常慢,慢到在通常情况下观察不到有明显的产物生成。在普通滴定分析法中,这样的反应也就失去了实用意义,如欲使这样的反应按预期的方向进行,就要用动力学的方法进行研究。化学动力学方法主要探讨化学反应的现实性,即反应的转化速率、历程和条件等。

动力学分析法(kinetic analytical method)是基于测定反应的转化速率,利用其数值以确定待测物质的浓度或量的一种仪器分析法,也称为转化速率分析法。

在容量分析、重量分析、电位分析和光度分析等方法中,待测体系是在达到平衡后进行的,所利用的化学反应均为快反应,这类分析法称为平衡法。和平衡法相反,动力学分析法一般是利用慢反应,它的定量测定是在反应进行中体系达到平衡前进行的,是非平衡测定法。和平衡法相比较,动力学分析法具有下列显著优点:

(1) 适用性强。当化学反应的转化速率很低,或反应的平衡常数较小,或反应体系易发生副反应时,动力学分析法同样能够进行满意的测定,而平衡法则难以应用。

(2) 分析速度快。由于动力学分析法是在反应到达平衡前的任意合适点进行的,所以,与某些分析方法相比,分析速度快且易实现自动化。例如,氯代醌亚胺与酚类作用生成靛酚的反应很慢,需要30min才能达到平衡,但利用同一反应,动力学分析法却可以在$2\sim 3$min内测定酚,不需要等到平衡后再进行检测。

(3) 可用于分析密切相关化合物(closely related compound)的混合物。如有机化合物中的同系物及同分异构体,这些化合物能进行同样类型的反应,但转化速率不同,借此可以进行速率分辨分析。

(4) 选择性和灵敏度高。催化反应(包括酶催化反应)的转化速率常与催化剂的浓度成正比,因而可用来测定催化剂的浓度。这类方法通常具有专一性,所以选择性和灵敏度都很高,是解决痕量与超痕量分析任务的有效方法。

(5) 精密度较高。动力学分析法的相对标准偏差一般为$1\%\sim 3\%$,对痕量组分的测定来说其精密度要远远高于普通的平衡法。

(6) 设备简单、操作方便。动力学分析法中,用于测定的方法都是常用的普通方法,如吸光光度法、荧光法、化学发光法、生物发光法、电位分析法,甚至是滴定法,只是在测定过程中加进了"时间"这一因素。大多数情况下,被监测物质并非催化剂本身,而是"化学放大"了的其他物质。

由于温度影响转化速率,所以动力学分析法对温度的变化极为敏感。为了获得足够的准确度,所用的仪器通常都装备有恒温装置,控制一定的温度用少量样品和试剂即可进行测定。上述诸多优点使动力学分析法成为现代具有强烈吸引力的分析技术之一。目前,该法的研究及其进展异常迅速,已在高纯物质、生物样品、环境和矿物分析、农林生化分析等方面得到了广泛应用。

根据反应的类型,动力学分析法可分为催化法、非催化法和诱导法三种方法,其中以催化法最常见。

5.1.1　催化法

催化法是以催化反应为基础而建立起来的一类痕量分析技术,如下列催化反应:

$$A+B \xrightarrow{K} P$$

借生成物 P 随时间的增多或反应物随时间的减少速率来确定催化剂 K 的浓度或质量。

催化剂通过降低反应的活化能或生成活性的中间产物而加速反应的进行,并在反应过程中得到再生。这样,痕量的催化剂就可以不断循环地起作用,只要维持足够长的反应时间,就能积聚相当多的反应产物 P 或消耗相当量的反应物 A(或 B)以满足监测的需要。因此,催化动力学分析法通常具有很高的灵敏度。

酶是生物化学反应中具有专一性催化功能的催化剂,生物体中各种各样的酶,催化着各种各样的反应,产生着形形色色、丰富多彩的活性物质,组成了绚丽多彩、变化万千的活体世界。动物体内某些酶失去活性,则意味着疾病。因此,酶活性的测定在临床和生命科学中有着特别重要的意义。

5.1.2　非催化法

测量非催化反应的转化速率,利用其数值来确定反应混合物中某一组分或多种组分含量的方法称为非催化法。该法的灵敏度、准确度均低于催化法,所以当有平衡法可利用时一般不使用这种分析法。但是,对于一些速率较慢的反应,或有副反应发生时,平衡法就无能为力,此时用非催化法较好。例如,许多转化速率较慢的有机反应常能较好地用本法进行测定。

5.1.3　诱导反应法

如果 A 与 B 物质之间的反应在给定条件下完全不能发生或进行很慢,当存在能与 A 反应的物质 C 时,由于 A+C 反应而促使 A+B 反应的正常进行,这种现象称为诱导作用。其中,A+C 反应称为主反应,A+B 称为诱导反应,其作用机理可能是通过 A+C 反应生成一种或几种中间产物与 B 起反应。此时,A 称为作用体,C 称为诱导体,B 称为受诱体。

诱导反应与催化反应不同,在诱导反应中,诱导体 C 参加了主反应,并且发生了永久性质的变化。在催化反应中,催化剂是反复循环并且不改变原来的存在状态。诱导反应与副反应也不同,副反应的速率不受主反应的影响,而诱导反应是受主反应影响的。

以诱导反应为基础的动力学分析法称为诱导分析法,根据诱导期的长短,该法与诱导体在一定的低浓度范围内呈简单的线性关系,可用于诱导体的定量测定,其灵敏度通常都很高。

5.2 动力学分析法基础

5.2.1 能量条件和位能曲线

位能曲线可以形象地表示一个化学反应位能变化的情况,对下列反应:

$$X+YZ \longrightarrow XYZ \longrightarrow XY+Z$$

（活化配合物）

其位能曲线如图 5.1 所示。

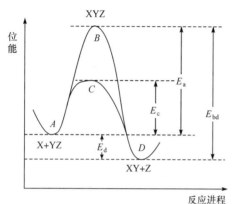

图 5.1 位能曲线

A. 反应的起始状态;B. 非催化反应的活化状态;
C. 催化反应的活化状态;D. 反应的终态;
E_a. 非催化反应的活化能;E_c. 催化反应的活化能;
E_{bd}. 逆向反应的活化能;E_d. 总的能量变化

分子所具有的能量是不均匀的,少数分子具有较高的能量,其平均能量比一般分子的平均能量高出一定数值,这些少数分子称为活化分子,它们比一般分子的平均能量高出的部分能量称为活化能。活化碰撞理论认为:化学反应进行的条件必须是活化分子间的碰撞,且这些分子的动能之和应大于活化能 E_a,这样,才会发生有效碰撞。但该理论没有考虑反应物分子与形成新的质点间的相互作用。过渡状态理论认为:当两个分子(X 与 YZ)互相接近时,其反应的位能就增大,从图 5.1 的 A 点出发,在活化状态 B 处位能达到最大值,此时形成活化配合物 XYZ,反应所需的能量 E_a 即是活化能。反应中形成的活化配合物(XYZ)极不稳定,一方面它能分解成原来的反应物分子;另一方面也可能分解为产物(XY+Z)。反应后有产物生成使体系处于一个新的状态——终态(D 点)。反应前后总的能量变化为 E_d,它等于正向反应的活化能 E_a 与逆向反应的活化能 E_{bd} 之差,即 $E_d = E_a - E_{bd}$。如果 $E_d < 0$,该反应释放出能量,是放热反应,图 5.1 中的 D 点低于 A 点;反之,若 $E_d > 0$,是吸热反应,终态 D 的位能应高于起始状态 A 的位能。

催化剂的存在可以使反应所需的活化能从 E_a 降低到 E_c,中间状态 C 的位能越低,催化剂就越有效。催化剂使活化配合物具有较低的能量,或者为反应提供另一条能量较低的途径而使 X 与 YZ 的反应变得更容易进行。

在催化动力学分析法中,希望非催化反应的活化能与催化反应的活化能之间有较大的差别,即 $\Delta E = E_a - E_c$ 的值尽可能大些,这样,催化剂的测定将有较高的灵敏度。

5.2.2 基元反应转化速率方程式

1. 化学反应转化速率的表示方法

通常用微分的方法表示一个化学反应的瞬时转化速率。例如,下列反应:

$$aA + bB \longrightarrow dD + gG$$

用不同物质的浓度变化率表示转化速率时,其数值有下列关系:

$$\frac{1}{a}\left(-\frac{dc_A}{dt}\right) = \frac{1}{b}\left(-\frac{dc_B}{dt}\right) = \frac{1}{d}\left(\frac{dc_D}{dt}\right) = \frac{1}{g}\left(\frac{dc_G}{dt}\right)$$

2. 基元反应转化速率方程式

基元反应是不能再分割的简单反应。一般写化学反应时,只根据始、终态写出反应的总结果,这种表示反应前后物料平衡关系的方程称为化学计量方程。例如

$$3ClO^- \longrightarrow ClO_3^- + 2Cl^-$$

实际上,该反应是分如下两步进行的,即

①　　　　　　　　　$ClO^- + ClO^- \longrightarrow ClO_2^- + Cl^-$　　　　（慢）

②　　　　　　　　　$ClO_2^- + ClO^- \longrightarrow ClO_3^- + Cl^-$　　　　（快）

这才真正反映出反应进行的过程,故称为机理方程。机理方程的每一步都是基元反应,由一步基元反应组成的反应,称为简单反应。由若干个基元反应组成的反应称为非基元反应或复杂反应。复杂反应的转化速率取决于其中最慢一步基元反应。必须清楚,只有直接实践或查阅前人的实践成果,弄清楚反应机理,才可能确定该反应是基元反应或是复杂反应。

在基元反应式中,参加反应的最少粒子数目称为反应分子数,例如

单分子反应：　　　　　　　$I_2 = 2I^-$

双分子反应：　　　　$H_2O_2 + I^- = IO^- + H_2O$

　　　　　　　　　　　$IO^- + H^+ = HIO$

三分子反应：　　　$HIO + I^- + H^+ = I_2 + H_2O$

　　　　　　　　　$2NO + O_2 = 2NO_2$

反应分子数通常是 1、2、3,大多数反应是双分子反应或单分子反应,只有极少数是三分子反应,三分子以上的基元反应目前尚未发现。所以,在化学反应式中,如果反应物的系数总和大于 3,就能断定该反应为复杂反应。

对任何基元反应,可以用质量作用定律来描述其转化速率,所以只要实验上确定了某一反应为基元反应,就能根据化学反应式直接写出转化速率方程式(也称为动力学方程式)。对于复杂反应,其组成的各步基元反应的转化速率不同,制约关系较为复杂,不能根据总的化学反应式来确定转化速率方程式。

5.2.3　反应级数

转化速率方程式中,各个反应物浓度项的指数之和称为反应级数,用 N 表示。如果 N 等于 1、2 或 3,则反应分别称为一级、二级或三级反应。反应级数和反应分子数都是由实验确定的。对某些反应来说,反应级数还可以是分数或零,有时根本无级数可言。所以,反应级数和反应分子数不一定一致,与反应物的系数总和更不相同,要注意它们之间的区别。例如,对于复杂反应：

$$H_2O_2 + 2I^- + 2H^+ = I_2 + 2H_2O$$

反应物的系数总和为 5,但它却是一个二级反应。最常见的是零级、一级和二级反应,下面分别加以讨论。

1. 零级反应

凡转化速率与反应物浓度的零次方成正比的反应称为零级反应,其速率方程式为

$$-\frac{dc_A}{dt} = K_0$$

积分形式为

$$\int_{c_0}^{c_t} dc_A = K_0 \int_0^t dt$$

积分后得

$$c_0 - c_t = K_0 t \tag{5.1}$$

即

$$\Delta c = K_0 t$$

式中，c_0 为反应物 A 的起始浓度；c_t 是反应经 t 时间后溶液中反应物 A 的浓度。式(5.1)表明：反应物 A 浓度的降低量($c_0 - c_t$)与反应时间呈直线关系。当反应物浓度降低一半时，即 $c_t = c_0/2$ 时，反应所需的时间称为该反应的半衰期，用 $t_{1/2}$ 表示。由式(5.1)得

$$c_0 - c_0/2 = K_0 t_{1/2}$$

故

$$t_{1/2} = c_0/2K_0 \tag{5.2}$$

零级反应的特征：①反应物的消耗浓度或产物的生成量与反应时间 t 呈线性关系，直线的斜率为 K_0；②速率常数 K_0 的单位通常为 mol·L^{-1}·min^{-1}；③半衰期与反应物的初始浓度 c_0 成正比，与 K_0 成反比。

2. 一级反应

凡转化速率与反应物浓度的一次方成正比的反应，称为一级反应，其速率方程式为

$$-\frac{dc_A}{dt} = K_1 c_A$$

积分形式为

$$\int_{c_0}^{c_t} -\frac{dc_A}{c_A} = K_1 \int_0^t dt$$

积分后得

$$\ln \frac{c_0}{c_t} = 2.303 \lg \frac{c_0}{c_t} = K_1 t \quad 或 \quad K_1 = \frac{2.303}{t} \lg \frac{c_0}{c_t} \tag{5.3}$$

当反应物 A 的浓度降低一半时，$c_t = c_0/2$，$t = t_{1/2}$，代入式(5.3)得

$$K_1 = \frac{2.303}{t_{1/2}} \lg \frac{c_0}{c_0/2} = \frac{2.303}{t_{1/2}} \lg 2 = \frac{0.693}{t_{1/2}}$$

所以

$$t_{1/2} = \frac{0.693}{K_1} \tag{5.4}$$

由式(5.4)可见，在温度一定时，一级反应的半衰期与反应物的起始浓度无关，与转化速率常数 K_1 成反比，且等于 $0.693/K_1$，这是一级反应的特点。式(5.4)中，K_1 的单位通常为 min^{-1}。

3. 二级反应

凡转化速率与两种反应物浓度的乘积成正比，或与一种反应物浓度的二次方成正比的反应称为二级反应。二级反应的通式可写成：

$$A + B \longrightarrow F + G$$

其化学动力学方程式为

$$-\frac{dc_A}{dt} = K_2 c_A c_B \tag{5.5}$$

为简便起见，设 $c_A = c_B = c$，则式(5.5)为

$$-\frac{\mathrm{d}c_A}{\mathrm{d}t} = K_2 c^2$$

积分形式为

$$\int_{c_0}^{c_t} -\frac{\mathrm{d}c}{c^2} = K_2 \int_0^t \mathrm{d}t$$

积分后得

$$\frac{1}{c_t} - \frac{1}{c_0} = K_2 t$$

当 $c_t = c_0/2$ 时，很明显，其半衰期为

$$t_{1/2} = \frac{1}{K_2 c_0} \tag{5.6}$$

式中，二级反应速率常数 K_2 的单位通常为 $\mathrm{L \cdot mol^{-1} \cdot min^{-1}}$。其半衰期与反应物的起始浓度 c_0 成反比，由于在不同的实验中反应物的起始浓度往往不相同，所以从二级反应的半衰期大小并不能直接看出反应的快慢。

反应过程中任一时间 t 时的反应物浓度 c_t 可用分析方法测知，用作图法观察 c_t-t 的关系。如果 c_t-t 图呈直线关系，则该反应是零级反应；若 $\ln c_t$（或 $\lg c_t$）-t 图呈直线关系，则为一级反应；若 $1/c_t$-t 图呈直线关系，就是二级反应。各级相应的转化速率常数 K 的数值可以从直线的斜率求得，而初始浓度 c_0 是已知的，所以各级反应的半衰期可以从有关公式计算出。用类似的方法可以推导出三级反应的公式。现将各级反应的有关计算公式列于表5.1。

表 5.1　不同级数反应的有关计算公式简表

反应级数	反应动力学方程式		半衰期 $t_{1/2}$
	微分式	积分式	
0	$-\dfrac{\mathrm{d}c_A}{\mathrm{d}t} = K_0$	$K_0 = \dfrac{c_0 - c_t}{t}$ （c_t 与 t 呈直线关系）	$t_{1/2} = \dfrac{c_0}{2K_0}$
1	$-\dfrac{\mathrm{d}c_A}{\mathrm{d}t} = K_1 c_A$	$K_1 = \dfrac{1}{t}\ln\dfrac{c_0}{c_t}$ （$\ln c_t$ 与 t 呈直线关系）	$t_{1/2} = \dfrac{0.693}{K_1}$
2	$-\dfrac{\mathrm{d}c_A}{\mathrm{d}t} = K_2 c^2$ （反应物浓度均为 c 时）	$K_2 = \dfrac{1}{t}\left(\dfrac{1}{c_t} - \dfrac{1}{c_0}\right)$ （$\dfrac{1}{c_t}$ 与 t 呈直线关系）	$t_{1/2} = \dfrac{1}{K_2 c_0}$
3	$-\dfrac{\mathrm{d}c_A}{\mathrm{d}t} = K_3 c^3$ （反应物浓度均为 c 时）	$K_3 = \dfrac{1}{2t}\left(\dfrac{1}{c_t^2} - \dfrac{1}{c_0^2}\right)$ （$\dfrac{1}{c_t^2}$ 与 t 呈直线关系）	$t_{1/2} = \dfrac{3}{2}K_3 c_0^2$

在上述反应中，由于一级反应的速率与反应物的一次方成正比，所以在动力学分析中有较大的实用价值。

4. 假一级反应

对于二级反应：$-\mathrm{d}c_A/\mathrm{d}t = K_2 c_A c_B$，如果在操作上大大提高反应物之一 B 的浓度，使 A 与 B 完全作用后，B 的浓度基本上维持不变，因而可以看成是个恒定值而并入 K_2 项中，这样，二级反应即变成假一级反应（pseudo-first-order reaction），则

$$-\frac{dc_A}{dt} = K_1' c_A$$

其积分式为
$$K_1' = \frac{1}{t}\ln\frac{c_0}{c_t} \tag{5.7}$$

式中
$$K_1' = K_2 c_B$$

在许多实际工作中,都是通过控制反应条件,使二级、三级反应转为假一级反应,使转化速率仅与待测物质的浓度成正比,以达到测定的目的。

5.2.4 影响转化速率的主要因素

了解影响转化速率的主要因素,可以更好地控制各种反应条件和环境,使反应向着有利于测定的方向进行。

1. 反应物浓度

除零级反应外,反应物的浓度会影响转化速率。在一级反应中,转化速率与一种反应物的浓度成正比关系,而与其他反应物的浓度无关。在二级反应中,转化速率与两种反应物的浓度有关,也可能与一种反应物浓度的平方成正比关系。实际工作中,常将二级反应、三级反应转为假一级反应进行测定,此时,只需监测转化速率,便可求得待测物的浓度。

2. 催化剂

催化剂(catalyst)的存在为反应的进行提供了一条新途径,降低了反应的活化能,使反应更容易快速进行,或者降低了反应的动力学级数,以致可用双分子反应来代替原来必须进行的三分子碰撞,使有效碰撞的概率大大增加。转化速率与催化剂浓度之间存在定量关系,浓度越大,转化速率越大,因此,根据转化速率可测定催化剂的浓度。

3. 温度

温度升高,活化分子百分率增加,有效碰撞次数增加。通常,反应体系温度每升高 10℃,转化速率提高 1~2 倍。因此,测定时必须严格控制温度。

4. 活化剂

催化反应的转化速率常常可以通过加入极少量活化剂(activator)或助催化剂而明显加快,但活化剂本身并无催化作用。加入活化剂增大转化速率的现象称为活化作用,它可以使催化反应的转化速率增大数千倍,灵敏度进一步得到提高。但活化剂与转化速率之间不一定有定量关系。通常,随活化剂浓度的增加可使转化速率提高,但活化剂增加到一定浓度后,转化速率反而下降。另外,活化剂只有在催化剂存在时才能对转化速率产生影响。若没有催化剂存在,活化剂一般不影响催化反应的转化速率。

5. 抑制剂

能减慢某一催化反应转化速率的物质称为抑制剂(inhibitor),它可以与催化剂反应,使催化剂失去催化活性。在非催化反应中,抑制剂与一种反应物发生副反应,降低这种反应物的浓度而使转化速率降低。动力学分析中可根据转化速率的降低测定抑制剂的量,这称为反催化分析法。

6. 共存物质的影响

体系中有其他元素的离子或化合物存在时也会影响转化速率。一种途径是通过改变活化配合物形成的平衡,通常称为第一盐效应;另一种途径是导致弱碱和极弱酸的置换作用,这称为第二盐效应。第二盐效应通过形成配离子、沉淀或移动离子平衡来使反应物的活度受到抑制而起作用的。例如,Ag^+ 和 As^{3+} 的反应会因 Cl^-、NH_3 或 CN^- 的共存而受到影响。这些共存物质的影响有时是相当严重的,因此对反应介质环境及其离子强度必须严加控制。

7. 本底的影响

本底小且稳定的体系有利于提高方法的灵敏度和准确度。造成本底变动的因素主要有:①体系中存在的杂质,甚至引入极微量的尘埃、滤纸屑、纤维等;②试液与标准溶液的组成、离子强度、pH、试剂与蒸馏水的情况不完全相同;③反应容器的表面积和存在的吸附物质不同;④反应器皿的厚薄差异可能引起的温度差异。这些因素都会影响本底值,工作时必须对这些实验变量进行严格地控制,才能保证分析结果的可靠性。

5.3　转化速率的测量

5.3.1　指示反应与指示物质

凡转化速率可以决定待测元素浓度的化学反应称为指示反应(indicative reaction),如

$$Ag^+ + Fe^{2+} \xrightarrow{Au^{3+} \text{ 或 } Se^{4+}} Ag + Fe^{3+}$$

此慢反应被 Au^{3+} 或 Se^{4+} 催化加速,称该反应为 Au^{3+} 或 Se^{4+} 的指示反应。如果用吸光光度法测定反应产物 Ag(加聚乙烯醇保护胶体),则 Ag 即为指示物质(indicator);如果测定 Fe^{3+} 的生成速率,则 Fe^{3+} 就是指示物质。指示物质可以是产物,也可以是反应物,其浓度改变的速率实际就是指示反应的转化速率。

指示反应的选择应注意:①指示物质的浓度要易于测定,并有足够的灵敏度和准确度;②转化速率快慢适中,一般为数分钟至数小时反应达到平衡。如转化速率太快,一般实验方法来不及测量,所用仪器的响应速度不能匹配,无法完成任务。当然,如果有性能良好、功能齐全的快速测量仪器和工作站,指示反应的选择则不受此限制。

5.3.2　转化速率的测量方法

在动力学分析中,转化速率的测量方法可分为化学法和仪器法两大类。用化学法时,可周期性地从反应体系中吸取一定体积的溶液,并用滴定法测定某一产物或某一反应物即某指示物质的浓度,以此求得其转化速率。为完成这种测定,常用下列几种方法使被吸取的溶液立即终止反应:

(1) 有的催化反应在室温时极慢,可利用迅速冷却来抑制反应。

(2) 有的催化反应仅在某一 pH 范围内才能进行,可快速地加入酸或碱,使被吸取的溶液的酸度控制在不反应的 pH 区域内。

(3) 加入一种过量的能与一种反应物迅速、定量反应的物质,或者加入能抑制催化剂催化作用的物质。

这些方法通常比较麻烦,由于原始反应体系的体积不断减少,有时还需要进行体积校正,

用仪器法监测转化速率,不一定终止反应就可进行测量,具有快速、简便、连续跟踪测定、便于实现自动化等优点。目前,用得最多的仪器法是吸光光度法(包括催化显色法和催化褪色法),也有用发光分析法(包括荧光法和化学发光法)、电位法、伏安法和电导法的,这些仪器法的相应信号的变化能准确反映指示物质浓度的变化,且多数呈良好的线性关系。

在实际应用的动力学分析法中,绝大多数为一级反应或假一级反应,有时还可以简化为假零级反应,这对测量及计算都是有利的。常用起始转化速率法来测定反应物或催化活性物质的浓度,起始转化速率法具有以下三个显著优点:

(1) 由于反应只进行到反应平衡时的很小部分,生成的产物浓度很低。所以,逆向转化速率对总指示转化速率没有显著的影响。

(2) 在反应起始阶段,任何副反应所引起的复杂化干扰都是最轻微的。

(3) 在起始阶段,各种反应物的浓度不会产生明显的变化,反应便按照假一级或零级反应动力学进行。因此,测量的重复性较好,从浓度方面来解释测定数据就较简单。

5.4　定 量 分 析

5.4.1　定量分析关系式

如果以反应产物 G 为指示物质,催化一级反应的速率方程为

$$\frac{\mathrm{d}c_G}{\mathrm{d}t} = K_1 c_A c_{催} \tag{5.8}$$

如果测定反应的初速,反应物 A 的浓度 c_A 改变很小,可视为恒定值并入常数项,则

$$\frac{\mathrm{d}c_G}{\mathrm{d}t} = K'_0 c_{催} \tag{5.9}$$

即反应的初速与催化剂的浓度成正比,将式(5.9)积分,得

$$c_G = K'_0 c_{催} t \tag{5.10}$$

由式(5.10)可知,当 $c_{催}$ 一定时,反应产物的浓度 c_G 与反应时间 t 呈直线关系,为零级反应。

如果反应物 A 浓度的改变不可忽略,即 c_A 不等于其初始浓度 c_0,则式(5.8)积分得

$$-\ln c_A = K_1 c_{催} t - \ln c_0 \tag{5.11}$$

当催化剂的浓度 $c_{催}$ 控制一定时,反应物浓度的负对数与反应时间呈线性关系,为一级反应。

式(5.10)和式(5.11)是动力学定量分析中常用的计算公式,根据这些公式可用图解法求出被测物的浓度。实验过程中,根据所用监测转化速率的方法,选用与浓度有线性关系的物理量来代替浓度。例如,在催化分子发光分析法中用相对发光强度 I 来代替浓度,在催化吸光光度分析法中用吸光度 A 来代替浓度等。

5.4.2　定量分析实验技术与求值方法

定量分析实验技术与求值方法有起始斜率法、固定时间法和固定浓度法三种。此外,还有诱导期法和速差法。

1. 起始斜率法

起始斜率法也称为正切法,是一种根据线性曲线的斜率来测定待测物浓度的方法。在此方法中,配制五个左右不同催化剂浓度的标准系列,每隔一定时间测定与指示物质浓度有线性

关系的特征物理量(如相对发光强度、吸光度),以特征物理量对时间作图,绘制出零级反应转化速率监测图,然后用外推法将时间外推到零,求出各直线的起始斜率。以起始斜率为纵坐标,以催化剂标准溶液的浓度为横坐标作图,得起始斜率法工作曲线。在与标准溶液相同的条件下测定并计算试液转化速率曲线的起始斜率,从工作曲线上查得其浓度 c_X。

如果为一级反应,则 $\ln c_t$ 与 t 呈直线关系。若测定时以吸光度 A 为特征物理量,那么,先绘出 $\ln\dfrac{A_0}{A_t}$-t 关系图,即一级(或假一级)转化速率监测图。由此图测出不同 $c_催$ 时相应的转化速率直线的斜率,然后绘制起始斜率-催化剂浓度($c_催$)工作曲线。在与标准系列完全相同的条件下测定试液的转化速率直线的斜率,并根据工作曲线求得 c_X。

起始斜率法利用了一系列的实验测量数据,准确度较高。

2. 固定时间法

固定时间法让指示反应进行到某一确定的反应时间 t_f,然后测定与产物或反应物浓度有线性关系的特征值。具体做法是:配置一个不同催化剂浓度的标准系列,在反应准确地进行到 t_f 时,立即采取适当措施终止反应,或在反应刚好进行到 t_f 时,分别测定某一特征值,如吸光度 A(或相对发光值 I)。当反应时间固定为 t_f 时,对零级反应,$c_催$ 与 A 呈直线关系,作图可绘制固定时间法工作曲线。如果反应物浓度有较大改变,则先画出 $\ln\dfrac{A_0}{A_t}$-$c_催$ 关系图,得相应的工作曲线。

试液在与标准系列相同的条件下测定和处理,由工作曲线求得 c_X。固定时间法比斜率法简单,一般可不作转化速率监测图,但准确度不如斜率法,对有明显诱导期的指示反应难于得到较可靠的结果。对一级反应、假一级反应,以及酶反应中底物的测定,固定时间法是优越的。

3. 可变时间法

可变时间法也称为固定浓度法。它是测量指示反应中某反应物或产物浓度达到某规定数值时所需的时间。同样,物质的任何性质如吸光度、发光强度、pH 或电位值等,只要能指示浓度,都能用来测量。例如,当吸光度 A 固定为恒值时,对零级反应,$c_催$ 与指示反应到达吸光度恒值时的时间成反比,与时间 t 的倒数 $\dfrac{1}{t}$ 呈直线关系。具体做法是:配置一个不同催化剂浓度的标准系列,在反应准确地进行到 A_t 时,分别测量所需的时间 t,以 $c_催$ 对 $\dfrac{1}{t}$ 作图,得可变时间法工作曲线。在相同的条件下处理和测定试液,由工作曲线求得试液中催化剂的浓度 c_X。

可变时间法的优点与固定时间法大致相同,但更适应酶活性、催化剂和一些非线性响应场合的测定。

4. 速差法

速差法是以混合物中的几种组分与同一试剂反应时速度的差异为基础,同时进行这几种组分分析的方法。

例如,A 和 B 与同种试剂 R 反应:

$$A + R \xrightarrow{K_A} 产物$$

$$B + R \xrightarrow{K_B} 产物$$

动力学方程分别为

$$-\frac{dc_A}{dt} = K_A c_A$$

$$-\frac{dc_B}{dt} = K_B c_B$$

当 K_A 和 K_B 相差很大,如 $K_A/K_B \geq 500$,则在 B 仅仅反应掉不足 0.3% 所需的时间里,几乎所有的 A 已起反应。这样,可以在 B 的存在下很方便地测定 A,再略微改变条件,使慢反应加快,则可进行 B 组分的测定。

5.5 动力学分析法的灵敏度和选择性

5.5.1 灵敏度

动力学分析方法的检出限和灵敏度依赖于实际的分析条件,但可用动力学方程式代入一些合理值对理想情况下的理论值进行估计。对下列反应:

$$A + B \xrightarrow{\text{K}} X + Y$$

若用 v_t 表示该反应进行 t 时的瞬时速率,则

$$v_t = \frac{dc_X}{dt} = \frac{\Delta c_X}{\Delta t} = K c_K c_A c_B$$

或

$$c_K = \frac{\Delta c_X}{\Delta t K c_A c_B} \tag{5.12}$$

如果采用吸光光度法检测 Δc_X,则有

$$\Delta A = \varepsilon \Delta c_X b \tag{5.13}$$

将式(5.13)代入式(5.12),得

$$c_K = \frac{\Delta A}{\Delta t K c_A c_B \varepsilon b}$$

如果测量的吸光度差 ΔA 为 0.05 时,浓度变化的值 Δc_X 仍可准确测定,当切合实际的假定 $\varepsilon = 10^5 \text{L} \cdot \text{mol}^{-1} \cdot \text{cm}^{-1}$,$b = 5\text{cm}$,$\Delta t = 10\text{min}$,$c_A = c_B = 1\text{mol} \cdot \text{L}^{-1}$,转化速率常数 $K = 10^8 \text{min}^{-1}$ 时,代入上式可推估出催化剂可测定的最小浓度为

$$c_K = \frac{0.05}{10 \times 10^8 \times 1 \times 1 \times 5 \times 10^5} = 10^{-16} (\text{mol} \cdot \text{L}^{-1})$$

这一极限值仅是理论上的,迄今尚未达到,这是因为几乎所有应用的体系测定时都受到背景即溶液"本底"的干扰,使实际测定的最小浓度比理论推算的高 3～5 个数量级。

5.5.2 选择性

一种物质在均相反应中产生催化作用的能力是以它的化学性质为基础的,化学上相类似的物质会表现出相似的催化作用,因此化学上相关的一些元素共存时,要进行选择性的催化测定是困难的,一个反应体系能同时被几种甚至十几种元素所催化。所以,尽管动力学分析具有很高的灵敏度,而选择性通常不十分理想,这就使得该分析方法的应用受到限制,如何提高动力学分析的选择性,是分析工作者十分重视并一直在研究的问题。一般可通过下面两个途径来提高动力学分析的选择性。

1. 提高测定过程的选择性

通过改变反应条件如试剂的浓度、体系的反应温度和酸度等或变换所使用的反应物,使测定有利于待测元素而不利于干扰元素。甚至可以通过改变反应条件进行连续测定。例如,Zr和 Hf 在不同的 pH 时催化 H_2O_2-I^- 的反应。pH 1.1 时 Zr 有最高催化活性,在 pH 2.0 时 Hf的催化活性最高。因此,通过改变 pH 可以在同一体系中连续测定这两种元素。

改变试剂的浓度,或者利用掩蔽剂和适当的活化剂,都能提高测定过程的选择性。有时加入一种试剂既起掩蔽作用,又起活化作用。例如,利用[$Fe(CN)_6$]$^{4-}$ 水合反应测定 Co^{2+} 时,加入 2,2'-联吡啶,不但活化了钴而且又抑制了镍的干扰,同时使空白反应的速率大大降低,提高了测定的灵敏度和选择性。

2. 利用预分离除去干扰

利用预分离除去干扰,然后进行动力学测定。如果用萃取法分离,有时可直接在有机相中进行催化测定。

5.6　动力学分析法在吸光光度法中的应用

5.6.1　催化显色反应转化速率的监测

设有一较慢的显色反应,有色产物是 G,在催化剂 M 的存在下,转化速率加快。反应如下:

$$a\mathrm{A} + b\mathrm{B} \overset{\mathrm{M}}{\rlap{\rightleftharpoons}} g\mathrm{G} + h\mathrm{H}$$

当反应物 A、B 超量较多,产生一定量可供测量的 G 时,A、B 浓度的改变量小至可忽略不计,则 $c_\mathrm{G} = K_0' c_{催} t$,由于吸光度 A 与 c_G 在一定条件下成正比,所以有

$$A = \varepsilon b c_\mathrm{G} = \varepsilon b K_0' c_{催} t = K_0 c_{催} t \tag{5.14}$$

式(5.14)表明:$c_{催}$ 越大,催化显色反应时间 t 越长,显色产物 G 的吸光度值就越大。式(5.14)是催化显色反应的最基本关系式。

反应的级数随反应条件而不同,在进行催化显色的条件下(反应物 A、B 超量较多,显色测定时消耗 A、B 的量极微),催化剂的浓度 $c_{催}$ 能固定且参加反应后又恢复原状,故 $c_{催}$ 可控制为恒量而合并在常数项中,则式(5.9)变为

$$\frac{\mathrm{d}c_\mathrm{G}}{\mathrm{d}t} = K_0 \tag{5.15}$$

此时催化显色反应是零级反应。以显色反应产物 G 的吸光度对反应时间作显色转化速率曲线,应得一直线。

某些显色产物的颜色不深,当它的量足够用吸光光度法测量时消耗的反应物较多,此时反应物浓度的变化不能忽略,反应属于一级反应,可参照催化褪色反应的方法进行处理。

下面以痕量 WO_4^{2-} 的测量为例,进一步说明反应级数的确定及显色转化速率曲线的绘制。H_2O_2 对 I^- 的氧化作用在 WO_4^{2-} 的催化下加速,反应如下:

$$H_2O_2 + 2I^- + 2H^+ \overset{WO_4^{2-}}{\rlap{=\!=\!=\!=\!=}} I_2 + 2H_2O$$

析出的 I_2 遇淀粉显蓝色,可测量其吸光度。该反应的动力学方程为

$$\frac{\mathrm{d}c_{I_2}}{\mathrm{d}t} = K c_{H_2O_2}^m c_{I^-}^n c_{WO_4^{2-}} \tag{5.16}$$

若 H_2O_2 及 I^- 过量较多，$c_{H_2O_2}^m$、$c_{I^-}^n$ 可视为常数，将式(5.16)积分并处理后得

$$A = K_0 c_{WO_4^{2-}} t \tag{5.17}$$

为了确定反应级数，拟出下列实验方法，然后绘制显色反应转化速率曲线。

用吸量管准确吸取 1.25×10^{-6} mol·L^{-1} Na_2WO_4 溶液 0mL、1mL、2mL、3mL、4mL，分别用吸量管加蒸馏水 9mL、8mL、7mL、6mL、5mL，0.2% 淀粉溶液 1mL，0.05 mol·L^{-1} KI 溶液 5mL，0.1 mol·L^{-1} HCl 溶液 5mL 和 3% H_2O_2 5mL，在加 H_2O_2 的同时开动秒表计时。用含钨 0mL 的溶液作参比液，每隔一定时间测定吸光度一次(1min 左右)，记录。以吸光度 A 为纵坐标，以时间 t 为横坐标绘制显色反应转化速率曲线，如果绘出的曲线均为直线(图5.2)，说明此反应符合式(5.17)，当 $c_{催}$ 固定时，A 与 t 呈直线关系，该显色反应为零级反应。

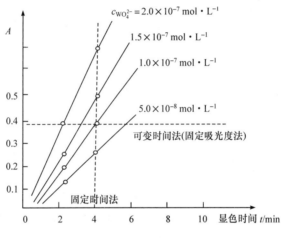

图 5.2　Na_2WO_4 催化显色转化速率曲线

工作曲线的绘制和 Na_2WO_4 浓度的测定如图 5.3、图 5.4，用固定时间法、可变时间法来进行，也可用起始斜率法来实现。

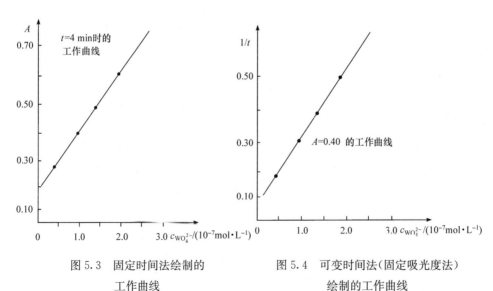

图 5.3　固定时间法绘制的
工作曲线

图 5.4　可变时间法(固定吸光度法)
绘制的工作曲线

5.6.2 标准加入法在催化显色反应中的应用

标准加入法可以消除复杂体系因组成和离子强度、酸度等条件所引入的"本底"干扰,使测定的准确度得到一定程度的提高,但不适用大批量样品的测定。仍以 Na_2WO_4 的测定为例,取两份完全相同体积的同一试液,设其中 Na_2WO_4 的浓度为 c_X。然后向其中一份加入已知量的 Na_2WO_4 标准溶液,另一份不加。在相同的条件下定容、显色、测定。若用固定时间法进行工作,则测定时未加标准的定容溶液 Na_2WO_4 的浓度为 c,那么,根据式(5.17)可知:

$$A_1 = K_0 ct \tag{5.18}$$

对于加标准的定容溶液,因加标准所增加的浓度设为 Δc,则

$$A_2 = K_0(c + \Delta c)t \tag{5.19}$$

式(5.19)除以式(5.18)并整理,得

$$c = \frac{\Delta c A_1}{A_2 - A_1} = \Delta c \frac{A_1}{A_2 - A_1} \tag{5.20}$$

式中,Δc 为已知,A_1、A_2 可在固定的时间测得,所以由式(5.20)可计算求出 c,然后根据试液的取样量和测定时定容的体积去计算 c_X。

如果用固定吸光度法进行工作,由式(5.17)可知,加标与不加标的试液之间有如下关系:

$$A = K_0 c t_1$$
$$A = K_0(c + \Delta c)t_2$$

即

$$K_0 c t_1 = K_0(c + \Delta c)t_2$$

由此解得

$$c = \Delta c \frac{t_2}{t_1 - t_2} \tag{5.21}$$

式中,t_1、t_2 可在固定吸光度值时测得。如上所述,同样可计算出 c_X。

同理,用起始斜率法工作时可以推导出如下公式:

$$c = \Delta c \frac{\tan\alpha_1}{\tan\alpha_2 - \tan\alpha_1}$$

但斜率法测定斜率时需要用多个测定数据分别作图,不如前两个方法简单方便。

另外,还可以用经典的加标作图法工作,这种方法至少需要吸取 4 份同体积的浓度为 c_X 的同一试液。除第一份外,其余按顺序分别加入已知不同量的 Na_2WO_4 标准溶液,并定容为相同的体积。定容溶液中由于加标所增加的 Na_2WO_4 浓度值分别为 0、Δc_1、Δc_2、Δc_3,则 Na_2WO_4 在定容溶液中的实际浓度分别为 c、$(c + \Delta c_1)$、$(c + \Delta c_2)$、$(c + \Delta c_3)$,混合后在相同条件下测得的吸光度分别为 A_0、A_1、A_2、A_3,若将它们对相应 0、Δc_1、Δc_2、Δc_3 作图,可得一直线,直线的截距为 A_0,直线的延长线与横坐标的交点设为 M,则 OM 线段所代表的浓度即相当于 c。如果求得直线的斜率,则 $c = A_0/$斜率,由 c 可根据稀释倍数计算 c_X。

5.6.3 催化褪色反应转化速率的监测

设有一较慢的褪色反应,物质 B 的颜色很深,在催化剂 M 的存在下其褪色速率加快,反应如下:

$$aA + bB \xrightarrow{M} gG + hH$$

速率方程式上的指数与化学反应式的系数不一定相同,B 的褪色速率可表示如下:

$$-\frac{dc_B}{dt} = Kc_A^m c_B^n c_催$$

当 A 过量较多,反应中 B 的浓度显著改变可用仪器测出时,A 的浓度改变可以忽略不计,c_A^m 为常数。设 $n=1$(多数情况下如此),则得

$$-\frac{dc_B}{dt} = K_1' c_B c_催 \tag{5.22}$$

式(5.22)为一级反应动力学方程,将其积分后得

$$\ln \frac{c_0}{c_B} = K_1' c_催 \, t$$

在光度测定时,设反应物 B 初始浓度为 c_0 的溶液的吸光度为 A_0,褪色至浓度为 c_B 的吸光度为 A,由朗伯-比尔定律,得

$$\ln \frac{A_0}{A} = K_1' c_催 \, t \tag{5.23}$$

式(5.23)是催化褪色反应的基本关系式,它说明:催化剂浓度越大,反应时间越长,则溶液的 $\ln \frac{A_0}{A}$ 值就越大,且与 $c_催 t$ 呈直线关系,据此可以绘制褪色速率曲线。

现以 Os 的测定为例进行讨论。Ce^{4+} 氧化 As^{3+} 的反应在 Os^{4+} 催化下加速,即

$$2Ce^{4+} + AsO_3^{3-} + H_2O \xrightarrow{Os^{4+}} 2Ce^{3+} + AsO_4^{3-} + 2H^+$$

根据反应机理的研究,Ce^{4+} 的褪色速率方程为

$$-\frac{dc_{Ce^{4+}}}{dt} = Kc_{Ce^{4+}} c_{Os^{4+}}$$

将此式积分并处理后得

$$\lg \frac{A_0}{A} = Kc_{Os^{4+}} t$$

褪色速率曲线绘制的具体方法为:在 5 个 25mL 的容量瓶中,分别加入含锇 $0.01\mu g \cdot mL^{-1}$ 的标准溶液 0.00mL、2.50mL、5.00mL、7.50mL、10.00mL,加 $1mol \cdot L^{-1}$ H_2SO_4 使总体积达 10mL,再加 $0.05mol \cdot L^{-1}$ As_2O_3-$1mol \cdot L^{-1}$ H_2SO_4 混合溶液 5.00mL,5% $HgSO_4$ 溶液 1.00mL,以消除 Cl^-、Br^-、I^- 对测定的干扰,使它们形成稳定的配合物。

在第一瓶中加入 $0.05mol \cdot L^{-1}$ 的硫酸铈铵溶液 2.00mL,混合后用 1cm 比色皿,选择 436nm 为入射光,在分光光度计上测定吸光度 A_0 值。

在含锇 $0.025\mu g$ 的容量瓶中,加入 $0.05mol \cdot L^{-1}$ 硫酸铈铵溶液 2.00mL,立即开动秒表计时并混合均匀。按第一瓶(空白瓶)前述的测定条件测定该标准溶液褪色 1min、2min、3min、4min、6min、8min、10min 的吸光度 A。同理,在完全相同的条件下对其他锇标准溶液进行测定,记录。计算各个时间 t 所对应的 $\lg \frac{A_0}{A}$ 值,并对时间 t 绘制褪色速率曲线,如图 5.5 所示。

工作曲线的绘制和定量分析的求值方法与显色吸光光度法很相似,仍然用可变时间法、固定时间法和起始斜率法,只要在褪色速率曲线图的适当位置画出水平线和垂直线,与各线相交,然后进行相应的处理即可。

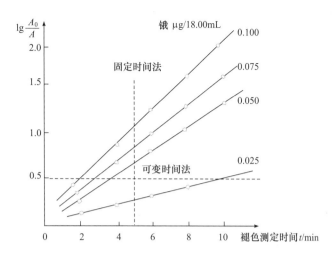

图 5.5　$c_{Os^{4+}}$ 不同时的褪色速率曲线

（1）可变时间法。由于指示物质的起始浓度是个恒定值，所以 A_0 是个常数。当褪色至固定的吸光度 A 时，$\lg \dfrac{A_0}{A}$ 也是个固定值。例如，固定 $\lg \dfrac{A_0}{A} = 0.5$ 时，由图 5.5 可得到各褪色标准溶液达到该值时所需的时间 t，以 t^{-1} 为纵坐标，以 $c_{Os^{4+}}$ 为横坐标作图，即可得工作曲线。为计算方便，横坐标 $c_{Os^{4+}}$ 可用容量瓶中 18.00mL 溶液中含锇催化剂的绝对质量（μg）来表示。

（2）固定时间法。例如，固定反应时间为 5min，从图 5.5 可得到各标准锇溶液的 $\lg \dfrac{A_0}{A}$ 值，以 $\lg \dfrac{A_0}{A}$ 值为纵坐标对相应的 $c_{Os^{4+}}$ 作图，即得到固定时间法的工作曲线。

（3）起始斜率法。将图 5.5 中各褪色速率曲线外推至 $t=0$，分别计算出它们的斜率 $\tan\alpha$，以斜率为纵坐标，以相应的 $c_{Os^{4+}}$ 为横坐标绘制起始斜率法工作曲线。

如果在相同的条件下处理并测定未知液，很容易由以上各方法的工作曲线测定并计算出未知试液中锇的含量。

5.7　酶催化动力学分析方法

酶是生物体内产生，并在体内发挥作用的生物化学催化剂。生物体内存在着各种各样的酶，各司其职，使生物体内极其错综复杂的化学反应井井有条地进行，产生生物体所需的许多物质。酶的催化性质和其他无机催化剂一样，它参与了整个生化反应过程，最后恢复原状，化学性质没有发生变化并可反复循环作用。

酶催化的一个显著特点是具有很高的催化效率，而且是在温和的条件下进行的。例如，在常温常压下，脲酶催化脲素的水解反应，比非酶催化快 1.0×10^{14} 倍，因此，酶催化分析具有较高的灵敏度。酶催化的第二个显著特点是它对底物的专一性很高，一种酶只能催化一种底物或少数几种相近似的同类底物。每个细胞的代谢库内，存在着多种多样的物质，酶固有的特异结构，能从其中识别其独有底物分子而进行定向反应，这就使酶催化分析（enzyme catalyzed analysis）比其他催化分析有着更好的特效性。

除此之外,酶作为分析试剂还具有试料配制简单、分析微量化、操作可简化、测定快速、准确等特点。如果将酶固定化后,不但节约费用,还可以进行自动分析。所以,酶法分析已广泛用于临床检验、生化、医药和食品卫生检验等方面,测定的对象绝大多数是有机物质。

酶作为极其有效的生化分析试剂,早已被人们从生物体中提取出来,并在生物体外进行着各种催化反应的研究。但酶蛋白的一个不容忽视的重要属性是结构很不稳定,结构上的改变或变性都会引起酶活性的损失,严重时则失活。影响酶蛋白稳定性的重要因素是温度、酸度和盐的浓度。

5.7.1 酶活性及其单位

酶的活性实际上就是其催化特定化学反应的能力,催化反应速率快,酶活性就高;反之则低。由于酶的种类很多,催化反应也各不相同,酶活性的定量表示方法相当复杂,通常在正确规定和严格控制的条件下,以测定单位时间内转化的底物的量来确定。底物的浓度必须足够大,以确保在反应时间内所消耗的底物只是很小一部分,使分析具有良好的重现性。

1961年,国际生化联合会的酶学委员会建议,对各种酶都采用一种标准的单位(国际单位),其定义如下:一个酶单位(enzyme unit)是指在规定条件下,每分钟内催化 $1\mu mol$ 底物发生转化所需的酶量,以"IU"表示。

所谓规定的条件是指反应时的温度、酸度、缓冲液系统、底物浓度与辅酶。1961年酶学委员会报告中所建议采用的温度是 25℃,1964年第二次报告中又改为 30℃。不管此意见是否应继续加以讨论,但测定酶活性时的温度是要遵守执行的。

5.7.2 酶分析法的机理和基本方程式

酶催化反应的机理是:酶 E 与底物 S 先结合成中间配合物 ES,随后分解出产物 P,酶恢复到原来的状态:

$$E + S \underset{K_2}{\overset{K_1}{\rightleftharpoons}} ES \overset{K_3}{\longrightarrow} E + P$$

上述 ES 的分解反应是不可逆反应,速率较慢,此步决定整个反应转化速率。

配合物 ES 的平衡常数 K_m 称为米氏常数:

$$K_m = \frac{K_2 + K_3}{K_1}$$

此时,酶反应的动力学方程为

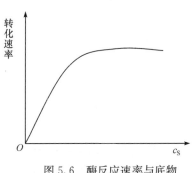

图 5.6 酶反应速率与底物浓度的关系曲线图

$$\frac{dc_P}{dt} = -\frac{dc_S}{dt} = \frac{K_3 c_E c_S}{K_m + c_S} \qquad (5.24)$$

式(5.24)即为米氏(Michaelis-Menten)公式。若将转化速率对 c_S 作图,可得一曲线如图 5.6 所示。当 $K_m \gg c_S$ 时 $(K_m > 100 c_S)$,式(5.24)简化为

$$\frac{dc_P}{dt} = \frac{K_3 c_E c_S}{K_m}$$

当酶的浓度 c_E 恒定时,反应是以 c_S 为主体的一级反应,反应的初速率与 c_S 成正比,随 c_S 的增加而增大,即图 5.6 中曲线的开始一段。随着 c_S 的增加,转化速率发生着变化,

并以最大速率为极限。当 $c_S \gg K_m$ 时,式(5.24)简化为

$$\frac{\mathrm{d}c_P}{\mathrm{d}t} = K_3 c_E$$

转化速率不再随 c_S 的增大而变化,整个反应为零级反应,当酶的浓度 c_E 固定时,转化速率为一定值,即图 5.6 中曲线的后一段。

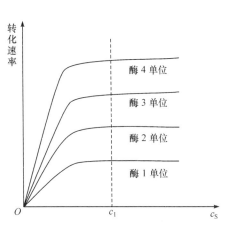

图 5.7　起始速率与底物浓度的关系

如果配制酶浓度的一个标准系列,在相同的条件下测定转化速率与底物浓度的关系,并将这种关系绘制在一张图上,可得图 5.7 的关系曲线。

如果截取图中前面的直线范围部分,则可作为测定底物浓度的校准曲线。若 c_S 增加达到图中的曲线斜率为零(如 c_1 处)时,则起始转化速率与酶浓度单位间也呈直线关系,据此仍能绘制工作曲线。这样,底物或酶的浓度均可以测定。另外,凡是影响转化速率的活化剂、阻抑剂浓度低时,也能进行测定。

酶法分析是催化动力学分析法中的一大类,其测定原则和定量分析的求值方法与其他动力学分析法是一样的,也可用初始斜率法、固定时间法和可变时间法。测定转化速率的手段可用吸光光度法、发光分析法和电化学分析法等,根据具体情况灵活选用。

5.7.3　影响酶催化反应速率的主要因素

由于酶的特殊性,影响酶催化反应速率的主要因素及机理与非酶动力学反应截然不同,现分述如下:

(1)酶浓度。由上述讨论可知,在一定条件下,酶反应的初始速率与酶浓度呈严密的线性关系,这是指绝大多数酶反应。但有极个别酶反应的这种关系并非线性,这可能是酶试剂中存在着若干活化剂或阻抑剂所致。

(2)底物浓度。底物浓度与转化速率的关系由图 5.7 可知。但当底物浓度较高时,转化速率往往下降。这种底物的抑制往往是由多种原因所致。例如,当两个以上的底物分子与一个活性中心相结合时,会形成一种 ES_n 的无效配合物,这种配合物随底物浓度的增加而增多,由于 ES_n 具有一定的稳定性,不易使酶 E 再生重新被利用,转化速率随之下降。

(3)活化剂。某些酶转化速率随活化剂的加入而大大增加,活化剂低浓度时,反应初速率与活化剂浓度成正比,依次可定量测定活化剂。例如,根据 Mn^{2+} 对异柠檬酸脱氢酶的活化作用可测出低至 $5.0 \times 10^{-9}\mathrm{g} \cdot \mathrm{mL}^{-1}$ 的 Mn^{2+}。

(4)阻抑剂。阻抑剂能与催化剂生成一种配合物或与一反应物作用而抑制酶催反应。酶反应的初速率将随阻抑剂的增加而在其低浓度时呈线性关系,据此可对低浓度的阻抑剂进行灵敏测定。

(5)温度。不同的酶反应有不同的最适宜温度。在该温度两侧,转化速率都较低。从温血动物组织中提取的酶,最适宜温度一般为 $35 \sim 40$ ℃,植物酶一般为 $40 \sim 50$ ℃。在达到最适宜温度前,酶活性随温度的升高而增加,但因酶不同增加程度有差异。酶反应试验中必须恒温

进行,所加入的溶液、辅酶、缓冲液等也置于反应温度的水浴中进行预平衡。

温度过高,酶会迅速变性,活性减少,速率降低甚至失活。对大多数酶来说,热失活一般从30～40℃开始,低于30℃时的失活现象是很少的。对每一种酶,重要的是应先确定在其保温期间是否会变性失活。

(6) 溶液的酸度。酶蛋白是一种多价电解质,含有可电离的基团,但往往只有一种离解状态最利于与底物结合,酶活性最高,而电离状态是取决于溶液酸度的。另外,pH 也会影响配合物 ES 的离解状态和底物的性质,因而对酶的活性有影响。某酶活性的适宜酸度是在不同的 pH 测定时,将酶活性对 pH 作图可得到一个特性曲线,曲线顶点所对应的 pH 即是酶反应的最适宜 pH。

5.7.4　酶活性的计算

酶活性的计算是以某一种反应物(底物、产物或辅酶)浓度的变化作为基础的,通过制备一产物(或底物)的标准溶液来进行具体操作和计算。工作时,取部分标准溶液与同体积样品液在相同条件下分别操作和处理,根据操作和测定的有关数据进行有关计算。通常用以下两种计算方法。

1. 以标准溶液的吸光度为根据的计算方法

用吸光光度法进行测定时,在相同的测定条件下可以分别从仪器上读出样品液的吸光度 $A_{样品}$ 及标准溶液的吸光度 $A_{标准}$,酶的活性按下式计算:

$$酶活性 = \frac{A_{样品}}{A_{标准}} \times c_{标准} \times \frac{V_{总}}{V_{样品}} \times \frac{1}{t} \times 1000 (IU \cdot L^{-1})$$

式中,$c_{标准}$ 为测定时比色皿中标准溶液的浓度;t 为酶催反应时间,min;V 为测定时所移取原标准溶液的体积;$c_{原液}$ 为原标准溶液的浓度;$V_{总}$ 为溶液的总定容体积,因此

$$c_{标准} = c_{原液} \times \frac{V}{V_{总}} \quad (mmol \cdot L^{-1})$$

【例 5.1】 对硝基苯酚磷酸盐在碱性磷酸酯酶(AP)作用下可发生如下反应:

$$对硝基苯酚磷酸盐 \xrightarrow{AP} 对硝基苯酚 + 磷酸盐$$
（样品）

选择产物对硝基苯酚为标准物质,并配制其标准溶液,按一定程序操作、处理、测定,已知:$c_{原液}=1$ mmol·L^{-1},$V_{总}=0.555$mL,$V=0.005$mL,$A_{样品}=0.080$,$A_{标准}=0.169$,$t=30$min,$V_{样品}=0.005$mL,求碱性磷酸酯酶(AP)在此条件下的活性单位(IU)。

解 根据题意可知

$$c_{标准} = c_{原液} \times \frac{V}{V_{总}} = 1 \times \frac{0.005}{0.555}$$
$$= 9.0 \times 10^{-3} (mmol \cdot L^{-1})$$

所以

$$酶活性 = \frac{A_{样品}}{A_{标准}} \times c_{标准} \times \frac{V_{总}}{V_{样品}} \times \frac{1000}{t}$$
$$= \frac{0.080}{0.169} \times 9.0 \times 10^{-3} \times \frac{0.555}{0.005} \times \frac{1000}{30}$$
$$= 15.7 (IU \cdot L^{-1})$$

2. 以某一反应产物的摩尔吸光系数为基础的计算方法

仍用上述吸光光度法测定对硝基苯酚为例。此时,用 1cm 比色皿在 400nm 波长下测定对硝基苯酚标准溶液计算得到的摩尔吸光系数 ε_{400} 为 $18.80L \cdot mol^{-1} \cdot cm^{-1}$,其酶活性按下式计算:

$$酶活性 = \frac{A_{样品}}{\varepsilon b} \times \frac{V_{总}}{V_{样品}} \times \frac{1}{t} \times 1000$$

$$= \frac{0.080}{18.80 \times 1} \times \frac{0.555}{0.005} \times \frac{1}{30} \times 1000$$

$$= 15.7(IU \cdot L^{-1})$$

以上两种计算方法的基础是相同的,没有本质上的区别。从工作的实际情况考虑,前一种方法比后一种方法更为简便些,无需计算 ε_{max}。

5.7.5　酶催化分析的应用简介

酶催化分析在食品、农业、法医、生物化学检验及临床医学等方面有着广泛的应用,现举少数几例加以说明。

1. 酶的测定

胆碱酯酶的测定在临床诊断上有重要的意义,它对肝病、恶性肿瘤、哮喘病和结核病等的诊断均可提供重要信息,其测定原理和有关反应如下:

$$乙酰硫代胆碱 + H_2O \xrightarrow{胆碱酯酶} 硫代胆碱 + HAc$$

用硫离子选择性电极监测水解反应释放出的硫代胆碱的速率,它与胆碱酯酶的活性成正比。

糖化型淀粉酶(简称糖化酶)作为淀粉质原料的糖化催化剂被广泛应用于食品、制药和生产葡萄糖等,是一种重要的酶制剂。糖化酶活性的测定是基于酶解产物葡萄糖还原 3,5-二硝基水杨酸,得红褐色的 3-氨基-5-硝基水杨酸,于 500nm 处测量其吸光度,它与葡萄糖量成正比,由葡萄糖量进而计算糖化酶的活性单位。反应如下:

$$淀粉 + H_2O \xrightarrow{糖化酶} \alpha\text{-}D\text{-}葡萄糖$$

2. 底物的测定

鱼肉腐败过程中可产生黄嘌呤和次黄嘌呤,测定它们的含量可以作为鱼类新鲜程度的一个指标。有关酶催反应如下:

$$次黄嘌呤 + O_2 \xrightarrow[pH=8.2,30℃]{黄嘌呤氧化酶} 黄嘌呤 + H_2O_2$$

$$黄嘌呤 + O_2 \xrightarrow[pH=8.2,30℃]{黄嘌呤氧化酶} 尿酸 + H_2O_2$$

生成的 H_2O_2 偶联上高香草酸的荧光反应:

$$H_2O_2 + 高香草酸 \xrightarrow[pH=8.2,30℃]{过氧化物酶} 荧光产物$$

用荧光法测定产生荧光物质的速率,进而确定底物的含量。

3. 活化剂和阻抑剂的测定

如前所述,利用酶催化反应的初始速率不但能测定低浓度的活化剂,而且极适于测定低浓度的阻抑剂。一些酶催反应被某些农药选择性地抑制,可用来进行这些农药的选择性测定。

葡萄糖氧化酶-过氧化物酶-邻联茴香胺偶联反应动力学测定葡萄糖时(吸光光度法),Ag^+、Hg^{2+}有强抑制作用,已用于这些金属离子的测定。在 pH=7.4 时用黄嘌呤氧化酶催化黄嘌呤氧化成尿酸的反应中,许多金属离子有阻抑作用,其次序为 $Ag^+ > Hg^{2+} > Cu^{2+} > Cr^{6+} > V^{5+} > Au^{3+} > Tl^+$,可用来测定 $1.0\times10^{-9} \sim 1.0\times10^{-8}\,mol \cdot L^{-1}$ 的 Ag^+ 和 Hg^{2+},$1.0\times10^{-7} \sim 1.0\times10^{-6}\,mol \cdot L^{-1}$ 的 Cu^{2+} 和 Cr^{6+},当 EDTA 存在时,测定 Ag^+ 和 Cr^{6+} 是特效的。

4. 酶的固定化

酶的固定化大大减少了常规分析所需的酶量,也不需频繁地测定活性,当酶被掺入适当的凝胶基体时,其稳定性常得到极大的改善。例如,以葡萄糖氧化酶的聚丙烯酰胺凝胶覆盖一支铂电极而制得的用于测定葡萄糖的电极,曾经用了 400 多天。

通过化学方法使酶固定化往往难以成功,因为它会侵袭酶的活性区域使其活性遭到破坏,因而常用物理方法,即将酶包藏在淀粉或聚丙烯酰胺凝胶之类的惰性基体中,将固定化后的酶置于电极传感器的外面,电极便对酶-底物反应的产物敏感。当酶电极插入含有该种底物的溶液中时,底物会扩散进入酶层,并在酶层发生酶催化反应,产生能被电极检测的离子。

酶催反应与离子选择性电极相结合,在完成与生命科学有关的分析工作中,承担着重要的任务,不断拓宽新的检测领域。例如,把脲酶固定在铵离子选择性电极上,可用于测定脲素的浓度。将酶固定在各种特制的薄膜上,并将薄膜附在光导纤维的一端作为探头,可利用荧光法或化学发光法测定某些物质,这种特殊的探头称为选择性光极,简称光极。光极的使用使酶固定化的研究和应用前景更广阔、诱人。

思考题与习题

1. 何谓动力学分析法?何谓平衡法?它们之间的主要区别是什么?
2. 与平衡法相比较,动力学分析具有哪些显著优点?
3. 为什么在动力学分析中所用的仪器都要求有良好的恒温装置?
4. 动力学分析法可分为哪三种方法?哪种方法最为常见?
5. 酶催化反应具有哪些显著特点?影响酶催化反应速率的主要因素有哪些?试简述之。
6. 诱导反应、催化反应和副反应之间有何不同?
7. 什么是活化分子和活化能?过渡状态理论(活化配合物理论)的核心内容是什么?
8. 如何表达一个化学反应的瞬间转化速率?何谓基元反应和复杂反应?
9. 为什么化学反应的动力学方程式必须由实验来确定?
10. 为什么化学反应式中反应物的系数总和大于 3 就能断定该反应为复杂反应?
11. 反应级数、反应分子数和反应物的系数总和有何区别?试举例说明。
12. 何谓反应的半衰期?从半衰期上考虑零级、一级、二级反应各有何特点?
13. 对二级、三级反应如何进行处理才能应用于动力学分析?
14. 什么是催化剂、活化剂和阻抑剂?
15. 什么是指示反应和指示物质?在催化吸光光度法中,你认为应当如何选择指示物质?

16. 选择指示反应时应注意哪些问题?

17. 在实际应用的动力学分析法中,常用起始转化速率法测定,该法有何显著优点?

18. 催化动力学定量分析实验技术与方法主要有哪几种? 它们有何异同点?

19. 为什么动力学分析实际测定的灵敏度比理论上推估的要低 3~5 个数量级?

20. 试推导催化显色和催化褪色吸光光度法的定量分析基本关系式,并简述它们的异同点。

21. 如何利用标准加入法进行催化动力学分析? 该法有何优缺点?

22. 请详述经典的标准加入作图法的工作步骤及求解方法。

23. 什么是酶的活性、活性单位、变性和失活?

24. 酶催化分析法的主要测定对象有哪些? 试举例说明它在生命科学中的应用。

25. 如何计算酶的活性? 酶的固定化有何突出优点?

26. 已测得某一反应的动力学方程为

$$-\frac{dc_A}{dt} = Kc_A^2 (mol \cdot h^{-1} \cdot L^{-1})$$

试根据以上信息,确定该反应转化速率常数 K 的单位。

27. 酶反应动力学的米氏公式为

$$\frac{dc_P}{dt} = -\frac{dc_S}{dt} = \frac{K_3 c_E c_S}{K_m + c_S} \tag{5.24}$$

当 $c_S = K_m$ 时,试推导酶反应的级数,此时,利用式(5.24)监测转化速率,可测定何类物质?

28. 已知 Fe^{3+} 在硫酸介质中催化 H_2O_2 氧化甲基红的褪色反应为

$$甲基红 + H_2O_2 + H^+ \xrightarrow{Fe^{3+}} 无色产物$$

固定 H_2O_2、H^+ 的浓度,反应至 10min 时,测定体积均为 25.00mL 的 Fe^{3+} 标准系列溶液的吸光度如下所示:

体积均为 25.00mL 的 Fe^{3+} 标准系列溶液的吸光度

吸光度 A	0.800	0.530	0.350	0.236	0.156	0.105
$c_{Fe^{3+}}/(\mu g \cdot 25.00mL^{-1})$	0.00	0.10	0.20	0.30	0.40	0.50

相同条件下测得 25.00mL 试液的吸光度为 0.290,求试液中 Fe^{3+} 的含量。

29. 二氯丙醇环化反应是合成甘油的一个中间步骤,主要反应为

$$ClCH_2—CHCl—CH_2OH + NaOH \longrightarrow \overset{O}{\overset{\diagup \diagdown}{CH_2—CH}}—CH_2Cl + NaCl + H_2O$$

当 1,2-二氯丙醇和氢氧化钠的起始浓度均为 $0.328mol \cdot L^{-1}$ 时,在温度 31.2℃测得不同时间 1,2-二氯丙醇的浓度为 c_A,其数值如下所示:

反应不同时间测得的 c_A 值(单位:$mol \cdot L^{-1}$)

时间 t/min	6.17	11.00	16.25	20.92	30.00
c_A	0.175	0.124	0.093	0.078	0.059
c_A^{-1}	5.70	8.06	10.70	12.80	17.00

试确定此反应的级数和转化速率常数 K 的数值。

30. Ce^{4+} 与 AsO_3^{3-} 的反应,在 Os^{4+} 的催化下加快反应速率:

$$2Ce^{4+} + AsO_3^{3-} + H_2O \xrightarrow{Os^{4+}} 2Ce^{3+} + AsO_4^{3-} + 2H^+$$

反应一定时间后,准时加入 $0.02mol \cdot L^{-1}$ 标准 Fe^{2+} 溶液 5.00mL,使该催化反应立即停止,求得反应刚停止时 Ce^{4+} 的浓度如下页表所示。根据如下的有关数据求该催化反应的反应级数、转化速率常数 K 和半衰期 $t_{1/2}$。

Os^{4+} 催化 Ce^{4+} 氧化 AsO$_3^{3-}$ 的测定数据

反应时间 t/min	$c_{Ce^{4+}}$ /(mol · L^{-1})	lg$c_{Ce^{4+}}$
0	5.00×10^{-3}	-2.301
2	3.54×10^{-3}	-2.451
4	2.50×10^{-3}	-2.602
6	1.77×10^{-3}	-2.752
8	1.25×10^{-3}	-2.903
10	0.88×10^{-3}	-3.055
12	0.63×10^{-3}	-3.201
14	0.44×10^{-3}	-3.360

31. 某一级反应进行了 1000s 后反应物转化了一半,求(1)反应物剩下 10% 时,总共耗费的时间(min);(2)从反应物剩下 10% 到反应物转化了 99% 需要的时间(min)。

第6章 电化学分析导论

6.1 电化学分析基础

6.1.1 电化学分析的分类

电化学分析法是根据电化学基本原理和技术建立起来的一类分析方法,是研究电能和化学能相互转换的科学,特点是:测定时将待测试液作为化学电池的一个组成部分,研究在化学电池内发生的特定现象,测定电池的某些参数如电位、电导、电流和电量等,利用试液中待测组分的含量与电化学参数的关系,进行定量或定性分析。

根据测量的电化学参数不同,电化学分析法主要分为电位分析法(potentiometry)、电导分析法(conductometry)、库仑分析法(coulometry)、电解分析法(electroanalysis)等。

根据测量方式不同,电化学分析法可分为三类。第一类是直接测量化学电池中某一电化学参数,根据试液中待测组分的浓度与电化学参数之间的关系求得待测组分的含量,包括直接电位法、直接电导法、控制电位库仑法等,这类方法是电化学分析的最主要类型。第二类是通过测量滴定过程化学电池中某电化学参数的突变,以此来指示理论终点,也称为电化学滴定分析法,包括电位、电导和恒电流库仑滴定法等。第三类是通过电极反应,将待测组分转入第二相,然后用重量法或滴定法进行分析,如电解分析法等。

6.1.2 电化学分析的基本概念

1. 化学电池

化学电池是进行电化学反应的场所,是实现化学能和电能相互转化的装置,通常有原电池、电解池和电导池。若化学电池中的反应是自发进行的,在外电路接通情况下会产生电流,这种化学电池称为原电池,它能自发地将电池中进行的化学反应能转变成电能;若电池中进行化学反应需要的电能必须由外电源提供,这种化学电池称为电解池,它是将电能转化为化学能的装置。不论是原电池还是电解池,凡发生还原反应的电极称为阴极(cathode),发生氧化反应的电极称为阳极(anode),电池发生的反应称为电池反应(cell reaction),它由两个电极反应组成,每个电极所进行的反应称为半池反应(half cell reaction)。如果只研究化学电池中电解质溶液的导电特性,这种化学电池就是电导池。典型的化学电池如图 6.1 所示。

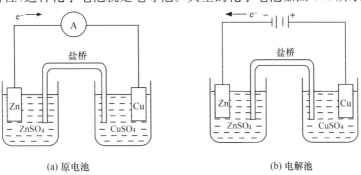

(a) 原电池　　　　　　　　　　　(b) 电解池

图 6.1　典型的化学电池

2. 原电池的电动势

电池电动势是不同物体相互接触时,其相界面产生电位差所致,主要由三部分组成。

1) 电极和溶液的相界面电位差(电极电势 φ)

一般的电极是由金属导体构成的,金属晶体中含有金属离子和自由电子。电解质溶液中含有阳离子和阴离子,整个溶液是电中性的。当把金属导体(电极)插入该金属离子的溶液时,金属与溶液接触界面间存在着两种相反的倾向。一方面,金属表面的金属离子 M^{n+} 由于自身的热运动和极性溶剂分子的强烈吸引而进入溶液,使金属表面带负电。由于静电吸引,金属表面的负电荷与溶液中的金属离子在界面形成双电层,产生一个稳定的相界面电位差,如图 6.2(a)所示。金属越活泼,电解质溶液的浓度越稀,这种倾向越大。另一方面,溶液中易接受自由电子的金属离子,也可以在金属表面上沉积,使金属表面有过剩的金属离子而带正电,同样由于静电吸引,金属表面的正电荷与溶液中过剩的阴离子形成双电层,产生一个稳定的相界面电位差,如图 6.2(b)所示。金属越不活泼,电解质溶液的浓度越浓,这种倾向越大。这两种电极和溶液的相界面电位差都称为电极电势。

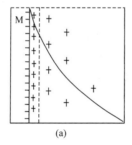 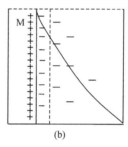

图 6.2　扩散双电层示意图

2) 液体和液体的相界面电位差(液体接界电位 φ_L)

当两种组成或浓度不同的电解质溶液相接触时,会发生扩散作用。由于不同离子的扩散速率不同,在两溶液接触的相界面两侧会积累不同的电荷而形成双电层。当扩散达到平衡时,产生了一个稳定的相界面电位差。图 6.3 是产生液体接界电位的两个例子。

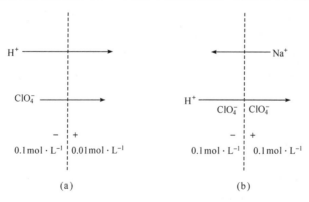

图 6.3　液体接界电位产生示意图

图 6.3(a)中相界面两侧的溶液均为 $HClO_4$,但浓度不同。由于存在浓度梯度,产生了从浓溶液向稀溶液方向的扩散。H^+ 的扩散速率比 ClO_4^- 快,界面的右侧积聚了过量的正离

子,带正电荷;界面的左侧积聚了过量的负离子,带负电荷。在两溶液接触的相界面两侧形成双电层,产生相界面电位差。图 6.3(b)中相界面两侧的溶液分别为相同浓度的 $HClO_4$ 和 $NaClO_4$,由于 H^+ 的扩散速率比 Na^+ 快,因此界面的右侧积聚了过量的正离子,带正电荷;界面的左侧积聚了过量的负离子,带负电荷,同样产生相界面电位差。这种液体和液体的相界面电位差称为液体接界电位或扩散电位,一般为 30mV 左右。液体接界电位的存在影响了电池的可逆性和电动势的计算。实际工作中,在两个溶液间连接一个"盐桥",可将液体接界电位消除或减小到 1~2mV,电动势计算时可忽略液体接界电位。盐桥一般是将正、负离子扩散速率相近的电解质饱和溶液(如 KCl、KNO_3、NH_4NO_3 等),装入含有 3‰琼脂胶冻的 U 形玻璃管中制成。当它与两溶液接触时,液体接触界面间所产生的电位差主要是盐桥中正、负离子的扩散产生的。由于盐桥中正、负离子的扩散速率相近,扩散方向相反,因此产生的两液体界面电位差基本上可相互抵消。盐桥既可沟通电路,又可消除液体接界电位对电动势计算的影响。

3) 电极和导线的相界面电位差(接触电位)

电极和导线接触时,由于不同金属的电子脱离金属表面的难易程度不同,在接触相界面上即形成双电层,产生电位差,称为接触电位。一个电极的接触电位是一个常数,而且数值很小,通常可忽略不计。

综上所述,电池电动势的数值大小等于电池中各个相界面电位差的代数和。由于液体接界电位和接触电位可忽略不计,因此电池电动势主要来源于电极和溶液的相界面电位差(电极电势 φ)。当流过电池的电流为零或接近于零时,两电极的电极电势差称为原电池的电动势,用 E 表示:

$$E = \varphi_+ - \varphi_- \tag{6.1}$$

3. 电极电势

电极电势来源于电极和溶液的相界面电势差,但是单个电极的电极电势绝对值无法直接测定得到。为了比较电极电势的大小,将一个电极与另一个标准电极组成原电池,通过测量电池电动势进行比较,得到该电极的相对电极电势。

1) 标准电极电势的测量和计算

电化学中以标准氢电极(NHE)为标准电极,它是将镀有铂黑的 Pt 片浸入 $a_{H^+} = 1mol \cdot L^{-1}$ 的酸溶液中,通入其分压为标准压力($p_{H_2} = 100kPa$)的纯氢气即构成标准氢电极,如图 6.4 所示。电化学中规定:在任何温度下,标准氢电极的电极电势等于 0.000V。电极反应为

$$2H^+(1mol \cdot L^{-1}) + 2e^- \Longrightarrow H_2 \quad (p_{H_2} = 100kPa)$$
$$(\varphi^{\ominus}_{H^+/H_2} = 0.000V)$$

将处于标准状态(溶液中各离子活度均为 1;气体的分压为 100kPa;热力学温度为 298K)的待测电极与标准氢电极组成原电池,用检流计确定电池的正负极,用电势计测量电池的电动势,此电动势为标准电动势 $E^{\ominus}$。由 $E^{\ominus}$ 可求得待测电极的标准电极电势,图 6.5 是测量 Zn 电极标准电极电势的装置图。实验测得 Zn 电极为负极,电池的标准电动势 $E^{\ominus} = +0.76V$。

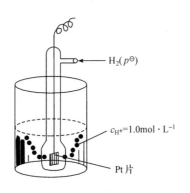

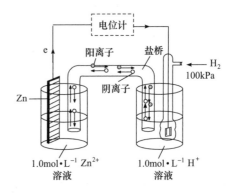

图 6.4　标准氢电极　　　　　　图 6.5　测量 Zn 电极标准电极电势的装置图

电池符号为

$$(-)Zn(s)\,|\,Zn^{2+}(1mol \cdot L^{-1})\,\|\,H^+(1mol \cdot L^{-1})\,|\,H_2(100kPa)\,|\,Pt(+)$$

$$E^{\ominus}=\varphi^{\ominus}_{H^+/H_2}-\varphi^{\ominus}_{Zn^{2+}/Zn}$$

$$\varphi^{\ominus}_{Zn^{2+}/Zn}=\varphi^{\ominus}_{H^+/H_2}-E^{\ominus}=0.000-0.76=-0.76V$$

依次类推,可计算出各种电极的标准电极电势 $\varphi^{\ominus}$。由于标准氢电极的使用条件极为苛刻,为应用方便,常用电极电势稳定的甘汞电极作为参比电极,代替标准氢电极。

2)电极电势的计算

标准电极电势是在标准状态下测得的,而实际电极不可能总处于标准状态,因此必须掌握非标准状态下电极电势的计算。常用的电极电势计算式是能斯特(Nernst)方程。

对任一电极,其电极反应通式为

$$a\mathrm{Ox}+ne^-\rightleftharpoons b\mathrm{Red}$$

能斯特方程式为

$$\varphi_{\mathrm{Ox/Red}}=\varphi^{\ominus}_{\mathrm{Ox/Red}}+\frac{RT}{nF}\ln\frac{(a_{\mathrm{Ox}}/a^{\ominus})^a}{(a_{\mathrm{Red}}/a^{\ominus})^b} \tag{6.2}$$

或

$$\varphi_{\mathrm{Ox/Red}}=\varphi^{\ominus\prime}_{\mathrm{Ox/Red}}+\frac{RT}{nF}\ln\frac{(c_{\mathrm{Ox}}/c^{\ominus})^a}{(c_{\mathrm{Red}}/c^{\ominus})^b} \tag{6.3}$$

式中,$\varphi^{\ominus}_{\mathrm{Ox/Red}}$ 为标准电极电势;$\varphi^{\ominus\prime}_{\mathrm{Ox/Red}}$ 为条件电极电势;$a^{\ominus}$(或 $c^{\ominus}$)为标准活度(或标准浓度),$1mol \cdot L^{-1}$;$a_{\mathrm{Ox}}/a^{\ominus}$、$a_{\mathrm{Red}}/a^{\ominus}$ 或 $c_{\mathrm{Ox}}/c^{\ominus}$、$c_{\mathrm{Red}}/c^{\ominus}$ 分别为相对活度或相对浓度,常简单表示为 a_{Ox}、a_{Red} 或 c_{Ox}、c_{Red}。

当反应温度为 298K 时,能斯特方程式通常简单表示为

$$\varphi_{\mathrm{Ox/Red}}=\varphi^{\ominus}_{\mathrm{Ox/Red}}+\frac{0.059\,16}{n}\lg\frac{(a_{\mathrm{Ox}})^a}{(a_{\mathrm{Red}})^b} \tag{6.4}$$

或

$$\varphi_{\mathrm{Ox/Red}}=\varphi^{\ominus\prime}_{\mathrm{Ox/Red}}+\frac{0.059\,16}{n}\lg\frac{(c_{\mathrm{Ox}})^a}{(c_{\mathrm{Red}})^b} \tag{6.5}$$

6.1.3　电极的类型

电极的类型较多,根据组成材料和电极电势产生的机理不同,可分为金属基电极和膜电极两大类别。

1. 金属基电极

金属基电极是最早使用的一类电极,其共同特点是电极电势的产生与氧化还原反应即与电

子的转移有关。因有金属参加,故称为金属基电极,一般有以下三类:

1) 第一类电极(金属-金属离子电极)

将金属插入该金属离子溶液中构成的电极。电极结构为

$$M\,|\,M^{n+}\,(a_{M^{n+}})$$

电极反应为

$$M^{n+}+ne^-\Longleftrightarrow M$$

电极电势(298K)为

$$\varphi_{M^{n+}/M}=\varphi^{\ominus}_{M^{n+}/M}+\frac{0.059\,16}{n}\lg a_{M^{n+}} \tag{6.6}$$

由式(6.6)可知,电极电势随溶液中待测离子活度(或浓度)的变化而变化,可用以指示溶液中待测离子的浓度,这类电极称为指示电极,第一类电极常作为指示电极。

2) 第二类电极(金属-金属难溶盐电极)

第二类电极是由金属、该金属难溶盐与该难溶盐的阴离子构成的电极,这类电极有两个界面。电极结构为

$$M\,|\,M_nX_m\,|\,X^{n-}\,(a_{X^{n-}})$$

电极反应为

$$M_nX_m+nme^-\Longleftrightarrow nM+mX^{n-}$$

电极电势(298K)

$$\begin{aligned}\varphi_{M_nX_m/M}&=\varphi^{\ominus}_{M_nX_m/M}-\frac{0.059\,16}{nm}\lg(a_{X^{n-}})^m\\&=\varphi^{\ominus}_{M_nX_m/M}-\frac{0.059\,16}{n}\lg a_{X^{n-}}\end{aligned} \tag{6.7}$$

这类电极的电极电势随阴离子活度的增加而减小,能用来测定不直接参与电子转移的难溶盐的阴离子活度,但是由于选择性差等问题,一般不作指示电极。若溶液中存在能与该金属阳离子生成难溶盐的其他阴离子,将产生干扰,此类电极常用作参比电极。参比电极是指在一定温度下,电极电势值在测定过程中基本恒定不变,不受试液中待测离子浓度变化而改变的电极。参比电极在特定温度下电势必须稳定、重现性好且容易制备。甘汞电极(calomel electrode)和 Ag-AgCl 电极是常用的参比电极。

甘汞电极　由金属 Hg、Hg_2Cl_2(甘汞)和 KCl 溶液组成的电极。由两个玻璃套管(电极管)组成,内电极管中封接一根铂丝,铂丝插入纯汞中(厚度为 0.5～1cm),下置一层甘汞(Hg_2Cl_2)和汞的糊状物,放入外玻璃管中,外电极管中充入 KCl 溶液作为盐桥,内外电极管下端都用多孔纤维或熔结陶瓷芯或玻璃砂芯等多孔物质封口,其结构如图 6.6 所示。

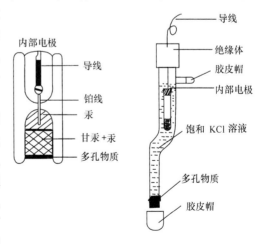

图 6.6　甘汞电极结构图

甘汞电极结构为　　　　　$Hg\,|\,Hg_2Cl_2\,|\,KCl(a)$

电极反应为　　　　　$Hg_2Cl_2(s)+2e^-\Longleftrightarrow 2Hg+2Cl^-$

电极电势(298K)为　　$\varphi_{Hg_2Cl_2/Hg}=\varphi^{\ominus}_{Hg_2Cl_2/Hg}-0.059\,16\lg a_{Cl^-}$

或 $$\varphi_{Hg_2Cl_2/Hg}=\varphi^{\ominus'}_{Hg_2Cl_2/Hg}-0.059\ 16\ \lg c_{Cl^-}$$

在一定温度下,当 Cl^- 的活度(或浓度)一定时,其电极电势为定值(表 6.1)。

表 6.1　298K 时甘汞电极的电极电势(相对 NHE)

电极名称	KCl 溶液的浓度 $c/(mol \cdot L^{-1})$	电极电势 φ/V
饱和甘汞电极(SCE)	饱和溶液	+0.2438
标准甘汞电极(NCE)	1.0	+0.2828
0.1 mol·L^{-1} 甘汞电极	0.1	+0.3365

甘汞电极的稳定性和再现性都较好,是最常用的参比电极。

若温度不是 298K(25℃),其电极电势应进行校正,对 SCE,t ℃时电极电势为

$$\varphi=0.2438-7.6\times10^{-4}(t-25)$$

当温度超过 80℃ 以上时,甘汞电极不够稳定,可用银-氯化银电极代替。

银-氯化银电极　Ag 丝表面镀上一层 AgCl 后封入有 KCl 溶液的电极管内,构成 Ag-AgCl 电极,电极符号为 Ag|AgCl|KCl(a)。

电极反应为 $$AgCl(s)+e^- \rightleftharpoons Ag(s)+Cl^-$$

电极电势(298K)为 $$\varphi_{AgCl/Ag}=\varphi^{\ominus}_{AgCl/Ag}-0.059\ 16\ \lg a_{Cl^-}$$

或 $$\varphi_{AgCl/Ag}=\varphi^{\ominus'}_{AgCl/Ag}-0.059\ 16\ \lg c_{Cl^-}$$

当 Cl^- 的活度(或浓度)一定时,其电极电势为定值,也常作为参比电极。

3) 零类电极(惰性金属电极)

用惰性材料如铂、金或石墨等做成片状或棒状,浸入同一元素的氧化还原电对的溶液中构成的电极。电极结构为

$$Pt|M^{(m-n)+},M^{m+}$$

电极反应为 $$M^{m+}+ne^- \rightleftharpoons M^{(m-n)+}$$

电极电势(298K)为

$$\varphi_{M^{m+}/M^{(m-n)+}}=\varphi^{\ominus}_{M^{m+}/M^{(m-n)+}}+\frac{0.059\ 16}{n}\lg\frac{a_{M^{m+}}}{a_{M^{(m-n)+}}} \tag{6.8}$$

电极电势与两种离子的性质及活度的比率有关,惰性金属或石墨本身并不参加电极反应,只是作为氧化还原反应交换电子的场所,协助电子的转移。

2. 膜电极

膜电极是一类以固态或液态膜为传感器的指示电极,膜电位与溶液中被测离子活度之间的关系符合能斯特方程。但是,膜电位的产生机理不同于金属基电极,膜电极上没有电子的转移和得失,膜电位的产生是由于相关离子在选择性膜上进行交换和扩散的结果。

6.2　电导分析法

6.2.1　电导分析法的基本原理

在外电场的作用下,携带不同电荷的微粒向相反的方向移动形成电流的现象称为导电。以电解质溶液中正负离子迁移为基础的电化学分析法,称为电导分析法。溶液的导电能力与溶液中正负离子的数目、离子所带的电荷量、离子在溶液中的迁移速率等因素有关。电导分析

法是将被分析溶液放在固定面积、固定距离的两个电极所构成的电导池中,通过测定电导池中电解质溶液的电导值来确定物质的含量。电导分析法分为直接电导法和电导滴定法。

电导分析的灵敏度很高,而且装置简单。但由于溶液的电导是溶液中各种离子单独电导的总和,因此直接电导法只能测量离子的总量,不能鉴别和测定某一离子含量,不能测定非电解质溶液,主要用于监测水的纯度、测定大气中有害气体及某些物理常数等。

1. 电导与电导率

电解质溶液的导电能力用电导(G)表示,单位为西门子,简称西(S)。电导是电阻(R)的倒数,同样遵守欧姆定律:

$$G=\frac{1}{R}=\frac{1}{\rho}\frac{A}{L}=\kappa\frac{A}{L} \tag{6.9}$$

式中,ρ 为电阻率,$\Omega\cdot cm$;A 为电极的面积,cm^2;L 为两电极间的距离,cm;κ 为电解质溶液的电导率,$S\cdot cm^{-1}$,相当于距离为 $1cm$,面积为 $1cm^2$ 的两个平行电极间所具有的电导。

对于一定的电导电极,面积(A)与电极间距离(L)是固定的,$\frac{L}{A}$ 为定值,称为电导池常数,以符号 θ 表示。电导的计算公式如下:

$$G=\kappa\frac{1}{\theta} \tag{6.10}$$

由于两电极间的距离及电极面积不易准确测量,因此电解质溶液的电导率不能直接准确测得,一般是通过测定已知电导率的标准溶液的电导,先求出电导池常数 θ,再通过测定待测溶液的电导,可计算出待测溶液的电导率。表 6.2 所示为 KCl 溶液的电导率。

电导率与电解质溶液的浓度及性质有关:在一定范围内,离子浓度越大,单位体积内离子的数目越多,离子的价数越高,离子迁移速率越快,电导率越大。因此,电导率不但与离子种类有关,还与影响离子迁移速率的外部因素如温度、溶剂、黏度等有关。

表 6.2　KCl 溶液的电导率

浓度 $c/(mol\cdot L^{-1})$	电导率/$(S\cdot cm^{-1})$		
	0℃	18℃	25℃
1.000	0.065 43	0.098 20	0.111 73
0.100 0	0.007 154	0.011 192	0.012 886
0.010 00	0.000 775 1	0.001 222 7	0.001 411 4

对于同一电解质,当外部条件一定时,溶液的电导取决于溶液的浓度。因为电导率的概念中规定溶液的体积为 $1cm^3$,所以电导率实际上取决于溶液中所含电解质的物质的量。为了比较和衡量不同电解质溶液的导电能力,有必要引入"摩尔电导率"的概念。

2. 摩尔电导率及无限稀释摩尔电导率

摩尔电导率 Λ_m 是指在两个相距 $1cm$ 的平行电极之间,溶液中电解质的物质的量为 $1mol$ 时所具有的电导。国家标准规定:

$$\Lambda_m=\frac{\kappa}{c}\times1000 \tag{6.11}$$

式中,Λ_m 为摩尔电导率,$S\cdot cm^2\cdot mol^{-1}$;$c$ 为电解质的物质的量浓度,$mol\cdot L^{-1}$;κ 为电解质

溶液的电导率,$S \cdot cm^{-1}$。

由于电解质溶液的导电是由溶液中正、负离子共同承担的,根据离子独立移动定律,电解质的摩尔电导率为

$$\Lambda_m = n^+ \Lambda_m^+ + n^- \Lambda_m^- \tag{6.12}$$

式中,n^+、n^-分别为1mol电解质溶液中所含正、负离子的物质的量;Λ_m^+、Λ_m^-分别为正、负离子的摩尔电导率。

对于混合电解质溶液,离子摩尔电导率具有加和性,即

$$\Lambda_m = \sum n^+ \Lambda_m^+ + \sum n^- \Lambda_m^- \tag{6.13}$$

由于摩尔电导率规定了在两电极间电解质的物质的量是 1mol,若通过改变电极面积来改变电极间的电解质溶液的浓度,则随着溶液浓度的增大,离子间的相互作用力加大,离子的迁移速率降低,摩尔电导率随之减小。对弱电解质而言,浓度增大,电离度减小,实际参与导电的离子数目减少,摩尔电导率也随之减小;相反,溶液的浓度越稀,离子间的相互作用越小,摩尔电导率越大。溶液在无限稀释时,溶液中各离子间的相互作用力几乎为零;弱电解质的电离度也几乎达到100%,溶液的摩尔电导率达到最大值。此时,电解质溶液的摩尔电导率称为无限稀释摩尔电导率,以 $\overset{0}{\Lambda}_m$ 表示:

$$\overset{0}{\Lambda}_m = n^+ \overset{0}{\Lambda}_m^+ + n^- \overset{0}{\Lambda}_m^- \tag{6.14}$$

各种离子在一定温度和溶剂中的无限稀释摩尔电导率是个常数,是由离子的某些性质决定的,是离子的特征参数,在一定程度上反映了各离子导电能力的大小。表 6.3 列出了常见离子在水溶液中的无限稀释摩尔电导率。

表 6.3　常见离子在水溶液中的无限稀释摩尔电导率(25℃)

正离子	$\overset{0}{\Lambda}_m^+ /(S \cdot cm^2 \cdot mol^{-1})$	负离子	$\overset{0}{\Lambda}_m^- /(S \cdot cm^2 \cdot mol^{-1})$
H^+	349.8	OH^-	199.0
Li^+	38.7	Cl^-	76.3
Na^+	50.1	Br^-	78.1
K^+	73.5	I^-	76.8
NH_4^+	73.4	NO_3^-	71.4
Ag^+	61.9	ClO_4^-	67.3
Mg^{2+}	106.2	CH_3COO^-	40.9
Ca^{2+}	119.0	HCO_3^-	44.5
Sr^{2+}	119.0	SO_4^{2-}	160.0
Ba^{2+}	127.2	CO_3^{2-}	138.6
Pb^{2+}	139.0	PO_4^{3-}	240.0
Cu^{2+}	107.2	$Fe(CN)_6^{3-}$	303.0
Zn^{2+}	105.6	$Fe(CN)_6^{4-}$	442.0
Fe^{3+}	204.0		
La^{3+}	208.8		

3. 电导与电解质溶液浓度的关系

将式(6.10)和式(6.11)联立,得

$$G = \frac{c \cdot \Lambda_m}{1000 \cdot \theta} \tag{6.15}$$

当电极和温度一定时,θ 和 Λ_m 都是常数,溶液的电导与其浓度成正比,即

$$G = K_c \tag{6.16}$$

式(6.16)仅适用于稀溶液。在浓溶液中,由于离子相互作用,使电解质溶液的电离度 < 100%,并影响离子的运动速率,Λ_m 不为常数,因此电导 G 与浓度 c 不呈简单的线性关系。

6.2.2　电导测量装置

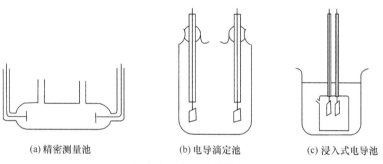

　　测定溶液电导,实际上就是测定溶液的电阻。测定时,必须插入一对电极。如果用直流电源进行测量,电流通过溶液时,两电极上会发生电极反应形成一个电解池,电极附近溶液的组成发生改变,产生极化,使测量产生误差。因此,必须使用 $600 \sim 1000\text{Hz}$ 的较高频率的交流电测量电导以降低极化效应。电导的测量装置包括电导池和电导率仪两个部分。

　　1. 电导池

　　电导池是用以测量电解质溶液电导的专用设备,它是由两个电极组成,结构如图 6.7 所示。

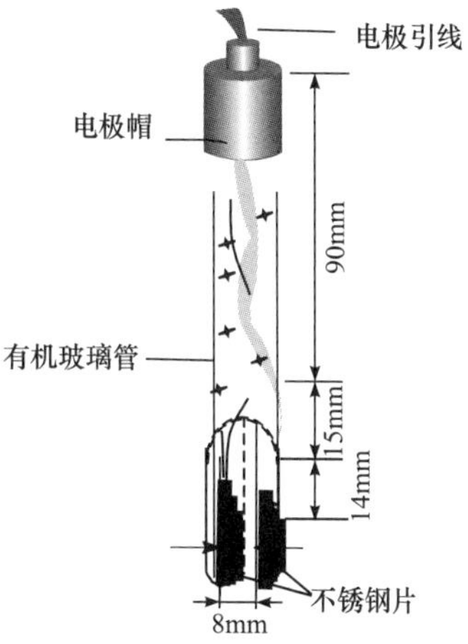

图 6.7　电导电极结构图

　　电导电极一般由两片平行的铂(石墨、钽、镍、金或不锈钢等)制成的。电导池中电极片的形状、面积及两片间的距离可根据不同的要求进行设计,结构如图 6.8 所示。

(a)精密测量池　　　　(b)电导滴定池　　　　(c)浸入式电导池

图 6.8　电导池结构图

　　为了减少交流电的极化效应,可在铂电极表面上覆盖颗粒很细的"铂黑",铂黑电极由于有较大的表面积,电流密度较小,因而极化较少,一般用于测量电导率高的溶液。在测量低电导率溶液时,由于铂黑对电解质有强烈的吸附作用,使测定值不稳定,此时可采用光亮铂电极。

　　2. 电导率仪

　　电导率仪是溶液电导测量的专用设备,根据作用原理可分为平衡电桥式和直读式两类。

　　1) 平衡电桥式电导率仪

　　测量电导的最简单仪器是平衡电桥式,如国产雷磁-27 型和 D5906 型电导率仪,作用原理如图 6.9 所示。

　　将电导池插入盛装待测溶液的容器中,由标准电阻 R_1、R_2、R_3 和电导池 R_x 构成惠斯顿电桥。在 A、B 间接上正弦波振荡器,产生 1000Hz 的交流电压作为电源。电流从 A、B 两端通过电桥,经交流放大器放大后,再整流将交流信号变成直流信号推动电表,当电桥平衡时电表指零,C、D 两端的电位相等,此时

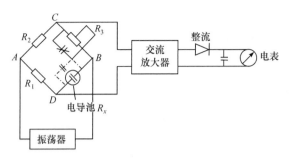

图 6.9　平衡电桥法测定电导作用原理图

$$R_x = \frac{R_1}{R_2} \times R_3 \tag{6.17}$$

式中，R_1、R_2 为比例臂，可选择 $R_1/R_2 = 0.1$、1.0、10；R_3 是带刻度盘的可读电阻或精密的多位数字电阻箱。

2）直读式电导率仪

由于直读式电导率仪有利于快速和连续自动测量，在实际工作中，大多数采用此类电导率仪。国产的 DD-11 型和 DDS-11A 型电导率仪就是这类仪器。采用电阻分压法原理，作用原理如图 6.10 所示。

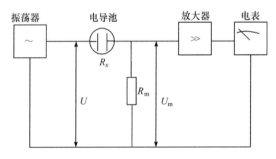

图 6.10　电阻分压法测定电导作用原理图

由振荡器输出的交流高频电压 U，通过电导池 R_x 及与之串联的电阻 R_m，回路中的电流强度 $I = \dfrac{U}{R_x + R_m}$，设 U_m 为分压电阻 R_m 两端的电位差，则通过 R_m 的电流强度 $I = \dfrac{U_m}{R_m}$。因此

$$\frac{U}{R_x + R_m} = \frac{U_m}{R_m} \qquad U_m = R_m \frac{U}{R_x + R_m} \tag{6.18}$$

由于 U 和 R_m 均为恒定值，因此通过测量 U_m 得到电导池的电阻值 R_x，取倒数后即可得到电导值 G。一般仪器表头的刻度直接给出的是 U_m 变化所对应的电导值 G。若要以电导率表示，则可按式(6.10)计算：

$$\kappa = G\theta$$

在电导率仪上有电导池常数 θ 的校正装置，电导率仪可直接显示电导率的值。

6.2.3　电导分析法的应用

1. 直接电导法

直接电导法是通过直接测定溶液的电导以求得溶液中电解质含量的方法，主要用于监测水的纯度、大气中有害气体及某些物理常数的测定等。

1）水质监测

电导法是检验水质纯度的最佳方法之一。电导率是水质的一个很重要的指标，它反映了水中电解质的总量。但电导率不能反映水中有机物、细菌、藻类及其他悬浮杂质等。实验室测量水的电导率常用 DDS-11A 型电导率仪。一些典型水质的电导率如图 6.11 所示。

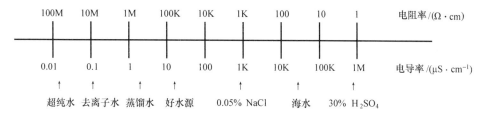

图 6.11　一些典型水质的电导率

应注意：强电解质浓度低于 20%（质量分数）时，电导率值随浓度的增加呈线性增加。但在高浓度溶液中，离子间的作用力增加，线性关系不成立。

2）大气监测

测定大气污染气体如 SO_2、CO、CO_2 及 N_xO_y 等时，可利用气体吸收装置，通过反应前后吸收液电导率的变化来间接反映所吸收的气体浓度。该法灵敏度高、操作简单，并可获得连续读数，在环境监测中广泛应用。例如，大气中的 SO_2 可用酸性 H_2O_2 作吸收液，被 H_2O_2 氧化为 H_2SO_4 后使溶液的电导率明显增加，其增加量在一定范围内与 SO_2 气体的浓度成正比，由此计算出 SO_2 的含量。反应式为

$$SO_2 + H_2O_2 \rightleftharpoons H_2SO_4$$

在气体进口处设一气体净化装置，如用 Ag_2SO_4 固体可除去 H_2S、$KHSO_4$ 及 HCl 等的干扰。

2. 电导滴定法

滴定分析过程中，伴随着溶液离子浓度和种类的变化，溶液的电导也发生变化，利用被测溶液电导的突变指示理论终点的方法称为电导滴定法。例如，以 $C^+ D^-$ 滴定 $A^+ B^-$，强电解质的电导滴定曲线如图 6.12 所示。设反应式为

$$(C^+ + D^-) + (A^+ + B^-) \longrightarrow AD + C^+ + B^-$$

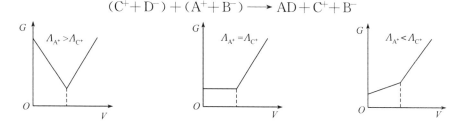

图 6.12　强电解质的电导滴定曲线

滴定开始前，溶液的电导由 A^+、B^- 所决定。从滴定开始到化学计量点之前，溶液中 A^+ 逐渐减少，而 C^+ 逐渐增加。这一阶段的溶液电导变化取决于 Λ_{A^+} 和 Λ_{C^+} 的相对大小。当 $\Lambda_{A^+} > \Lambda_{C^+}$ 时，随着滴定的进行，溶液电导逐渐降低；当 $\Lambda_{A^+} < \Lambda_{C^+}$ 时，溶液电导逐渐增加；当 $\Lambda_{A^+} = \Lambda_{C^+}$ 时，溶液电导恒定不变。在化学计量点后，由于过量 C^+ 和 D^- 的加入，溶液的电导明显增

加。电导滴定曲线中两条斜率不同的直线的交点就是化学计量点。

有弱电解质参加的电导滴定情况要复杂一些,但确定滴定终点的方法是相同的。

电导滴定时,溶液中所有存在的离子,无论是否参加反应,都对电导值有影响。因此,为使测量准确可靠,试液中不应含有不参加反应的电解质。为避免在滴定过程中产生稀释作用,所用标准溶液的浓度常十倍于待测溶液,以使滴定过程中溶液的体积变化不大。

对于滴定突跃很小或有几个滴定突跃的滴定反应,电导滴定可以发挥很大作用,如弱酸弱碱的滴定、混合酸碱的滴定、多元弱酸的滴定以及非水介质的滴定等。电导滴定在酸碱、沉淀、配位和氧化还原滴定中都能应用。

6.3　电解分析法

6.3.1　电解分析法的基本原理

加直流电压于电解池的两个电极上,使溶液中有电流通过,物质在两电极和溶液界面上发生电化学反应而分解,此过程称为电解,电解 $CuSO_4$ 溶液的装置如图 6.13 所示。

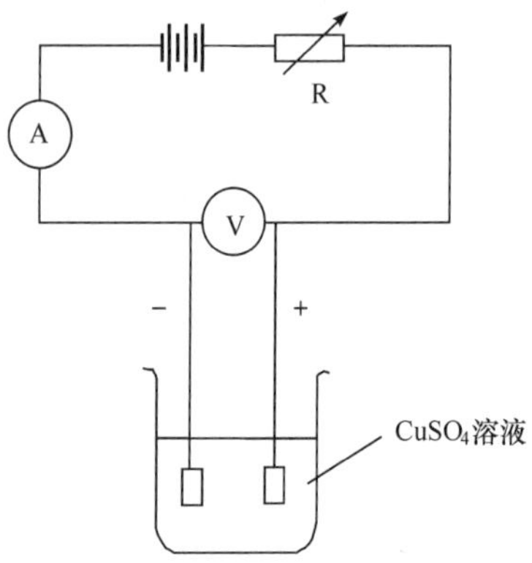

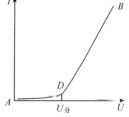

电解分析包括电重量法和电解分离法。电重量法是将试液在电解池中电解,使待测金属离子还原而沉积在电极上,然后称量电极上沉积的被测物质的质量,所以称为电重量分析法。电解分离法是利用电解手段将物质分离,分析过程中不需要基准物质和标准溶液。

图 6.13　电解 $CuSO_4$ 溶液的装置图

1. 分解电压

将图 6.13 中两个铂电极插入电解池的溶液中,接通外电源后,外电压 $U_{外}$ 从 0V 开始逐渐均匀增加,记录电流随电压变化的曲线,如图 6.14 所示。在开始阶段,外电压较小,从检流计 A 上观察只有很小的电流通过溶液,此电流称为残余电流,是溶液中微量杂质在电极上电解所致。当外电压增加到某一数值(D 点)后,电压稍有增加,通过电解池的电流急剧增大(DB 段),同时在电极上发生电解反应。

阴极:　　　$Cu^{2+} + 2e^- \rightleftharpoons Cu$　　　　　$\varphi^{\ominus}_{Cu^{2+}/Cu} = 0.34V$

阳极:　　　$2H_2O \rightleftharpoons O_2 + 4H^+ + 4e^-$　　　$\varphi^{\ominus}_{O_2/H_2O} = 1.23V$

由于发生电极反应导致电极与溶液界面间有电荷转移而产生的电流,称为电解电流。能引起电解质电解所需的最小电压,称为该电解质的分解电压或电解电压,用 $U_分$ 表示。图 6.14 中的 D 点的电压就是分解电压。

从上述讨论可知,只有当外加电压超过分解电压时,电解反应才能进行。电解开始后,如果突然使电解池与电源分离,则发现电流表立即反方向偏转,说明有反向电流通过。这是由于电解时,金属 Cu 在阴极上析出,O_2 在阳极上逸出。金属 Cu 与 Cu^{2+},O_2 与 H_2O 建立起了平衡,电解产物使原来的铂电极转为铜电极和氧电极,构成了一个极性与电解池相反的铜-氧原电池。该原电池电动势的极性与电解时外

图 6.14　电流-外电压曲线

加电压的方向相反,所以称为电解池的反电动势或反电压,用 $U_{反}$ 表示。它抵消了部分外加电压,使电解不能顺利进行。反电压不仅在外电源断开后存在,电解过程中也依然存在。当 $U_{外} <$ $U_{反}$ 时,外电压不能克服反电压,电解不能进行,电极上进行原电池反应。当 $U_{外} > U_{反}$ 时,外电压足以克服反电压,电极上则发生电解反应。这时,外加电压稍有增加,电流则显著增大。电解时,外加电压与分解电压的关系为

$$U_{外} - U_{分} = IR \tag{6.19}$$

式中,I 为电解电流,A;R 为电解回路中的总电阻,Ω。

对于可逆电极过程,电解池中电解质的理论分解电压 $U_{理分}$ 应等于电解池的反电压,即

$$U_{理分} = U_{反} = \varphi_{平(阳)} - \varphi_{平(阴)} = \varphi_{实析(阳)} - \varphi_{实析(阴)} \tag{6.20}$$

式中,$\varphi_{平(阳)}$、$\varphi_{平(阴)}$ 分别为阳极和阴极的平衡电位,即理论析出电位;$\varphi_{实析(阳)}$、$\varphi_{实析(阴)}$ 分别为阳极和阴极的实际析出电位。

例如,电解 $1 \mathrm{mol \cdot L^{-1}}$ $CuSO_4$ 的酸性溶液($c_{H^+} = 1 \mathrm{mol \cdot L^{-1}}$),设大气中 O_2 的相对分压为 0.21,298K 时的理论分解电压 $U_{理分}$ 的计算如下:

$$\varphi_{平(阳)} = \varphi^{\ominus} + \frac{0.059\ 16}{4} \lg \left[\frac{p_{O_2}}{p^{\ominus}} \right] c_{H^+}^4$$

$$= 1.23 + \frac{0.059\ 16}{4} \lg(0.21 \times 1^4) = 1.22(\mathrm{V})$$

$$\varphi_{平(阴)} = \varphi^{\ominus}_{Cu^{2+}/Cu} = 0.34(\mathrm{V})$$

$$U_{理分} = 1.22 - 0.34 = 0.88(\mathrm{V})$$

如果不考虑其他因素的影响,当外加电压 $U_{外}$ 稍大于 0.88V 时,电解就可以进行。然而,实际上,当外加电压稍大于 0.88V 时,电解并不开始。实际的分解电压为 1.35V,这是由于电极过程的不可逆而有超(过)电压存在的缘故。

2. 超电位和极化现象

1) 超电位

工作中,实际测得的分解电压 $U_{分}$ 一般都比理论分解电压 $U_{理分}$ 大。$U_{分}$ 与 $U_{理分}$ 的差称为超电压,用 η 表示。超电压包括阳极超电位 $\eta_{阳}$(为正值)和阴极超电位 $\eta_{阴}$(为负值),即

$$\eta = U_{分} - U_{理分} \tag{6.21}$$

$$\eta_{阳} = \varphi_{实析(阳)} - \varphi_{平(阳)} \tag{6.22}$$

$$\eta_{阴} = \varphi_{实析(阴)} - \varphi_{平(阴)} \tag{6.23}$$

由于超电位的存在才形成了超电压,即

$$\eta = \eta_{阳} - \eta_{阴} \tag{6.24}$$

对于不可逆的电极过程,实际分解电压为

$$U_{分} = \varphi_{实析(阳)} - \varphi_{实析(阴)}$$

$$= (\varphi_{平(阳)} + \eta_{阳}) - (\varphi_{平(阴)} + \eta_{阴}) \tag{6.25}$$

在上述电解 $CuSO_4$ 溶液的例子中,阳极上产生 O_2,其 $\eta_{阳}$ 为 +0.40V;阴极上产生 Cu,其 $\eta_{阴}$ 为 -0.07V。所以,$U_{分} = (1.22 + 0.40) - (0.34 - 0.07) = 1.35V$。

2) 极化现象

不论原电池反应还是电解池反应,凡电动势偏离热力学平衡值的现象都称为极化现象。

电极电势值偏离平衡电位的现象,称为电极的极化现象。一般阳极极化时,其电极电势更正;阴极极化时,其电极电势更负。超电位值的大小是评价电极极化的程度的一个参数。电极极化主要有电化学极化和浓差极化,它们与电极反应速率和浓度梯度有关,分别产生活化超电位和浓差超电位。

(1) 电化学极化。许多电极反应是分步进行的,反应速率有限。当外加电压加到电极上时,若电流密度足够大,单位时间内提供电荷的数量相当多。如果电极反应不快,电极表面的所有电量不能被及时交换,导致电极上聚集了比平衡状态更多的电荷。若电极表面积累了过多的正电荷,阳极电位则向更正方向移动;若电极表面积累了过多的自由电子,则阴极电位向更负方向移动,导致电极电势偏离平衡电位。这种由于电极反应速率慢造成的极化现象称为电化学极化。只有增加外加电压,消耗更多的电能,克服反应活化能,才能使电解反应继续进行。电化学极化产生的超电位称为活化超电位。

(2) 浓差极化。和溶液中离子的迁移速率相比,电极反应速率是比较快的。随着电解反应的进行,阳离子在阴极上还原沉积,导致阴极附近溶液层中阳离子数目减少,浓度迅速降低。如果溶液中的离子不能及时扩散到电极表面补充阳离子的减少,则阴极表面参加电极反应的阳离子浓度就要小于溶液主体中浓度,形成浓度梯度。电极电势取决于电极表面附近的阳离子活(浓)度,根据能斯特方程,电极电势值要偏离平衡电位值,向更负方向移动,这种现象称为浓差极化。由浓差极化产生的超电位称为浓差超电位。阳极也有浓差极化,但通常比阴极极化小,而且极化后的电极电势高于平衡电位。浓差极化可通过增大电极表面积减小电流密度、提高温度、搅拌溶液等方法加以减小。

超电位受到多种因素的影响,无法进行理论计算,只能通过实验确定。由于超电位的存在,使各种物质在电极上析出的顺序与标准电极电势顺序相差较大,给电化学分析增加了复杂性,是电化学分析特别是电解分析时必须考虑的一种重要影响因素。

3. 电解过程

1) 电解方程式

为使电解反应不断地进行,施加到电解池两极的外加电压 $U_外$ 除了要抵消反电压 $U_反$(等于 $U_{理分}$)外,由电极极化产生的超电压 η 也必须抵消,同时还必须有足够的电压去抵消电解电流通过整个回路总电阻产生的 IR 降,以迫使离子迁移到电极上去,即

$$U_外 = U_{理分} + \eta + IR = U_分 + IR = \varphi_{实析(阳)} - \varphi_{实析(阴)} + IR$$
$$= (\varphi_{平(阳)} + \eta_阳) - (\varphi_{平(阴)} + \eta_阴) + IR \tag{6.26}$$

式(6.26)为电解方程式。一般情况下,IR 降很小,在电流很小的情况下可以忽略不计。

2) 恒外压电解

恒外压电解方法是外加一个明显超过理论分解电压的恒定电压进行电解,合理的外加电压的估计值为式(6.26)所示。在电解 $CuSO_4$ 溶液的例子中,电极表面有充足的水存在,所以阳极电位就稳定在平衡电位上,而阴极电位则向更负方向移动,远在 Cu^{2+} 被电解完毕之前,电极上可能发生了其他离子的电解反应以及 H_2 的释放,因此恒外压电解法并不特效。

3) 恒电流电解

在电流恒定条件下进行电解,称为恒电流电解法。电解 $CuSO_4$ 溶液时,阴极电位随时间的变化如图 6.15 所示。电解开始后,阴极表面附近 Cu^{2+} 浓度不断降低,阴极电位逐渐变负。经过一定时间后,由于浓度较低,电位改变的速率比较缓慢,曲线上出现一段较平坦部分。与

此同时,电解电流也不断降低。

为了保持电解电流恒定,必须增大外加电压,使阴极电位更负一些,使 Cu^{2+} 以足够快的速率迁移到阴极表面发生电极反应以维持电解电流的恒定。外加电压越大,阴极电位越低。

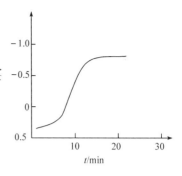

当阴极电位负到 H^+ 的还原电位 $U_分$ 时,H^+ 和 Cu^{2+} 同时在阴极上还原。由于大量 H^+ 在阴极上还原,因而稳定了阴极电位。此时,电解电流也基本是恒定的,而 Cu^{2+} 继续在阴极还原析出,直至电解完全。

图 6.15　恒电流电解时 φ-t 曲线

恒电流电解时,电极一般由网状铂阴极和螺旋状铂阳极组成,这种电极表面积大,即使使用大电流电解仍可保持较小的电流密度,析出的金属致密光滑。电解时,将阳极插在阴极中间,并转动阳极起搅拌作用。

恒电流电解时,一般将外加电压一次加到足够大的数值,因此电解效率高,分析速度快,但选择性不高,只适用于简单样品分析。

在酸性溶液中,恒电流电解法只能用于测定金属置换序中氢后面的金属,氢前面的金属不能在此条件下析出。

4) 控制阴极电位电解

恒电流电解难以解决共存离子间的干扰,应用受到限制,但是控制阴极电位电解法可以解决。如果共存的金属离子的电极电势相差足够大,就可以定量分离。例如,电解分离 $0.0100\text{mol} \cdot \text{L}^{-1}$ Pb^{2+} 和 $1.00\ \text{mol} \cdot \text{L}^{-1}$ 的 Zn^{2+}。已知:$\varphi^{\ominus}_{Pb^{2+}/Pb} = -0.126\text{V}$;$\varphi^{\ominus}_{Zn^{2+}/Zn} = -0.762\text{V}$。电解时,$Pb^{2+}$ 比 Zn^{2+} 先在阴极上还原。若电解温度为 298K,不考虑超电位的影响,则 Pb 开始析出时的阴极电位为

$$\varphi_{\text{Pb析(阴)}} = \varphi^{\ominus}_{Pb^{2+}/Pb} + \frac{0.059\ 16}{2}\lg c_{Pb^{2+}} = -0.126 + \frac{0.059\ 16}{2}\lg 0.0100$$

$$= -0.185(\text{V})$$

如果把溶液中 $c_{Pb^{2+}} \leqslant 10^{-6}\text{mol} \cdot \text{L}^{-1}$ 时看成是 Pb 完全析出,则此时阴极电位为

$$\varphi_{\text{阴}} = -0.126 + \frac{0.059\ 16}{2}\lg 10^{-6} = -0.303(\text{V})$$

Zn 开始析出时的阴极电位为

$$\varphi_{\text{Zn析(阴)}} = \varphi^{\ominus}_{Zn^{2+}/Zn} + \frac{0.059\ 16}{2}\lg c_{Zn^{2+}} = -0.762 + \frac{0.059\ 16}{2}\lg 1.00$$

$$= -0.762\text{V}$$

以上计算表明,只要将阴极电位控制在 $-0.303 \sim -0.762\text{V}$ 的任意一个值,便可以将 Pb^{2+} 定量还原,与 Zn^{2+} 定量分离。如果考虑超电位的影响,阴极电位还要更负一些。

根据电解方程式:

$$U_外 = (\varphi_{\text{平(阳)}} + \eta_{\text{阳}}) - (\varphi_{\text{平(阴)}} + \eta_{\text{阴}}) + IR$$

或

$$-(\varphi_{\text{平(阴)}} + \eta_{\text{阴}}) = U_外 - (\varphi_{\text{平(阳)}} + \eta_{\text{阳}}) - IR \tag{6.27}$$

电解过程中,由于溶液中 Pb^{2+} 浓度不断降低,电极反应速率不断减慢,电解电流不断下降,IR 随之降低。如果忽略阳极电位的变化,认为 $(\varphi_{\text{平(阳)}} + \eta_{\text{阳}})$ 是定值,由电解方程可知,若不及时调整外加电压,阴极电位就会向更负的方向移动,故只有降低外加电压 $U_外$ 才能控制阴极

电位保持恒定。

控制阴极电位电解 Pb^{2+} 过程中,外加电压、电解电流随时间的变化如图 6.16 所示。经一段时间电解后,电解电流降低至近于零,表明 Pb 已完全电解析出, $c_{Pb^{2+}} \leqslant 10^{-6} mol \cdot L^{-1}$。

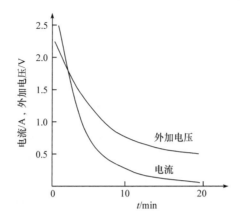

图 6.16　控制阴极电位电解 Pb^{2+} 时外加电压、电解电流随时间的变化

控制阴极电极电势法的选择性好,应用范围较广泛。一般地,两种金属离子的电极电势相差 0.35V(一价离子)或 0.20V(二价离子)以上时都可以定量分离,相互不干扰测定。

6.3.2　电解分析法的应用

表 6.4 和表 6.5 分别是恒电流电解法和控制阴极电位电解法的某些应用。

表 6.4　恒电流电解法测定的常见元素

测定离子	称量形式	条　件	测定离子	称量形式	条　件
Cd^{2+}	Cd	碱性氰化物溶液	Ni^{2+}	Ni	氨性硫酸盐溶液
Co^{2+}	Co	氨性硫酸盐溶液	Ag^+	Ag	氰化物溶液
Cu^{2+}	Cu	HNO_3-H_2SO_4 溶液	Sn^{2+}	Sn	$(NH_4)_2C_2O_4$-$H_2C_2O_4$ 溶液
Fe^{3+}	Fe	$(NH_4)_2CO_3$ 溶液	Zn^{2+}	Zn	氨性或强 NaOH 溶液
Pb^{2+}	PbO_2	HNO_3			

表 6.5　控制阴极电位电解法的某些应用

测定元素	可能存在的其他元素	测定元素	可能存在的其他元素
Ag	Cu 和碱金属	Sn	Cd、Zn、Mn、Fe
Cu	Bi、Sb、Pb、Sn、Ni、Cd、Zn	Pb	Cd、Sn、Ni、Zn、Mn、Al、Fe
Bi	Cu、Pb、Zn、Sb、Cd、Sn	Cd	Zn
Sb	Pb、Sn	Ni	Zn、Al、Fe

6.4　库仑分析法

6.4.1　库仑分析法的基本原理

库仑分析法是以法拉第电解定律为基础的电量分析法。法拉第电解定律是自然界较严谨的科学定律之一,它不受温度、湿度、大气压、溶液浓度、电极和电解池的材料、形状、溶剂等外界因素的影响,分析时也不需要基准物质和标准溶液。法拉第电解定律有两个方面的内容:①在电极上析出的物质的质量与通过电解池的电量成正比;②电解 B^{n+} 时,在电解液中每通入

1 法拉第的电量(96 485C),则析出 B 的物质的量为 $n(B/n) = 1mol$。

法拉第电解定律可定量表示为

$$m_B = \frac{Q}{F} M(B/n) = \frac{It}{F} M(B/n) \tag{6.28}$$

式中,m_B 为电极上析出待测物 B 的质量,g;Q 为电量,C;F 为法拉第常量,96 485C・mol^{-1};$M(B/n)$ 是以 B/n 为基本单元的析出物质 B 的相对摩尔质量,g・mol^{-1};n 为电极反应中电子转移数;I 为电解电流,A;t 为电解时间,s。

6.4.2　电流效率

电流效率是指电解池流过一定电量后,某一生成物的实际质量与理论生成质量之比。为了能准确进行电量测定,库仑分析时必须注意使通入电解池的电流 100% 地用于工作电极的反应,而没有漏电现象和其他副反应发生,即电极反应的电流效率为 100%,只有这样才能正确地根据所消耗的电量求得析出物质的量,这是库仑分析法测定的先决条件。

6.4.3　库仑分析法的分类

库仑分析分为控制电位库仑法和恒电流库仑滴定法(恒电流库仑法)。

1. 控制电位库仑法

控制电位库仑法是在控制电极电势的情况下,将待测物质全部电解,测量电解所需消耗的总电量。根据法拉第电解定律,得出待测物质的量。

控制电位库仑法必须注意两个问题:第一,在所控制的电极电势下完成对待测物质的电解;第二,电解的电流效率必须是 100%,即消耗的电量都用于待测物质的电解,无副反应。以上两个问题相互关联,只有电极电势控制适当,才能保证在此电位下待测物质在电极上完全电解,非待测物质不发生电解,电流效率为 100%。根据电解方程式:

$$U_{外} = U_{分} + IR = (\varphi_{平(阳)} + \eta_{阳}) - (\varphi_{平(阴)} + \eta_{阴}) + IR$$

外加电压 $U_{外}$ 必须大于分解电压 $U_{分}$,电解池才能发生电解。但在实际电解过程中,电解开始时的电流较大,随着电解反应的进行,由于待电解离子浓度不断下降以及极化现象,阴极和阳极的电位不断发生变化,电解电流也逐渐降低。为使电极电势恒定,保证电解电流效率为100%,工作中一般不采用控制外加电压的方式,而是控制工作电极的电位。

为了使工作电极的电位保持恒定,电解过程中,必须不断减小外加电压,而电流不断减小。当待电解物质电流趋于零(残余电流量)时停止电解。电解时,在电路上串联一个库仑计或电子积分仪,可指示出通过电解池的电量,测定结果准确性的关键是电量的测量。

1) 气体库仑计

氢氧气体库仑计的装置如图 6.17 所示。电解管置于恒温水浴(298K)中,内装 0.5mol・L^{-1} 的 K_2SO_4 或 Na_2SO_4 溶液。当电流通过时,Pt 阳极上析出 O_2,Pt 阴极上析出 H_2。电解前后刻度管中的液面之差即为氢氧气体总体积。在标准状态下

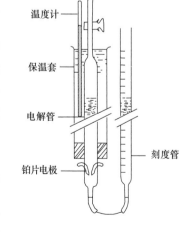

温度计

保温套

电解管

铂片电极

刻度管

图 6.17　氢氧气体库仑计的装置图

（298K、100kPa），每库仑电量析出 0.1741mL 的氢氧混合气体。设在标准状态下析出的气体体积为 VmL，则消耗的电量 Q 为

$$Q = \frac{V}{0.1741}$$

由法拉第电解定律得出待测物质的质量 m 为

$$m = \frac{VM_r}{0.1741 \times 96\,485 \times n} \tag{6.29}$$

2）电子积分仪

在控制电位电解的过程中，电解电流随时间变化的关系可用数学式表达为

$$I_t = I_0 e^{-kt} \tag{6.30}$$

式中，I_t 为电解至时间 t 时的电流；I_0 为开始电解时的电流；k 为与电极面积、溶液体积、搅拌速率以及电极反应类型有关的常数。电解到时间 t 时，所消耗的总电量为

$$Q = \int_0^t I_t \mathrm{d}t = \int_0^t I_0 e^{-kt} \mathrm{d}t = \frac{I_0}{k} - \frac{I_t}{k}$$

当电解时间足够长时，I_t 很小，式中第二项可忽略，则

$$Q = \frac{I_0}{k} \tag{6.31}$$

若能求出 I_0 和 k 值，就可求出 Q。为此，将式（6.30）取对数，得

$$\lg I_t = \lg I_0 - \frac{k}{2.303}t \tag{6.32}$$

以 $\lg I_t$ 对 t 作图，得到一条直线。分别从直线的斜率 $\frac{k}{2.303}$ 和在纵轴上的截距 $\lg I_0$ 求得 I_0 和 k 值，再由式（6.31）求得 Q。根据法拉第电解定律得出待测物质的质量 m。

用数字显示的电子积分仪可将上述工作自动完成，根据电解通过的电流 I_t，采用积分电路求出总电量，数值由显示装置读出。控制电位库仑分析法的灵敏度和准确度都较高。

2. 恒电流库仑滴定法

恒电流库仑滴定法与滴定分析基本相同，其不同在于滴定剂不是由滴定管加入，而是在恒电流下对一种辅助剂进行电解，在电解池内部的工作电极上产生一种能与待测组分迅速定量反应的物质（滴定剂），反应完全时，用指示剂或其他方法指示终点。根据消耗的总电量（电流乘以电解时间），用法拉第电解定律计算被测组分的量。维持 100% 的电解电流效率以及有准确指示终点的方法是保证测定准确度的关键。

例如，电解 Fe^{2+} 溶液，Fe^{2+} 在阳极上氧化成 Fe^{3+}，开始电解时的电流效率可达 100%，随着电解的进行，阳极表面附近 Fe^{3+} 浓度不断增加，Fe^{2+} 浓度不断降低，阳极电位逐渐向正方向移动，最后可能 Fe^{2+} 还未全部氧化，阳极电位已达到了其他物质的分解电位，则阳极上即有其他物质发生氧化，使电解 Fe^{2+} 的电流效率低于 100%，产生测量误差。

若加入过量的 Ce^{3+} 作为辅助剂，Fe^{2+} 就能以恒定电流进行电解。电解开始时，Fe^{2+} 在阳极上氧化，阳极电位越来越正，当到达 Ce^{3+} 的分解电位时，Ce^{3+} 开始氧化析出 Ce^{4+}，与溶液中未反应的 Fe^{2+} 发生的反应如下：

$$Ce^{4+} + Fe^{2+} \rightleftharpoons Ce^{3+} + Fe^{3+}$$

从此反应可知,电解 Ce^{3+} 所消耗的电量与单纯电解 Fe^{2+} 时所消耗的电量完全相等。由于溶液中 Ce^{3+} 始终是过量的,相对稳定了阳极电位,避免了其他副反应的发生,保证了电解的电流效率为 100%。

库仑滴定的装置如图 6.18(a) 所示。电解时,恒电流数值可由恒电流器读出。电停表作为计时器。如图 6.18(b) 所示,库仑池的工作电极是电解产生滴定剂的电极;辅助电极浸在另一种电解质中,下段用多孔陶瓷管与试液隔开,防止电极产物对工作电极反应或对滴定产生干扰。工作电极和辅助电极分别作为电解池的阳极或阴极;参比电极和指示电极与终点指示器相连,用以指示滴定终点。用指示剂指示终点时不需要参比电极和指示电极。

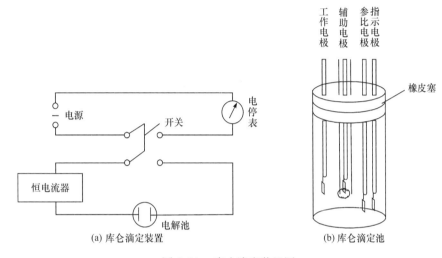

(a) 库仑滴定装置　　(b) 库仑滴定池

图 6.18　库仑滴定装置图

库仑滴定法由于不需要配制标准溶液或使用基准物质,可以避免由于标准溶液的不准确引进的测定误差。因所用滴定剂由电解产生,边产生边滴定,一些不稳定的物质如 Cl_2、Br_2、Cu^+、$Mn(\mathrm{III})$、$Ag(\mathrm{II})$ 等都可作为库仑滴定剂,大大扩大了分析范围,广泛用于酸碱、沉淀、配位及氧化还原滴定中,还可以测定微量或痕量组分,并可实现自动化分析。库仑滴定法由于测定的物理量是电流及时间,均易测准,是一种准确而灵敏的分析方法,RSD 约为 0.5%,若用计算机控制,灵敏度、准确度会更高。

6.4.4　库仑分析法的应用

表 6.6 和表 6.7 分别是一些控制电位库仑法和恒电流库仑滴定法的应用实例。

表 6.6　控制电位库仑法的应用

待测元素	电极反应	电极	电解液,浓度 /(mol·L^{-1})	电位 /V	测定质量范围 /mg
Bi	$Bi^{3+} + 3e^- \longrightarrow Bi$	Hg	酒石酸钠,0.4 酒石酸氢钠,0.1 NaCl,0.1～0.3	−0.35	13～105
Cr	$Cr(\mathrm{VI}) + 3e^- \longrightarrow Cr^{3+}$	Pt	H_2SO_4,0.25	+0.10	1～700
Cu	$Cu^{2+} + 2e^- \longrightarrow Cu$	Hg	酒石酸钠,0.4 酒石酸氢钠,0.1 NaCl,0.1～0.3	−0.24	6～75
Ni	$Ni^{2+} + 2e^- \longrightarrow Ni$	Hg	吡啶,1.0; Cl^-,0.3～0.5	−0.95	10～100

续表

待测元素	电极反应	电极	电解液,浓度 /(mol·L^{-1})	电位 /V	测定质量范围 /mg
Pb	$Pb^{2+} + 2e^- \longrightarrow Pb$	Hg	HCl,1.0	−0.70	5～50
Cl$^-$	$Cl^- + Ag \longrightarrow AgCl + e^-$	Ag	HAc,0.1 NaAc,0.1 Ba(NO$_3$)$_2$,5%	+0.25	0.25～80

表 6.7　恒电流库仑滴定法的应用

产生的滴定剂	产生滴定剂的电极反应	待测组分
卤素 X$_2$	$2X^- \rightleftharpoons X_2 + 2e^-$	As(Ⅲ),Sb(Ⅲ),U(Ⅳ),Tl$^+$,I$^-$,SCN$^-$, NH$_3$,N$_2$H$_4$,NH$_2$OH,酚,苯胺,芥子气, 8-羟基喹啉,S$_2$O$_3^{2-}$,H$_2$S
Ce^{4+}	$Ce^{3+} \rightleftharpoons Ce^{4+} + e^-$	Fe^{2+},Ti(Ⅲ),U(Ⅳ),As(Ⅲ),I$^-$,Fe(CN)$_6^{4-}$
Mn^{3+}	$Mn^{2+} \rightleftharpoons Mn^{3+} + e^-$	H$_2$C$_2$O$_4$,Fe^{2+},As(Ⅲ)
Ag^{2+}	$Ag^+ \rightleftharpoons Ag^{2+} + e^-$	Ce^{3+},V(Ⅳ),H$_2$C$_2$O$_4$,As(Ⅲ)
Fe^{2+}	$Fe^{3+} + e^- \rightleftharpoons Fe^{2+}$	Cr(Ⅵ),Mn(Ⅶ),V(Ⅴ),Ce^{4+}
Ti^{3+}	$TiO^{2+} + 2H^+ + e^- \rightleftharpoons Ti^{3+} + H_2O$	Fe^{3+},V(Ⅴ),Ce^{4+},U(Ⅵ)
CuCl$_3^{2-}$	$Cu^{2+} + 3Cl^- + e^- \rightleftharpoons CuCl_3^{2-}$	V(Ⅴ),Cr(Ⅵ),IO$_3^-$
U^{4+}	$UO_2^+ + 4H^+ + 2e^- \rightleftharpoons U^{4+} + 2H_2O$	Cr(Ⅵ),Ce^{4+}
BrO$^-$	$Br^- + 2OH^- \rightleftharpoons BrO^- + H_2O + 2e^-$	NH$_3$,N
OH$^-$	$2H_2O + 2e^- \rightleftharpoons 2OH^- + H_2$	酸类
H$^+$	$H_2O \rightleftharpoons 2H^+ + \frac{1}{2}O_2 + 2e^-$	碱类
Ag$^+$	$Ag \rightleftharpoons Ag^+ + e^-$	Cl$^-$,Br$^-$,I$^-$,硫醇
Hg$_2^{2+}$	$2Hg \rightleftharpoons Hg_2^{2+} + 2e^-$	Cl$^-$,Br$^-$,I$^-$,S^{2-}
Fe(CN)$_6^{4-}$	$Fe(CN)_6^{3-} + e^- \rightleftharpoons Fe(CN)_6^{4-}$	Zn^{2+}

思考题与习题

1. 原电池和电解池的区别是什么?

2. 何谓标准氢电极?定义标准电极电势的条件是什么?改变温度对标准电极电势和对标准氢电极电势是否有影响?

3. 金属基电极主要有哪几类?

4. 比较电导、电导率、摩尔电导率的含义,并指出这些概念的量纲。什么是电导池常数?

5. 为什么说电导分析的选择性较差?电导滴定法的原理是什么?如何确定滴定终点?

6. 以电解法分离金属离子时,为什么要控制阴极的电位?

7. 库仑分析的基本依据是什么?为什么说电流效率 100% 是库仑分析的关键问题?

8. 已知下列电池在 25℃ 时的电动势为 0.125V,求算 $c_{Cu^{2+}}$。

$$(-)\ Cu\ |\ Cu^{2+}(1.0 \times 10^{-4} mol \cdot L^{-1})\ \|\ Cu^{2+}(c)\ |\ Cu(+)$$

9. 已知下列电池在 25℃ 时的电动势为 −0.52V,求算 a_{H^+} 和该电极的 pH。

$$(-)\ Pt\ |\ H_2(100kPa)\ |\ H^+(1.0mol \cdot L^{-1})\ \|\ H^+(a_{H^+})\ |\ H_2(100kPa)\ |\ Pt(+)$$

10. 根据以下两个电池求出胃液的 pH。

　(1) (−)Pt | H$_2$(100kPa) | H$^+$(1.0mol·L^{-1}) ‖ KCl(0.1 mol·L^{-1}) | Hg$_2$Cl$_2$(s),Hg(+) 25℃ 时测得 E =+0.3338V。

　(2) (−)Pt | H$_2$(100kPa) | 胃液 ‖ KCl(0.1 mol·L^{-1}) | Hg$_2$Cl$_2$(s),Hg(+) 25℃ 时测得 E =+0.420V。

11. 25℃ 时,下列电池的电动势为 0.100V:(−)Hg,Hg$_2$Cl$_2$(s) | KCl(饱和) ‖ M^{n+} | M(+)。当 M^{n+} 溶液稀释50倍时,电动势为 0.050V,求 n 值。

12. 用标准甘汞电极作正极,氢电极作负极($p_{H_2} = 100\text{kPa}$)与待测的 HCl 溶液组成电池。在25℃ 时,测得 $E = 0.342\text{V}$。当待测溶液为 NaOH 溶液时,测得 $E = 1.050\text{V}$。取此 NaOH 溶液 20.00mL,用上述 HCl 溶液中和完全,需用 HCl 溶液多少毫升?

13. 电池:$(-)\text{Pt} \mid \text{Sn}^{2+}, \text{Sn}^{4+}$ 溶液 $\parallel \text{NCE}(+)$,25℃ 时,电池电动势为 0.0728V。计算溶液中 $c_{Sn^{4+}}/c_{Sn^{2+}}$ 的值。(已知 $\varphi^{\ominus}_{Sn^{4+}/Sn^{2+}} = 0.151\text{V}, \varphi_{NCE} = 0.2828\text{V}$)

14. 测得下列电池的电动势为 0.972V(25℃):

$$(-)\text{Cd} \mid \text{CdX}_2(\text{s}) \mid \text{X}^- (0.0200 \text{ mol} \cdot \text{L}^{-1}) \parallel \text{SCE}(+)$$

已知 $\varphi^{\ominus}_{Cd^{2+}/Cd} = -0.403\text{V}, \varphi_{SCE} = 0.244\text{V}$。计算 CdX_2 的 $K^{\ominus}_{sp}$。

15. 电池:$(-)\text{Ag} \mid \text{Ag}_2\text{CrO}_4(\text{s}), \text{CrO}_4^{2-} (x \text{ mol} \cdot \text{L}^{-1}) \parallel \text{SCE}(+)$,25℃ 时,电池电动势为 -0.285V,计算 CrO_4^{2-} 的浓度(x)(已知:Ag_2CrO_4 的 $K^{\ominus}_{sp} = 9.0 \times 10^{-12}$;$\varphi^{\ominus}_{Ag^+/Ag} = 0.799\text{V}$;$\varphi_{SCE} = 0.244\text{V}$)。

16. 已知电池:$(-)\text{Pt} \mid \text{H}_2(100\text{kPa}) \mid \text{HA}(0.2 \text{ mol} \cdot \text{L}^{-1}), \text{NaA}(0.3 \text{ mol} \cdot \text{L}^{-1}) \parallel \text{SCE}(+)$ 的电动势为 0.762V,$\varphi_{SCE} = 0.244\text{V}$。求 HA 的解离常数。

17. 一电导池充以 $0.0200\text{mol} \cdot \text{L}^{-1}$ 的 KCl 溶液,298K 时测得其电阻为 453Ω。已知298K时 $0.0200\text{mol} \cdot \text{L}^{-1}$ KCl 溶液的电导率为 $0.002\ 765\text{S} \cdot \text{cm}^{-1}$。在同一电导池中,装入同样体积的浓度为 $0.555\text{g} \cdot \text{L}^{-1}$ CaCl_2 溶液,测得电阻为 1050Ω。计算:(1)电导池常数;(2)CaCl_2 溶液的电导率;(3)CaCl_2 溶液的摩尔电导率($M_{CaCl_2} = 111.0\text{g} \cdot \text{mol}^{-1}$)。

18. 用电阻率为 $2.33 \times 10^4 \Omega \cdot \text{m}$ 的纯水来配制 AgCl 饱和溶液。298K 时,此溶液的电阻率是 $6.45 \times 10^3 \Omega \cdot \text{m}$。假设 AgCl 溶液相当稀,以致 $\Lambda = \overset{0}{\Lambda}$,试求此 AgCl 溶液的浓度。

19. 对于电解池 $\text{Pt} \mid \text{Ag}^+ (0.2 \text{ mol} \cdot \text{L}^{-1}) + \text{H}^+ (0.2 \text{ mol} \cdot \text{L}^{-1}) + \text{H}_2\text{O} \mid \text{Pt}$:
    (1) 计算理论分解电压。
    (2) 当电解作用进行到 Ag^+ 浓度降至 $0.0001 \text{ mol} \cdot \text{L}^{-1}$ 时,理论分解电压等于多少?(考虑 H^+ 浓度增加) 设大气中氧气的相对分压为 0.21。

20. 一溶液含 $0.1 \text{ mol} \cdot \text{L}^{-1}$ Cd^{2+} 和 $1 \text{ mol} \cdot \text{L}^{-1}$ Zn^{2+},当 $c_{H^+} = 1 \text{ mol} \cdot \text{L}^{-1}$ 时:
    (1) 欲使 Zn 不析出,可能施加的负电压是多少?
    (2) 在此电压时溶液中还残留多少 Cd^{2+}?
    (3) 为使 99.9%Cd 沉积所需的负电压至少是多少?
    (4) 欲使 Zn 不析出,阴极上可能施加的负电压是多少?
    (5) 在此电压时溶液中还残留多少 Cd^{2+}?
    (6) 为使 99.9%Cd 沉积所需的负电压至少是多少?

21. 电解镉时,为使 Cd^{2+} 浓度降至 $10^{-6}\text{mol} \cdot \text{L}^{-1}$ 而不逸出 H_2,试从理论上计算溶液的 pH 必须等于多少?

22. 电解液的 pH 为 4.30,试计算在 H_2 逸出之前,为使 Zn^{2+} 浓度降至 $10^{-6}\text{mol} \cdot \text{L}^{-1}$ 所必需的氢的过电位是多少?

23. 采用 Pt 电极电解 KI 溶液,当有 50.0C 电量通过时,在电极上析出多少 I_2?

24. 用 Pt 阴极和 Ag 阳极做库仑滴定测定 HCl 溶液的浓度时,在两电极上分别生成 H_2 和 AgCl。
    (1) 假如 10.00mL 酸被电解了,在银库计上析出 Ag 的质量为 0.2158g,酸的浓度是多少($\text{mol} \cdot \text{L}^{-1}$)?
    (2) 如果滴定是在恒电流下进行,为了在 10min 内使反应完全,该用多大的电流?

25. 某含 Cl 试样 2.000g,溶解后在酸性溶液中电解,用 Ag 作阳极并控制其电位为 0.25V(v. s. SCE),Cl^- 在 Ag 阳极上反应,生成 AgCl,当电解完全后,与电解池串联的氢氧库仑计产生 48.5mL 混合气体(标准状态下),计算试样中 Cl 的质量分数(%)。

26. 欲测水中钙的含量,采用库仑滴定法测定。于 50mL 试样中加入过量 $\text{HgNH}_3\text{Y}^{2-}$,使其在汞阴极上产生 EDTA 阴离子,使用 0.018A 恒电流,经 212s 到达终点。试计算试样中 CaCO_3 的含量(以 $\text{mg} \cdot \text{mL}^{-1}$ 表示)。

第7章 离子选择性电极分析法

7.1 概　述

以离子选择性电极(ion selective electrode, ISE)为指示电极的电位分析法称为离子选择性电极分析法,它具有选择性好、共存离子干扰少、灵敏度和准确度较高的优点,是电化学分析法的一个重要分支,其理论基础是能斯特方程。

电位分析法测定原电池的电动势时,在原电池待测试液中插入两支电极构成工作电池。其中一支电极的电极电势随溶液中待测离子浓度的变化而变化,用以指示溶液中待测离子的浓度,该电极称为指示电极;另一支电极在一定温度下,其电极电势在测定过程中基本恒定不变,不受试液中待测离子浓度的变化而改变,该电极称为参比电极。电池的电动势 E 等于正极的电极电势 φ_+ 与负极的电极电势 φ_- 之差:

$$E = \varphi_+ - \varphi_- = \varphi_参 - \varphi_指$$

电位分析法分为直接电位法和电位滴定法两大类。直接电位法是通过测量原电池的电动势,直接求出待测离子活度的方法,是在平衡体系待测离子活度不发生变化的条件下进行的,测得的是对电极起响应的待测离子的活度。电位滴定法是根据测量滴定过程中原电池电动势的变化,以确定终点的一种滴定分析法,是在不断破坏旧平衡体系又不断建立新平衡体系下进行的,测定的是待测物质的总浓度。

直接电位法的检出限一般为 $10^{-5} \sim 10^{-8}$ mol·L^{-1},适用于微量组分的测定,电位滴定法适用于常量组分的测定。电位分析法所用的仪器设备简单、成本低廉、易于实现自动化、操作方便快速,直接电位法测定过程中不会破坏试液,已广泛应用于农、林、水、渔、牧、生物工程、生物技术、食品科学与工程、食品质量与安全、食品营养与检验、环保、医药、化工、海洋探测等领域。

7.2 离子选择性电极及其分类

7.2.1 离子选择性电极

离子选择性电极属于薄膜类电极,是一种电化学传感器,其电化学活性元件是对特定离子有选择性响应的敏感膜,故称为离子选择性电极。与金属基电极的本质区别在于电极的薄膜本身并不给出或得到电子,而是选择性地让一些离子渗透和交换,由此产生电极电势。它是目前电位分析中应用最广泛的一类指示电极。

1. 离子选择性电极的基本构造

离子选择性电极的基本构造如图7.1所示。无论何种离子选择性电极都是由对特定离子有选择性响应的敏感膜、内参比电极、内参比溶液以及导线和电极杆等部件构成。敏感膜将膜内侧的内参比溶液和膜外侧的待测离子溶液分开,是电极的最关键部件。内参比电极一般是Ag-AgCl电极,内参比溶液由用以恒定内参比电极电势的 Cl^- 和对敏感膜有选择性响应的特定离子组成。

2. 离子选择性电极的膜电位(φ_m)

横跨敏感膜两侧溶液之间产生的电位差称为离子选择性电极的膜电位 φ_m。尽管不同类型的离子选择性电极对离子的响应各有其特点,但其膜电位产生的基本原理相似,主要是溶液中的离子与电极敏感膜上的离子之间发生离子交换作用的结果。当敏感膜两侧分别与两个不同的电解质溶液接触时,在敏感膜与溶液两相界面上,由于离子在膜上选择性地扩散,改变了相界面附近电荷分布的均匀性,在两相界面间形成双电层结构,产生相界电位。敏感膜两侧形成两个相界电位,分别为 $\varphi_{内}$ 和 $\varphi_{外}$,横跨薄膜

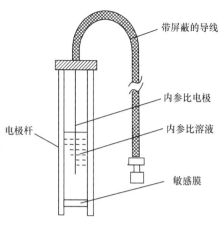

图 7.1　离子选择性电极的基本构造

两侧溶液之间产生的电位差(膜电位)等于敏感膜外侧的相界电位($\varphi_{外}$)与内侧的相界电位($\varphi_{内}$)之差,即

$$\varphi_m = \varphi_{外} - \varphi_{内}$$

当敏感膜对阳离子 M^{n+} 有选择性响应时,若内参比溶液中含有该离子,将电极插入含有该离子的待测溶液中时,产生的 $\varphi_{外}$ 和 $\varphi_{内}$ 均符合能斯特方程:

$$M^{n+}_{液} \rightleftharpoons M^{n+}_{膜}$$

298K 时

$$\varphi_{内} = k_{内} + \frac{0.05916}{n} \lg \frac{a_{(M)内液}}{a_{(M)内膜}}$$

$$\varphi_{外} = k_{外} + \frac{0.05916}{n} \lg \frac{a_{(M)外液}}{a_{(M)外膜}}$$

式中,$k_{内}$ 和 $k_{外}$ 分别为与敏感膜内外侧表面性质有关的常数;$a_{(M)内液}$ 和 $a_{(M)外液}$ 分别为敏感膜内侧内参比溶液中和外侧待测试液中 M^{n+} 的活度;$a_{(M)内膜}$ 和 $a_{(M)外膜}$ 分别为敏感膜内侧和外侧表面膜相中 M^{n+} 的平均活度;n 为 M^{n+} 的价数。

通常敏感膜内、外侧表面性质认为是相同的,因此 $k_{内} = k_{外}$;若敏感膜内、外侧表面具有相同数目的交换点位,且所有交换点位全被 M^{n+} 所占据,则

$$a_{(M)内膜} = a_{(M)外膜}$$

$$\varphi_m = \varphi_{外} - \varphi_{内} = \frac{0.05916}{n} \lg \frac{a_{(M)外液}}{a_{(M)内液}} \tag{7.1}$$

由于敏感膜内参比溶液中的 M^{n+} 活度是恒定的,即 $a_{(M)内液} = $ 常数,故得

$$\varphi_m = 常数 + \frac{0.05916}{n} \lg a_{(M)外液} \tag{7.2}$$

由式(7.1)可见,当 $a_{(M)内液} = a_{(M)外液}$ 时,φ_m 应等于零,但是实际并非如此,此时敏感膜内、外侧仍然存在一定的相界电位差,这种电位差称为不对称电位($\varphi_{不对称}$),它是由于敏感膜内、外侧表面性质不完全相同而引起的。对于特定的电极,$\varphi_{不对称}$ 为一常数,随着电极活化时间的增加,$\varphi_{不对称}$ 可达到稳定的最小值。

若电极敏感膜对阴离子 R^{n-} 具有选择性响应,膜电位为

$$\varphi_m = 常数 - \frac{0.05916}{n} \lg a_{(R)外液} \tag{7.3}$$

3. 离子选择性电极的电极电势

离子选择性电极的电极电势(φ_{ISE})为内参比电极的电极电势($\varphi_{内参}$)、膜电位(φ_m)与$\varphi_{不对称}$之和,即阳离子选择性电极的电极电势(φ_{ISE})为

$$\varphi_{ISE}=\varphi_{内参}+\varphi_{不对称}+\varphi_m=\varphi_{内参}+常数+\frac{0.05916}{n}\lg a_{(M)外液} \tag{7.4}$$

因为$\varphi_{内参}$是常数,所以

$$\varphi_{ISE}=k+\frac{0.05916}{n}\lg a_{(M)外液} \tag{7.5}$$

式中,k为常数,由每支电极本身的性质所决定,包括内参比电极电势、膜内相界电位以及不对称电位等。

阴离子选择性电极的电极电势为

$$\varphi_{ISE}=k-\frac{0.05916}{n}\lg a_{(R)外液} \tag{7.6}$$

可见,在一定温度下,离子选择性电极的电极电势(φ_{ISE})与试液中待测离子活度的对数呈线性关系(能斯特响应),这是测定待测离子活度的定量依据。

7.2.2　离子选择性电极的分类

1975 年 IUPAC 根据敏感膜的响应机理、膜的组成和结构特征,建议将离子选择性电极按以下方式分类:

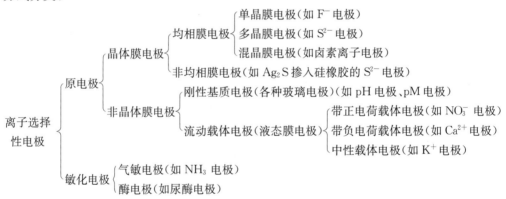

1. 非晶体膜电极

非晶体膜电极的膜是由电活性物质与电中性支持体物质构成的。根据电活性物质性质的不同,可分为刚性基质电极(也称玻璃电极)和流动载体电极(也称液态膜电极)。

1) 玻璃电极

玻璃电极属于刚性基质电极,其中使用最早的是 pH 玻璃膜电极,用于测定 H^+。另外,通过改变玻璃膜的组成,还可以制成对其他离子有选择性响应的玻璃电极,用以测定 Na^+、K^+、Li^+、Ag^+ 等。

下面主要介绍 pH 玻璃电极。

(1) pH 玻璃电极的结构及测定原理。pH 玻璃电极的敏感膜对 H^+ 有选择性的响应,用于测定溶液的 pH,结构如图 7.2 所示。pH 玻璃电极的内参比电极是 Ag-AgCl 电极;内参比

溶液是 $0.1mol \cdot L^{-1}$ 的 HCl 溶液；玻璃膜是由 22% Na_2O、6% CaO 和 72% SiO_2（物质的量比）经熔融制成的玻璃球泡，厚度为 $0.03 \sim 0.1mm$。电极可表示为

$$Ag, AgCl | HCl(0.1mol \cdot L^{-1}) | 玻璃膜$$

pH 玻璃电极在使用前必须在水中浸泡 24h 左右，此过程称为活化。电极活化时，由于玻璃膜硅酸盐结构中的 SiO_3^{2-} 与 H^+ 的键合力远大于与 Na^+ 的键合力，当玻璃膜与水接触时，水中迁移能力较强的 H^+ 进入玻璃结构空隙（"分子筛"）中与膜上的 Na^+ 发生交换而形成水化层，厚度为 $10^{-4} \sim 10^{-5}mm$，即

$$Na^+_{膜}GI^- + H^+_{液} \rightleftharpoons H^+_{膜}GI^- + Na^+_{液}$$

其他二价、高价离子不能进入晶格与 Na^+ 发生交换。

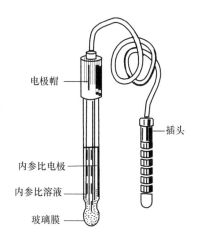

图 7.2　pH 玻璃电极

电极帽　插头　内参比电极　内参比溶液　玻璃膜

当交换达到平衡后，玻璃膜表面几乎所有 Na^+ 的点位全部被 H^+ 占据。从玻璃膜表面到水化层内部，H^+ 的数目逐渐减少，Na^+ 的数目逐渐增多。在玻璃膜中部，则是干玻璃层，点位全部被 Na^+ 所占据。活化后的玻璃膜如图 7.3 所示。

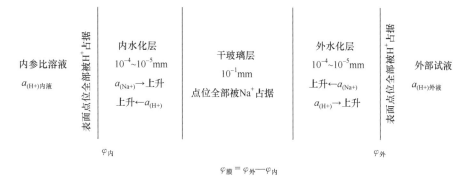

图 7.3　活化后的玻璃膜示意图

活化后的玻璃电极浸入待测溶液时，由于外水化层表面与溶液的 H^+ 活度不同，形成活度差，产生了 H^+ 的扩散迁移，在玻璃膜表面与溶液建立如下平衡：

$$H^+_{溶液} \rightleftharpoons H^+_{水化层}$$

改变了外水化层表面与试液接触相界面的电荷分布，产生了外相界电位（$\varphi_{外}$）。同理，玻璃膜内侧水化层表面与内参比溶液接触相界面也产生了内相界电位（$\varphi_{内}$）。

298K 时

$$\varphi_{外} = k_{外} + 0.05916 \lg \frac{a_{(H^+)外液}}{a_{(H^+)外膜}}$$

$$\varphi_{内} = k_{内} + 0.05916 \lg \frac{a_{(H^+)内液}}{a_{(H^+)内膜}}$$

式中，$a_{(H^+)外液}$ 为外部待测液中 H^+ 的活度，一般表示为 a_{H^+}；$a_{(H^+)内液}$ 为内参比溶液中 H^+ 的活度（为常数）；$a_{(H^+)内膜}$、$a_{(H^+)外膜}$ 分别为内、外玻璃膜表面水化层 H^+ 平均活度，认为 $a_{(H^+)内膜} = a_{(H^+)外膜}$；$k_{内}$、$k_{外}$ 分别为与玻璃膜表面性质有关的常数，认为 $k_{内} = k_{外}$。

玻璃电极的膜电位（φ_m）为

$$\varphi_m = \varphi_{外} - \varphi_{内} = 0.05916 \lg \frac{a_{(H^+)外液}}{a_{(H^+)内液}}$$

$$=常数+0.05916 \lg a_{(H^+)外液}$$
$$=常数-0.05916pH \tag{7.7}$$

玻璃电极的电极电势 $\varphi_玻$ 为

$$\varphi_玻=\varphi_{AgCl/Ag}+\varphi_m+\varphi_{不对称}$$
$$=\varphi_{AgCl/Ag}+常数+\varphi_{不对称}-0.05916pH$$
$$=k'-0.05916pH \tag{7.8}$$

由式(7.8)可见,玻璃电极的电极电势($\varphi_玻$)与待测试液的 pH 呈线性关系,这就是利用玻璃电极测定溶液 pH 的定量依据。

测定溶液 pH 时,常以饱和甘汞电极为参比电极(正极),pH 玻璃电极为指示电极(作负极),与待测试液一起构成工作电池。

电池符号为

$(-)Ag,AgCl \mid HCl(0.1mol \cdot L^{-1}) \mid 玻璃膜 \mid 试液 \parallel KCl(饱和) \mid Hg_2Cl_2,Hg(+)$

工作电池的电动势(298K)为

$$E=\varphi_参-\varphi_指=\varphi_{Hg_2Cl_2/Hg}-\varphi_玻$$
$$=\varphi_{Hg_2Cl_2/Hg}-(k'-0.05916pH)$$
$$E=K+0.05916pH \tag{7.9}$$

由式(7.9)可见,一定条件下,工作电池的电动势与待测液的 pH 呈线性关系,要求得试液的 pH,则必须已知常数 K 的值,但 K 除了包括内、外两参比电极的电极电势等常数以外,还包括难以测量的 $\varphi_{不对称}$ 和 φ_L 等。实际工作中,不能用(7.9)式直接计算 pH。

用酸度计测定试液 pH 时,先用标准缓冲液校准仪器,测出标准缓冲液的电动势 E_s。

$$E_s=K_s+0.05916pH_s \tag{7.10}$$

然后在相同测定条件下,测定待测试液的电动势 E_x。

$$E_x=K_x+0.05916 pH_x \tag{7.11}$$

由于测定条件相同,因此 $K_s=K_x$,由(7.10)式和(7.11)式相减得

$$pH_x=pH_s+\frac{E_x-E_s}{0.05916} \tag{7.12}$$

pH_s 为已知确定的数值,因此通过测定 E_x 和 E_s,常数 K 抵消后,酸度计可直接给出待测试液的 pH,测定快速、方便。式(7.12)求得的 pH_x 不是由定义规定($pH=-\lg a_{H^+}$)的 pH,而是以标准缓冲溶液为标准的相对值,通常称为 pH 标度。为减小测量误差,应选用与试液 pH 相近的标准缓冲溶液标定仪器,测定过程中尽可能保持溶液的温度恒定,或同时使用温度传感器消除温度对测定的干扰。

标准缓冲溶液的配制及 pH 的确定非常重要,我国国家标准计量部门颁发了六种 pH 标准缓冲溶液及在 0～95℃的 pH,三种常用 pH 标准缓冲溶液的 pH_s 如表 7.1 所示。

表 7.1　pH 标准缓冲溶液的 pH_s

温度 t/℃	0.05mol · kg⁻¹邻苯二甲酸氢钾	0.025mol · kg⁻¹磷酸二氢钾+ 0.025 mol · kg⁻¹磷酸氢二钠	0.01mol · kg⁻¹硼砂
0	4.006	6.981	9.458
5	3.999	6.949	9.391
10	3.996	6.921	9.330

续表

温度 $t/℃$	0.05mol • kg^{-1}邻苯二甲酸氢钾	0.025mol • kg^{-1}磷酸二氢钾＋ 0.025 mol • kg^{-1}磷酸氢二钠	0.01mol • kg^{-1}硼砂
15	3.996	6.898	9.276
20	3.998	6.879	9.226
25	4.003	6.864	9.182
30	4.010	6.852	9.142
35	4.019	6.844	9.105
40	4.029	6.838	9.072
50	4.055	6.833	9.015
60	4.087	6.837	8.968

溶液的 pH 测定过程中跨度较大时,测定前,可选用酸性和碱性两个 pH 标准缓冲溶液依次校正仪器。

(2) pH 玻璃电极的优点。测定时不受氧化剂和还原剂的影响;可用于有色、浑浊或胶体溶液的测定;测定结果准确,在 pH 1~9 范围,可准确至 pH±0.01。

(3) pH 玻璃电极的主要缺点。第一,电阻较高,一般为 50~500MΩ。pH 改变一个单位,相当于电极电势改变 0.05916V 时,电流仅改变 $1.2×10^{-9}$A。因此必须用真空管放大后才能测到电流,或用具有稳定性能好的放大装置的电位差计(pH 计)才能进行测量。第二,容易产生酸差和钠差。实验发现,当 pH<1 时,测得值高于实际值,称为"酸差"。产生"酸差"的原因是由于在强酸性溶液中,水分子活度减小,而 H$^+$ 是由 H$_3$O$^+$ 传递的,从溶液到达电极表面的 H$^+$ 减少,交换的 H$^+$ 减少,测得的 pH 偏高,当 pH>9 或 Na$^+$ 浓度较高时,测得值低于实际值,称为"碱差"或"钠差"。这是因为在强碱性溶液中,Na$^+$ 也参加了交换,所有离子交换所产生的电位全部反映在电极电势上,因此,测得的 pH 低于实际值。若改变玻璃电极成分,可以显著减小这种误差。例如,用锂玻璃电极(玻璃中的大部分 Na$_2$O 由 Li$_2$O 取代)可准确测定至pH13。第三,玻璃膜易破损。

(4) 使用 pH 玻璃电极时应注意的事项。第一,使用前要活化,在蒸馏水中浸泡 24h 左右,形成稳定的对 H$^+$ 有响应的活化层。活化电极还可以使电极的不对称电位降低并达到一个稳定值,减小测量误差;第二,测定试液前,要用 pH 标准缓冲溶液校正所用的仪器;第三,测定范围一般为 pH 1~9;第四,使用时要特别小心,防止玻璃膜破损。

玻璃电极常与饱和甘汞电极一起制成复合电极,玻璃球膜置于塑料套管中,不易破碎。

2) 液态膜电极

液态膜电极属于流动载体电极。敏感膜是由待测离子的盐类离子交换剂或螯合物溶解在憎水性的有机溶剂中,再使这种有机溶剂渗透在惰性多孔材料的孔隙内制成。惰性材料用来支持电活性物质溶液形成一层薄膜,构造如图 7.4 所示。

Ca^{2+} 电极是这类电极的代表,敏感膜是将二癸基磷酸钙溶于 2-n-辛苯基磷酸酯中,作为离子交换剂(流动载体),电极内部装有两种溶液,一种是内参比溶液(0.1mol • L^{-1} CaCl$_2$),其中插入 Ag-AgCl 内参比电极;另一种是带负电荷的离子交换剂,它是憎水性的非水溶液,电极底部用多孔性膜材料如纤维素渗析管与试液隔开,这种多孔性膜是憎水性的,离子交换剂液体渗透在多孔性膜材料的孔隙内形成一层薄膜,为电极的敏感膜。298K 时,φ_m 的表达式为

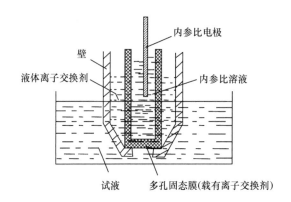

图 7.4　液态膜离子敏感电极

$$\varphi_{m} = k + \frac{0.05916}{2}\lg a_{Ca^{2+}}$$

带正电荷的流动载体可用来制作对阴离子有响应的电极,常用的带正电荷的流动载体有季铵盐、邻二氮杂菲与过渡金属的配离子等,NO_3^- 电极属于此类电极。中性载体是中性大分子多齿螯合剂,如大环抗生素、冠醚化合物等,K^+ 电极为此类电极。

2. 晶体膜电极

晶体膜电极分为均相膜电极和非均相膜电极。前者的膜仅用晶体盐压片制成,没有其他惰性材料。后者的膜是将晶体粉末均匀混合在惰性基质材料(如硅橡胶、聚四氟乙烯、聚苯乙烯等)中制成,这种电极的导电性和机械性能都更好,膜具有弹性,不易破裂。均相膜电极又可分为单晶膜电极、多晶膜电极及混晶膜电极。单晶膜电极的敏感膜是由难溶盐的单晶薄片制成(如 F^- 电极);多晶膜电极的敏感膜是由一种难溶盐(常是难溶性银盐)的沉淀粉末在高压下压制而成(如由 Ag_2S 制成的 S^{2-} 电极);混晶膜电极的敏感膜由两种难溶盐的晶体混合物压片制成(如用 Ag_2S 和 AgX 混合物制成的各种卤素离子电极)。

晶体膜电极的电极响应机理是借助晶格缺陷(空穴)进行导电。膜片晶格中的缺陷引起离子的传导,靠近缺陷空隙的可移动离子移入空穴中。由于不同敏感膜的大小、形状及电荷分布不同,因此有选择性地允许特定离子进入空穴导电。

下面主要介绍 F^- 选择性电极。

1) 结构与原理

氟离子选择性电极是目前最成功的单晶膜电极,它的敏感膜是由 LaF_3 单晶切片掺有少量 EuF_2 或 CaF_2,制成 2mm 左右厚的薄片。氟离子选择性电极的构造见图 7.5。

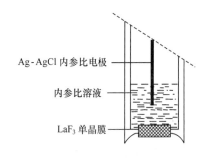

图 7.5　氟离子选择性电极

电极膜上的 Eu^{2+} 和 Ca^{2+} 代替晶格点阵中 La^{3+},使晶体中增加了空的 F^- 点阵,造成 LaF_3 晶格空穴,使更多的 F^- 沿着这些空点阵而导电,增加其导电性。

氟电极的内参比电极为 Ag-AgCl 电极,内参比溶液为 $0.1mol \cdot L^{-1}$ NaF + $0.1mol \cdot L^{-1}$ NaCl 的混合溶液。电极可表示为

$$Ag,AgCl|NaCl(0.1mol \cdot L^{-1}),NaF(0.1mol \cdot L^{-1})|LaF_3 \text{晶体膜}$$

LaF_3 单晶对 F^- 有高度的选择性,允许体积小、带电荷少的 F^- 在其表面进行交换。当电极插入 F^- 待测试液时,溶液中的 F^- 与膜上 F^- 进行交换,如果试液中 F^- 的活度较高,则通过迁移进入晶体空穴中;反之,膜表面的 F^- 也可以进入试液,晶格中的 F^- 又进入空穴,这样在晶体膜与试液界面形成双电层,由此产生膜电位。当试液中 $a(F^-)$ 为 $1.0\sim10^{-7}$ mol·L^{-1} 时,膜电位 (φ_m) 与试液中的 $a(F^-)$ 的关系,符合能斯特方程式,呈现良好的线性响应。298K 时,膜电位 (φ_m) 的表达式为

$$\varphi_m = k - 0.05916 \lg a_{F^-} \tag{7.13}$$

氟电极的电极电势 (φ_{F^-}) 为

$$\varphi_{F^-} = \varphi_{AgCl/Ag} + \varphi_m = \varphi_{AgCl/Ag} + k - 0.05916 \lg a_{F^-}$$
$$\varphi_{F^-} = K - 0.05916 \lg a_{F^-} \tag{7.14}$$

2）氟电极的特点

（1）适宜的 pH 使用范围为 $5\sim6$。当试液的 pH 较高,$[OH^-] \gg [F^-]$ 时,由于 OH^- 的半径与 F^- 相近,OH^- 能透过 LaF_3 晶格产生干扰,产生下列反应:

$$LaF_3(s) + 3OH^- \Longrightarrow La(OH)_3(s) + 3F^-$$

电极膜表面形成了 $La(OH)_3$ 层,改变了膜的表面性质,同时释放出 F^- 进入溶液,使试液中 F^- 的活度增高,测定值偏高;反之,当试液的 pH 过低时,溶液中存在下列平衡:

$$H^+ + 3F^- \Longrightarrow HF + 2F^- \Longrightarrow HF_2^- + F^- \Longrightarrow HF_3^{2-}$$

降低了 F^- 的活度,而 HF、HF_2^-、HF_3^{2-} 均不能被电极响应,使得测定值偏低。

（2）F^- 的测定范围为 $1.0\sim10^{-7}$ mol·L^{-1}。在此范围内氟电极的电极电势 (φ_{F^-}) 与试液中的 a_{F^-} 符合能斯特方程式,呈现良好的线性响应。

（3）选择性高。因为 LaF_3 晶体对通过晶格而进入空穴的离子半径以及电荷都有很严格的限制,因此 NO_3^-、SO_4^{2-}、PO_4^{3-}、Ac^-、X^-、HCO_3^- 等阴离子均不干扰。但是,一些能与 F^- 生成稳定配合物的阳离子,如 Fe^{3+}、Al^{3+}、Th^{4+}、Zr^{4+} 等使溶液中 F^- 的活度降低,测定产生负误差,可用 EDTA 或柠檬酸钠掩蔽以消除干扰。

3. 气敏电极

气敏电极是将指示电极（离子选择性电极）与参比电极装入同一个套管中,做成复合电极,实际上是一个化学电池。在主体电极敏感膜上覆盖一层透气膜,透气膜具有疏水性。该电极由透气膜、内充溶液（中介溶液）、指示电极以及参比电极等组成。待测气体通过透气膜进入内充溶液发生化学反应,产生指示电极响应的离子或者使响应离子的浓度发生变化,通过指示电极的电极电势变化反映待测气体的浓度。例如,氨电极是由 pH 玻璃电极的敏感膜外加一层透气膜组成,在玻璃膜与透气膜之间形成一层中介液（0.1mol·L^{-1} NH_4Cl 溶液）薄膜,结构如图 7.6 所示。

当把氨电极浸入含有 NH_4^+ 的碱性试液中

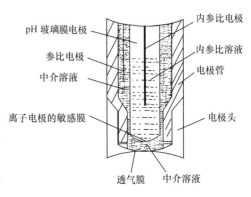

图 7.6　隔膜式气敏氨电极

时,NH_4^+ 生成了气体 NH_3 分子透过透气膜进入中介液,发生化学反应($NH_3 + H_2O \rightleftharpoons$ $NH_4^+ + OH^-$)而使中介液的 pH 发生变化,此变化值由 pH 玻璃电极测出。298K 时

$$\varphi_m = k + 0.05916 \lg a_{H^+}$$

$$a_{H^+} = K_a(NH_4^+) \cdot \frac{a(NH_4^+)}{a(NH_3)}$$

由于中介液中有大量 NH_4^+ 存在,$a_{NH_4^+}$ 可视为不变,因此

$$\varphi_m = k' - 0.05916 \lg a_{NH_3} \qquad (7.15)$$

用此关系可测定试液中的微量铵,测定范围为 $1 \sim 10^{-6} \text{mol} \cdot L^{-1}$。

此外还有 CO_2、SO_2、NO_2、H_2S、HF 等气敏电极。

4. 生物电极

生物电极是将生物化学和电化学结合而研制的电极,包括酶电极和组织电极。

1) 酶电极

酶电极是将一种或一种以上的生物酶,涂布在通常的离子选择性电极的敏感膜上,通过酶的催化作用,试液中待测物向酶膜扩散,并与酶层接触发生反应,引起待测物质活度发生变化,被电极响应;或使待测物产生能在该电极上响应的离子,来间接测定该物质。酶电极的结构如图 7.7 所示。

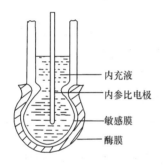

图 7.7　酶电极

内充液
内参比电极
敏感膜
酶膜

例如,尿素酶电极是以 NH_3 电极作为指示电极,把尿素酶固定在氨电极的敏感透气膜上而制成的。该电极可以检测血浆和血清中 $0.05 \sim 5 \text{mmol} \cdot L^{-1}$ 的尿素。当试液中的尿素与尿素酶接触时,发生分解反应:

$$CO(NH_2)_2 + H_2O \xrightarrow{\text{尿酶}} 2NH_3 + CO_2$$

通过 NH_3 电极检测反应生成的氨,以测定试液中尿素的含量。

因为酶是具有特殊生物活性的催化剂,催化效率很高,而且酶的反应具有专一性,因此,此类电极在生物化学分析中具有重要意义。但是,由于酶易失去活性,且酶的纯化及酶电极的制作都较为困难,因此酶电极在生产上的应用,受到一定限制,有待于进一步研究改进。

2) 组织电极

由于生物组织中存在某种酶,因此可将一些生物(动物或植物)组织紧贴覆盖于主体电极上,构成同酶电极类似的电极,即组织电极。如用猪肾切片贴在氨电极表面制成的电极可测定谷氨酰胺含量。用刀豆浆涂在氨电极表面制成的电极可测定尿素含量。

7.3　电极的性能及其影响测量的主要因素

7.3.1　电极的性能参数

离子选择性电极的性能优劣,可用"电极功能"来评价。电极功能包括电极响应斜率、检测下限、线性范围、有效 pH 范围、选择性、响应时间、稳定性、重现性和使用寿命等。

1. 响应斜率及检测下限

电极电势随离子活度变化的特征称为响应,若这种变化服从能斯特方程,则称为能斯特响

应。通过实验,可绘制出任一离子选择性电极的 E-lga 关系曲线,如图 7.8 所示。

曲线中直线部分 AB 段的斜率为实际响应斜率,即在一定温度下,待测离子活度变化 10 倍引起的电位值的变化。实际响应斜率与理论响应斜率(298K 时,$S_{理}=0.0591/n$)有一定的偏离,一般可用转换系数 K_{ir} 表示偏离的大小。

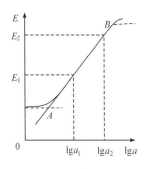

图 7.8　E-lga 关系曲线

$$K_{ir}=\frac{S_{实}}{S_{理}}\times100\%=\frac{E_1-E_2}{S_{理}(\lg a_1-\lg a_2)}\times100\% \qquad (7.16)$$

式中,E_1 和 E_2 分别为当离子活度为 a_1 和 a_2 时的实测电动势。当 $K_{ir}\geqslant90\%$ 时,表示电极有较好的能斯特响应。

图 7.8 中两直线外推交点 A 所对应的待测离子的活度,称为该电极的检测下限。检测下限是离子选择性电极的重要性能指标,表明电极能检测的待测离子的最低浓度。它受溶液的组成、电极情况、搅拌速度、温度等因素影响。

图 7.8 中 B 点所对应的离子活度,称为该电极的检测上限。它是电极电势与待测离子活度的对数呈线性关系所允许的最大离子活度。

2. 线性范围及有效 pH 范围

检测上、下限之间(图 7.8 中 AB 段)为电极的线性范围。实验时,待测离子的活度只有在线性范围内,电极电势随离子活度的变化才服从能斯特方程。

每种离子选择性电极都有一定的有效 pH 范围。在有效 pH 范围内,电极电势与待测离子活度的对数成能斯特响应。超出这一范围,就要偏离直线关系,引入误差。

3. 选择性系数

一种离子选择性电极不仅对某一特定的待测离子(i)有响应,有时对共存的其他离子(j…)也会产生电位响应,从而对待测离子的测定产生干扰。考虑共存离子的影响后,离子选择性电极的电极电势表达式(298K)为

$$\varphi=k\pm\frac{0.05916}{n}\lg[a_i+K_{i,j}a_j^{n_i/n_j}+\cdots] \qquad (7.17)$$

式中,n_i 和 n_j 分别表示 i、j 离子的电荷数;a_i 和 a_j 分别表示 i、j 离子的活度;$K_{i,j}$ 为电极的选择性系数。

电极的选择性系数是电极选择性好坏的性能指标。$K_{i,j}$ 的定义为:引起离子选择性电极电势相同的变化时,待测离子的活度与干扰离子的活度之比,即

$$K_{i,j}=\frac{a_i}{a_j^{n_i/n_j}} \qquad (7.18)$$

$K_{i,j}$ 越小,表示电极对 i 离子的选择性越高,一般认为 $K_{i,j}$ 小于 10^{-4} 以下,j 离子对 i 离子的测定不产生干扰。$K_{i,j}$ 的倒数称为选择比。

利用选择性系数可以估算某种干扰离子(j)对待测离子(i)的测定所造成的误差,判断某种干扰离子存在时,测定方法是否可行。测定的相对误差可表示为

$$相对误差=K_{i,j}\frac{a_j^{n_i/n_j}}{a_i}\times100\% \qquad (7.19)$$

式中,a_j、a_i 分别为 j、i 离子的实际活度,与(7.18)式中的 a_j、a_i 具有不同的数值。溶液稀时可用浓度代替活度进行计算。

4. 响应时间

1976 年 IUPAC 建议响应时间的定义为:从离子选择性电极和参比电极一起接触试液的瞬时算起至达到与稳定电位相差不超过 1mV 时所经过的时间。待测离子的活度、共存离子和敏感膜的性质、温度等因素都会影响响应时间。若溶液浓度大,则响应时间短,通常为 2～15min。搅拌可以加快达到平衡的速度,缩短响应时间。

5. 稳定性及重现性

电极的稳定性常用"漂移"来标度。漂移是指在恒定组成和温度的溶液中,离子选择性电极的电位随时间缓慢而有序地改变程度,一般漂移应小于 $1mV \cdot (12h)^{-1}$。

电极的重现性是将电极从 $10^{-3}mol \cdot L^{-1}$ 溶液中移到 $10^{-2}mol \cdot L^{-1}$ 溶液中,往返三次,分别测定其电位值,用所测得的电位值的平均偏差表示电极的重现性。重现性反映电极的"滞后现象"或"记忆效应"。

6. 使用寿命

电极的使用寿命指保持电极性能参数不变的时间。电极使用寿命越长,使用价值越大。电极使用寿命随电极种类和制作方法的差异而不同。

7.3.2 影响测量的主要因素

1. 温度

因为 $\varphi_{ISE}=k\pm\dfrac{RT}{nF}\ln a_i$,温度 T 影响直线的斜率。而且式中的 k 包括离子选择性电极的内参比电极电势($\varphi_{内参}$)、敏感膜内侧的相界电位($\varphi_{内}$)以及液体接界电位(φ_L)等,这些参数都与温度有关。所以整个测定过程中应保持温度恒定,以提高测定的准确度。

2. 电动势的测量

电动势测量的准确度直接影响测定的准确度。在测定过程中,必须严格控制实验条件,保持能斯特方程式中的常数不变,应每天校正常数值的漂移对电动势测量带来的误差。

3. 干扰离子

有些干扰离子能直接与电极发生作用,对待测离子的测定产生干扰。有些干扰离子与待测离子反应生成在电极上不发生响应的物质,给测定带来误差。干扰离子的存在还会使电极响应时间增长。一般可通过加入掩蔽剂消除干扰离子的影响,必要时分离干扰离子。

4. 溶液的 pH

溶液的酸度能影响某些测定,必须用 pH 缓冲溶液控制溶液的 pH。

5. 待测离子浓度

电极测定的浓度范围为 $10^{-1} \sim 10^{-6}\, \mathrm{mol \cdot L^{-1}}$，测定的浓度范围与敏感膜的活性、电极的种类、电极的质量、共存离子的干扰以及溶液的 pH 等因素有关。

6. 电位平衡时间

电位平衡时间即响应时间，平衡时间越短越好，搅拌溶液可加快离子到达电极表面的速率；溶液浓度越稀，电位平衡时间越长。

7. 敏感膜厚度

在保证有良好的机械性能条件下，敏感膜越薄，响应越快；介质离子强度大，响应快，平衡时间短；敏感膜表面越光洁，响应越快。

7.4　实验技术及分析方法

7.4.1　直接电位法

直接电位法可将指示电极(离子选择性电极)作为负极，参比电极(常用饱和甘汞电极)作为正极，在两个电极之间接上离子计组成工作电池，测量工作电池的电动势。工作电池如图 7.9 所示。

(一)指示电极∣试液∥参比电极(＋)

298K 时，该电池电动势为

$$E = \varphi_+ - \varphi_- = \varphi_{参比} - \varphi_{指示}$$

$$= \varphi_{参比} - \left(K' \pm \frac{0.05916}{n} \lg a_i \right)$$

$$= K \pm \frac{0.05916}{n} \lg a_i \qquad (7.20)$$

式中，i 为阳离子时，取"一"号；i 为阴离子时，取"＋"号。

若待测离子含有与甘汞电极的盐桥(KCl)相同的离

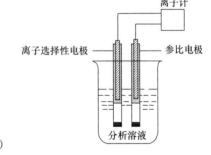

图 7.9　用离子选择性电极测量
离子活度的装置

子或能与盐桥发生化学反应时，用双盐桥甘汞电极为参比电极，在 KCl 盐桥外部再套一个套管，加第二盐桥，常选用 KNO_3 或 NH_4NO_3 作为外部第二盐桥溶液。

如果参比电极作为负极，离子选择性电极(指示电极)作为正极组成电池：

(一)参比电极∥试液∣指示电极(＋)

则正好相反，i 为阳离子时，取"＋"号；i 为阴离子时，取"一"号。

由式(7.20)可知，在一定条件下，电池电动势 E 与待测离子的活度的对数($\lg a_i$)或负对数($-\lg a_i$)呈线性关系，这是利用离子选择性电极定量测定离子活度(或浓度)的依据。

若固定溶液离子强度，使溶液的活度系数恒定不变，则式(7.20)可变为

$$E = K \pm \frac{0.05916}{n} \lg a_i = K \pm \frac{0.05916}{n} \lg \gamma_i c_i$$

$$= K' \pm \frac{0.05916}{n} \lg c_i$$

由电动势值求得待测离子的浓度。实验中,通常向标准溶液和待测试液中加入大量、对测定不干扰的惰性电解质溶液来固定溶液离子强度,称为离子强度调节剂(ISA)。此外,由于离子选择性电极的电极电势还要受到溶液的 pH 和某些干扰离子的影响,因此,在离子强度调节剂中还要加入适量的 pH 缓冲剂和一定的掩蔽剂,用以控制溶液的 pH 和掩蔽干扰离子,将离子强度调节剂、pH 缓冲剂和掩蔽剂合在一起,称为总离子强度调节缓冲剂(TISAB),它有着恒定离子强度、控制溶液 pH、掩蔽干扰离子以及稳定液体接界电位 φ_L 等作用,直接影响测定结果的准确度。

直接电位法的定量方法主要有标准曲线法和标准加入法。

1. 标准曲线法

测定时,先配制一系列含有不同浓度的待测离子的标准溶液,分别加入与待测试液测定时相同量的大量 TISAB 溶液,将离子选择性电极和参比电极(常用饱和甘汞电极)插入这些标准

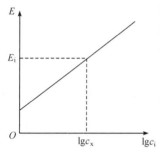

溶液中组成工作电池,分别测量各工作电池的电动势 E_i,绘制出 E_i-$\lg c_i$ 标准曲线,如图 7.10 所示。然后,在同样条件下测定待测试液的电动势 E_x,从标准曲线上求出待测离子的浓度 c_x。

标准曲线法操作简便、快速、适用同时测定大批量试样。缺点是配制标准系列较麻烦。

2. 标准加入法

若试样比较复杂,则难以与标准溶液系列的离子强度相同,因此会产生由于活度系数不同而引入的误差。标准加入法在一

图 7.10 E_i-$\lg c_i$ 标准曲线

定程度上可减小这种误差。

方法如下:准确量取浓度为 c_x 的待测试液 V_x mL,测得其电动势为 E_1。

$$E_1 = K' \pm \frac{0.05916}{n} \lg c_x$$

然后向试液中准确加入一小体积 V_s(V_s 约为 V_x 的 $1/100$)浓度为 c_s 的待测离子的标准溶液(c_s 约为 c_x 的 100 倍),使介质条件基本不变,再测得电池电动势为 E_2。

$$E_2 = K' \pm \frac{0.05916}{n} \lg \frac{c_x V_x + c_s V_s}{V_x + V_s}$$

将两式相减,得

$$\Delta E = E_2 - E_1 = \pm \frac{0.05916}{n} \lg \frac{c_x V_x + c_s V_s}{c_x (V_x + V_s)}$$

由于 $V_s \ll V_x$,则

$$V_x + V_s \approx V_x, \Delta E = E_2 - E_1 = \pm \frac{0.05916}{n} \lg \frac{c_x V_x + c_s V_s}{c_x V_x}$$

通过数学整理得

$$c_x = \frac{\dfrac{c_s V_s}{V_x}}{10^{\mp(n\Delta E / 0.05916)} - 1} \tag{7.21}$$

标准加入法的优点是不需作标准曲线,只需用一种标准溶液,操作简单快速,且几乎是在

同一种溶液中进行测定,活度系数变化小,可以抵消试样本底的影响,适用于组成不清楚或复杂样品的测定,但不适宜同时分析大批试样。为获得准确结果,一般要求 $V_x \geqslant 100V_s$,$c_s \geqslant 100c_x$,使 ΔE 为 $15 \sim 40 \text{mV}$,此时测定的准确度较高。

7.4.2　浓度直读法

由仪器直接读出溶液的 pH 或离子活度(或浓度)的电位分析法,称为浓度直读法。它的原理是直接比较法,先测出浓度为 c_s 的标准溶液的电池电动势 E_s,然后在相同条件下,测得浓度为 c_x 的试液的电池电动势 E_x,则

$$\Delta E = E_x - E_s = \pm \frac{0.05916}{n} \lg \frac{c_x}{c_s}$$

$$c_x = c_s \cdot 10^{(\mp n\Delta E/0.05916)} \tag{7.22}$$

为使结果有较高准确度,必须使标准溶液和试液的测定条件一致,且 c_s 与 c_x 尽可能接近,保持测定过程中的恒温条件,或用温度传感器自动校正温度。

离子选择性电极浓度直读法可用国产 PXSJ-216 型离子分析仪完成,该仪器小巧便携、具有断电保护和记忆功能、响应时间短、线性范围宽、读数直观,无需作标准曲线及进行复杂计算,具有分析成本低廉、测定物质范围广、操作简便、利于现场快速检测的优点。

例如,钙是人体必需元素,严重缺乏会造成婴幼儿佝偻病及成年人骨质疏松症,因此,用浓度直读法快速测定食品中的钙具有一定的现实意义。

样品的称取及处理:准确称取 0.25g(称准至 0.0001g)均匀样品,用微波消解仪快速消解完全后,除去过量的氧化性酸,定容至 50.00mL,备用。同时进行空白溶液的消解。

仪器的标定:吸取 100.00mg/L Ca^{2+} 标准溶液 5.00mL、三乙醇胺-盐酸缓冲液 5.00mL 于 50mL 烧杯中,加入 20mL 去离子水混匀,用 KOH 溶液调节 pH 至 7.4,移到 50mL 容量瓶中,加 5.00mL pH7.4 缓冲液,用去离子水定容至刻度,混匀,此为含钙 10.00mg/L 的 A 标定液。同法配制含钙为 1.00mg/L 的 B 标定液。按说明书安装和预热离子分析仪,按下"模式/4"键,选浓度直读模式。按"确认"及"▲▼"键选择"mg/L"浓度单位,按"校准"及"▼",选择"两点校准",根据仪器提示输入标定液 B 浓度值,即 $c_1 = 1.00\text{mg/L}$,并"确认"。将标定液 B 倒入烧杯中,放入电极对、温度传感器和搅拌子,置于磁力搅拌器上中速搅拌约 30s,搅拌停止等数显稳定后,按 2 次"确认"键,清洗、处理电极后插入 A 标定液中,再输入 $c_2 = 10.00\text{mg/L}$,同上进行 A 标定液的标定,并进行"空白消解液浓度"的校准和储存。最后按下"确认"键,仪器标定完成。

试液测定:吸取 20.00mL 试液、5.00mL 三乙醇胺-盐酸溶液于烧杯中,加 15mL 去离子水混匀,用 KOH 溶液调 pH 至 7.4,移入 50mL 容量瓶中,加 5.00mL pH7.4 缓冲液用去离子水定容后倒入烧杯中,放入电极对、温度传感器和搅拌子同上测定,直接读出钙的质量浓度 ρ。按下式计算每克湿基样品中的钙含量。

$$w(\mu\text{g}/\text{g}) = \rho \times 50 \times 50/20.00 \times m = 125 \times \rho/m$$

式中,w 为样品中钙的质量分数,$\mu\text{g}/\text{g}$;ρ 为从仪器上读出的钙的质量浓度,$\mu\text{g}/\text{mL}$;m 为称取样品的质量,g。

7.4.3　电位滴定法

电位滴定法与直接电位法不同,它是以测量工作电池电动势的变化为基础,根据滴定过程

中电位的变化确定理论终点,准确度和精密度较高,但分析时间较长,如能使用自动电位滴定仪和计算机工作站,则可达到简便、快速的目的。

电位滴定法适用于平衡常数较小、滴定突跃不明显、试液有色或浑浊的酸碱、沉淀、氧化还原和配位滴定反应等,还能用于混合物溶液的连续滴定及非水介质的滴定。

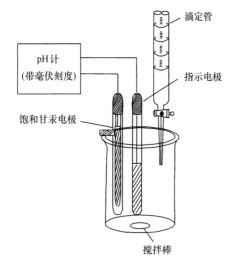

图 7.11　电位滴定分析装置

1. 电位滴定的基本方法和仪器装置

电位滴定法所用的基本仪器装置如图 7.11 所示。与直接电位法相似,也是由一支指示电极和一支参比电极插入待测试液组成工作电池,不同之处是还有滴定管和搅拌器。

滴定过程中,每滴入一定量的滴定剂,测量一次电动势,直到超过化学计量点为止。这样就得到一系列滴定剂的体积(V)和相应的电动势(E)数据,根据所得到的数据确定终点。应该注意,在化学计量点附近每加入 $0.1\sim0.2\text{mL}$ 等体积的滴定剂就测量一次电动势。

用 $0.1000\text{mol}\cdot\text{L}^{-1}$ $AgNO_3$ 标准溶液滴定 Cl^- 时所得到的数据示例见表 7.2。

表 7.2　$0.1000\text{mol}\cdot\text{L}^{-1}$ $AgNO_3$ 标准溶液滴定 NaCl 溶液

加入 $AgNO_3$ 体积 V/mL	E/mV	$\Delta E/\text{mV}$	$\Delta V/\text{mL}$	$\Delta E/\Delta V$	$\overline{V}/\text{mL}$	$\Delta(\Delta E/\Delta V)$	$\overline{\Delta V}/\text{mL}$	$\Delta^2 E/\Delta V^2$	$\overline{V}/\text{mL}$
5.00	62								
		23	10.00	2.3	10.00				
15.00	85								
		22	5.00	4.4	17.50				
20.00	107								
		16	2.00	8	21.00				
22.00	123								
		15	1.00	15	22.50				
23.00	138								
		8	0.50	16	23.25				
23.50	146								
		15	0.30	50	23.65				
23.80	161								
		13	0.20	65	23.90				
24.00	174								
		9	0.10	90	24.05				
24.10	183								
		11	0.10	110	24.15				

续表

加入 AgNO₃ 体积 V/mL	E/mV	$\Delta E/\text{mV}$	$\Delta V/\text{mL}$	$\Delta E/\Delta V$	$\overline{V}/\text{mL}$	$\Delta(\Delta E/\Delta V)$	$\overline{\Delta V}/\text{mL}$	$\Delta^2 E/\Delta V^2$	$\overline{V}/\text{mL}$
24.20	194					280	0.10	2800	24.20
		39	0.10	390	24.25				
24.30	233					440	0.10	4400	24.30
		83	0.01	830	24.35				
24.40	316					−590	0.10	−5900	24.40
		24	0.10	240	24.45				
24.50	340					−130	0.10	−1300	24.50
		11	0.10	110	24.55				
24.60	351								
		7	0.10	70	24.65				
24.70	358								
		15	0.30	50	24.85				
25.00	373								
		12	0.50	24	25.25				
25.50	385								
		11	0.50	22	25.75				
26.00	396								
		30	2.00	15	27.00				
28.00	426								

2. 终点确定的方法

电位滴定法的关键是要能准确测得滴定终点所消耗的滴定剂的体积,从而可以通过标准溶液的浓度及滴定所消耗的体积,求得待测离子的浓度或待测物的含量。电位滴定曲线如图 7.12 所示。终点确定方法常有:E-V 曲线法、$\Delta E/\Delta V$-V 曲线法(一级微商法)及 $\Delta^2 E/\Delta V^2$-V 曲线法(二级微商法)。

(1) E-V 曲线法。用加入的滴定剂体积 V 为横坐标,测得的电动势为纵坐标绘制曲线,即得到 E-V 曲线,如图 7.12(a)所示。

化学计量点位于曲线的拐点处,拐点的求法是:作两条与滴定曲线相切并与横坐标轴成 45°倾斜角的平行切线,在两条切线之间作一条垂线,通过垂线的中点再作一条与两条切线平行的直线,该直线与滴定曲线相交的交点即为拐点。拐点所对应的横坐标的体积即为滴定终点所消耗的滴定剂的体积。

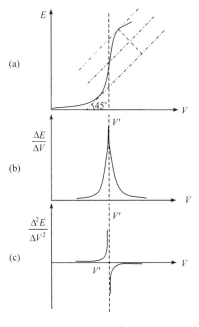

图 7.12　电位滴定曲线

(2) $\Delta E/\Delta V$-V 曲线法。此法又称一级微商法。若滴定曲线较平坦,滴定突跃不明显,拐点不易求得,可采用一级微商法。$\Delta E/\Delta V$ 是 E 的增量(ΔE)与相对应的滴定剂体积的增量(ΔV)之比,它表示在 E-V 曲线上体积改变一小值引起的电动势 E 增加量。

从 E-V 曲线上可以看出,远离滴定终点处,体积改变,E 的增加量很小,即 $\Delta E/\Delta V$ 很小;靠近滴定终点处,V 改变一小值,E 的增加量渐大,即 $\Delta E/\Delta V$ 逐渐增大;滴定终点处,V 改变一小值,E 的增加量最大,$\Delta E/\Delta V$ 达到最大值;滴定终点过后,E 的增加量又逐渐减小。以 $\Delta E/\Delta V$ 对 V 作曲线,可得到一级微商曲线,如图 7.12(b)所示,曲线上的最高点所对应的横坐标体积为终点体积。注意:曲线的最高点是用外延法绘出的。

$\Delta E/\Delta V$ 的求法:例如,滴定至 24.30mL 与 24.40mL 之间,其 $\Delta E/\Delta V$ 为

$$\Delta E/\Delta V = \frac{E_{24.40}-E_{24.30}}{24.40-24.30} = \frac{316-233}{24.40-24.30}$$
$$=830$$

此点所对应的体积为 24.30mL 与 24.40mL 的平均体积,即
$$V=(24.30+24.40)/2=24.35(\text{mL})$$

(3) $\Delta^2 E/\Delta V^2$-V 曲线法,又称二级微商法。由于一级微商法的滴定终点是由外延法得到的,不够准确,可采用二级微商法。$\Delta^2 E/\Delta V^2$ 表示在 $\Delta E/\Delta V$-V 曲线上,体积改变一小值引起的 $\Delta E/\Delta V$ 的变化,通过内插法计算得到滴定终点的体积,比一级微商法更准确、更简便,在日常工作中更为常用。内插法的计算方法为:在滴定终点前后找出一对 $\Delta^2 E/\Delta V^2$ 数值($\Delta^2 E/\Delta V^2$ 由正到负),按下式比例计算:

$$\frac{(\Delta^2 E/\Delta V^2)_{i+1}-(\Delta^2 E/\Delta V^2)_i}{V_{i+1}-V_i}=\frac{0-(\Delta^2 E/\Delta V^2)_i}{V_终-V_i} \tag{7.23}$$

例如,从表 7.2 看出:从 24.30~24.40mL,其 $\Delta^2 E/\Delta V^2$ 从正变到负。滴定体积 $V_i=24.30$mL 时,$\Delta^2 E/\Delta V^2=4400$;$V_{i+1}=24.40$mL 时,$\Delta^2 E/\Delta V^2=-5900$,则 $V_终$ 为

$$\frac{-5900-4400}{24.40-24.30}=\frac{0-4400}{V_终-24.30}$$

$$V_终=24.34\text{mL}$$

7.4.4　实验注意事项

离子选择性电极分析法测定的一般步骤:
(1)选择适当的参比电极、指示电极、标准溶液和定量方法。
(2)控制适当的测定条件,分别测定标准溶液和待测试液工作电池的电动势。
(3)根据选定的定量方法求待测离子的含量。
实验中应注意的事项:
玻璃电极在使用前应在蒸馏水中浸泡 24~48h。若电极老化或性能太差,应更换电极。测量时,应将甘汞电极上下端的橡皮塞、橡皮套拔去。电极不用时,用橡皮套套住电极下端,用橡皮塞塞住电极上端小孔,防止 KCl 溶液流失。

7.5　应用示例

随着科学技术的发展,高灵敏度、高选择性、高准确度等性能完备和优良的仪器及离子选

择性电极的不断问世,离子选择性电极分析法的应用已越来越广泛。用直接电位法可测定的离子有几十种,常见的一些测定物质见表 7.3。

表 7.3　常见的离子选择性电极测定的物质

电极品种	测定对象	电极品种	测定对象
F^-	天然水、污水处理、食品、尿液、大气、磷矿、萤石、催化剂	Cl^-	土壤、岩石、水质、铝基催化剂、氢氧化铝浆
		Br^-	乳剂
NO_3^-	土壤、天然水、工业废水、工艺流程溶液	CO_3^{2-}	天然水、锅炉用水
		CO_2 气敏电极	微生物研究、医院临床
I^-	磷矿、植物(测 Mo)	Hg^{2+}	天然水、工业废水
CN^-	水质、有机化工废水	Cu^{2+}	污染土壤、石油催化剂
S^{2-}	铜、铜合金	K^+	窑灰钾肥、血清
氨气敏电极	土壤中氨态氮、钢铁、钛合金中的氮	Cd^{2+}	天然水、污水
		Pb^{2+}	水质、废水(测 SO_4^{2-})
Na^+	水泥、铝酸钠生产控制石英砂、石灰石	Ag^+	废水、矿石、粗铜
		SO_2 气敏电极	气、水

7.5.1　在生命科学中的应用

酶电极的使用对临床诊断有很大帮助。用聚丙烯酰胺凝胶固相酶与氧电极结合设计而成的酶电极(GOD 电极),可用于血糖的测定,进行糖尿病和许多代谢紊乱的诊断;将乳酸氧化酶(LOD)吸附在多孔性醋酸纤维素膜上,与氧电极组合,再覆盖透析膜构成的膜电极可测定血液中的乳酸,鉴别乳酸或其他酸中毒;用脲酶和氨敏电极结合制成的脲酶电极用于测定血液的尿素含量,作为评价肾功能的一种指标;用丙酮酸氧化酶与氧电极组成的酶电极,可用于测定血清中谷氨酸丙酮酸转氨酶(GPT)活力,对诊断病毒性肝炎和中毒性肝炎及了解肝细胞损害程度有重要参考价值。

南瓜皮中含有很高的活性抗坏血酸氧化酶,用切片机将南瓜皮切成 0.3mm 厚的长形薄片,装在氧电极的特氟隆(Teflon)膜表面上组成植物组织电极,可用于果汁和药物中抗坏血酸的测定;猪肾外皮层细胞含有高浓度的谷氨酰胺酶,将猪肾外皮组织切片固定在 NH_3 电极表面,在切片和 NH_3 电极的聚四氟乙烯膜之间隔一层二醋酸纤维素膜构成动物组织电极,可测谷氨酰胺。肝硬化患者由于脑氨的作用,脑脊液中谷氨酰胺含量明显增高,可用此法进行测定。

7.5.2　在环境分析及食品分析中的应用

【例 7.1】　用 F^- 离子选择性电极直接电位法测定土壤或食品中的 F^-。

解　氟是自然界中分布较广的元素,动植物组织中都有微量 F 存在,主要来源为饮水、食物和土壤。人体摄入适量的 F,利于牙齿的健康,但摄入过多有害,轻则造成牙釉斑,重则造成氟骨症,危害健康。

测定土壤样品时,将土壤样品在 70℃热水中搅拌浸提 0.5h,离心过滤,滤液加入 TISAB 溶液,控制 pH=5～6,掩蔽 Al^{3+}、Fe^{3+}、Th^{4+} 等离子,防止干扰。

分析食品样品时,将样品粉碎过 40 目筛,加 HCl,密闭浸泡提取 1h,并不时轻轻摇动,尽量避免样品粘于容器壁上,也可用超声波浸提数分钟,然后离心分离,向取出的提取清液中加入 TISAB 溶液,用浓度直读法直接测定氟的含量,也可用标准曲线法测定。

7.5.3　在饲料分析中的应用

【例 7.2】　用 K^+ 离子选择性电极直接电位法测定饲料(或是肥料、水样、土壤、植株等)中速效钾。

解　首先用提取剂将 K^+ 提取出来,再进行测定。选用提取剂时要选择对电极干扰小、提取效率高、较稳定的盐类。常用 $0.5mol \cdot L^{-1}BaCl_2$ 溶液作提取液,搅拌、浸提 0.5h,过滤,滤液加入 TISAB,调节 pH= $6 \sim 10$,排除干扰。若测定的试样是中性或弱酸性时,提取液用 $0.05mol \cdot L^{-1}$ 的 HCl,为了消除 H^+ 对电极的干扰,可以加碱性试剂予以消除。用饱和甘汞电极作为参比电极,采用乙酸锂($0.1 \sim 0.5mol \cdot L^{-1}$)作外盐桥溶液。钾电极是以 30-冠-10(二叔丁基二苯并 30-冠-10)为电活性物质的中性载体膜电极。用标准曲线法测定,配制以提取液为底液的 KCl 标准溶液系列,分别加入与待测试液同样量的 TISAB 溶液,测出各电动势 E,作出 E-lga_{K^+}(或 E-lgc_{K^+})或 E-pK 标准曲线。然后用同一对电极测出饲料提取液的电动势 E_x 值,从标准曲线上求出对应的 pK,并换算出饲料中速效钾的含量。样品也可以用超声波快速浸提,用浓度直读法直接快速测定、直接读出提取液中速效钾的浓度。

7.5.4　其他应用实例

【例 7.3】　电位滴定法测定卤素离子的混合液中 Cl^-、Br^-、I^- 的浓度。

解　测定时用的指示电极为银电极(金属基电极),参比电极为 217 型双盐桥饱和甘汞电极,选用 KNO_3 或 NH_4NO_3 作外部第二盐桥溶液,采用 pH 计测量电动势。以 $AgNO_3$ 标准溶液作为滴定剂,滴定 Cl^-、Br^-、I^- 混合液时,由于 $K_{sp}^{\ominus}(AgI) \ll K_{sp}^{\ominus}(AgBr) \ll K_{sp}^{\ominus}(AgCl)$,可连续滴定而不需事先分离,滴定中先生成 AgI,再生成 AgBr,最后生成 AgCl 沉淀,产生三次电位突跃。由于沉淀对 Br^-、Cl^- 吸附,共沉淀现象严重,可加入 NH_4NO_3 作为凝聚剂,以减少共沉淀,提高测定结果的准确度。

用测得的电动势 E 对 $V(AgNO_3)$ 作图,得到混合离子的滴定曲线,如图 7.13 所示。从曲线上看出,有三次突跃。用二级微商法按式(7.23)计算,确定三个滴定终点所消耗的 $AgNO_3$ 标准溶液的体积,求出混合液中 Cl^-、Br^-、I^- 的浓度。

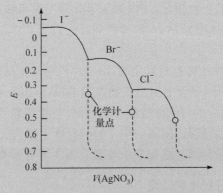

图 7.13　用 $0.1mol \cdot L^{-1}AgNO_3$ 溶液连续滴定 Cl^-、Br^-、I^-
混合液(各 $0.1mol \cdot L^{-1}$)的理论滴定曲线
(虚线表示单独滴定 I^- 和 Br^- 的滴定曲线)

思考题与习题

1. 电位分析法中,什么是指示电极和参比电极?
2. 直接电位法的依据是什么?
3. 金属基电极和薄膜电极有何区别?

4. 简述 pH 玻璃电极的构造和作用原理。

5. 为什么用直接电位法测定溶液 pH 时,必须用标准 pH 缓冲溶液校正仪器?

6. 什么是 TISAB 溶液? 它有哪些作用?

7. 电位滴定法的基本原理是什么? 如何确定滴定终点? 与一般的滴定分析法比较,它有什么特点?

8. 当下列电池中的标准溶液是 pH=5.21 的缓冲溶液时,在 25℃时的电动势为 0.209V。

$$玻璃电极 | H^+(a) \| SCE$$

当缓冲溶液由待测试液代替时,测得的电动势为 0.312V,计算待测试液的 pH。

9. 以 SCE 作正极,F^- 选择性电极作负极,放入 0.001mol·L^{-1} 的 F^- 溶液中时,测得 E=−0.159V。当换用了含 F^- 试液后,测得 E=−0.212V。计算试液中 F^- 的浓度。

10. 25℃时,下列电池的电动势为 0.411V:

$$(-)镁离子电极 | Mg^{2+}(1.8×10^{-3} \ mol·L^{-1}) \| 饱和甘汞电极(+)$$

用含 Mg^{2+} 试液代替已知浓度的溶液时,测得电池的电动势为 0.439V,求试液中的 pMg。

11. 25℃时,电池:$(-)NO_3^-$ 离子电极 | $NO_3^-(6.87×10^{-3} \ mol·L^{-1}) \|$ 饱和甘汞电极(+),其电动势为 0.3674V。用含 NO_3^- 的试液代替已知浓度的溶液时,测得电池的电动势为 0.4464V,求试液中的 pNO_3。

12. 设溶液中 pBr=3,pCl=1,如用溴电极测定 Br^- 活度,将产生多大的测量相对误差? 相当于多少个 pBr 单位? 已知溴电极的选择性系数 $K_{Br^-,Cl^-}=0.006$。

13. 某种钠敏感电极的选择性系数 K_{Na^+,H^+} 约为 30。如用这种电极测定 pNa=3 的 Na^+ 溶液,并要求测定相对误差小于 3%,则试液的 pH 必须大于几?

14. 25℃时,用 Ca^{2+} 选择性电极(负极)与饱和甘汞电极(正极)组成电池。在 100mL Ca^{2+} 试液中,测得电动势为 −0.415V。加入 2mL 浓度为 0.218 mol·L^{-1} 的 Ca^{2+} 标准溶液后,测得电动势为 −0.430V。求试液的 pCa 值。

15. 用 Cl^- 选择性电极作负极,饱和甘汞电极作正极组成电池测定某溶液中氯化物含量。取 100mL 此溶液在 25℃时测得电池电动势为 28.8mV。加入 1.00mL 浓度为 0.475mol·L^{-1} 的经酸化的 NaCl 标准溶液后,测得电池电动势为 53.5mV。求该溶液中氯化物浓度。

16. 在 25℃时,用 Cu^{2+} 选择性电极作正极,饱和甘汞电极作负极组成工作电池,以测定 Cu^{2+} 浓度。于 100mL 铜盐溶液中添加 0.1 mol·$L^{-1}Cu(NO_3)_2$ 标准溶液 1.00mL,电动势增加 4mV。求原试液中的铜离子总浓度。

17. 用 F^- 选择性电极作负极,SCE 作正极,取不同体积的含 F^- 标准溶液($c_{F^-}=2.0×10^{-4}$mol·L^{-1}),加入一定量的 TISAB,稀释至 100mL,进行电位法测定,测得数据如下:

V_{F^-} /mL	0.00	1.00	2.00	3.00	4.00	5.00
E/mV	−400	−382	−365	−347	−330	−314

取 F^- 试液 20mL,在相同条件下测定,E=−359mV。

(1) 绘制 E-$\lg c_{F^-}$ 工作曲线;

(2) 计算试液中 F^- 的浓度。

18. 用 pH 玻璃电极作指示电极,SCE 作为参比电极,用 0.1010mol·L^{-1} NaOH 标准溶液滴定 25.00mL HCl 溶液,测得终点附近的数据如下:

V_{NaOH}/mL	25.70	25.80	25.90	26.00	26.10
pH	3.45	3.50	3.75	7.50	10.20

(1) 用二级微商法计算滴定终点体积;

(2) 计算 HCl 溶液的浓度。

19. 测定海带中 I^- 含量时,称取 10.56g 海带,经化学处理制成溶液,稀释到约 200mL,以银电极作指示电极,双盐桥饱和甘汞电极作为参比电极组成工作电池,用 $0.1026\ mol \cdot L^{-1}\ AgNO_3$ 标准溶液进行滴定,在终点附近测得如下数据:

V_{AgNO_3}/mL	16.00	16.60	16.70	16.80	16.90	17.00	17.10	17.20
E/mV	-166	-153	-142	-123	+244	+312	+332	+338

(1) 用二级微商法计算滴定终点体积;

(2) 计算海带试样中 KI 的质量分数 (w)(已知 $M_{KI}=166.0\ g \cdot mol^{-1}$)。

20. 下面是用 $0.1000\ mol \cdot L^{-1}\ NaOH$ 标准溶液滴定 $50.00\ mL$ 一元弱酸的数据:

V_{NaOH}/mL	pH	V_{NaOH}/mL	pH	V_{NaOH}/mL	pH
0.00	3.40	12.00	6.11	15.80	10.03
1.00	4.00	14.00	6.60	16.00	10.61
2.00	4.50	15.00	7.04	17.00	11.30
4.00	5.05	15.50	7.70	20.00	11.96
7.00	5.47	15.60	8.24	24.00	12.39
10.00	5.85	15.70	9.43	28.00	12.57

(1) 绘制滴定曲线(pH-V),找出滴定终点;

(2) 绘制一级微商曲线($\Delta pH/\Delta V$-V),找出滴定终点;

(3) 用二级微商计算法确定滴定终点,并与(1)、(2)的结果比较;

(4) 以(3)的结果为滴定终点,计算试样中弱酸的浓度 $(mol \cdot L^{-1})$;

(5) 计算弱酸的电离常数 (K_a);

(6) 计算计量点时溶液的 pH;

21. 用 $c_{La(NO_3)_3}=0.03318\ mol \cdot L^{-1}$ 的 $La(NO_3)_3$ 标准溶液滴定 $100.0\ mL\ 0.03095\ mol \cdot L^{-1}$ 的 NaF 溶液,滴定反应为

$$La^{3+} + 3F^- \rightleftharpoons LaF_3 \downarrow$$

用晶体 LaF_3 膜电极作为指示电极(正极),饱和甘汞电极为参比电极(负极),测得其滴定数据如下:

$V_{La(NO_3)_3}$/mL	E/V	$V_{La(NO_3)_3}$/mL	E/V
0.00	-0.1046	31.20	0.0656
29.00	-0.0249	31.50	0.0769
30.00	-0.0047	32.50	0.0888
30.30	0.0041	36.00	0.1007
30.60	0.0179	41.00	0.1069
30.90	0.0410	50.00	0.1118

(1) 计算反应完全时所需滴定剂的体积,并将其与电位滴定终点时所消耗滴定剂的体积相比较;

(2) 已知电池电动势与 F^- 浓度的关系为:$E=K+0.05916pF$,用所测的第一组数据算出 K 值;

(3) 用求得的 K 值,计算加入 $50.00\ mL$ 滴定剂后的 F^- 浓度,设活度系数不变;

(4) 计算加入 $50.00\ mL$ 滴定剂后的游离 La^{3+} 浓度;

(5) 用(3)和(4)的结果计算 LaF_3 的溶度积 (K_{sp})。

第8章 色谱分析导论

8.1 概 述

1906 年,俄国植物学家茨维特(M. Tswett)做了一个著名的实验。他在研究植物绿叶中的色素时,采用石油醚浸取植物叶片中的色素,并将其注入一根装填有碳酸钙颗粒的玻璃管上端,再加入纯净石油醚进行淋洗。随着石油醚的不断淋洗,玻璃管上端的混合液不断向下移动,并逐渐分离成具有一定间隔的颜色不同的清晰色带,成功地分离了混合液中的叶绿素 a、叶绿素 b、叶黄素和胡萝卜素等组分。他将这种分离分析法命名为色谱法(chromatography),淋洗用的石油醚称为流动相(mobile phase),玻璃管中的碳酸钙称为固定相(stationary phase),装有碳酸钙的玻璃管称为色谱柱(chromatographic column),用石油醚流动相淋洗分离混合物中各组分分别出色谱柱的过程称为洗脱(elution)。

色谱法的分离原理:当混合物随流动相流经色谱柱时,就会与固定相发生作用,由于各组分在物理化学性质和结构上的差异,与固定相发生作用的大小、强弱程度不同,因此在同一推动力的作用下,不同组分在固定相中的滞留时间不同,从而使混合物中各组分按一定顺序,先后从色谱柱中流出,再进行定性和定量分析。

色谱分离分析技术具有选择性好、分离效能高、灵敏度高、分析速度快等优点;不足之处是对未知物不易确切定性。但是,当与质谱、红外光谱、核磁共振等方法联用时,不仅可以确切定性,而且更能显现色谱法的高分离效能。色谱法与现代新型检测技术和计算机技术相结合,出现了许多带有工作站的自动化新型仪器,使分析水平有了很大提高,解决了一个又一个技术难题。目前,色谱法已广泛应用于工农业生产、医药卫生、经济贸易、石油化工、环境保护、生理生化、食品质量与安全等部门的有关工作,如样品中农药残留量的测定、农副产品分析、食品质量检验、生物制品的分离制备等。

色谱分析法可以按不同的方法进行分类。

8.1.1 按两相状态分类

流动相为气体的色谱分析法称为气相色谱法(gas chromatography,GC),包括气-固色谱(GSC)和气-液色谱(GLC)。气-固色谱的固定相为固体吸附剂,气-液色谱的固定相为附着在惰性固定载体(也称为担体)表面上的薄层液体。流动相为液体的色谱分析法称为液相色谱(liquid chromatography, LC)。同理,液相色谱可分为液-固色谱(LSC)和液-液色谱(LLC)。流动相为超临界流体的色谱分析法称为超临界流体色谱(supercritical fluid chromatography, SFC)。通过化学反应,将固定液键合到载体表面,这种化学键合固定相的色谱称为化学键合相色谱(chemical banding phase chromatography, CBPC)。

8.1.2 按固定相的外形及性质分类

固定相装在柱管内的色谱法称为柱色谱(column chromatography),包括填充柱色谱和固定相附着或键合在管内壁上的空心毛细管柱色谱。固定相涂在玻璃板或其他平板上的色谱法称为薄层色谱(thin layer chromatography，TLC)或平板色谱。色谱分离在滤纸上进行的称为纸色谱(paper chromatography，PC)。

8.1.3　按分离原理分类

利用固体固定相表面对样品中各组分吸附能力强弱的差异而进行分离分析的色谱法称为吸附色谱(absorption chromatography)。根据各组分在固定相和流动相间分配系数的不同进行分离分析的色谱法称为分配色谱(partition chromatography)。利用离子交换剂(固定相)对各组分的亲和力的不同而进行分离的色谱法称为离子交换色谱(ion exchange chromatography，IEC)。利用某些凝胶(固定相)对分子大小、形状所产生阻滞作用的不同而进行分离的色谱分析法称为凝胶色谱(gel chromatography)或尺寸排阻色谱(exclusion chromatography)，这种色谱法的固定相为具有"分子筛"作用的惰性多孔性凝胶，当样品组分由流动相携带进入凝胶色谱柱时，小型分子能渗透到所有的孔穴中，中等体积的分子可选择性渗透到部分孔穴中，而体积大的分子则完全不能渗透到孔穴中而被排阻，所以大分子最先出柱，小分子最后洗脱，被测组分基本上按分子大小，排阻先后流出色谱柱。相对分子质量相同时，线形分子比圆形分子先流出。固定相为亲脂性凝胶，流动相为有机溶剂的色谱称为凝胶渗透色谱法(GPC)；固定相为亲水性凝胶，流动相为水溶液的色谱称为凝胶过滤色谱(GFC)。

以上分类方法，总结于表 8.1 中。

表 8.1　色谱分析方法分类

分析方法	气液色谱(GLC)	气固色谱(GSC)	液液色谱(LLC)	薄层色谱(TLC)、纸色谱(PC)	液固色谱(LSC)	键合相色谱(CBPC)	凝胶色谱(GPC)	离子交换色谱(IEC)	超临界流体色谱(SFC)
固定相	固定液＋载体	固体吸附剂	固定液＋载体	固体吸附剂	固体吸附剂	键合固定相	多孔惰性凝胶	离子交换树脂	键合固定相
流动相	气体(gas)		液体(liquid)						超临界流体(SF)
类别	气相色谱(GC)		液相色谱(LC)						超临界流体色谱(SFC)

8.2　色谱流出曲线和有关术语

8.2.1　色谱流出曲线

在色谱分析中，当混合物样品注入色谱柱后，由于各组分与固定相的作用力不同，在随流动相移动的过程中，逐渐在柱中得到分离并随流动相依次流出色谱柱，先后到达检测器，经检测器把各组分的浓度信号转变成电信号，然后用记录仪或工作站软件将组分的信号记录下来。这种组分响应信号大小随时间变化所记录下来的曲线称为色谱流出曲线，也称为色谱图。色谱图中曲线突起的部分称为色谱峰，由于响应信号的大小或强度与物质的量或物质的浓度成正比，所以，色谱流出曲线实际上是物质的量或浓度-时间曲线。如图 8.1 所示，理想的色谱流出曲线应为对称的正态分布曲线。

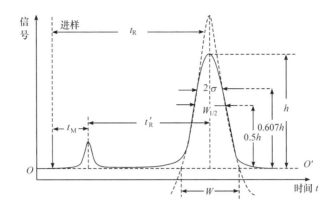

图 8.1　色谱流出曲线

8.2.2　基本术语

1. 基线

在实验操作条件下,只有纯流动相经过检测器时记录下的信号-时间曲线称为基线(baseline),如图 8.1 中的 OO' 线。稳定的基线应该是一条直线,若是斜线就称为基线漂移(drift),如果基线出现上下波动则称为噪声(noise)。保持基线平稳,是进行色谱分析的最基本要求。

2. 色谱峰

色谱峰是进行色谱分析的主要区域,有峰高、区域宽度和峰面积三个参数。

1) 峰高

色谱峰高是峰顶点与基线之间的垂直距离,以 h 表示,是色谱定量分析的依据之一。

2) 区域宽度

区域宽度是色谱峰的重要参数之一,它可以衡量柱效,反映色谱操作的动力学条件,常用以下方法表示(图 8.1)。

标准偏差(standard deviation)是峰高 h 的 0.607 倍处色谱峰宽度的一半,用 σ 表示。

半峰宽 $W_{1/2}$ 是色谱峰高一半处对应的峰宽,它与标准偏差之间的关系为

$$W_{1/2} = 2\sigma\sqrt{2\ln 2} = 2.354\sigma \tag{8.1}$$

峰底宽 W 是色谱峰两侧拐点上的切线在基线上的截距,与标准偏差的关系为

$$W = 4\sigma \tag{8.2}$$

一般来说,在相同的色谱操作条件下获得色谱峰的区域宽度值越小,说明色谱柱的分离效能越好,柱效越高。

3) 峰面积

由色谱峰与基线之间所围成的面积称为峰面积,用 A 表示,是色谱定量分析的基本依据,对理想的对称峰,峰面积与峰高,半峰宽的关系为

$$A = 1.065h \times W_{1/2} \tag{8.3}$$

3. 保留值

保留值(retention value)是组分在色谱柱中滞留时间的数值,或在柱中滞留时间内所消耗

的流动相体积。保留值主要取决于各组分在两相中的分配情况,当条件一定时,任何一种组分都有一个相应确定的保留值。所以,保留值可以作为定性分析的参数。

1) 死时间 t_M、死体积 V_M

不被固定相滞留的组分,从进样到出现峰最大值所需的时间称为死时间(dead time),它正比于色谱柱内的空隙体积。因为这种物质如空气或甲烷等不被固定相吸附或溶解,其流动速率与流动相流速相近。利用死时间可以测定流动相的平均线速 u,即

$$u = \frac{\text{柱长}}{t_M} = \frac{L}{t_M} \tag{8.4}$$

对应于时间 t_M 所需的流动相体积称为死体积(dead volume)V_M,它等于 t_M 与流动相体积流速 $F_{co}(\text{mL} \cdot \text{min}^{-1})$ 的乘积。

$$V_M = t_M F_{co} \tag{8.5}$$

2) 保留时间 t_R、保留体积 V_R

组分从进样到出现色谱峰顶点时所需的时间称为该组分在柱内的保留时间 t_R,所以组分在柱内的平均线性移动速率 u_L 为

$$u_L = \frac{\text{柱长}}{t_R} = \frac{L}{t_R} \tag{8.6}$$

对应于保留时间所消耗的流动相体积称为保留体积(retention volume)V_R,显然:

$$V_R = t_R F_{co} \tag{8.7}$$

3) 调整保留时间 t_R'、调整保留体积 V_R'

扣除死时间后的保留时间,称为调整保留时间(adjusted retention time),用 t_R' 表示。

$$t_R' = t_R - t_M \tag{8.8}$$

式(8.8)可理解为某组分由于溶解或被吸附于固定相,比不溶解或不被吸附时在色谱柱中多滞留的时间。

同理,调整保留体积 V_R' 为

$$V_R' = V_R - V_M = t_R F_{co} - t_M F_{co}$$
$$= (t_R - t_M) F_{co} = t_R' F_{co} \tag{8.9}$$

4) 相对保留值 $\gamma_{2,1}$

在相同操作条件下,某组分 2 的调整保留值与组分 1 的调整保留值之比,称为相对保留值(relative retention value),是一个无量纲量。

$$\gamma_{2,1} = \frac{t_{R_2}'}{t_{R_1}'} = \frac{V_{R_2}'}{V_{R_1}'} \tag{8.10}$$

因为 $\gamma_{2,1}$ 仅与柱温和固定相的性质有关,与柱长、柱内径、柱的填充情况和流动相流速无关,所以常用作定性分析的依据。在色谱定性分析中,通常选择一个前出峰的调整保留值 t_{Rs}' 作为基准,然后再求得其他后出峰组分 i 对基准峰的相对保留值,此时用符号 α 表示。α 称为选择因子,其值总是大于 1。

$$\alpha = \frac{t_{Ri}'}{t_{Rs}'} = \frac{V_{Ri}'}{V_{Rs}'} \tag{8.11}$$

相对保留值常作为固定相选择性的参数,其值越大,选择性越好。组分的色谱流出曲线对

色谱分析十分重要,从色谱图上可以获得以下信息:①根据色谱峰的各种保留值,可以进行定性分析;②根据色谱峰的面积、峰高,可以进行定量分析;③根据色谱峰的保留值及其区域宽度,可以评价色谱柱的分离效能以及相邻两色谱峰的分离程度;④根据色谱峰两峰间的距离,可以评价固定相或流动相的选择是否得当;⑤根据色谱峰的个数,可以判断样品所含组分的最少个数。

8.3　色谱分析的基本理论

色谱分析首先要解决的是组分的分离问题,只有当各组分分离之后,才能进行定性和定量分析。要使相邻两个组分得到很好的分离,就要从色谱热力学和色谱动力学两方面综合考虑。热力学因素是指两组分色谱峰间的距离与它们在两相中的分配平衡或分配系数有关,两组分分配系数值相差越大,两色谱峰间的距离就越大。动力学因素是指色谱峰变宽的问题或色谱柱效率问题。色谱峰的宽窄是由组分在色谱柱中传质和扩散行为决定的,与扩散和传质速率有关。

两相邻色谱峰有足够大的距离而没有足够高的柱效,区域宽度比较大,同样不能得到满意地分离。所以,色谱分析的基本理论有两个:一个是以热力学平衡为基础的塔板理论(plate theory);另一个是以动力学为基础的速率理论(rate theory)。两个理论相辅相成,较为满意地揭示了色谱分析中的有关问题和现象。

8.3.1　分配平衡

1. 分配系数 K

在一定温度和压力下,组分在固定相和流动相之间分配达平衡时的浓度之比,称为分配系数(distribution coefficient),用 K 表示,即

$$K = \frac{\text{溶质在固定相中的浓度}}{\text{溶质在流动相中的浓度}} = \frac{c_s}{c_m} \tag{8.12}$$

K 值与固定相和温度有关,K 值小的组分,每次分配达平衡后在流动相中的浓度较大,因此能较早地流出色谱柱,K 值大的组分后出柱。所以,分配系数不同是混合物中有关组分分离的基础。

2. 分配比

在一定温度、压力下,组分在固定相和流动相之间分配达平衡时的质量之比,称为分配比(distribution ratio),又称容量因子,用 k 表示,即

$$k = \frac{\text{组分在固定相中的质量}}{\text{组分在流动相中的质量}} = \frac{m_s}{m_m}$$

$$= \frac{c_s V_s}{c_m V_m} = K \frac{V_s}{V_m} = \frac{K}{\beta} \tag{8.13}$$

式中,c_m、c_s 分别为组分在流动相和固定相中的浓度;V_m、V_s 分别为柱中流动相和固定相的体积,V_m 近似等于死体积 V_M,V_s 在分配色谱中表示固定液中的体积,在凝胶色谱中表示固定相的孔穴体积;$\beta = \frac{V_m}{V_s}$,称为相比率,是柱型特点参数;K 为分配系数。

3. 保留比 R_s 与分配比 k 的关系

组分在柱内的平均线速率 u_L 与相同条件下流动相在该柱内的平均线速率 u 之比值称为保留比,用 R_s 表示,即

$$R_s = \frac{u_L}{u} \tag{8.14}$$

由式(8.14)、式(8.6)和式(8.4)可得

$$R_s = \frac{u_L}{u} = \frac{t_M}{t_R} \tag{8.15}$$

所以,保留比 R_s 由色谱图可直接计算。R_s 也称为滞留因子,它反映了组分在流动相中的分配比例数。例如,某组分完全不被固定相滞留,则 $t_R = t_M$,R_s 值为 1,即该组分 100% 分配在流动相中,用组分在流动相中的质量分配比例数表示,保留比 R_s 为

$$R_s = \frac{\text{组分在柱内流动相中的总质量}}{\text{柱内流动相和固定相中组分的总质量}} = \frac{m_m}{m_m + m_s}$$
$$= \frac{1}{1 + \frac{m_s}{m_m}} = \frac{1}{1+k} \tag{8.16}$$

式(8.16)就是保留比 R_s 与分配比 k 的关系式,R_s 的值为 $0 \leqslant R_s \leqslant 1$。

将式(8.15)和式(8.16)相联系可得到

$$t_R = t_M(1+k) \tag{8.17}$$

所以

$$k = \frac{t_R - t_M}{t_M} = \frac{t'_R}{t_M} = \frac{V'_R}{V_M} = K \frac{V_s}{V_m} \tag{8.18}$$

$$t'_R = t_M k = t_M K \frac{V_s}{V_m}$$

$$t_R = t_M\left(1 + K\frac{V_s}{V_m}\right) \tag{8.19}$$

式(8.19)称为保留方程,是色谱分析的基本公式之一,该式也可用保留体积表示。

$$V_R = V_M\left(1 + K\frac{V_s}{V_m}\right) = V_M(1+k) = V_M + KV_s$$

4. 分配比 k、分配系数 K 与选择因子 α 的关系

根据式(8.11)、式(8.18),两个组分的选择因子 α 可用式(8.20)表示:

$$\alpha = \frac{t'_{R_2}}{t'_{R_1}} = \frac{V'_{R_2}}{V'_{R_1}} = \frac{k_2}{k_1} = \frac{K_2}{K_1} \tag{8.20}$$

式中,组分 1 为所选择的基准。该式通过选择因子 α 把实验测量值 k 与热力学平衡的分配系数 K 联系起来,由式(8.20)可知,两组分的 k 或 K 值相差越大,分离程度越令人满意。

8.3.2 塔板理论

塔板理论最早由马丁(Martin)和辛格(Synge)提出,是一个半经验理论。该理论把色谱柱比作精馏塔,柱内由许多想象的塔板组成,每个塔板的高度为 H,称为理论塔板高度。每个塔

板内分为流动相和固定相两个部分,流动相占据的板内空间称为板体积。当待测组分进入色谱柱后,就在两相间进行分配并达到平衡,经过许多次分配平衡后,组分得到彼此分离。塔板理论从热力学平衡的角度处理色谱分离过程,解释了为什么流出曲线呈高斯正态分布,论证了保留值与分配比的关系,引入理论塔板数作为衡量柱效率的指标。

该理论对色谱柱的分离过程做了如下假设:①所有组分开始都进入第零块塔板,组分的纵向扩散(塔板之间的扩散)可以忽略,流动相按前进方向通过色谱柱;②流动相进入色谱柱是脉冲式的,是不连续的,每次进入柱中的最小体积为一个塔板体积 ΔV;③在每块塔板上,待测组分在两相间能瞬间达到分配平衡;④分配系数在所有塔板上都是常数,与组分在塔板中的浓度无关。

根据以上假设,在色谱分离过程中,若色谱柱是由 5 块塔板组成($n=5$),某组分的分配比 $k=1$,开始时加到第零块塔板上的质量 $m=1$(1mg),分配平衡后 $m_s=m_m=0.5$. 当 $1\Delta V$ 体积的流动相进入零号塔板时,将流动相中所含的组分质量 0.5 推入到第 1 号塔板上,此时,零号塔板固定相中的组分质量 $m_s=0.5$ 及 1 号塔板上流动相中的组分 $m_m=0.5$,在各自塔板的两相间重新建立分配平衡后,各塔板两相中的组分质量均为 0.25。以后第零号塔板上每进入 $1\Delta V$ 体积的流动相,各塔板的流动相均向前移动一个塔板体积,并重新在两相间建立分配平衡,直至流出色谱柱。经 N 次分配平衡后,在各塔板上组分质量的分布遵循 $(m_s+m_m)^N$ 二项式展开式。如进入色谱柱 $5\Delta V$ 体积的流动相时,$N=5$,$k=1$,展开式为

$$m_s^5+5m_s^4 m_m+10m_s^3 m_m^2+10m_s^2 m_m^3+5m_s m_m^4+m_m^5$$

该组分在色谱柱中占据 6 块塔板,即第 0、1、2、3、4 和第 5 块塔板,因 $m_s=m_m=0.5$,代入二项式 $(0.5+0.5)^5$ 展开得各塔板上的组分分布依次为 0.031mg、0.156mg、0.313mg、0.313mg、0.156mg 和 0.031mg。

如果色谱柱的塔板数 n 大于 50,组分在柱内就可得到较多次的平衡分配,如果以组分流出色谱柱的浓度或量为纵坐标对相应的流出时间 t 作图,所得到的色谱流出曲线趋于正态分布。此时,进入色谱柱的流动相塔板体积数 N 已足够大,二项式分布完全可以用正态分布来表示。

塔板理论导出的流出曲线的另一表达式如式(8.21):

$$c=\frac{m\sqrt{n}}{V_R}\frac{1}{\sqrt{2\pi}}\exp\left[-\frac{n}{2}\left(1-\frac{V}{V_R}\right)^2\right] \tag{8.21}$$

式中,m 为组分的质量;V_R 为组分的保留体积;V 为从色谱柱中流出的流动相体积;n 为理论塔板数;c 为流出液中组分的浓度。当 $V=V_R$ 时浓度最大,此时为色谱峰峰高,即

$$h=c_{max}=\frac{m\sqrt{n}}{V_R}\frac{1}{\sqrt{2\pi}} \tag{8.22}$$

由式(8.22)知,峰高与理论塔板数 n 和进样量 m 成正比,与组分的保留值成反比。当保留值和进样量一定时,理论塔板数越多(柱效高),色谱峰越高(峰形变尖,峰宽变窄);当理论塔板数和进样量一定时,保留值越大,峰高越低,峰区域变宽,峰形变秃。所以,同一样品中的不同组分在相同条件下测定时,先出的峰高而窄(瘦高型),后出的峰低而宽(矮胖型)。如果不进行校正,不能直接依据峰高或峰面积在不同组分之间比较,进行定量分析。

理论塔板数越多,表示色谱柱的分离能力越强。理论塔板数 n 按式(8.23)计算:

$$n=5.54\left(\frac{t_R}{W_{1/2}}\right)^2=5.54\left(\frac{V_R}{W_{1/2}}\right)^2=16\left(\frac{t_R}{W}\right)^2$$

$$= 16\left(\frac{V_R}{W}\right)^2 \tag{8.23}$$

设色谱柱长为 L，从而可以计算理论塔板高度 H 为

$$H = \frac{L}{n} \tag{8.24}$$

由此可知，理论塔板数越多，板高 H 越小，柱效越高，n 和 H 是描述柱效的参数。但必须清楚，不同的组分其保留值不同，在同一条件下同一根色谱柱采用不同组分的保留值来计算塔板数和塔板高度，其结果显然是不同的。所以，用塔板数和塔板高度说明柱效时，应注明对何种组分而言。

由于 t_M 与各组分和固定相相互作用无关，应从保留值中扣除，用调整保留值才能充分反映色谱柱的真实效能，此时计算出的塔板数和板高度分别称为有效塔板数和有效塔板高度。

$$n_{有效} = 5.54\left(\frac{t_R'}{W_{1/2}}\right)^2 = 16\left(\frac{t_R'}{W}\right)^2 \tag{8.25}$$

$$H_{有效} = \frac{L}{n_{有效}} \tag{8.26}$$

$n_{有效}$ 和 $H_{有效}$ 消除了死时间的影响，用它们来评价柱效会更符合实际。$n_{有效}$ 与理论塔板数 n 的关系为

$$n_{有效} = \left(\frac{k}{1+k}\right)^2 \cdot n \tag{8.27}$$

8.3.3　速率理论

塔板理论从热力学角度形象地描述了溶质在色谱柱中的分配平衡和分离过程，成功地解释了色谱峰的正态分布现象和浓度极大值的位置，提出了计算和评价柱效的一些参数。但由于其假设不符合实际分离过程，不能解释造成谱带扩张的原因和影响柱效的各种因素，不能说明为什么在不同的流速下测得的塔板数不同，应用上受到了限制。

针对塔板理论忽视了组分分子在两相中的扩散和传质的动力学过程问题，1956 年荷兰学者范第姆特(van Deemter)等提出了色谱过程的动力学理论-速率理论。该理论吸收了塔板理论中板高的概念，充分考虑组分在两相间的扩散和传质过程，从动力学的角度较好地解释了影响板高的各种因素，对气相、液相色谱都较为适用。

范第姆特方程的数学简化式为

$$H = A + \frac{B}{u} + Cu \tag{8.28}$$

由式(8.28)可知，速率理论认为板高 H 受涡流扩散项 A、分子纵向扩散项 B/u 和传质阻力项 Cu 等因素的影响。式中，u 为流动相的平均线速率，可根据式(8.4)计算；常数 A、B、C 分别代表涡流扩散系数、分子纵向扩散系数和传质阻力项系数。当 u 一定时，只有 A、B、C 较小时 H 才能较小，柱效才会较高。反之，色谱峰将会展宽，柱效将下降。

1. 涡流扩散项

涡流扩散(eddy diffusion)项也称为多路效应项，是由于组分随着流动相通过色谱柱时，因固定相颗粒大小不一、排列不均匀，使得颗粒间的空隙有大有小，组分分子通过色谱柱到达

检测器所走过的路径长短不同,因而引起色谱峰展宽。如图 8.2 所示,同一组分的三个质点开始时都加到色谱柱端的同一位置(如第零块塔板上),当流动相连续不断地通过色谱柱时,质点③从颗粒之间空隙大的部位流过,受到的阻力小,移动速率大;质点①从颗粒之间孔隙小的部位流过,受到的阻力大,移动速率小;质点②介于两者之间。由于组分质点在流动相中形成不规则的"涡流",同时进入色谱柱的相同组分的不同分子到达检测器的时间并不一致,引起了色谱峰的展宽,其程度由式(8.29)决定:

$$A = 2\lambda d_p \tag{8.29}$$

式中,λ 为填充不规则因子;d_p 为填充物料的平均直径。

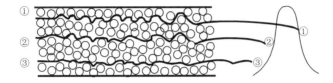

图 8.2 涡流扩散示意图

A 与流动相的性质、线速率和组分性质无关。采用适当细粒度、颗粒均匀的固定相,并尽量填充均匀,可降低涡流扩散项,提高柱效。空心毛细管柱由于没填充担体,A 项为零。

2. 分子纵向扩散项

待测组分从柱入口加入,其浓度分布的构型呈"塞子"状,在"塞子"的前后(纵向)存在着浓度差而形成浓度梯度,在随流动相向前推进时必然自动地沿色谱柱方向前后扩散,造成谱带展宽。分子扩散(molecular diffusion)系数为

$$B = 2\gamma D_g \tag{8.30}$$

式中,γ 是柱内流动相扩散路径弯曲因子,它反映固定相颗粒对分子扩散的阻碍情况,为小于 1 的系数(空心毛细管柱的 $\gamma = 1$);D_g 为组分在流动相中扩散系数,$cm^2 \cdot s^{-1}$。组分在气相中扩散比在液相中约大 10 万倍,所以液相中的分子纵向扩散可以忽略。对气相色谱,采用相对分子质量较大的 N_2、Ar 为流动相并适当加大流动相流速,可降低分子纵向扩散项的影响。

3. 传质阻力项

传质阻力系数 C 由流动相传质阻力 C_m 和固定相传质阻力 C_s 两项组成,即 $C = C_m + C_s$。当组分从流动相移动到固定相表面进行两相间的质量交换时,所受到的阻力称为流动相传质阻力 C_m;组分从两相的界面迁移至固定相内部达到交换分配平衡后,又返回到两相界面的过程中所受到的阻力为固定相传质阻力(resistance to mass transfer)C_s。气相色谱的传质阻力系数为

$$C = C_m + C_s = \left(\frac{0.1k}{1+k}\right)^2 \cdot \frac{d_p^2}{D_g} + \frac{2k}{3(1+k)^2} \cdot \frac{d_f^2}{D_s} \tag{8.31}$$

从式(8.31)可知,流动相传质阻力与固定相粒度 d_p 的平方成正比,与组分在气体流动相中的扩散系数 D_g 成反比。所以,用相对分子质量小的气体 H_2、He 为流动相和选用小粒度的固定相可使 C_m 减小,柱效提高。C_s 与固定相液膜厚度 d_f 的平方成正比,与组分在固定相中的扩散系数 D_s 成反比。所以,固定相液膜越薄,扩散系数越大,固定相传质阻力就越小。

由于组分在两相间的传质速率并不很快而流动相有比较高的流速,所以色谱柱中的传质过

程实际上是不均匀的,有的分子会较早地由固定相出来,形成色谱峰的前沿变宽,有的分子从固定相中出来较晚,形成色谱峰的托尾展宽,这种传质阻力导致塔板高度的改变。综上所述,气相色谱的范第姆特方程为

$$H = A + \frac{B}{u} + Cu$$

$$= 2\lambda d_p + \frac{2\gamma D_g}{u} + \left(\frac{0.1k}{1+k}\right)^2 \cdot \frac{d_p^2}{D_g}u + \frac{2k}{3(1+k)^2} \cdot \frac{d_f^2}{D_s}u \qquad (8.32)$$

4. 流动相线速率对板高的影响

根据式(8.32),以不同流速下测得的板高对流动相线速率 u 作图,可以得到如图 8.3 所示的 $H\text{-}u$ 曲线。该图说明:①涡流扩散项 A 为常数,与流动相线速率无关;②在低流速区,纵向扩散项占主导地位;③在高流速区,传质阻力项是影响柱效和板高的主要因素。此时应选用相对分子质量较小的 H_2、He 作为流动相,使组分有较大的扩散系数,以提高柱效。

图 8.3 $H\text{-}u$ 曲线有一最低点,该点所对应的板高 H 最小,此时柱效最高。$H_{\min}$ 对应的流速为最佳线速 u_{opt}。如果对式(8.28)范第姆特方程式微分,并令其等于零,求得

$$\frac{dH}{du} = -\frac{B}{u^2} + C = 0$$

$$u_{opt} = \sqrt{\frac{B}{C}} \qquad (8.33)$$

$$H_{\min} = A + 2\sqrt{BC} \qquad (8.34)$$

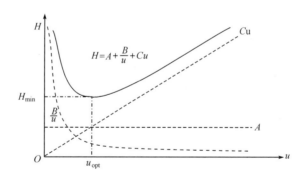

图 8.3　气相色谱的 $H\text{-}u$ 曲线

对任一特定的色谱操作条件,要决定 A、B、C 三项数值,只需在三种不同流速下测得三个对应的 H 值,然后根据式(8.28)组成含有三个未知数的三元一次方程组,即可求得。

5. 液相色谱的范第姆特方程

液相色谱的范第姆特方程式可表达为

$$H = 2\lambda d_p + \frac{2\gamma D_m}{u} + \left(\frac{\omega_m d_p^2}{D_m} + \frac{\omega_{sm} d_p^2}{D_m} + \frac{\omega_s d_f^2}{D_s}\right)u \qquad (8.35)$$

式(8.35)与气相色谱速率方程式(8.32)的形式基本一致,主要区别在于,液相色谱中纵向扩散项很小可忽略不计,其影响柱效的主要因素是传质阻力项。式(8.35)中,$\frac{\omega_m d_p^2}{D_m}$ 项为流动

的流动相传质阻力。流动相在柱中固定相界面附近的流速比路径中央的流速要慢,组分的分子随流动相的不均匀流动向前移动时,离固定相界面越近的分子越容易扩散到界面进行质量交换,从而使流动相路径中央的组分浓度大于路径边缘的组分浓度,因此引起谱峰的展宽,这种传质阻力对板高的影响与固定相粒度 d_p 的平方成正比,与组分在流动相中的扩散系数 D_m 成反比。ω_m 是与固定相和填充柱性质有关的常数。$\dfrac{\omega_{sm}d_p^2}{D_m}$ 项为滞留的流动相传质阻力。由于柱中颗粒状填料使部分流动相滞留一些局部,如微孔内而不随流动相继续移动,这部分滞留流动相中的组分分子出柱的速率显然要慢,从而造成色谱峰变宽。ω_{sm} 与滞留的流动相空间结构、所占体积分数和固定相的容量因子有关。固定相的粒度 d_p 越小,微孔的孔径越大而浅,传质速率就越快,柱效越高。$\dfrac{\omega_s d_f^2}{D_s}$ 项为固定相传质阻力系数项。其中,d_f 是固定液液膜厚度;D_s 为组分在液膜内的扩散系数;ω_s 是与容量因子 k 有关的常数。

根据式(8.35)也可以作液相色谱的 $H\text{-}u$ 曲线,曲线的 H_{min} 比气相色谱的极小值低一个数量级以上,说明液相色谱的柱效比气相色谱高得多;LC 的 u_{opt} 比 GC 小一个数量级,说明要取得良好柱效,LC 不必将流速提得很高即可。

8.4　色谱分离方程

8.4.1　色谱柱的总分离效能

图 8.4 说明了柱效和选择性对色谱分离的影响。图 8.4 中(a)两色谱峰距离近且峰形宽,彼此严重相重叠,柱效和选择性都差;(b)虽然两峰的距离相距较远,能很好分离,但峰形很宽,表明选择性好,但柱效低;(c)的分离情况最为理想,既有良好的选择性,又有高的柱效。图 8.4 中(a)和(c)的相对保留值相同,即它们的选择性因子是一样的,但分离情况却截然不同。

由此可见,单独用柱效或选择性不能真实反映组分在柱中的分离情况,所以需引入一个色谱柱的总分离效能指标——分离度(resolution)R,又称为分辨率,定义为相邻两组分的色谱峰保留值之差与峰底宽总和一半的比值。R 既是反映柱效率又是反映选择性的综合性指标,其计算公式如下:

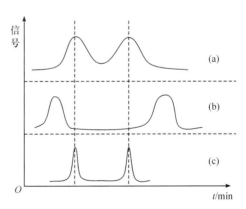

图 8.4　柱效和选择性对色谱分离的影响

$$R=\frac{t_{R_2}-t_{R_1}}{\dfrac{1}{2}(W_1+W_2)}=\frac{2(t_{R_2}-t_{R_1})}{W_1+W_2} \tag{8.36}$$

R 值越大,表明两组分的分离程度越高,$R=1.0$ 时,分离程度可达 98%,$R<1.0$ 时两峰有部分重叠,$R=1.5$ 时,分离程度达到 99.7%。所以,通常用 $R=1.5$ 作为相邻两色谱峰完全分离的指标。

8.4.2　色谱分离方程推导

分离度 R 的表达式(8.36)并没有反映影响它的诸多因素。实际上，R 受柱效(n)、选择因子(α)和容量因子(k)三个参数的控制。对于难分离的物质对，由于它们的保留值差别小，可合理地认为 $W_1 \approx W_2 = W$，$k_1 \approx k_2 = k$。由式(8.36)得

$$R = \frac{2(t_{R_2} - t_{R_1})}{2W_2} = \frac{t_{R_2} - t_{R_1}}{W_2} \tag{8.37}$$

由式(8.23)得

$$n = 16\left(\frac{t_{R_2}}{W_2}\right)^2$$

所以

$$W_2 = \frac{4}{\sqrt{n}} \cdot t_{R_2} \tag{8.38}$$

将式(8.38)代入式(8.37)，得

$$R = \frac{\sqrt{n}}{4} \cdot \frac{t_{R_2} - t_{R_1}}{t_{R_2}}$$
$$= \frac{\sqrt{n}}{4} \cdot \frac{t'_{R_2} - t'_{R_1}}{t'_{R_2} + t_M}$$
$$= \frac{\sqrt{n}}{4} \cdot \frac{t'_{R_2} - t'_{R_1}}{t'_{R_2}} \cdot \frac{t'_{R_2}}{t'_{R_2} + t_M}$$
$$= \frac{\sqrt{n}}{4} \cdot \frac{(t'_{R_2} - t'_{R_1})/t'_{R_1}}{t'_{R_2}/t'_{R_1}} \cdot \frac{t'_{R_2}/t_M}{(t'_{R_2} + t_M)/t_M}$$
$$= \frac{\sqrt{n}}{4} \cdot \frac{\gamma_{2,1} - 1}{\gamma_{2,1}} \cdot \frac{k_2}{k_2 + 1}$$
$$= \frac{\sqrt{n}}{4} \cdot \frac{\alpha - 1}{\alpha} \cdot \frac{k}{k+1} \tag{8.39}$$

变换式(8.39)，得

$$n = 16R^2\left(\frac{\alpha}{\alpha-1}\right)^2 \cdot \left(\frac{k+1}{k}\right)^2 \tag{8.40}$$

在实际应用中，往往用 $n_{有效}$ 代替 n，将式(8.40)代入式(8.27)，得

$$n_{有效} = \left(\frac{k}{k+1}\right)^2 \cdot n = \left(\frac{k}{k+1}\right)^2 \cdot 16R^2\left(\frac{\alpha}{\alpha-1}\right)^2 \cdot \left(\frac{k+1}{k}\right)^2$$
$$= 16R^2\left(\frac{\alpha}{\alpha-1}\right)^2 \tag{8.41}$$

变换式(8.41)，得

$$R = \frac{\sqrt{n_{有效}}}{4} \cdot \frac{\alpha-1}{\alpha} \tag{8.42}$$

式(8.39)和式(8.42)即为色谱分离方程，这些方程将分离度 R 与其影响因素 n、α 和 k 联系起来，而柱效因子 n、柱选择性因子 α 和容量因子 k 三个参数都可以从实验及其获得的色谱图上计算得到，只要有一个参数未知就可以通过色谱分离方程式求得。

1. R 与柱效的关系

从式(8.39)可知,当固定相确定后,被分离的两组分的选择性因子 α 一定,则 R 取决于 n。这时,对板高一定的柱子,分离度的平方与柱长度成正比。增加柱长可以提高分离度,但会延长分析时间并使色谱峰加宽。所以,提高分离度的最好办法是降低塔板高度,使色谱柱具有较高的理论塔板数。

2. R 与容量因子的关系

增大 k 可适当增加分离度 R,但这种增加是有限的,R 通常控制在 $2 \sim 10$ 为宜。对气相色谱,通过提高柱温,选择合适的 k 值,可以改善分离度。对液相色谱,改变流动相的组成比例,就能有效地控制 k 值。

3. R 与选择因子的关系

α 越大,柱选择性越好,对分离越有利。α 的微小变化,就能引起分离度的显著变化,但当 α 大于 1.5 时,再增加 α 对 R 值的影响不大。改变 α 值的方法有改变固定相、流动相的性质及组成;或采用较低柱温,从而增大 α 值。

思考题与习题

1. 色谱分析法的最大特点是什么? 它有哪些类型?
2. 绘一典型的色谱图,并标出进样点、t_M、t_R、t'_R、h、$W_{\frac{1}{2}}$、W、σ 和基线。
3. 试述塔板理论与速率理论的区别和联系。
4. 从色谱流出曲线上通常可以获得哪些信息?
5. 在色谱峰流出曲线上,两峰之间的距离取决于相应两组分在两相间的分配系数还是扩散速率? 为什么?
6. 用公式分析理论塔板数 n、有效塔板数 $n_{有效}$ 与选择性和分离度之间的关系。
7. 样品中有 a、b、c、d、e 和 f 六个组分,它们在同一色谱柱上的分配系数分别为 370、516、386、475、356 和 490,请排出它们流出色谱柱的先后次序。
8. 衡量色谱柱柱效能的指标是什么? 衡量色谱柱选择性的指标是什么?
9. 某色谱柱柱长 50cm,测得某组分的保留时间为 4.59min,峰底宽度为 53s,空气峰保留时间为 30s。假设色谱峰呈正态分布,试计算该组分对色谱柱的有效塔板数和有效塔板高度。
10. 为什么同一样品中的不同组分之间不能根据峰高或峰面积直接进行定量分析?
11. 指出下列哪些参数的改变会引起相对保留值的改变:①柱长增加;②更换固定相;③降低柱温;④加大色谱柱内径;⑤改变流动相流速;⑥改变相比率 β。
12. 对某一组分来说,在一定柱长下,色谱峰的宽窄主要取决于组分在色谱柱中的:①保留值;②分配系数;③总浓度;④理论塔板数。请你选择正确答案。
13. 组分 A 流出色谱柱需 15min,组分 B 流出需 25min,而不与固定相作用的物质 C 流出色谱柱需 2min,计算:(1)组分 B 在固定相中所耗费的时间;(2)组分 B 对组分 A 的选择因子 α;(3)组分 A 对组分 B 的相对保留值 $\gamma_{A,B}$;(4)组分 A 在柱中的容量因子。
14. 已知某色谱柱的理论塔板数为 2500,组分 a 和 b 在该柱上的保留时间分别为 25min 和 36min,求组分 b 的峰底宽。
15. 当色谱柱温为 150℃时,其范第姆特方程常数为 $A=0.08$cm,$B=0.15$cm$^2 \cdot$s^{-1},$C=0.03$s,这根柱子的最佳流速是多少? 所对应的最小塔板高度是多少?
16. 长度相等的两根色谱柱,其范第姆特方程的常数如下:

	A	B	C
柱 1	0.18cm	0.04 cm² · s⁻¹	0.24s
柱 2	0.05cm	0.50 cm² · s⁻¹	0.10s

(1) 如果载气(流动相)流速为 0.50cm · s⁻¹,那么,这两根柱子给出的理论塔板数哪个大?

(2) 柱子 1 的最佳流速 u_{opt} 是多少?

17. 在一根 3m 长的色谱柱上分离两个组分,得到色谱的有关数据为:$t_M = 1min$、$t_{R_1} = 14min$、$t_{R_2} = 17min$、$W_2 = 1min$,求(1)以前出峰为基准的选择因子 α;(2)用组分 2 计算色谱柱的 n 和 $n_{有效}$ 及 R;(3)若需要达到分离度 $R = 1.5$,该柱长最短为几米?

18. 某一色谱柱以氮气为流动相,在不同流速下测得如下数据:

测定顺序	1	2	3
流动相线速率/(cm · s⁻¹)	4.0	6.0	8.0
测得板高/cm	0.159	0.172	0.189

试计算:(1)速率理论方程中的 A、B 和 C 值;(2) H_{min} 和 u_{opt} 值。

19. 从色谱图上测得组分 x 和 y 的保留时间分别为 10.52min 和 11.36min,两峰的峰底宽为 0.38min 和 0.48min,该两峰是否达到完全分离?

20. 分别取 1μL 不同浓度的甲苯标准溶液,注入色谱仪后得到的峰高如下数据:

甲苯浓度/(mg · mL⁻¹)	0.02	0.10	0.20	0.30	0.40
测得峰高/cm	0.3	1.7	3.7	5.3	7.3

测定水样中的甲苯时,先将水样富集 50 倍,取所得的浓缩液 1μL 注入色谱仪,在相同的条件下测得其峰高为 2.7cm。已知富集时的回收率为 90.0%,试计算水样中甲苯的浓度(mg · L⁻¹)。

21. 试根据式(8.23)、式(8.25)和式(8.17),推导出理论塔板数 n 和 $n_{有效}$ 的关系式为

$$n_{有效} = \left(\frac{k}{1+k} \right)^2 \cdot n$$

22. 两组分的相对保留值 $r_{2,1}$ 为 1.231,要在一根色谱柱上得到完全分离($R = 1.5$),所需有效塔板数 $n_{有效}$ 为多少?设有效塔板高度 $H_{有效}$ 为 0.1cm,应使用多长的色谱柱? 　　　　(答:1022,1.022m)

第9章 气相色谱法

9.1 概 述

气相色谱法(gas chromatography,GC)是以气体为流动相的柱色谱分析方法,是英国生物化学家 Martin 等在研究液液分配色谱的基础上,于 1952 年创立的一种极为有效的分离方法,可分离、分析复杂的多组分混合物。GC 采用高效能色谱柱、高灵敏检测器以及计算机处理技术,使其在石油化工、医药卫生、生物技术、食品工业、农副产品、环境保护等领域得到广泛应用。GC 可与其他定性及结构分析仪器联用,极大地增强了定性能力,已成为结构分析的有力工具,如气相色谱-质谱联用(GC-MS)、气相色谱与傅里叶变换红外光谱联用(GC-FTIR)、气相色谱与傅里叶核磁共振波谱联用(FT-NMR)、气相色谱与等离子体原子发射光谱联用(GC-ICP-AES)等;色谱仪器的在线联用-多维色谱技术可使单一分离模式下难以分开的复杂混合物得到很好分离。

9.1.1 气相色谱分离原理及流程

根据所用固定相状态的不同 GC 可分为气-固色谱(GSC)和气-液色谱(GLC)。气-固色谱以多孔性固体为固定相,分离对象主要是一些永久性气体和低沸点的化合物;气-液色谱的固定相是将高沸点的有机物涂渍在惰性担体上。由于有很多种固定液可供选择,因此气-液色谱选择性较好,应用广泛。

所谓永久性气体,一般是指 H_2、O_2、N_2、CO、CH_4 和惰性气体等。直到 19 世纪 60 年代,科学家尽管尝试了当时一切可采用的手段(压力已达 2790 大气压),都没能使它们液化,因此这些气体称为"永久性气体",并一直沿用至今。可见,"永久性气体"并不永久,只是限于当时科技条件无法液化而已。

1. 气相色谱分离原理

GC 的流动相为惰性气体,气-固色谱法中以表面积大且具有一定活性的吸附剂为固定相。当多组分混合物样品进入色谱柱后,由于吸附剂对每个组分的吸附力不同,经过一定时间后,各组分在色谱柱中的运行速度也就不同。吸附力最弱的组分最容易解吸,最先离开色谱柱进入检测器,而吸附力强的组分不容易解吸,后续离开色谱柱。这样,各组分在色谱柱中彼此分离,顺序进入检测器中被检测、记录下来。

气-液色谱中,以均匀地涂在载体表面的液膜为固定相,这种液膜对各种有机物都具有一定的溶解度。当样品被载气带入柱中到达固定相表面时,就会溶解在固定相中。样品含有多个组分时,他们在固定相中的溶解度不同,经过一段时间后,各组分在柱中的前进距离就不同,溶解度小的组分先离开色谱柱,溶解度大的组分后离开色谱柱。这样,各组分在色谱柱中彼此分离后,顺序进入检测器被检测、记录下来。

2. 气相色谱流程

气相色谱仪的型号和种类繁多,仪器的自动化程度越来越高,但各类仪器的结构基本相同。图 9.1 为使用热导检测器的气相色谱仪流程示意图。

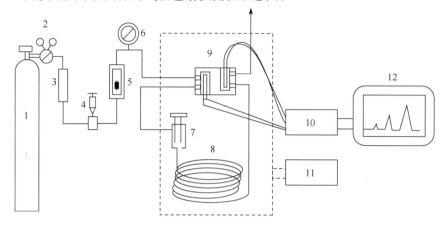

图 9.1 气相色谱仪的流程示意图

1. 载气钢瓶;2. 减压阀;3. 净化干燥管;4. 针形阀;5. 流量计;6. 压力表;
7. 进样口及气化室;8. 色谱柱;9. 热导检测器;10. 放大器;11. 温度控制器;12. 记录仪

载气由高压钢瓶中流出,经减压阀降压到所需压力后,通过净化干燥管(净化器)使载气纯化,再经针形阀和流量计调节后,以稳定的压力、恒定的速率流经热导检测器的参考臂后,再到气化室与气化的样品混合,将样品气体带入色谱柱中进行分离,分离后的各组分随着载气先后进入热导检测器的检测臂后放空。检测器将物质的浓度或质量的变化转变为一定的电信号,经放大后在记录仪上记录下来,得到色谱流出曲线。根据色谱流出曲线上得到每个峰的保留时间,可以进行定性分析;根据峰面积或峰高,可进行定量分析。

9.1.2 气相色谱法的特点

GC 是先分离后测定,可同时给出多组分混合物中各组分的定性定量结果。由于物质在气相中传递速率快,与固定相相互作用的次数多,有多种类型的固定相(固定液)可供选择,且采用灵敏度高的检测器,因而 GC 具有如下特点:

(1) 分离效率高。能同时分离和测定组成极其复杂的多组分混合物,如用毛细管柱一次能分离分析样品中 150 多个组分。

(2) 灵敏度高。检测下限为 $1.0\times10^{-12}\sim1.0\times10^{-14}$ g,是痕量分析不可缺少的工具之一,可检测食品中 1.0×10^{-9} g 的农药残留,大气污染中 1.0×10^{-12} g 数量级的污染物等。

(3) 选择性好。能分离性质极其相似的物质,如同位素、同分异构体、对映体及组成极复杂的混合物,如石油、污染水样和天然精油等。

(4) 分析速度快。测定一个样品只需几分钟到几十分钟,如果用色谱工作站控制整个分析过程,自动化程度提高,分析速度更快。

(5) 应用范围较广泛。在仪器允许的气化条件下,凡能够气化且热稳定、不具腐蚀性的液体或气体,都能用 GC 分析。对沸点过高而难以气化或易热解的化合物,可用化学衍生化方法,使其转变为易气化或热稳定的物质后再进行分析。因此,GC 已广泛用于石油化工、环境科学、农业、林业、生物化学、生物工程、食品工程、食品安全检测、食品营养分析、医学检验等领域。

9.1.3　气相色谱仪

各种型号的气相色谱仪,均由以下五大系统组成:气路系统、进样系统、分离系统、温控系统和检测记录系统。组分能否分开,关键在于色谱柱;分离后的组分能否测定则依赖于检测器,所以分离系统和检测系统是仪器的核心。

1. 气路系统

气路系统是指流动相连续运行的密闭管路系统。它包括气源(钢瓶或气体发生器)、净化器、气体流速控制和测量装置,通过该系统可获得纯净的、流速稳定的载气。为获得好的色谱结果,气路系统必须气密性好、载气纯净、流量稳定且能准确测量。

常用的载气有 N_2、H_2 和 He 气等。载气可由相应的高压钢瓶储装的压缩气源供给,也可由气体发生器提供。选择何种载气,主要由所用检测器的性质和分离要求决定。某些检测器还需要辅助气体,如火焰离子化和火焰光度检测器需要氢气和空气作燃气和助燃气。

载气在进入色谱仪之前,必须经过净化处理,载气的净化由装有气体净化剂的气体净化管完成,常用的净化剂有活性炭、硅胶和分子筛,分别用来除去烃类物质、水分和氧气。

流速的调节和稳定靠稳压阀或稳流阀控制。稳压阀的作用有两个:一是通过改变输出气压来调节气体流量的大小;二是稳定输出气压。在恒温色谱中,当操作条件不变时,整个系统阻力不变,单独使用稳压阀便可使色谱柱入口压力稳定,从而保持稳定的流速。但在程序升温色谱中,由于柱内阻力不断增加,载气的流量不断减少,因此需要在稳压阀后连接一个稳流阀,以保持恒定的流量。

载气流速可用转子流量计和皂膜流量计测量。转子流量计只能给出柱前流量大小的相对值,安放于柱后的皂膜流量计则可测量流速的大小。但要注意:用皂膜流量计测得的流速 F_0 是在柱后室温和当时的大气压下测得的,并有皂液水蒸气的影响,因此柱内的流速应扣除水蒸气的影响并校正到柱内的温度和压力后才是载气在柱后的真实流速 F_∞。

$$F_\infty = F_0 \times \frac{T_c}{T_r} \times \frac{p_0 - p_w}{p_0} \qquad (9.1)$$

式中,F_0 为皂膜流量计在检测器出口实测的流速,$mL \cdot min^{-1}$;T_r 为室温,K;T_c 为色谱柱的温度,K ;p_0 为柱出口压力,即大气压,Pa;p_w 为室温下水的蒸气压,Pa。

由于在色谱柱内的不同位置具有不同的压力,其载气流速也就不同。一般用平均流速 $\overline{F_c}(mL \cdot min^{-1})$ 来表示:

$$\overline{F_c} = j \cdot F_\infty = \frac{3}{2} \times \frac{(p_i/p_0)^2 - 1}{(p_i/p_0)^3 - 1} \times F_\infty \qquad (9.2)$$

式中,p_i 为柱入口处压力,即柱前压,Pa;j 为压力校正因子。

2. 进样系统

进样系统是把待测样品(气体或液体)快速而定量地加到色谱柱中进行色谱分离的装置,包括进样装置和气化室。进样量大小、进样时间长短和进样准确性对色谱分离效率和结果的准确性影响极大。

常用的进样装置有注射器和六通阀。液体常用不同规格的微量注射器进样;气体则用六通阀或医用注射器进样。六通阀分为推拉式和旋转式两种,常用旋转式,如图 9.2 所示,当六通阀处于取样位置时(a),样品由注射器注射入定量管(储样管);旋转 60° 至进样位置时(b),流动相可将样品带入色谱柱中。

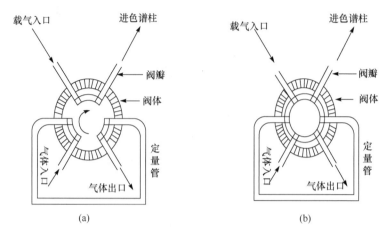

图 9.2　旋转式六通阀

(a) 取样位时的连接;(b) 试样导入色谱柱时的连接

液体样品在进柱之前必须在气化室内变成蒸气。为使样品进样后能瞬间气化而不分解,要求气化室热容量要大,温度足够高且无催化效应;为尽量减少柱前峰展宽,气化室的死体积

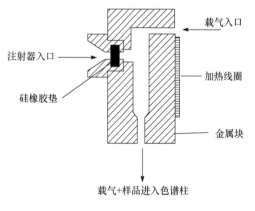

图 9.3　气化室的结

也应尽可能小。气化室是由电热金属块构成,如图 9.3 所示,在气化管内常衬有石英套管以消除金属表面的催化作用。气化室注射孔用厚度为5mm 的硅橡胶垫密封,采用长针头注射器将样品注入,以减少气化室死体积,提高柱效。

3. 分离系统

分离系统由色谱柱组成,是色谱仪的心脏,安装在温控柱室内用于分离样品。色谱柱主要有两类:填充柱和毛细管柱。

填充柱由不锈钢或玻璃材料制成,内装固定相,内径一般为 2～4mm,长度根据需要确定,一般为 1～3m,形状有 U 形和常用的螺旋形两种。填充柱制备简单,可供选择的固定相种类多,柱容量大,分离效率足够高,应用普遍。

毛细管柱又称空心柱(open tubular column),分为填充型和开管型两大类,目前填充型毛细管柱已不常用。开管型毛细管柱按固定相的涂渍方式分为:

(1) 涂壁开管柱(wall coated open tubular,WCOT),是将固定液均匀地涂在内径为 0.1～0.5mm 的毛细管内壁而成。

(2) 多孔层开管柱(porous layer open tubular,PLOT),是在管壁上涂一层多孔性吸附剂固体微粒,实际上是气固色谱开管柱。

(3) 载体涂渍开管柱(support coated open tubular,SCOT),先在毛细管内壁涂上一层载体,如硅藻土载体,在此载体上再涂以固定液,此种毛细管柱液膜较厚,柱容量较 WCOT

柱大。

（4）交联型开管柱，采用交联引发剂，在高温处理下，把固定液交联到毛细管内壁上，是一种高效、耐温及抗溶剂冲刷的一类较理想的毛细管柱。

（5）键合型开管柱，将固定液用化学键合的方法键合到涂敷硅胶的柱表面或经表面处理的毛细管内壁上，热稳定性大大提高。

毛细管柱材料可以是不锈钢、玻璃或石英，柱内径一般小于1mm。毛细管柱渗透性好，传质阻力小，柱长可达几十甚至数百米。毛细管柱分辨率高（理论塔板数可达 1.0×10^6），分析速率快，样品用量少，但柱容量小，对检测器的灵敏度要求高，制备较难。

4. 温控系统

温控系统是指对气相色谱气化室、色谱柱和检测器进行温度控制的装置。在 GC 测定中，温度直接影响色谱柱的选择分离、检测器的灵敏度和稳定性。

色谱柱温度控制有恒温和程序升温两种方式。程序升温具有改进分离、峰形变窄、检出限低及省时等优点。对沸点范围很宽的混合物，常用程序升温法分析。

一般地，气化室温度比柱温高 30～70℃，以保证试样能瞬间气化而不分解；检测器温度与柱温相同或略高于柱温，以防止样品在检测器冷凝。检测器与柱温的温控精度一般要求在 ±0.1℃以内。

5. 检测记录系统

检测记录系统包括检测器、放大器和记录仪。现已基本采用色谱工作站微机系统，不仅对色谱仪进行实时控制，还可自动采集和完成数据的处理。

毛细管气相色谱仪与填充柱气相色谱仪十分相似，只是在柱前多一个分流/不分流进样器，柱后加了一个尾吹气路，常用的毛细管气相色谱仪大都是单气路。

由于毛细管柱具有柱容量小、出峰快的特点，因此对毛细管气相色谱仪有一些特殊的技术要求，如要求极小量样品的瞬间注入，要有响应快、灵敏度高的检测器和快速响应的记录仪等。

9.2　气相色谱固定相

气相色谱分析中，混合物中的各组分能否分离，主要取决于色谱柱中的固定相。GC 中使用的固定相可分为固体固定相、液体固定相和合成固定相三类。

9.2.1　固体固定相

固体固定相通常采用固体吸附剂，主要用于分离和分析永久性气体及气态烃类物质等，利用固体吸附剂对气体的吸附性能差别，可得到满意的分析结果。

常用的固体吸附剂主要有强极性的硅胶、弱极性的氧化铝、非极性的活性炭和具有特殊吸附作用的分子筛等，根据它们对各种气体吸附能力的不同来选择最合适的吸附剂。使用前，固体吸附剂均需进行预处理，活化后再投入使用。

固体吸附剂具有比表面积大、耐高温和价廉的优点，但存在柱效低、重现性差、色谱峰不易对称等缺点。近年来，通过表面物理化学改性等手段，人们研制出了一些结构均匀的新型吸附剂。

9.2.2 液体固定相

液体固定相由固定液和担体(载体)构成,是 GC 中应用最为广泛的固定相。

1. 担体

担体又称载体,是一种多孔性、化学惰性、表面积较大的固体颗粒,用以承担固定液,使其能在担体表面铺展成薄而均匀的液膜。

1) 对担体的要求

理想的担体应是能牢固地保留固定液并使其呈均匀薄膜状的无活性物质,担体应有足够大的表面积和良好的孔穴结构,以便使固定液与试样间有较大接触面积,且能均匀地分布成一薄膜。但表面积太大易造成峰拖尾;担体表面应呈化学惰性,没有吸附性或吸附性很弱,更不能与被测物起反应。此外,担体要形状规则、粒度均匀,有一定的机械强度,浸润性和热稳定性好。

2) 担体类型

GC 常用的担体有硅藻土和非硅藻土两大类。硅藻土是 GC 中常用的一种担体,由单细胞海藻骨架组成,主要成分为二氧化硅和少量无机盐。根据制造方法,又分为红色担体和白色担体。

红色担体由硅藻土与黏合剂在 900℃ 煅烧后,破碎过筛而得,因含有 Fe_2O_3,故称为红色担体。例如,国产 201 和 202 担体系列、6201 系列、美国的 C-22 系列、Chromosorb P 系列和 Gas Chrom R 系列等。

红色担体表面孔穴密集、孔径较小、比表面积较大(约 $4m^2 \cdot g^{-1}$),但表面存在活性吸附中心,对强极性化合物具有较强的吸附性和催化性。因此红色担体适于涂渍非极性固定液,分析非极性和弱极性物质,对极性物质会因吸附而产生严重的拖尾现象。

白色担体是将硅藻土与 Na_2CO_3(助熔剂)混合煅烧而成,呈白色。结构疏松,比表面积较小(约 $1m^2 \cdot g^{-1}$),吸附性和催化性弱,机械强度不如红色担体。但表面活性中心显著减少,适于涂渍极性固定液,分析极性或碱性物质。例如,国产 101、102 担体系列,国外的 Celite 系列、Chromosorb (A、G、W) 系列、Gas Chrom (A、Cl、P、Q、S、Z) 系列等。

硅藻土担体表面不是全惰性的,有活性中心如硅醇基(—Si—OH)或含有矿物杂质如氧化铝、氧化铁等,使色谱峰产生拖尾。因此,使用前要对硅藻土担体表面进行化学处理,以改进孔隙结构、屏蔽活性中心。处理方法有:酸洗(除去碱性作用基团)、碱洗(除去酸性作用基团)、硅烷化(除去氢键结合力)、釉化(表面玻璃化,堵住微孔)以及添加减尾剂等。

非硅藻土担体适于特殊分析,如氟担体可用于极性样品和强腐蚀性物质(如 HF、Cl_2 等)的测定。非硅藻土担体包括有机玻璃微球、高分子多孔微球、氟载体(如聚四氟乙烯)等。其中,玻璃微球属非孔型,固定液涂渍量小且不均匀,导致柱效低;聚四氟乙烯表面属非浸润性,其柱效也不高。

2. 固定液

固定液一般为高沸点有机物,均匀地涂在担体表面,呈液膜状态。

1) 对固定液的要求

第一,选择性要好。其选择性可用相对保留值 $r_{2.1}$ 来衡量。对填充柱,一般要求 $r_{2.1} >$

1.15;对于毛细管柱,一般要求 $r_{2,1}>1.08$。

第二,热稳定性好。在操作温度下,不会发生聚合、分解和交联等现象,且有较低的蒸气压($<13.33Pa$)。通常,固定液有一个"最高使用温度"。

第三,对试样各组分有适当的溶解能力。

第四,化学稳定性好。固定液不能与试样或载气发生不可逆的化学反应。

第五,黏度低、凝固点低,以便在载体表面能均匀分布。

2) 固定液的分类

固定液种类众多,其组成、性质和用途各不相同,多按固定液的极性和化学类型来进行分类。固定液的极性可用相对极性 P 和麦氏常量来表示。

相对极性确定方法为:规定非极性固定液角鲨烷的极性为 0,强极性固定液 β,β'-氧二丙腈的极性为 100。然后选择一对物质如正丁烷-丁二烯或环己烷-苯来进行实验,分别测定它们在氧二丙腈、角鲨烷以及欲测固定液的色谱柱上的相对保留值,将其取对数后,得

$$q=\lg\frac{t'_{R-丁二烯}}{t'_{R-正丁烷}} \tag{9.3}$$

被测固定液的相对极性为

$$p_X=100-\frac{100(q_1-q_x)}{q_1-q_2} \tag{9.4}$$

式中,下标 1、2 和 x 分别表示氧二丙腈、角鲨烷及被测固定液。

把测定结果自 0~100 分为 5 级,每 20 单位为一级,相对极性在 0~+1 级称为非极性固定液,如角鲨烷、阿皮松、SE-30 及 OV-1 等;相对极性为 +2 级称为弱极性固定液,如 DC-550、己二酸二辛酯、邻苯二甲酸二壬酯及邻苯二甲酸二辛酯等;相对极性为 +3 级称为中等极性固定液,如聚苯醚 OS-124、磷酸二甲酚酯、XE-60、新戊二醇丁二酸聚酯和 PEG-20M;相对极性为 +4~+5 级称为强极性固定液,如 PEG-600、己二酸聚乙二醇酯、己二酸二乙二醇酯、双甘油、TCEP 和 β,β'-氧二丙腈等。相对极性不能全面反映组分与固定液分子间的全部作用力。

固定液的麦氏常量却能反映分子间的全部作用力,它以保留指数(retention index)或 Kovats 指数 I 为基础数据。人为规定:在任一色谱条件下,碳数为 n 的任何正构烷烃,其保留指数为 $100n$,在指定实验条件下测得组分的调整保留值之后,被测组分的保留指数为

$$I_X=100n+100\times\frac{Z(\lg t'_{R,x}-\lg t'_{R,n})}{\lg t'_{R,n+Z}-\lg t'_{R,n}} \tag{9.5}$$

式中,$t'_{R,x}$、$t'_{R,n}$、$t'_{R,n+z}$ 分别为被测组分、碳数为 n 和碳数为 $n+Z$ 的正构烷烃的调整保留时间;Z 为两正构烷烃的碳原子数之差,一般为数个。只要测出两相邻或间隔的正构烷烃的调整保留时间,就能计算出某组分的保留指数。但这两个正构烷烃的调整保留时间必须在该被测组分的前后。

1970 年,McReynolds 选用苯、正丁醇、2-戊酮、1-硝基丙烷和吡啶作标准物质,在柱温120℃下,分别测定它们在 226 种固定液和角鲨烷上的 $\triangle I$ 值,并把 5 项的总和称为总极性。常用的 12 种固定液的麦氏常量见表 9.1。这 12 种固定液的极性均匀递增,可作为色谱分离的优选固定液。

表 9.1　常用的 12 种固定液的麦氏常量

固定液	商品名	总极性	最高使用温度/℃
角鲨烷	SQ	0	100
甲基硅橡胶	SE-30	217	300
苯基(10%)甲基聚硅氧烷	OV-3	423	350
苯基(20%)甲基聚硅氧烷	OV-7	592	350
苯基(50%)甲基聚硅氧烷	DC-710	827	225
苯基(60%)甲基聚硅氧烷	OV-22	1075	350
三氟丙基(50%)甲基聚硅氧烷	QF-1	1500	250
氰乙基(25%)甲基硅橡胶	XE-60	1785	250
聚乙二醇-20000	PEG-20M	2308	225
己二酸二乙二醇聚酯	DEGA	2764	200
丁二酸二乙二醇聚酯	DEGS	3504	200
三(2-氰乙氧基)丙烷	TCEP	4145	175

此外,可将有相同官能团的固定液排列在一起,按官能团的类型来进行分类。

3) 固定液的选择

一般可按"相似相溶"原则来选择固定液。所谓相似是指待测组分和固定相分子的性质(极性、官能团等)相似,此时分子间的作用力强,选择性高,分离效果好。具体说来,可从以下几个方面进行考虑:

(1) 分离非极性物质,一般选用非极性固定液。此时试样中各组分按沸点次序流出,沸点低的先流出、沸点高的后流出。如果非极性混合物中含有极性组分,当沸点相近时,极性组分先出峰。

(2) 分离极性物质,则宜选用极性固定液。试样中各组分按极性次序流出,极性小的先流出,极性大的后流出。

(3) 对于非极性和极性混合物的分离,一般选用极性固定液。这时非极性组分先流出,极性组分后流出。

(4) 分离能形成氢键的试样,一般选用极性或氢键型固定液。试样中各组分按与固定液分子间形成氢键能力的大小先后流出,最不易形成氢键的先流出,最易形成氢键的后流出。

(5) 对于复杂的难分离物质,则可选用两种或两种以上的混合固定液。

(6) 样品极性未知时,一般先用最常用的几种固定液做实验,根据色谱分离的情况,在 12 种固定液中选择合适极性的固定液。

以上是按极性相似原则选择固定液。此外,还可按官能团相似和主要差别进行选择,即若待测物质为酯类,则选用酯或聚酯类固定液;若待测物质为醇类,则可选用聚乙二醇固定液;若待测各组分之间的沸点有明显的差异,则可选用非极性固定液;若极性有明显的不同,则选用极性固定液。

在实际应用时,一般依靠经验规律或参考文献,按最接近的性质来选择。

9.2.3　合成固定相

合成固定相又称聚合物固定相,包括高分子多孔微球和键合固定相。其中键合固定相多用于液相色谱,这将在第 10 章中加以讨论。高分子多孔微球是一种有机合成固定相,可分为极性和非极性两种。非极性的由苯乙烯和二乙烯苯共聚而成,如国内的 GDX-1 型和 2 型

(GDX 101、102)以及国外的 Chromosorb 系列等。若在聚合时引入不同极性的基团,即可得到不同极性的聚合物,如极性由弱到强的 GDX 301、401、501、601 和国外的 Porapak N 等。

聚合物固定相既是载体又起固定液作用,可活化后直接用于分离,也可作为载体在其表面涂渍固定液后再用,由于是人工合成的,其孔径大小及表面积可以控制。圆球形颗粒容易填充均匀,重现性好。合成固定相由于无液膜存在,没有流失问题,有利于程序升温,可用于沸点范围宽的试样的分析。高分子多孔微球的比表面和机械强度较大且耐腐蚀,其最高使用温度一般为 250℃,特别适用于有机物中痕量水的分析,也可用于多元醇、脂肪酸、腈类和胺类的分析,不但峰形对称,且很少有拖尾现象。

9.3　检　测　器

GC 检测器的种类多达数十种,常用的有热导检测器、火焰离子化检测器、电子捕获检测器和火焰光度检测器四种。它们都是微分型检测器,被测组分不在检测器中积累,色谱流出曲线呈峰形,峰面积或峰高与组分的浓度或质量成正比。

根据检测原理,分为浓度型和质量型检测器。浓度型检测器测量的是载气中某组分浓度瞬间的变化,即检测器的响应值和进入检测器的浓度成正比,如热导检测器和电子捕获检测器。质量型检测器测量的是载气中某组分进入检测器的速度变化,即检测器的响应值和单位时间内进入检测器的某组分的质量成正比,如氢火焰离子化检测器和火焰光度检测器等。

根据适用范围,气相色谱检测器分为通用型及选择性检测器。通用型检测器对大多数物质都有响应,如热导检测器和火焰离子化检测器;选择性检测器又称专属性检测器,只对某些物质有响应,对其他物质无响应或响应很小,如电子捕获检测器和火焰光度检测器。

9.3.1　热导检测器

热导检测器(thermal conductivity detector,TCD)是 GC 常用的检测器,是最早的商品检测器。它结构简单,性能稳定,对无机物和有机物都有响应,线性范围宽且不破坏样品,是应用最广、最成熟的 GC 检测器。主要缺点是灵敏度较低。

1. 工作原理

热导池由池体和热敏元件组成,有双臂和四臂两种类型,常用的是四臂热导池,其灵敏度是双臂的 2 倍。TCD 的基本结构如图 9.4 所示,测量线路如图 9.5 所示。

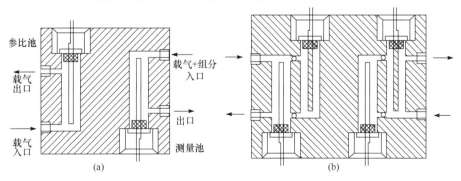

图 9.4　双臂(a)及四臂(b)热导池基本结构图

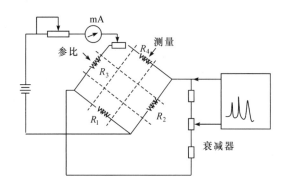

图 9.5　热导池惠斯通电桥测量线路图

　　热导池体由不锈钢制成,有四个大小相同、形状完全对称的孔道,内装长度、直径及电阻完全相同的钨丝或铼钨丝,称为热敏元件,与池体绝缘。其中两臂为参比臂(R_2、R_3),另两臂为测量臂(R_1、R_4),且 $R_1=R_2$,$R_3=R_4$。

　　TCD 的原理是基于不同物质有不同的热导系数而设计的检测器,通过测量参比池和测量池中发热体热量损失的比率,即可测出气体的组成和含量。

　　当只有载气通过时,池内产生的热量与被载气带走的热量之间建立起热的动态平衡,参比臂和测量臂热丝的温度相同,$R_1 \times R_4 = R_2 \times R_3$,电桥处于平衡状态,无信号输出,记录仪输出一条平直的直线(基线)。

　　进样后,当载气和试样的混合气体进入测量臂时,由于混合气体的热导系数与载气不同,测量臂的温度发生变化,热丝的电阻值也随之变化,此时,测量臂和参比臂热丝的电阻值不再相等,电桥平衡被破坏,记录仪上产生相应的信号——色谱峰。混合气体与纯载气的热导系数相差越大,输出信号就越大。

　　2. 影响 TCD 灵敏度的因素

　　TCD 实际上是一种检测流出物从热丝上带走热量速率的装置,因此从热丝上带走热量的速率越快,其灵敏度越高。可见,影响灵敏度的因素有桥电流、池体温度、载气种类和热导池的特性等。

　　1) 桥电流

　　增加桥电流,会提高热丝的温度,热丝与热导池体的温差加大,气体易将热量传出去,灵敏度提高。一般地,TCD 的灵敏度与桥电流的 3 次方成正比,增大桥电流可迅速提高灵敏度。但电流太大,会增大噪声,基线不稳,甚至会使金属丝氧化烧坏而影响热丝寿命。在保证灵敏度足够的前提下,应尽量用低的桥电流。一般桥电流控制在 $100 \sim 200$mA(N_2 作载气时为 $100 \sim 150$mA,H_2 作载气时为 $150 \sim 200$mA 为宜)。

　　2) 池体温度

　　降低池体温度,可使池体与热丝温差加大,有利于提高灵敏度。但池体温度不能太低,以免被测试样冷凝在检测器中,因此池体温度一般不应低于柱温。

　　3) 载气种类

　　载气与试样的热导系数相差越大,灵敏度越高。选择热导系数大的氢气或氦气作载气有利于提高灵敏度。当用氮气作载气时,热导系数比它大的试样(如甲烷)就会出现倒峰。此外,减少热导池死体积也能提高灵敏度。

TCD 是填充柱 GC 中常用的检测器,由于检测池体积太大,要用补充气减少死体积的影响,只有样品浓度高时才产生足够的响应,因此在毛细管气相色谱中应用有限。

9.3.2　氢火焰离子化检测器

氢火焰离子化检测器(flame ionization detector,FID)简称氢焰检测器,是应用广泛的 GC 检测器之一。它结构简单、灵敏度高、死体积小、响应快、线性范围宽、稳定性好,对含碳有机物,比 TCD 灵敏度高几个数量级,能检测到 $1.0 \times 10^{-12}\,\mathrm{g \cdot s^{-1}}$ 的痕量物质。FID 只对有机化合物产生信号,不能检测永久性气体、水、CO、CO_2、氮氧化物、H_2S 等物质,其通用性不如 TCD;且经 FID 检测后,样品被破坏,不能进行收集。

1. 工作原理

FID 以氢气和空气燃烧的火焰作为能源,利用被测组分——含碳有机物在火焰中燃烧产生离子,在外加电场作用下,使离子形成离子流,根据离子流产生的电信号强度,检测出组分的含量。

FID 的主要部件是离子室,由石英喷嘴、极化极(又称发射极)、收集极、气体入口和外罩组成(图 9.6)。

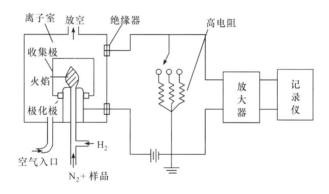

图 9.6　氢火焰离子化检测器组成图

在离子室下部,载气携带组分流出色谱柱后,在进入喷嘴前与氢气混合,空气由另一侧导入。喷嘴用于点燃氢气,在火焰上方筒状收集极(作正极)和下方圆环状极化极(作负极)间施加恒定的直流电压,形成一个静电场。被测组分随载气进入火焰,发生离子化反应,燃烧生成的正离子、电子在电场作用下向极化极和收集极做定向移动,形成电流。此电流经放大,由记录仪记录为色谱图。

火焰离子化机理还不十分清楚,普遍认为这是一个化学电离过程。有机物在火焰中先形成自由基,后与氧产生正离子 CHO^+,再同水反应生成 H_3O^+。

2. 影响 FID 灵敏度的因素

离子室的结构对火焰离子化检测器的灵敏度有直接影响,操作条件的变化如氢气、载气、空气的流速和检测室的温度等都对检测器灵敏度有影响。

1) 氢氮比

载气的流量由色谱最佳分离条件确定,而氢气流量则以能达到最高响应值为度。氢气流量太低,易造成灵敏度下降和熄火;太高,又会使热噪声变大。最佳的氢氮比一般为 1：1～1：1.5,此时灵敏度高且稳定性好。

2) 空气流量

空气不仅作为助燃气,也提供 O_2 以生成 CHO^+。当空气流量低时,FID 响应值随空气流量增加而增大到一定值后(一般为 $400mL \cdot min^{-1}$),不再受空气流量影响。一般地,氢气流量与空气流量之比以 1：10 为宜。注意空气流量不宜超过 $800mL \cdot min^{-1}$,否则,会使火焰晃动,噪声增大。如果各种气体中含有微量的有机杂质,也会严重影响基线的稳定性。

3) 极化电压

极化电压低时,响应值随极化电压的增大而增大到一定值时,增加电压对响应值不再产生影响。增大极化电压,可使线性范围更宽,通常极化电压为 150～300V。

9.3.3　电子捕获检测器

电子捕获检测器(electron capture detector,ECD)又称电子俘获检测器,是一种高灵敏度(检出限为 $1.0 \times 10^{-14}g \cdot mL^{-1}$)、高选择性分析痕量电负性有机物最有效的 GC 检测器,只对具有电负性的含卤素、S、P、O、N 等物质有响应,广泛用于农药残留、大气及水质污染分析以及生物化学、医药和环境监测等领域。但 ECD 的线性范围窄,只有 1.0×10^3 左右,进样量不可太大。

ECD 的构造如图 9.7 所示。在检测器池体内有一圆筒状 β 放射源(^{63}Ni 或 ^3H)作为阴极,一个不锈钢棒作为阳极,在此两极间施加一直流或脉冲电压,当载气(一般为高纯氮)进入检测器时,在放射源发射的 β 射线作用下发生电离:
$$N_2 \longrightarrow N_2^+ + e^-$$

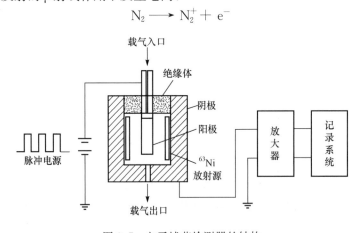

图 9.7　电子捕获检测器的结构

生成的正离子和慢速低能量的电子,在恒定电场作用下向极性相反的电极运动,形成恒定的电流即基流。当具有电负性的组分进入检测器时,它俘获了检测器中的电子而产生带负电荷的分子离子并放出能量:
$$AB + e^- \longrightarrow AB^- + E$$
带负电荷的分子离子和载气电离产生的正离子复合成中性化合物,被载气携出检测器外:
$$AB^- + N_2^+ \longrightarrow N_2 + AB$$

由于被测组分俘获电子,因此基流降低,产生负信号而形成倒峰。组分浓度越高,倒峰越大。

操作时应注意载气的纯度(>99.99%)和流速对信号值和稳定性有很大的影响。检测器的温度对响应值也有较大的影响。

9.3.4　火焰光度检测器

火焰光度检测器(flame photometric detector,FPD)又称硫、磷检测器,是一种对含 S、P 的有机物具有高选择性和高灵敏度的质量型检测器。用于大气中痕量硫化物以及农副产品、水中纳克级有机磷和有机硫农药残留量的测定。

FPD 主要由火焰喷嘴、滤光片和光电倍增管三部分组成,如图 9.8 所示。

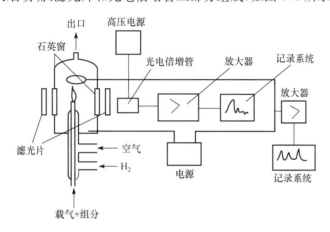

图 9.8　火焰光度检测器示意图

当含有硫(或磷)的试样进入氢焰离子室,在富氢－空气焰中燃烧时,有以下反应:

$$RS+空气+O_2 \longrightarrow SO_2+CO_2$$

$$2SO_2+8H \longrightarrow 2S+4H_2O$$

有机硫化物 RS 被氧化成 SO_2 后,被氢还原的 S 原子在适当温度下生成激发态的 S_2^* 分子,当其跃迁回基态时,发射出 350~430nm 的特征分子光谱:

$$S+S \longrightarrow S_2^*$$

$$S_2^* \longrightarrow S_2+h\nu$$

含磷试样主要以 HPO 碎片的形式发射出 480~600 nm 波长的特征光。这些发射光通过滤光片照射到光电倍增管上,将光信号转变为电流信号,经放大后在记录系统上记录下硫或磷化合物的色谱图。

此外,新型的 GC 检测器还有原子发射检测器(atomic emission detector,AED)和热离子化检测器(thermionic detector,TID)等。AED 是 20 世纪 90 年代开发的一种新型检测器,其工作原理为:将被测组分导入一个与光电二极管阵列光谱检测器耦合的等离子体中,等离子体提供足够能量使样品全部原子化,并激发出特征原子发射光谱,经分光后,含有光谱信息的全部波长聚焦到二极管阵列。用电子学和计算机技术对二极管阵列快速扫描,采集数据后,可得三维色谱光谱图。

TID 又称氮磷检测器,对含氮、磷的有机化合物有响应。其灵敏度比 FID 分别高 50 倍和 500 倍,可用于测定痕量含氮和含磷的有机化合物,是一种高灵敏度、高选择性且线性范围宽的新型检测器。

9.3.5　检测器的性能指标

1. 灵敏度

单位浓度(或单位质量)的组分通过检测器时所产生的信号大小,称为检测器对该组分的

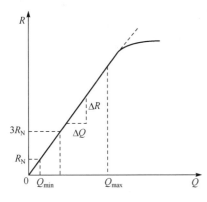

图 9.9　检测器响应曲线

灵敏度,用 S 表示。以组分的浓度(c)或质量(m)对响应信号 R 作图,得到一条通过原点的直线,该直线的斜率就是检测器的灵敏度,如图 9.9 所示。

因此,灵敏度可定义为信号 R 对进入检测器的组分量的变化率,也是响应曲线的斜率,即

$$S=\frac{\Delta R}{\Delta Q} \tag{9.6}$$

式中,ΔR 为记录仪信号的改变量;ΔQ 为通过检测器的组分改变量(浓度或质量)。测定 S 时,一般将一定量的物质注入色谱仪,根据其峰面积和操作参数进行计算。

对浓度型检测器,其灵敏度 S_c(下标 c 表示浓度型)为

$$S_c=\frac{F_0 A C_1}{C_2 m} \tag{9.7}$$

式中,C_1 为记录仪的灵敏度,mV·cm^{-1};C_2 为记录仪纸速,cm·min^{-1};A 为峰面积,cm^2;F_0 为载气在色谱柱出口处流速,mL·min^{-1};m 为进样量,mg 或 mL;S_c 为灵敏度,对液体、固体样品单位为 mV·mL·mg^{-1},对气体样品单位为 mV·mL·mL^{-1}。

对质量型检测器,采用每秒有 1g 物质通过检测器时所产生的信号来表示灵敏度,即

$$S_m=\frac{60 A C_1}{C_2 m} \tag{9.8}$$

式中,灵敏度 S_m 的单位为 mV·s·g^{-1},与载气流速无关。

检测器的灵敏度只反映了检测器对某物质产生信号的大小,未能反映仪器噪声的干扰,而噪声会影响试样色谱峰的辨认,为此引入了检出限这一指标。

2. 检出限

检出限又称敏感度,指当检测器恰能产生和噪声相鉴别的信号时,在单位体积与单位时间内通过检测器的组分的物质的量(或浓度),用 D 表示。通常认为恰能鉴别的响应信号应为噪声的 3 倍,即 $3R_N$,则检出限表示为

$$D=\frac{3R_N}{S} \tag{9.9}$$

式中,S 为灵敏度;R_N 为检测器的噪声,指当纯载气通过检测器时基线起伏波动的平均值,如图 9.10 所示。

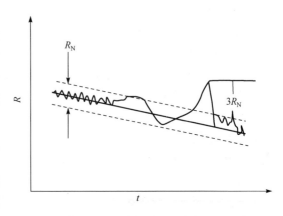

图 9.10　基线波动示意图

可见,检出限与灵敏度成反比,与噪声成正比。检出限是衡量检测器性能好坏的综合指标,检出限越低,说明检测器越敏感,越利于痕量组分的分析。

3. 最小检测量

最小检测量指检测器恰能产生 3 倍于噪声信号时所需进入色谱柱的最小物质量(或最小浓度),用 Q_0 表示。对于浓度型检测器,最小检测量为

$$Q_0 = 1.065W_{1/2}F_0D \tag{9.10}$$

式中,$W_{1/2}$ 为色谱峰半峰宽,s;F_0 为载气流速。

而对质量型检测器,最小检测量为

$$Q_0 = 1.065W_{1/2}D \tag{9.11}$$

注意:最小检测量与检出限是两个不同的概念,检出限只用来衡量检测器的性能,与检测器的灵敏度和噪声有关;而最小检测量不仅与检测器性能有关,还与色谱柱效及操作条件有关。

4. 线性范围

线性范围是指检测器信号大小与被测组分的量呈线性关系的范围,通常用线性范围内的最大进样量(Q_{max})和最小进样量(Q_{min})之比来表示,如图 9.9 所示。

不同检测器的线性范围有很大差别。对同一个检测器,不同的组分有不同的线性范围。检测器的线性范围越大,适用性越强,越有利于定量分析。热导检测器的线性范围一般为 1.0×10^5,而氢火焰离子化检测器则为 1.0×10^7。

5. 响应时间

响应时间指进入检测器的某一组分的输出信号达到其真值的 63% 时所需的时间,一般都小于 1s。检测器的死体积越小,电路系统的滞后现象越小,响应速率就越快,响应时间也就越小。

一个性能优良的检测器应该是:灵敏度高、检出限低、死体积小、响应迅速、线性范围宽、稳定性好。常用检测器的性能指标见表 9.2。

表 9.2　常用检测器的性能指标

性　能	热　导	火焰离子化	电子捕获	火焰光度
类型	浓度	质量	浓度	质量
通用性或选择性	通用	基本通用	选择	选择
检出限	1.0×10^{-8} mg·mL^{-1}	1.0×10^{-13} g·s^{-1}	1.0×10^{-14} g·mL^{-1}	1.0×10^{-13} g·s^{-1}(对 P),1.0×10^{-11} g·s^{-1}(对 S)
线性范围	1.0×10^4	1.0×10^7	$1.0 \times 10^2 \sim 1.0 \times 10^4$	1.0×10^4(对 P),1.0×10^3(对 S)
适用范围	有机物和无机物	含碳有机物	卤素及亲电子物质、农药	含硫、磷化合物、农药

9.4　气相色谱工作条件的选择

在 GC 中,为在较短时间内获得满意的分析结果,就要选择一根合适的色谱柱和最佳操作条件。可以根据基本色谱分离方程式及范氏理论,对色谱分离的操作条件进行优化。

9.4.1 载气及其流速的选择

首先,必须考虑检测器的适应性。TCD 常用 H_2、He 和 N_2 作载气;FID 和 FPD 常用 N_2 作载气(H_2 作燃烧气,空气作助燃气);ECD 常用 N_2 作载气。

其次,应考虑载气流速的大小。根据 van Deemter 方程,从图 8.3 可知,在较低线速(u 较小)时,分子扩散项 B/u 起主要作用,宜选择相对分子质量较大的载气(N_2,Ar),以降低组分在载气中的扩散系数,减少峰扩张。随着线速 u 的增加,H 迅速减小,在较高线速(u 较大)时,传质阻力项 Cu 起主要作用,此时宜选择相对分子质量较小的载气(H_2,He),可减小气相传质阻力,提高柱效。在图 8.3 中,在曲线的最低点,H 有最小值 H_{min},此时柱效最高,其相应的流速为最佳流速 u_{opt}。

实际上,若选用最佳流速,柱效固然最高,但分析时间较长。为加快分析速度,一般采用稍高于最佳流速的载气流速。

9.4.2 担体和固定液含量的选择

1. 担体的选择

由 van Deemter 方程可知,担体粒度直接影响涡流扩散和气相传质阻力,对液相传质也有间接影响。载体颗粒越小,柱效越高。但粒度太小,阻力和柱压会急剧增大。一般应根据柱径选择担体的粒度,担体直径为柱内径的 $1/20 \sim 1/25$ 为宜。当柱内径为 $3 \sim 4mm$ 时,可选用 $60 \sim 80$ 目或 $80 \sim 100$ 目的担体。担体粒度均匀,形状规则,有利于提高柱效。

2. 固定液含量的选择

固定液含量是指固定液与担体的质量之比,又称为液载比或液担比。固定液含量选择与被分离组分的极性、沸点以及固定液本身性质等多种因素有关。高液担比有利于提高选择性和柱容量,但太高会使担体颗粒之间阻力增加,柱效下降,分析时间延长,故液担比一般不超过 30%;液担比低时,传质阻力小,柱效高,可用较低的温度,缩短分析时间,但需要较灵敏的检测器。液担比太小,固定液量不能覆盖担体表面的吸附中心,反而会使柱效下降。综上所述,实际常用的液担比为 $3\% \sim 20\%$。

对低沸点化合物,多用高液担比填充柱;对高沸点化合物,多用低液担比填充柱。随着担体表面处理技术和高灵敏度检测器的采用,现多用低含量固定液,一般填充柱液担比 $<10\%$,空心柱液膜厚度为 $0.2 \sim 0.4\mu m$。

9.4.3 色谱柱及柱温的选择

1. 色谱柱的选择

选好固定相后,柱效率受色谱柱形、柱内径和柱长的影响。通常螺旋形及盘形柱柱效高且体积较小,为一般仪器所采用。

增加柱长可使理论塔板数增大,但同时峰宽也会加大,分析时间延长,柱压也将增加,因此填充柱的柱长要合适。一般柱长选择以使组分能完全分离,分离度达到所期望的值为准。具体方法是:选择一根极性适宜、长度任意的色谱柱,测定两组分的分离度,然后根据式(9.12),确定柱长是否合适。

$$\left(\frac{R_1}{R_2}\right)^2 = \frac{n_1}{n_2} = \frac{L_1}{L_2} \tag{9.12}$$

增加柱内径可增加柱容量,但纵向扩散路径也随之增加,使柱效下降。一般色谱柱内径为 $3\sim6$mm。

> **【例 9.1】** 在一根 1m 长的色谱柱上,测得两组分的分离度为 0.75,要使它们完全分离,应选择多长的色谱柱?
>
> **解** 根据公式(9.12)有
>
> $$L_2 = L_1\left(\frac{R_2}{R_1}\right)^2 = 1\text{m} \times \left(\frac{1.5}{0.75}\right)^2 = 4\text{m}$$
>
> 在其他操作条件不变的情况下,应选择 4m 长的柱子才能使组分达到完全分离。

2. 柱温的选择

柱温直接影响分离效能和分析速度。提高柱温,可加快气相、液相的传质速率,利于改善柱效,但随着柱温的增加,纵向扩散随之加剧,导致柱效下降。此外,为改善分离,提高选择性,需要较低的温度,这又延长了分析时间。

因此,柱温选择要兼顾多方面。一般原则是:在使最难分离的组分有尽可能好的分离前提下,采取适当低的柱温,但应以保留时间适宜,峰形不拖尾为度。同时柱温不能超过固定液的最高使用温度,以免造成固定液流失。

对宽沸程的多组分混合物,可用程序升温法,即在分析过程中按一定速度提高柱温,程序开始时,柱温很低,低沸点的组分得以分离,中沸点的组分移动很慢,高沸点的组分则停留在柱口附近。随着柱温的升高,中沸点和高沸点的组分也依次得以分离。

可见,程序升温是指在一个分析周期内柱温随时间由低温向高温作线性或非线性变化,这样能兼顾高、低沸点组分的分离效果和分析时间,使不同沸点的组分由低沸点到高沸点依次分离出来,达到用最短时间获得最佳分离效果的目的。

程序升温的起始温度、维持温度的时间、升温速率、最终温度和维持时间通常都要经过反复实验加以选择。起始温度要足够低,保证混合物中的低沸点组分能得到满意分离。对含有一组低沸点组分的混合物,起始温度还需维持一定的时间,使低沸点组分之间分离良好。如果峰与峰之间靠得很近,则应选择低的升温速率。图 9.11 为恒温色谱与程序升温色谱分离直链烷烃的比较。

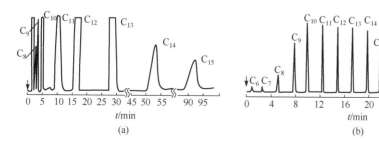

图 9.11 恒温色谱(a)与程序升温色谱(b)分离直链烷烃的比较

柱长 6m,柱径 1.6mm,固定液 Apiezon L,载体 100$\sim$120 目 VarAport 30,
He 流速 10mL·min^{-1},恒温分离时,检测器灵敏度比程序升温时高了 16 倍

可见,采用程序升温后,不仅改善了分离效果,缩短了分析时间,而且峰形也得到明显改

善。通常,最佳柱温通过实验确定。为得到满意分析结果,应在降低柱温的同时,减少固定液含量。

9.4.4　进样条件的选择

首先,进样时间越短越好,一般应在 1s 之内。若进样时间太长,会导致色谱峰扩展甚至峰变形。其次,进样量与气化温度、柱容量和检测器的线性范围等因素有关。在实际分析中,最大允许进样量应控制在使半峰宽基本不变,而峰高与进样量呈线性关系的范围内。进样量太多时,柱效会下降,分离不好;进样量太小,检测器又不易检测而使分析误差增大。一般液体进样量控制在 $0.10\sim10\mu L$,气体进样量控制在 $0.10\sim10mL$。

9.5　定性和定量分析方法

除少数情况如有些精油、挥发性较大的化学物质或低沸点的石油馏分外,气相色谱分析的大多数物质在分析前都需进行预处理。例如,水或空气中的有机污染物的分析需要对样品进行浓缩处理,生物样品的预处理更是必不可少的。如果样品中含有大量水、乙醇或能被强烈吸附的物质,一旦进入到色谱柱中将会引起柱效下降;一些非挥发性的物质进入色谱柱后,本身还会逐渐降解,造成严重噪声;有些物质(如有机酸)极性很强,挥发性很低而热稳定性又差,必须先进行化学衍生化处理,使其转变为稳定的、易挥发的物质(如三甲基硅烷化衍生物或酯类、醚类衍生物)后才能进行色谱分析。

9.5.1　定性分析方法

用气相色谱进行定性分析就是要确定色谱图上各个峰的归属。各种物质在一定的色谱条件下都有一个确定的保留值,据此进行定性分析。但在同一色谱条件下,不同的物质也可能具有近似或相同的保留值。因此,有时还需要与其他化学分析或仪器分析法相配合,才能准确地判断某些组分是否存在。

1. 用已知纯物质对照定性

用已知纯物质对照定性是最方便、最可靠的方法。可以采用保留值法、相对保留值法、加入已知物增加峰高法和双柱、多柱定性的方法。

在相同的色谱条件下,将待测物质与已知纯物质分别进样,若两者的保留值相同,则可能是同一物质,此即为保留值法。图 9.12 是进行对照定性的示意图。利用保留值法进行定性分析时,应严格控制实验条件,且操作条件要稳定。

当两次分析的条件不能做到完全一致时,

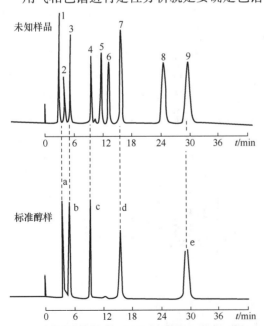

图 9.12　用已知纯物质与未知样品对照进行定性分析
1~9. 未知组分的色谱峰;a. 甲醇峰;b. 乙醇峰;
c. 正丙醇峰;d. 正丁醇峰;e. 正戊醇峰

可采用相对保留值($r_{2.1}$)法定性。此法可消除某些操作条件差异所带来的影响,只要求保持柱温不变即可。其定性方法是找一个基准物质(一般选用苯、正丁烷、环己烷等,所选基准物的保留值应尽量与待测组分接近),通过比较待测组分与基准物的调整保留值,求得 $r_{2.1}$ 后与手册数值进行比较从而达到定性目的。

对复杂样品,当流出色谱峰间距太近或操作条件不易控制时,可在试样中加入已知的纯物质,在相同条件下进样,对比纯物质加入前后的色谱峰,若某色谱峰增高了,则样品中可能含有该对应已知物质。

采用双柱、多柱定性,则可消除用单柱法出现的差错。把试样和标准物质的混合物分别在极性完全不同的两根或多根柱子上进行色谱分离,若标准物和未知物的保留值始终相等,可判断为同一组分。

2. 用经验规律和文献值进行定性分析

当没有待测组分的纯样时,可用保留指数或用气相色谱中的经验规律如碳数规律、沸点规律进行定性。利用保留指数定性,可根据所用固定相和柱温直接与文献值对照,而不需标准样品;利用碳数规律则可推知同系物中其他组分的调整保留时间;根据同族同数碳链异构体中几个已知组分的调整保留时间,利用沸点规律可求得同族中具有相同碳数的其他异构体的调整保留时间。

3. 与其他方法结合定性

气相色谱与质谱、傅里叶红外光谱、发射光谱等仪器联用是解决目前复杂样品定性的最有效工具之一,联用技术已成为当今仪器分析和分析仪器的一个主要发展方向。在联用系统中,色谱仪相当于谱学方法的分离和进样装置,而质谱仪、红外光谱仪及发射光谱仪等则相当于色谱的检测器。

气质联用技术是最有效的定性鉴别方法,目前已积累了大量数据,并有专门的谱图库可查,可以推测鉴定未知成分。

9.5.2 定量分析方法

在一定操作条件下,待测组分的质量 m_i 与检测器产生的信号(峰面积 A_i 或峰高 h_i)成正比,这是定量分析的依据,即

$$m_i = f'_i A_i \quad 或 \quad m_i = f''_i h_i \tag{9.13}$$

式中,f'_i、f''_i 分别为峰面积、峰高定量校正因子。

因此,只要确定了峰面积或峰高及校正因子,就可计算待测组分在混合物中的含量。如果色谱峰对称而且尖、窄,则可假设半峰宽不变,用峰高定量,否则只能用峰面积定量。对于不同峰形的色谱峰,应采取不同的测量方法。

峰形对称的可采用峰高乘半峰宽法计算峰面积,即

$$A = 1.065 \times h \times W_{1/2}$$

峰形很窄或交叠在半峰宽以上的不对称峰,宜采用峰高乘平均半峰宽法,即

$$A = 1.065 \times h \times 0.5 \times (W_{0.15} + W_{0.85})$$

式中,$W_{0.15}$、$W_{0.85}$ 分别为 0.15 倍、0.85 倍峰高处的峰宽。

气相色谱仪大多带有自动积分仪或计算机数据处理软件,能自动测定色谱峰的全部面积,

即使是不规则的峰也能给出较为准确的结果。此外,还可自动打印保留时间、峰高、峰面积以及半峰宽等数据。

1. 定量校正因子

1) 绝对校正因子 f'_i

因同一检测器对不同物质具有不同的响应值,两个相等量的不同物质得不到相等的峰面积,或者说相等的峰面积并不意味着相等的物质的量。因此在计算时需将峰面积乘以换算系数 f'_i,使组分的面积转换成相应物质的量。f'_i 定义为单位峰面积或单位峰高所相当的组分量,又称绝对校正因子,计算公式如下:

$$f'_i = m_i/A_i \quad 或 \quad f''_i = m_i/h_i \tag{9.14}$$

式中,m_i 为组分 i 的量,它可以是质量,也可以是物质的量或体积(对气体)。

2) 相对定量校正因子 f_i

由于 f'_i 受操作条件影响较大,测定比较困难,在实际工作中,以相对定量校正因子 f_i 代替 f'_i。

样品中各组分的定量校正因子与标准物的定量校正因子之比称为相对定量校正因子 f_i。通平常所说的校正因子均为相对定量校正因子,计算公式如下:

$$f_i = \frac{f'_i}{f'_s} = \frac{m_i A_s}{m_s A_i} \quad 或 \quad f_i = \frac{f''_i}{f''_s} = \frac{m_i h_s}{m_s h_i} \tag{9.15}$$

式中,m 和 A 分别为质量和面积;下标 i 和 s 分别为待测组分和标准物;h 为峰高。

从文献中可查到许多化合物的校正因子,它们均为相对校正因子,只与试样、标准物质和检测器类型有关,与操作条件、柱温、载气流速和固定液性质无关。

2. 相对校正因子的测量

相对校正因子一般由实验者自己测定。测定方法是:准确称量纯被测组分和标准物质,混合均匀后,在实验条件下进样分析,分别测量相应的峰面积或峰高,然后通过公式计算相对校正因子。一般地,热导池检测器的标准物用苯,火焰离子化检测器的标准物用正庚烷,还要注意进样量应在线性范围内。

3. 定量计算方法

1) 归一化法

将所有出峰组分的含量之和按 100% 计算的定量方法称为归一化法。它简单、准确,不必称量和准确进样,操作条件(如进样量、载气流速等)变化时对结果影响较小,是气相色谱法中常用的一种定量方法,只有当样品中的所有组分经色谱分离后均能产生可以测量的色谱峰时才能使用,不适用于超痕量分析。

当测量参数为峰面积时,归一化的计算公式为

$$w_i = \frac{m_i}{m} = \frac{A_i f_i}{A_1 f_1 + A_2 f_2 + \cdots + A_n f_n} \tag{9.16}$$

式中,w_i 为被测组分的质量分数;A_1、A_2、$\cdots$、A_n 和 f_1、f_2、$\cdots$、f_n 分别为样品中各组分峰面积和定量校正因子。也可用峰高进行有关计算。

2）外标法

外标法是所有定量分析中最通用的方法，也称工作曲线法、标准曲线法、校准曲线法等。外标法简便，不需要校正因子，但进样量要求十分准确，操作条件也需严格控制，适用于日常控制分析和大量同类样品的分析。

测定方法为：把待测组分的纯物质配成不同浓度的标准系列，在一定操作条件下分别向色谱柱中注入相同体积的标准样品，测得各峰的峰面积或峰高，绘制 A-c 或 h-c 的标准曲线。在完全相同的条件下注入相同体积的待测样品，根据所测得的峰面积或峰高从曲线上查得被测物的含量。

在已知组分标准曲线呈线性的情况下，也可用单点校正法（直接比较法）测定。配制一个与被测组分含量相近的标准物，在同一条件下先后对被测组分和标准物进行测定，则被测组分的质量浓度为

$$\rho_i = \frac{A_i}{A_s} \times \rho_s \qquad (9.17)$$

式中，A_i 和 A_s 分别为被测组分和标准物的峰面积；ρ_s 为标准物的质量浓度。也可以用峰高代替峰面积进行计算。

3）内标法

内标法又称内标标准曲线法，是在一定量（m）的样品中加入一定量（m_s）的内标物，根据待测组分和内标物的峰面积及内标物质量计算待测组分质量（m_i）的方法。内标法克服了外标法的缺点，可以抵消实验条件和进样量变化带来的误差。用 A_i/A_s 对 x_i 作图得到的一条直线即内标标准曲线，如图 9.13 所示。内标法定量准确，应用广泛，操作条件和进样量对分析结果影响不大，限制条件少。但每次需要用分析天平进行准确称量，对复杂的样品，有时难于找到合适的内标物。被测组分的质量分数可用式（9.18）计算：

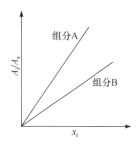

图 9.13　内标法校准

$$w_i = \frac{m_i}{m} = \frac{m_i}{m_s} \times \frac{m_s}{m} = \frac{A_i f_i}{A_s f_s} \times \frac{m_s}{m} \qquad (9.18)$$

式中，A_i、A_s 分别为待测组分、内标物的峰面积；f_i、f_s 分别为待测组分、内标物的相对校正因子，一般常以内标物为基准，故 $f_s = 1$。

内标法中内标物的选择至关重要，需要满足以下条件：①应是样品中不存在的稳定易得的纯物质；②内标峰应在各待测组分之间或与之相近；③能与样品互溶但无化学反应；④内标物浓度应恰当，其峰面积与待测组分相差不大。

9.5.3　同时定性、定量分析方法

色谱分析法常用外标法、内标法或归一化法等进行定量分析。

外标法是在待测样品之外，用 5～7 个不同浓度的标准溶液绘制工作曲线后，另外再测待测溶液。根据待测溶液中被测组分产生的信号值，由工作曲线查得待测组分的量或代入回归曲线方程求得待测组分含量。该法主要有以下缺点：①需要配制 5～7 份不同浓度的标准溶液，费时费力成本高。②多个标准溶液之间、标准溶液和待测溶液之间是分开测定的，不能实现同时、同步测定。当仪器条件和环境因素（如温度、湿度、大气压、电压、操作因素、仪器工作性能等）不可避免波动时，会存在一定的差异，对测定结果有不同程度的影响，引入一定的误

差。标准溶液和待测溶液的本底背景不同,差异较大,对测定结果的干扰程度或可能存在的副反应程度不同。将标准溶液和待测溶液分开测定,用扣除空白的方法无法完全消除干扰。③若用作图法绘制标准曲线会存在一定的作图误差;标准曲线使用一段时间后,需要重新校正或重新绘制,若样品中有多个待测组分,就需要绘制多个标准曲线,加大了工作量和成本投入。④标准曲线法要求标准溶液和待测溶液的进样量十分精确,仪器操作也需要严格控制,高度一致,实际工作中很难真正做到。

内标法选择的内标物应是样品中不存在的、稳定易得的纯物质,理化性质与各待测组分相近,与样品均匀互溶,又不发生任何化学反应。内标法的操作条件和进样量对分析结果的影响不大,但需要事先用标准溶液求得各待测组分和内标物的相对校正因子,才可代入相应公式进行计算;而且,对复杂样品,有时很难找到合适的内标物,也无法确定样品中是否不含所用内标物,因此无法及时开展具体工作。

归一化法是相对含量分析法,操作和进样量对分析结果的影响不大,但需要样品中的所有组分全部出峰,并产生测定信号,样品中各组分的相对含量之和应为100%。这种测定方法需要用各组分的标准溶液测出各自的定量校正因子和相对校正因子,准备工作量较大,而且当不能保证样品中的所有组分都出峰或缺少未知峰的校正因子时,不能用归一化法进行定量分析,应用受到限制。

1. 混标加样法同时定性、定量测定

混标加样法是在一定量的多组分混合标准溶液中加入一定量的样品试液进行测定的方法,取相同量的混合标准溶液两份,一份不加样品试液,另一份加入一定量的试液,在完全相同的条件下进行测定。

设待测组分在混合标准溶液中的质量为 m_s,产生的的测定信号如峰高为 h_s,由于在一定的条件下测定时,m_s 和 h_s 在一定的范围内成正比,则

$$m_s = k_s \times h_s \tag{9.19}$$

式中,k_s 为比例常数。

当混合标准溶液中加入样品时,若样品中没有该组分,质量仍为 m_s,在该组分保留值时,产生的信号仍为 h_s;若样品中含有该组分,其质量设为 m_x,则混合溶液中该组分的总质量为 $(m_s + m_x)$,该组分保留值下的测定信号增加,设为 h_{s+x},据此,根据信号是否增加,可以进行定性分析。同时有

$$m_s + m_x = k_{s+x} \times h_{s+x} \tag{9.20}$$

在完全相同的条件下测定时,式(9.19)、式(9.20)中的 k 相同,因此两式相除有

$$\frac{m_s}{m_s + m_x} = \frac{k_s \times h_s}{k_{s+x} \times h_{s+x}} = \frac{h_s}{h_{s+x}}$$

所以

$$m_x = \frac{m_s \times h_{s+x} - m_s \times h_s}{h_s} = \frac{m_s \times (h_{s+x} - h_s)}{h_s} \tag{9.21}$$

式(9.21)中,除 m_x 外,m_s 为已知,h_{s+x}、h_s 可以从仪器上读出。因此,只要测得测定信号即色谱峰峰高 h,即可快速求得样品中被测组分的质量 m_x,则该组分在样品中的质量分数 w 为

$$w = \frac{m_x}{m_样} = \frac{m_s \times (h_{s+x} - h_s)}{m_样 \times h_s} \tag{9.22}$$

式中,$m_样$ 为 m_x 相对应的样品质量。

以上数据均是在同机、同法、同背景、同条件测得,混合标准溶液和样品试液在同一个测定体系中是同步进行的,若有变化,其变化的程度是相同的,对定量分析结果的影响可以忽略不计。

2. 混标加样增量法同时定性、定量测定

取两份完全相同的混合标准溶液,第一份加入体积为 V_{x_1} 的待测试液,第一份待测试液中待测组分的质量为 m_{x_1},设混合标准溶液中待测组分的质量为 m_s,那么加入待测试液后混合溶液中待测组分的总质量为 $(m_s+m_{x_1})$,产生的测定信号如峰高设为 h_{s+x_1}。

第二份加入体积为 V_{x_2} 的待测试液,第二份待测试液中待测组分的质量为 m_{x_2},设混合标准溶液中待测组分的质量为 m_s,那么加入待测试液后混合溶液中待测组分的总质量为 $(m_s+m_{x_2})$,产生的测定信号峰高设为 h_{s+x_2}。其中

$$V_{x_2}>V_{x_1},m_{x_2}>m_{x_1},h_{s+x_2}>h_{s+x_1},m_{x_1}=\rho_x\times V_{x_1},m_{x_2}=\rho_x\times V_{x_2}$$

由于一定条件下测定时,测定信号与待测组分的量成正比,因此

$$(m_s+m_{x_1})=k\times h_{s+x_1}$$
$$(m_s+m_{x_2})=k\times h_{s+x_2}$$

在完全相同的条件下测定时,比例常数 k 相同,两式相除有

$$\frac{m_s+m_{x_1}}{m_s+m_{x_2}}=\frac{h_{s+x_1}}{h_{s+x_2}}$$

$$\frac{m_s+\rho_x\times V_{x_1}}{m_s+\rho_x\times V_{x_2}}=\frac{h_{s+x_1}}{h_{s+x_2}}$$

因此

$$\rho_x\times(V_{x_1}\times h_{s+x_2}-V_{x_2}\times h_{s+x_1})=m_s\times(h_{s+x_1}-h_{s+x_2})$$

$$\rho_x=\frac{m_s\times(h_{s+x_1}-h_{s+x_2})}{V_{x_1}\times h_{s+x_2}-V_{x_2}\times h_{s+x_1}}$$

或

$$\rho_x=\frac{m_s\times(h_{s+x_2}-h_{s+x_1})}{V_{x_2}\times h_{s+x_1}-V_{x_1}\times h_{s+x_2}} \tag{9.23}$$

式中,除了 ρ_x 未知,m_s 为混合标准溶液中待测组分的质量,为已知数值,所加样体积 V_{x_1}、V_{x_2} 为已知,h_{s+x_1}、h_{s+x_2} 可以从色谱仪上读出。因此,可以计算出 ρ_x 在待测溶液中待测组分的质量 m_{x_1}、m_{x_2};同时,根据称样的总质量和总定容体积可以计算出与 V_{x_1} 或 V_{x_2} 相对应的待测溶液中样品的质量 $m_{样_1}$ 或 $m_{样_2}$,那么待测组分的在样品中的质量分数 w 可按式(9.24)计算:

$$w=\rho_x V_x/m_样=m_x/m_样 \tag{9.24}$$

式中,ρ_x 为根据式(9.23)计算出的试液中待测组分的质量浓度;V_x 为加入混合标准溶液中的试液体积;$m_x=\rho_x V_x$,为 V_x 试液体积中待测组分的质量;$m_样$ 为 V_x 试液体积中的样品质量。

混标加样增量法实现了混合标准溶液和待测试液同体系、同本底背景、同方法、同机、同条件下的同时定性和定量分析。当增加待测液添加量时,某组分在其保留值下的响应信号不会增加,可判断样品中不存在该组分,由此可以进行定性分析,若响应信号随着添加量的改变而改变,可判断样品中含有该组分,可按上述式(9.23)、式(9.24)计算其质量浓度或质量分数,进行定量分析。

该方法以保留时间条件下组分信号是否变化进行定性,以混合标准溶液加样后的出峰信号差进行定量,实现了:①混合标准溶液与样品中多组分在同体系、同背景、同机、同法、同步、

同条件下进行同时定性、定量分析,只需测得溶液中组分的信号,不用绘制外标曲线,不用测定各组分定量校正因子,节省时间,也不用归一化法让所有组分出峰,不需选择内标物即可获得结果,极大地提高了工作效率;②所用标准溶液、待测试液、试剂量少,成本低;③实现了标准溶液和试液完全相同条件下的分离分析和同时测定,减少了因环境因素波动及试液所引入的干扰;而且,不需测定空白溶液,空白信号在测定过程中已经予以抵消,在计算公式中基本得到了扣除,提高了准确度。

根据所用方法不同,测定信号可以是色谱峰峰高 h、色谱峰峰面积、相对发光强度 I、吸光度 A 等,可行性和应用领域十分广泛,尤其适用于色谱分离分析技术。

9.6　气相色谱法的应用

由于气相色谱法具有选择性好、分析速度快、分析效率高和灵敏度高的特点,已在生命科学、环保、医药卫生以及食品安全检测、食品营养分析等领域得到广泛应用。

9.6.1　在生命科学中的应用

GC 在生命科学中的应用非常广泛,不仅可以分离和测定生物体中高含量的氨基酸、维生素、糖类等组分,还能分析生物体组织液、尿液中的农药、低级醇和丙酮等毒物以及动植物体内痕量的激素等。图 9.14 为气相色谱法分析生物试样中核酸的色谱图。

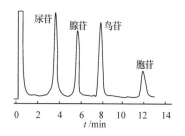

图 9.14　气相色谱法分析生物试样中核酸的色谱图

由于核酸没有挥发性,故先用三甲基硅烷化试剂(TMS 化试剂)将其转化为三甲基硅烷衍生物,再用 FID 进行气相色谱分析。其色谱操作条件为:3% OV-101 或 OV-17 chromosorb W Hp（AW-DMCS）100～120 目,2m×4mm 玻璃柱;柱温 160℃(嘧啶碱基),190℃(嘌呤碱基),260℃(核苷);气化温度为 250℃(嘧啶、嘌呤),280℃(核苷);载气为 60mL·min⁻¹ 的氩气。

9.6.2　在食品安全中的应用

GC 可用于测定食品中的各种组分、添加剂及食品中的污染物特别是农药残留量。图 9.15 是在 2m×4mm 玻璃柱(3% DC-200 或 SE-30 涂在 100～120 目的 Gas Chrom Q 上)上,以 30mL·min⁻¹ 氮气为载气,采用 ECD 分析食品、农副产品中的有机氯类农药残留量的气相色谱图。其柱温为 175℃,气化温度为 250℃。

此外,采用气相色谱法可以测定汽水、果汁、罐头、葡萄酒、酱油、醋、面条等食品中的山梨酸和苯甲酸含量。所用色谱柱为 5%DEGS+1%H_3PO_4 涂在 101 白色担体(60～80 目)上的 2m×3mm 不锈钢柱,柱温为 180℃,气化温度为 210℃,载气为 30mL·min⁻¹ 的氮气,FID 温度为 210℃。

9.6.3　在环境监测中的应用

气相色谱法可用于测定大气污染物中的卤化物、氮化物、硫化物、芳香族化合物以及水中的可溶性气体、农药、多卤联苯、酚类和有机胺等。图 9.16 是用预涂有 1.5% H_3PO_4,装有石

墨化炭黑的 1.25m×3mm 聚四氟乙烯柱,以 100mL·min⁻¹氮气为载气,在 180℃柱温下,用
FPD(140℃)做检测器分析大气中硫化物的色谱图。

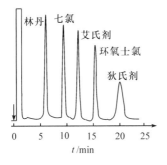

图 9.15　有机氯农药色谱图

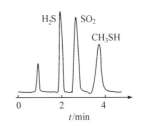

图 9.16　大气硫化物色谱图

思考题与习题

1. 简述气相色谱仪的分离原理和流程。

2. 对固定液和担体的基本要求是什么? 如何选择固定液?

3. 热导检测器和氢火焰离子化检测器的基本原理是什么? 它们各有什么特点?

4. 在气相色谱中,调整保留值实际上反映了哪几种分子间的相互作用?

5. 判断下列情况对色谱峰峰形的影响:

   (1) 样品不是迅速注入的　(2) 样品不能瞬间气化　(3) 增加柱长　(4) 增加柱温

6. 在气相色谱分析中,为了测定下列组分,宜选用哪种检测器?

   (1) 农作物中含氯农药的残留量　(2) 酒中水的含量

   (3) 啤酒中微量硫化物　　　　　(4) 苯和二甲苯的异构体

7. 一甲胺、二甲胺、三甲胺的沸点分别为−6.7℃、7.4℃和3.5℃。试推测它们的混合物在角鲨烷柱上和三乙
   醇胺柱上各组分的流出顺序。

8. 用气相色谱法测定二甲苯氧化母液中的乙苯和二甲苯异构体,该母液中含有甲苯和甲酸等。称取 0.1364g
   样品,加入 0.0228g 正壬烷为内标物,测定结果如下所示,试计算乙苯和二甲苯各异构体的质量分数。

组　分	正壬烷	乙苯	对二甲苯	间二甲苯	邻二甲苯
相对校正因子 f	1.02	0.970	1.00	0.960	0.980
峰面积/cm²	890	370	453	710	440

9. 在某色谱条件下,分析只含有二氯乙烷、二溴乙烷及四乙基铅三组分的样品,结果如下所示,试用归一化法
   求各组分的质量分数。

组　分	二氯乙烷	二溴乙烷	四乙基铅
f	1.00	1.65	1.75
峰面积/cm²	1.50	1.01	2.82

第 10 章　高效液相色谱法及超临界流体色谱法

10.1　概　　述

高效液相色谱法(high performance liquid chromatography，HPLC)产生于 20 世纪 60 年代末，又称高压液相色谱法或高速液相色谱法，是一种以高压输出的液体为流动相的色谱技术。它是在经典的液相色谱(LC)基础上，引入 GC 的理论，克服了 LC 分离速度慢、柱效低的缺点，利用高压泵加快流动相的流动速度，采用小微粒固定相提高柱效，设计死体积小的检测器增强检测的灵敏度。与 LC 相比，HPLC 具有"高灵敏度、高速、高自动化、高效和应用范围广"的"四高一广"特点。

与 GC 相比，HPLC 有以下明显特点：

(1) GC 流动相是惰性气体，仅起运载作用，主要通过改变固定相来提高分离选择性。而 HPLC 流动相(溶剂)是液体，与待分离组分之间存在相互作用，可通过选用不同极性和配比的流动相，改善组分的分离效果，使之增加了一个控制和提高分离选择性的重要参数。

(2) GC 一般在 400℃以下分析气体和低沸点化合物，仅占有机物总数的 20%，在石油加工过程中应用较多。而 HPLC 可分离分析其余 80%的高沸点、生物活性差、热稳定性差、相对分子质量大的有机物，在生物和医药学领域应用非常普遍。

(3) GC 一般在较高温度下进行，应用范围受到限制。HPLC 通常在室温下工作，不受样品挥发性和高温不稳定等因素的限制。

目前，HPLC 已广泛用于生物大分子、离子型化合物、不稳定天然产物和各种高分子化合物，如蛋白质、氨基酸、核酸、多糖类、植物色素、高聚物、染料、药物等组分的分离分析。

HPLC 除用于分析测定，还可用于制备(称为制备色谱)，现已用该法生产出许多高纯试剂和标准化学品。

10.2　高效液相色谱法的基本原理

HPLC 的基本原理与 GC 类似，因此 GC 的基本理论与概念也适用于 HPLC，但由于二者的流动相不同，因而 LC 的速率方程与 GC 也会有所差异。

10.2.1　液相色谱的速率方程

GC 的速率理论修正后即可用于 HPLC，并能对影响柱效的各种动力学因素作出较为合理的解释。

液相色谱的 van Deemter 方程为

$$H=2\lambda d_{p}+\frac{C'_{d}D_{m}}{u}+\left(\frac{C_{s}d_{f}^{2}}{D_{s}}+\frac{C_{m}d_{p}^{2}}{D_{m}}+\frac{C_{sm}d_{p}^{2}}{D_{m}}\right)\cdot u \qquad (10.1)$$

$$\quad(\text{I})\qquad(\text{II})\qquad(\text{III})\qquad(\text{IV})\qquad(\text{V})$$

式中，H 为塔板高度；λ 为填充不规则因子；d_{p} 为固定相的平均颗粒直径；C'_{d} 为常数；C_{s}、C_{m}、

C_{sm} 分别为固定相、流动相、停滞流动相的传质阻力系数,当填料一定时为定值;D_m、D_s 为组分在流动相和固定相中的扩散系数;d_f 为固定相层的厚度;u 为流动相线速率。

　　式(10.1)中,(Ⅰ)和(Ⅱ)分别表示涡流扩散项和纵向扩散项。由于组分在液相中的扩散系数比气相中小 4～5 个数量级,因此纵向扩散项(Ⅱ)在 HPLC 中基本可以忽略。(Ⅲ)和(Ⅳ)分别为固定相传质阻力和在流动相区域内流动相的传质阻力;(Ⅴ)为在流动相停滞区域内的传质阻力,如果固定相的微孔小而深,其传质阻力必会大大增加。可见,要提高液相色谱分离的效率,必须使塔板高度 H 尽可能减小,这可从色谱柱、流动相及流速等方面综合考虑。具体可用以下措施来提高柱效:

　　(1)采用小而均匀的颗粒填充色谱柱,且填充要均匀,以减少涡流扩散。

　　(2)采用小而均匀的颗粒填充色谱柱,且要均匀填充,以减少涡流扩散。

　　(3)使用小分子溶剂作流动相,以减小其黏度。

　　(4)降低流动相流速可降低塔板高度,但太低又会引起组分的纵向扩散,故流动相流速应调至适当范围。

　　(5)适当提高柱温以提高组分在流动相中的扩散系数。

　　由于 H 与 d_p 正相关,故减小填料粒度是提高柱效的最有效途径。当填料粒度从 $45\mu m$ 减小到 $6\mu m$ 时,板高可以降低 10 倍。

10.2.2　柱外效应

　　色谱柱外存在的使 HPLC 色谱峰展宽的因素称为柱外效应(柱外峰展宽),是影响柱效的一个重要来源,特别是用小内径的色谱柱时,该效应更加严重。柱外效应包括柱前峰展宽和柱后峰展宽两类。

　　柱前峰展宽包括由进样及进样器到色谱柱连接管引起的峰展宽。由于进样器和进样器到色谱柱连接管的死体积以及进样时液流扰动引起的扩散都会引起色谱峰的展宽和不对称,因此,样品应该直接进到柱头的中心部位进样。

　　柱后峰展宽主要由检测器流通池体积、连接管等引起。采用小体积检测器可以降低柱外效应,如通用紫外检测器的池体积为 $8\mu L$,微量池的体积可更小。

　　由于分子在液体中有较低的扩散系数,因此柱外效应在液相色谱中的影响要比气相色谱更为显著。为减少其不利影响,应尽可能减小柱外死空间,即减小除柱子本身外,从进样器到检测池之间的所有死体积,包括连接管和接头等,要采用零死体积接头连接各部件。

10.3　高效液相色谱法的类型

　　根据分离机制的不同,HPLC 可分为液液分配色谱法(liquid-liquid partition chromatography, LLPC)、液固吸附色谱法(liquid-solid adsorption chromatography, LSAC)、离子交换色谱法(ion exchange chromatography, IEC)、空间排阻色谱法(steric exclusion chromatography, SEC)、亲和色谱法(affinity chromatography, AC)以及离子对色谱法(ion pair chromatography, IPC)、离子色谱法(ion chromatography, IC)等众多类型。

10.3.1　液液分配色谱法

1. 分配色谱类型和特点

LLPC 的流动相、固定相均为液体，是利用组分在固定相和流动相中溶解度的差异，在两相间实现分离的方法。分配系数大者，保留时间长。LLPC 也是研究最多、应用最广的高效液相色谱类型。早期的分配色谱是通过物理吸附方法将固定液涂渍在担体表面作为固定相，由于流动相的溶解等因素，固定液易流失，且不能用于梯度洗脱。

目前 LLPC 多用化学键合固定相，通过化学反应将有机分子键合在担体（如硅胶）表面，形成一层牢固的单分子薄膜。化学键合相解决了固定液的流失，改善了固定相的功能，还能用于梯度洗脱。常用的有酯化键合、硅氮键合和硅烷化键合等，而硅烷化键合最为常用（图 10.1）。

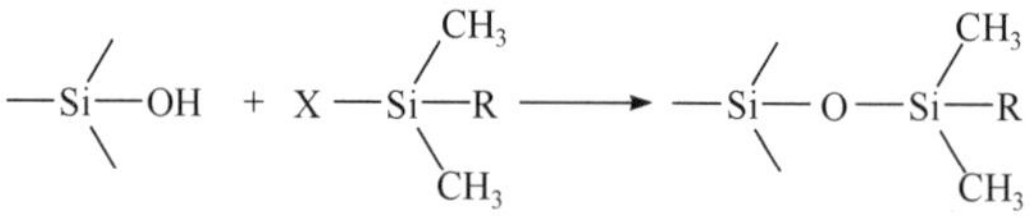

图 10.1　典型的硅烷化键合

化学键合相有以下特点：
(1) 固定相不易流失，柱的稳定性和寿命较高。
(2) 表面均一，没有液坑，传质快、柱效高。
(3) 耐受各种溶剂，可用于梯度洗脱。
(4) 能键合不同基团以改变选择性，是 HPLC 较为理想的固定相。

2. 正相、反相色谱法

根据固定相、流动相的极性差别，液液分配色谱可分为正相和反相色谱两类。

(1) 正相色谱法（normal-phase chromatography，NPC）。流动相极性小于固定相极性的色谱称为正相色谱。在正相色谱中，固定相是极性填料（如含水硅胶），流动相是非极性或弱极性溶剂（如烷烃等）。因此，样品中极性小的组分先流出，极性大的后流出。随着流动相极性增加，组分洗出时间减少。该法适于分析极性化合物。

目前广泛应用的是正相键合相色谱，其常用固定相是氰基或氨基化学键合相。氰基键合相以氰乙基取代硅胶中的羟基，极性比硅胶小，选择性与硅胶相似，主要用于可诱导极化的化合物和极性化合物的分析。氨基键合相以氨基取代硅羟基，其选择性与硅胶有很大差异，主要用于分析糖类物质。正相键合相色谱法适于分析中等极性的化合物，如脂溶性维生素、甾族、芳香醇、芳香胺、脂和有机氯农药等。

(2) 反相色谱法（reversed-phase chromatography，RPC）。反相色谱法的流动相极性大于固定相，则极性大的组分先流出，极性小的后流出。随着流动相极性增加，组分洗出时间增加，适于分析非极性化合物。反相键合相色谱法常将十八烷基、辛烷基或苯基键合在硅胶上构成固定相，流动相是以水为溶剂，再加入一种能与水混溶的有机溶剂（如甲醇、乙腈或四氢呋喃等）以改变溶液的极性、离子强度和 pH 等。典型的反相键合相色谱是在 ODS 柱［也称 C18 柱，是一种常用的反相色谱柱，填料为十八烷基硅烷键合硅胶（octadecylsilyl，简称 ODS）］上，采用甲醇-水或乙腈-水作流动相,来分离非极性或中等极性的化合物,如同系物、稠环芳烃、药物、激素、天然产物及农药残留量等。

10.3.2　液固吸附色谱法

LSAC 的固定相是固体吸附剂,据组分吸附作用的差异进行分离。由于吸附剂表面有活性吸附中心,流动相分子(Y)首先进入柱内而最早被吸附;当样品分子(X)随后被流动相带入柱内时,X 将与 Y 发生竞争性吸附作用,即 X 将取代一定数目的已被吸附的 Y,如图 10.2 所示,其作用过程可表示为

$$X_m + nY_a \rightleftharpoons X_a + nY_m \tag{10.2}$$

式中,下标 m 与 a 分别为流动相与吸附剂;n 为被吸附的溶剂分子数。

达平衡时,吸附平衡常数 K 为

$$K = \frac{C_{X_a} C_{Y_m}^n}{C_{X_m} C_{Y_a}^n} \tag{10.3}$$

K 大的组分,由于吸附剂对它的吸附作用强,保留值大,后流出色谱柱。

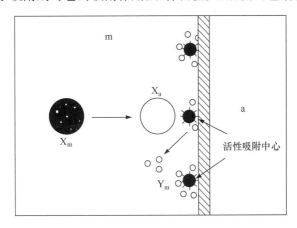

图 10.2　吸附色谱示意图

a. 吸附剂; m. 流动相; X. 溶质分子; Y. 流动相分子

LSAC 中应用最广泛的固定相吸附剂为硅胶($m\mathrm{SiO}_2 \cdot n\mathrm{H}_2\mathrm{O}$),流动相是以烷烃为底剂的二元或多元溶剂体系,常用于分离相对分子质量中等的油溶性物质,对具有不同官能团的化合物和异构体(包括顺反异构体)具有较高的分离选择性。但是对同系物的分离选择性很低,这是由于烷基链对吸附能影响很小。

此外,应区分液液化学键合相色谱过程中,待分离组分与固定相是发生在相内部的"吸收作用(吸着、吸留,absorption)"分配过程;而吸附色谱是发生在相表面的"吸附作用(adsorption)"分配过程。

10.3.3　离子交换色谱法

IEC 通过固定相表面带电荷的基团与待测组分离子和流动相离子进行可逆交换、离子-偶极作用或吸附等来实现分离。主要用于分离离子性化合物。

IEC 以离子交换树脂为固定相,以水溶液为流动相,利用待测组分离子与树脂的亲和力不同进行分离。

离子交换树脂分为阳离子交换树脂和阴离子交换树脂,其交换过程可表示为

阳离子交换：
$$M^+ + Y^+R^- \Longrightarrow Y^+ + M^+R^- \tag{10.4}$$

阴离子交换：
$$X^- + R^+Y^- \Longrightarrow Y^- + R^+X^- \tag{10.5}$$

式中,R 为树脂;Y 为树脂上可解离的离子(平衡离子);M^+、X^- 分别为被流动相带入柱中的溶质离子。

组分离子对树脂的亲和力越大,交换能力就越大,越易交换到树脂上,保留时间就越长;反之,亲和力小的离子,保留时间就短。实验表明:多电荷比单电荷离子的保留时间长。对于给定电荷,与溶质的水合离子体积及其他性质有关。以典型的磺酸基强阳离子交换剂为例,亲和顺序为:$Ag^+ > Cs^+ > Rb^+ > K^+ > NH_4^+ > Na^+ > H^+ > Li^+$。对二价阳离子亲和顺序为:$Ba^{2+} > Pb^{2+} > Sr^{2+} > Ca^{2+} > Ni^{2+} > Cd^{2+} > Cu^{2+} > Co^{2+} > Zn^{2+} > Mg^{2+} > UO_2^{2+}$。对强碱性阴离子交换剂,亲和顺序为:$SO_4^{2-} > C_2O_4^{2-} > I^- > NO_3^- > Br^- > Cl^- > HCO_2^- > CH_3CO_2^- > OH^- > F^-$。这只是大概顺序,实际情况还受离子交换剂类型和反应条件影响而略有变化。

常用的 IEC 固定相有以交联聚苯乙烯为基体的离子交换树脂和以硅胶为基体的键合离子交换剂等,流动相常为缓冲溶液。IEC 主要用于分离离子和可解离的化合物,如有机酸碱、氨基酸、核酸和蛋白质等。

10.3.4　空间排阻色谱法

空间排阻色谱法又称为分子排阻色谱法、尺寸排阻色谱法(size-exclusion chromatography,SEC)、凝胶色谱法(gel chromatography,GC)等,是一种分析高分子化合物的色谱技术。该色谱法采用一定孔径的凝胶(一种微粒均匀网状多孔凝胶材料)作固定相。当流动相为水溶液时,称为凝胶过滤色谱(gel filtration chromatography,GFC);当流动相是有机溶剂时,称为凝胶渗透色谱(gel permeation chromatography,GPC),且二者的分离机制相同。

与其他色谱不同的是,SEC 不是靠被分离组分在两相间的作用力不同进行分离,而是按组分尺寸与凝胶孔径的大小关系进行分离。当流动相携带样品流经色谱柱时,由于凝胶内具有一定大小的孔穴,体积大的分子不能渗透到孔穴中而被排阻,较早地被淋洗出来;体积小的分子可完全渗透入内,最后才洗出色谱柱;中等体积的分子则部分渗透,介于二者之间洗出。这样,组分按分子体积大小"排队"分离开来,表现出"分子筛效应"。其分离原理如图 10.3 所示,渗透过程模型如图 10.4 所示。

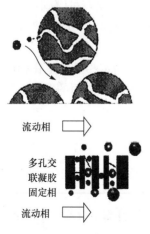

图 10.3　空间排阻色谱分离原理示意图

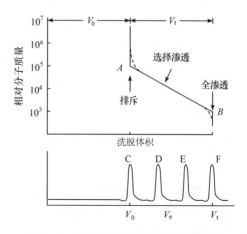

图 10.4　空间排阻色谱渗透过程模型图

图 10.4 中,A 点称为排斥极限点,凡比 A 点相对分子质量大者均被排斥在所有的凝胶孔穴之外,这些物质将以单一谱峰 C 出现,在保留体积 V_0(相当于柱内凝胶颗粒之间的体积)时一起被洗脱;B 点称为全渗透极限点,凡比 B 点相对分子质量小者都可以完全渗透到凝胶孔穴内,这些物质也将以单一谱峰 F 出现,在保留体积 V_t 时一起被洗脱;相对分子质量介于两个极限点之间者,依其分子尺寸的大小而不同程度地进入孔穴中,进行选择性渗透,即行进的路程有差异,因而样品按相对分子质量降低的次序依次被洗脱(相对分子质量 D>E)。

SEC 常用的固定相有无机和有机两大类,前者如多孔玻璃、硅胶基质等;后者为网状孔穴交联聚合物,如苯乙烯和二乙烯苯交联共聚物。无机材质具有稳定性高、易填充、更换溶剂平衡速度快、适用溶剂范围广等优点,缺点是残余吸附,导致溶质非排阻保留,因此常采用硅烷化对表面进行去活化。最初的有机共聚物为疏水性,只适用于非水流动相,对水溶性高分子(如糖类等)应用受限。现在常通过聚苯乙烯磺酸化或制备聚丙烯酰胺获得亲水性聚合物凝胶。

SEC 对流动相的要求是:黏度低,能溶解样品,与凝胶性质相似以便能润湿凝胶并防止吸附作用,沸点一般要比柱温高 25~50℃。SEC 不采用改变流动相组成来改善分离度,溶剂选择主要考虑对试样溶解能力及与固定相、检测器的匹配。常用流动相有四氢呋喃、甲苯、氯仿和水等。

SEC 具有分析时间短、谱峰窄、灵敏度高、试样损失小以及色谱柱不易失活等优点,但峰容量有限,不能分辨尺寸相近的化合物,如异构体等。SEC 被广泛用于大分子的分级(聚合物的相对分子质量分布),以及分离大分子物质(如蛋白质、核酸、油脂等)并测定各种平均相对分子质量,工业中主要用于分离纯化聚合物和蛋白质。采用 Waters PAH C18 键合固定相色谱柱,以水和乙腈为流动相分离生肉中 15 种多环芳烃。分离所得色谱图如图 10.5 所示。

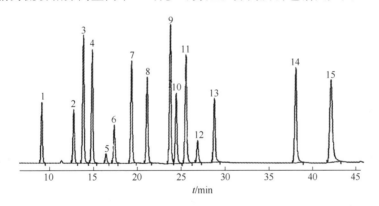

图 10.5　凝胶渗透色谱法分离 15 种多环芳烃
1. 苯并[c]芴;2. 苯并[a]蒽;3. 䓛;4. 5-甲基-1,2-苯并菲;5. 苯并[j]荧蒽;6. 苯并[b]荧蒽;7. 苯并[k]荧蒽;
8. 苯并[a]芘;9. 二苯并[a,l]芘;10. 二苯并[a,h]蒽;11. 苯并[g,h,i]芘;12. 茚并[1,2,3-c,d]芘;
13. 二苯并[a,e]芘;14. 二苯并[a,i]芘;15. 二苯并[a,h]芘

10.3.5　亲和色谱法

亲和色谱法(affinity chromatography)是利用流动相中的生物大分子和固定相表面偶联的特异性配基发生亲和作用,对溶液中的溶质进行选择性吸附而分离的方法,如图 10.6 所示。这种亲和作用涉及分子间疏水作用、范德华力、静电力、络合作用、空间位阻效应等多种因素。

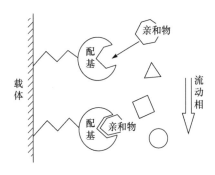

图 10.6　亲和色谱示意图

通常是在载体表面先键合一种具有一般反应性能的间隔臂(如环氧、联氨等),再连接酶、抗原或激素等配基。当含有亲和物的试样流经固定相时,亲和物就与配基结合而与其他组分分离。待其他组分先流出色谱柱后,通过改变流动相的 pH 或组成,以降低亲和物与配基的亲和力,即可将保留在柱上的大分子以纯品的形式洗脱下来。

亲和色谱法可看成是一种选择性过滤,具有选择性强、纯化效率高的特点,一步就能获得纯品,是分离和纯化生物大分子的重要手段。特别适用于低浓度生物大分子,如蛋白质的分离纯化,可稳定蛋白质的结构和活性,且收率高。

10.4　高效液相色谱仪

高效液相色谱仪有多种类型,按功能可分为分析、制备、半制备、分析和制备兼用等形式;按结构布局可分为整体和模块两种类型。虽然每种仪器的性能结构有差异,但均含以下四个主要部分:高压输液系统、进样系统、分离系统和检测系统。此外,还配有脱气装置、梯度淋洗、柱温箱、自动进样器、馏分收集及处理装置、计算机数据处理等辅助系统。

典型的高效液相色谱仪的结构如图 10.7 所示,测量时,高压泵首先将储液器中的溶剂经进样器送入色谱柱中,然后从检测器的出口流出;再将待测样品从进样器注入,流经进样器的流动相便将其带入色谱柱中进行分离,分离后的组分依次进入检测器,由记录仪将检测器测定的信号——记录下来即得到色谱图。

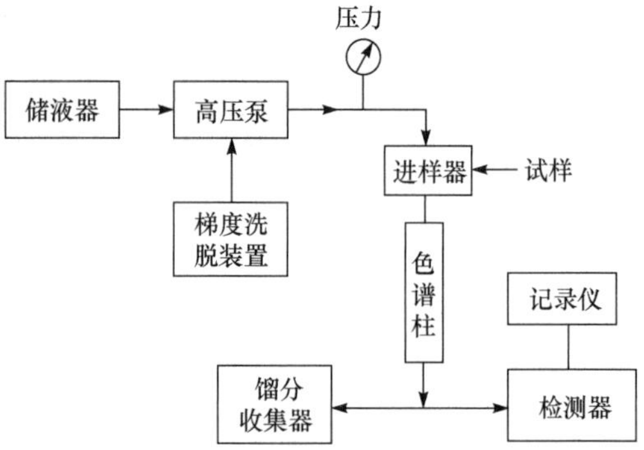

图 10.7　典型的高效液相色谱仪结构示意图

10.4.1　高压输液系统

高压输液系统由储液器、高压泵、过滤器等组成,其核心部件是高压泵。高压泵用于输送流动相,因为液体的黏度比气体大 100 倍,为保证一定的流速,必须借助高压迫使流动相通过柱子。高压泵应具备较高的压力(可达 30 000~50 000kPa),输出精度高,调节范围大,一般分析型仪器流量为 0.1~10mL·min^{-1},制备型为 50~100mL·min^{-1};流量应稳定,因为它不仅影响柱效,而且直接影响到峰面积的重现性进而影响定量分析的精度、保留值和分辨率;高压泵输出压力应平稳无脉动,否则会使检测器噪声加大、最小检出限变坏。此外,还应具备耐酸、耐碱、耐缓冲液腐蚀、死体积小、容易清洗、更换溶剂方便等特点。

HPLC 中常用的高压泵是恒流泵(恒压泵已很少使用),恒流泵具有恒定的输出流量,常分为螺旋泵和往复泵两种。往复泵又分为柱塞式和隔膜式两种,目前使用最多的是柱塞式往复泵(reciprocating piston pump),如图 10.8 所示。

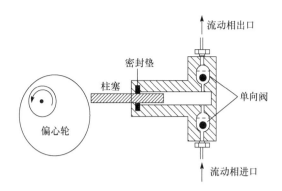

图 10.8　柱塞式往复泵

10.4.2　进样系统

HPLC 中的柱外效应很突出,而进样系统是引起柱前色谱峰展宽的主要因素。HPLC 要求进样装置重复性好、死体积小、样品被"浓缩"瞬时注入色谱柱柱头中心成一小"点"。常用的进样装置有以下 3 种:

(1) 隔膜进样器。与 GC 类似,试样用 $1 \sim 100 \mu L$ 进样器(注射器)穿过密封隔膜注入色谱柱内。它简单价廉、死体积小,但重现性差。

(2) 六通阀。六通阀是目前普遍采用的进样方式,其结构和工作原理同 GC 所述。由于进样体积由定量管严格控制,故进样准确、重现性好。

(3) 自动进样器。当有大批量样品需做常规分析时,可采用自动进样器进样。自动进样器由程序或微机控制,可自动进行取样、进样、清洗等,分为圆盘式、链式和笔标式 3 种。

10.4.3　色谱柱

色谱柱是整个色谱系统的"心脏",由柱管和固定相组成。色谱柱的质量直接影响分离效果。按规格可分为分析型和制备型两类。其中分析柱又可分为常量柱、半微量柱和毛细管柱。一般常量柱长为 $10 \sim 30cm$,内径为 $2 \sim 5mm$。柱管材料多采用优质不锈钢制造。柱内壁要求光洁平滑,否则内壁的纵向沟痕和表面多孔性都会引起谱带展宽。

色谱柱的柱效主要取决于固定相的性能和装柱技术(多采用匀浆法装填)。按承受高压力的不同,固定相分为刚性固体和硬胶两大类。刚性固体以二氧化硅为基质,耐受压力较高,在其表面进行化学键合制成的键合固定相,应用范围非常广泛。硬胶由聚苯乙烯和二乙烯基苯交联而成,耐压力较低,主要用于离子交换色谱和空间排阻色谱。

按孔隙深度,固定相分为表面多孔型和全多孔型两类(图 10.9)。表面多孔型固定相是在实心玻璃外覆盖一层厚度为 $1 \sim 2 \mu m$ 的多孔活性物质,形成无数向外开放的浅孔。由于多孔层厚度小、孔浅,故死体积小、出峰快、柱效高,但柱容量有限。通常采用更多的是全多孔型固定相,由直径为 $10^{-3} \mu m$ 数量级的硅胶微粒聚集而成。由于颗粒细,孔较浅,所以传质速率高,柱效高,其柱容量是表面多孔型的 5 倍,只是需要的操作压力更高。

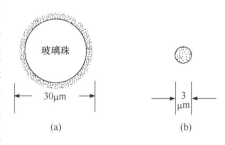

图 10.9　高效液相色谱固定相类型

(a)表面多孔型;(b)全多孔型

研究表明,较小的固定相颗粒可以提高柱效,缩短柱长,加快分析速度。不同的液相色谱分离模式,应根据需要采用不同性质的固定相。

通常,在进样器和色谱柱之间还可以连接预柱(前置柱)或保护柱,这样不仅去除了溶剂中的颗粒杂质和污染物,还可以去除与固定相不可逆结合的组分,来保护较为昂贵的分析柱,延长使用寿命。但会增加峰的保留时间,降低保留值较小组分的分离效率。

10.4.4 检测系统

理想的高效液相色谱检测器应具备灵敏度高、重现性好、响应快、线性范围宽、死体积小、对所有试样都有响应而对溶剂无响应、能用于梯度洗脱、对温度和流动相波动不敏感等特性。检测液体流动相中溶质组分比气体中组分的技术难度要大,检测器是液相色谱发展中的薄弱环节和主要挑战之一。商品化的 HPLC 检测器有紫外光度检测器(ultraviolet photometric detector, UVD)、荧光检测器(fluorescence detector, FD)、示差折光检测器(refractive index detector, RID)、电化学检测器(electrochemical detector, ECD)、蒸发光散射检测器(evaporative light scattering detector, ELSD)等多种类型。近年来发展的新型检测器有质谱检测器和傅里叶红外检测器,它们的使用使液相色谱的定性功能大大增强。

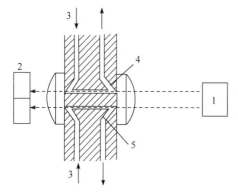

图 10.10　紫外光度检测器示意图
1. 光源；2. 光电管；3. 流动相；4. 测量池；
5. 参比池

1. 紫外光度检测器

紫外光度检测器(简称紫外检测器)是一种浓度型检测器,其结构同紫外-可见分光光度计类似,如图 10.10 所示。它是 HPLC 中应用最早、使用最广泛的一种检测器,通过测定物质在流动池中吸收紫外光的大小来确定其含量。可分为固定波长(单波长)、可变波长(多波长)和光电二极管阵列(photo diode array detector, PDAD)等检测器,其中,PDAD 可获得三维色谱-光谱图像,可迅速地定性判别或鉴定不同类型的化合物。

紫外检测器的优点是:灵敏度较高(检测下限可达 1ng),对环境温度、流动相流速波动和组成变化不敏感,无论等度或梯度冲洗都可使用。该法可用来分析测定对紫外光(或可见光)有吸收的化合物,通用性较好,在 HPLC 分析中,有 70%~80% 的样品可用该检测器分析测定。

2. 荧光检测器

荧光检测器具有极高的灵敏度和良好的选择性,灵敏度可达 $\mu g/L$,比紫外光度检测器高 10~100 倍;所需试样少,可以检测具有荧光的物质或能形成荧光配合物的物质,在药物和生化分析中有着广泛的用途,适于稠环芳烃、甾族化合物、酶、氨基酸、维生素、色素、蛋白质等荧光物质的测定。其结构类似于荧光分光光度计,如图 10.11 所示。光源发出的光束通过透镜和激发滤光片,分离出特定波长的紫外光,此波长称为激发波长,再经聚焦透镜聚集于吸收池上,此时荧光组分被紫外光激发,产生荧光。在与光源垂直方向上经聚焦透镜将荧光聚焦,再通过发射滤光片,分离出发射波长,并投射到光电倍增管上。荧光强度与组分浓度成一定比例。

3. 示差折光检测器

示差折光检测器也称示差检测器、折光检测器或光折射检测器,是一种通用型检测器,也是除紫外检测器之外应用最多的一种 HPLC 检测器。按其工作原理分为偏转式和反射式。图 10.12 为偏转式示差折光检测器的光路示意图,其工作原理是:折射率随介质中的成分变化而变化,如果入射角不变,则光束的偏转角是流动相(介质)中成分变化的函数,因此,测量折射角偏转值的大小,便可得到试样的浓度。

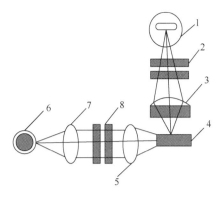

图 10.11　荧光检测器示意图
1. 光电倍增管;2. 发射滤光片;3. 透镜;
4. 样品流通池;5. 透镜;6. 光源;
7. 透镜;8. 激光滤光片

几乎所有的物质都有各自不同的折射率,RID 可连续检测参比池和样品池中流动相之间的折光指数差值,该差值与样品浓度呈正比。原则上凡是与流动相折光指数有差别的样品都可用 RID 来测定,因而应用范围很广;但该检测器的缺点是:灵敏度低,折射率随温度变化大,不能用于梯度洗脱。

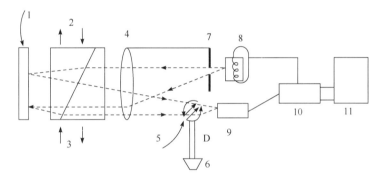

图 10.12　偏转式示差折光检测器光路示意图
1. 反光镜;2. 试样池;3. 参比池;4. 透镜;5. 光学零点;6. 零点调节;7. 光栅;8. 光源;
9. 检定器;10. 放大器和电源;11. 记录仪

4. 电化学检测器

电化学检测器包括四种类型:介电型、电导型、电位型和安培型。其中,电导检测器和安培检测器是离子色谱中广泛使用的两种检测器。以电导检测器为例,其作用原理是基于物质在某些介质中电离后所产生电导的变化来测定电离物质含量的一种方法,也是使用较多的一种电化学检测器,主要用于离子型化合物浓度的测定。电导检测器具有死体积小、敏感度高(抑制电导法可达 $10^{-9}\mathrm{g\cdot mL^{-1}}$)、线性范围宽($1.0\times10^{4}$)等特点,但受温度影响大,在 pH>7 时不够灵敏。

5. 蒸发光散射检测器

蒸发光散射检测器是一种通用型检测器,对所有固体物质均有几乎相等的响应,检出限一般为 8~10ng,可用于挥发性低于流动相的任何样品组分的测定,并可用于梯度洗脱,但对有紫外吸收的样品灵敏度较低。

10.5　超临界流体色谱法

超临界流体色谱法(supercritical fluid chromatography,SFC)是以超临界流体作为流动相的色谱分析方法,是 20 世纪 80 年代发展起来的一种新型色谱技术。SFC 结合了气相色谱和高效液相色谱的优点,可以分析 GC 不适宜分析的高沸点、低挥发性试样,以及 HPLC 中缺少检测功能团的试样,约占色谱分离中 25% 的化合物。SFC 作为 GC 和 HPLC 的补充,可以为难挥发、易热解的高分子化合物、天然产物提供有效快速的分离方法,已成为近代色谱学发展的一个有价值的领域。

10.5.1　超临界流体的基本性质

1. 物质的临界点

随着温度和压力的不同,物质在气、液、固三态间变化,某些纯物质具有三相点和临界点,

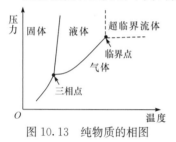

图 10.13　纯物质的相图

其相图如图 10.13 所示。在三相点时,气、液、固三态处于平衡状态。在临界温度和临界压力以上,物质是以超临界流体的状态存在。

2. 超临界流体的特性

超临界流体既不是气体,也不是液体,而是一种流体,具有对分离极其有利的物理性质,如表 10.1 所示。

表 10.1　气体、液体和超临界流体的物理性质比较

状　态	密度/(g·cm⁻³)	扩散系数/(cm²·s⁻¹)	黏度/(g·cm⁻¹·s⁻¹)
气体	$(0.6\sim2)\times10^{-3}$	$0.1\sim0.4$	$(1\sim3)\times10^{-4}$
液体	$0.6\sim2$	$(0.2\sim2)\times10^{-5}$	$(0.2\sim3)\times10^{-2}$
超临界流体	$0.2\sim0.5$	$10^{-3}\sim10^{-4}$	$(1\sim3)\times10^{-4}$

从表 10.1 可以看出,超临界流体的性质介于气、液之间。一方面,由于超临界流体的黏度与气体接近,因此 SFC 中组分的传质阻力小,可获得快速、高效的分离;另一方面,超临界流体的密度又与液体相似,便于在低温下分离和分析热不稳定、相对分子质量大的物质。此外,超临界流体的扩散系数、黏度和溶解力等都是密度的函数,通过改变流体的密度,就可以改变流体的性质。SFC 中的程序升压(升密度)相当于 GC 中的程序升温和 LC 中的梯度洗脱。

10.5.2　超临界流体仪器

与 GC 和 HPLC 类似,SFC 仪器同样需要流动相、净化系统、高压泵、进样系统、色谱柱、检测器和数据处理系统。它们之间的主要差别在于:

(1) HPLC 只在柱出口加压,而 SFC 的仪器整体都处在足够的高压下,这样才能使流动相处于高密度状态,增强洗脱能力,因此必须有程序升压的精密控制设备。

(2) 色谱柱的控温系统与气相色谱仪类似,但必须很精密。

(3) SFC 必须装有毛细管限流器(restrictor),以实现限流器两端相态的瞬时转变。为防

止高沸点组分的冷凝,限流器应保持在 $300\sim400℃$。当使用氢火焰离子化检测器时,限流器应放在检测器之前。除此之外,可以放在检测器之后。

10.5.3　固定相和流动相

超临界流体色谱可以使用填充柱,也可以使用毛细管柱。填充柱与普通的 HPLC 柱相似,固定相颗粒直径为 $3\sim10\mu m$,内径为几毫米,长度不超过 25cm;毛细管柱长为 $10\sim20cm$,内径 $0.05\sim1.0\mu m$,固定液膜厚 $0.05\sim1.0\mu m$。

SFC 中可选的超临界流动相有 CO_2、N_2O、NH_3、甲醇、正丁烷等,表 10.2 列出了 4 种常用流动相的物理性质。

表 10.2　超临界流体色谱中常用流动相的物理性质

临界温度 /℃	流　体	临界压力 /(10^6 Pa)	临界点的密度 /(10^6 Pa)	在 4×10^6 Pa 下的密度 /(g·cm^{-3})	临界温度 /℃
31.1	CO_2	72.9	0.47	0.96	31.1
36.5	N_2O	71.7	0.45	0.94	36.5
132.5	NH_3	112.5	0.24	0.40	132.5
152.0	$n\text{-}C_4H_{10}$	37.5	0.23	0.50	152.0

可见,这 4 种流体的临界温度和压力,在普通实验室即易于实现;同时,它们的密度很高,便于溶解大量的非极性分子。由于 CO_2 无毒、价廉易得,可在较宽的范围内调节温度和压力,紫外截止波长小于 190nm,所以是 SFC 中最常用的流动相。加入改性剂,还可以提高 CO_2 流体的选择性。

10.5.4　超临界流体的特点及其应用

因为超临界流体的黏度低,可以使用更高的流速,故与 HPLC 相比,SFC 的柱效更高,分析时间更短。

与 GC 相比,SFC 具有以下优点:

(1) 由于流体的扩散系数和黏度介于气、液之间,因此 SFC 的谱带展宽更窄。

(2) 流体不仅携带溶质移动,而且会参与选择竞争。

(3) SFC 可用比 GC 更低的温度实现对大分子及热不稳定物质的有效分离。

SFC 特别适用于 GC 和 HPLC 不能分析的样品,如某些天然产物、药物、高聚物、表面活性剂、农药、氨基酸、多环芳烃、炸药和火箭推进剂等。例如,蜕皮类固醇含有多个羟基,在昆虫的皮层和卵中含量甚微,用 GC 测定时易分解;若用 HPLC 测定,紫外检测器又对它不敏感,若用衍生化的方法降低其极性,则产率低且不稳定。但蜕皮类固醇对氢火焰离子化检测器敏感,采用 SFC 分析则比较理想。SFC 的不足是仪器结构复杂,可选择的流动相数目有限。

10.6　实验技术

10.6.1　分离方法的选择

分析时,HPLC 类型的选择一般是从相对分子质量出发,考虑样品的水溶性、结构和极性等,参照图 10.14 来选择分离方式。

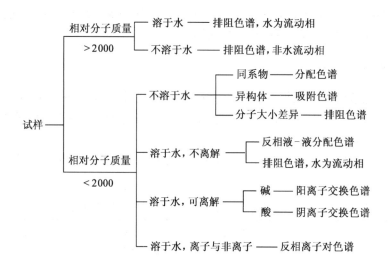

图 10.14 液相色谱的分离方式

对于一些特殊试样,可用其他类型的液相色谱法进行分析。例如,异构体采用吸附色谱法分析,也可用手性固定相或含手性添加剂的流动相进行色谱分析。

10.6.2 液相色谱衍生化技术

液相色谱中,衍生化主要目的是为了改善检测能力,包括柱前及柱后的衍生化。紫外检测器是液相色谱中使用最多的检测器,没有紫外吸收或吸收很弱的化合物只能通过衍生化反应在分子中引入紫外吸收基团后,才能被检测。常用的紫外衍生化反应有苯甲酰化反应、2,4-二硝基氟代苯(DNFB)反应、苯基异硫氰酸酯(PITC)反应、苯基磺酰氯反应、酯化反应和羰基化反应等。紫外衍生化应选择产率高、重复性好的反应,若过量的试剂或试剂中的杂质会干扰下一步的分离和检测,则在进入色谱仪之前要进行纯化分离,同时还应注意介质对紫外吸收的影响。

荧光检测器的灵敏度比紫外检测器高几个数量级,但 HPLC 能分离的试样大多没有荧光,这时就需要在目标化合物上接入荧光生色基团。常用的荧光衍生化试剂有丹磺酰氯、丹磺酰肼、荧光胺、氨基酸分析衍生化 OPA 试剂等。

除可以进行上述液相衍生化反应外,还可进行固相化学衍生化反应。后者将衍生化小型柱直接与色谱仪器的进样器连接,实际上也就是将固相有机合成反应移植到色谱分析中来。固定化酶反应器也是一类固相化学衍生剂。

10.6.3 梯度洗脱技术

梯度洗脱(gradient elution)是指在一个分析周期中,按一定的程序连续改变流动相中溶剂的组成和配比(如溶剂的极性、离子强度、pII 等),使样品中的各个组分都能在适宜的条件下得到分离。HPLC 中的梯度洗脱相当于 GC 中的程序升温,梯度洗脱对于一些组分复杂及容量因子值范围很宽的样品尤为必要。

梯度洗脱可以改善峰形,提高柱效,减少分析时间,使强保留成分不易残留在柱上,从而保持柱子的良好性能。但梯度洗脱会引起基线漂移、重现性变差等,故需严格控制梯度洗脱的实验条件。梯度洗脱可分为高压、低压两类,目前多采用低压梯度洗脱技术。

　　为了防止流动相从高压泵中流出时释放出的气泡进入检测器而使噪声加剧,甚至不能正常检测,流动相在使用之前必须进行脱气处理。脱气的方法有氦气脱气、电磁脱气、超声波脱气等。此外,流动相在使用前必须进行过滤,防止其中的微粒或细菌堵塞流路系统。

　　图 10.15 表示用二元梯度来分离 9 种色素。采用 thermo Hypersil GOLD C18 液相色谱柱(5μm×4.6mm×250mm),流动相为甲醇和乙酸铵 0.02mol · L^{-1};在 7min 内甲醇含量从5%(V/V)随时间改变至 100%(V/V),并持续 3min。流速为 1.0mL · min^{-1};柱温为 35℃。

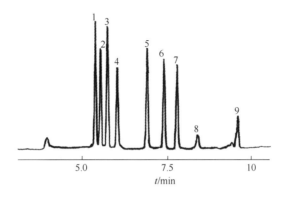

图 10.15　食品中 9 种色素分析

1. 柠檬黄；2. 新红；3. 苋菜红；4. 靛蓝；5. 胭脂红；6. 日落黄；7. 诱惑红；8. 亮蓝；9. 赤藓红

10.6.4　现代仪器联用技术

　　将 HPLC 与光谱或波谱技术联用,就是将 HPLC 的高分离效能与光谱/波谱仪的结构分析优势有机结合起来,是解决复杂体系样品强有力的手段。目前最常用、最有效的是液-质联用(HPLC-MS),使样品的分离鉴定达到了更高水平。已发展的还有 HPLC-FTIR 和 HPLC-NMR 联用等,LC-NMR-MS 联用也已用于科学研究中。联用技术为复杂体系样品中未知组分的在线解析提供了可能。

　　HPLC 与其他色谱技术的联用称为二维色谱,系采用柱切换技术,将一根色谱柱上未分开的组分在另一根柱上用不同的分离原理加以完全分离,为复杂样品的分析提供了有力手段。常见的二维色谱有 HPLC-GC、LLC-SEC、LLC-IEC 和 HPLC-CE 等。

　　HPLC 几乎已经成为分析化学中发展最快、应用最广的分析方法,已成为生命科学、环境科学、材料科学、食品质量与安全、药物检验等方面必不可少的手段,可以分离分析氨基酸、蛋白质、纤维素、生物碱、糖类、药物等常见物质。与其他结构分析手段在线联用,HPLC 还可实现已知化合物的在线检测和未知化合物的在线分析。

思考题与习题

1. 影响高效液相色谱峰展宽的因素有哪些?
2. 高效液相色谱仪一般可分为哪几部分? 试比较气相色谱和液相色谱的异同点。
3. 什么是梯度洗脱? 梯度洗脱有什么优点?
4. 提高液相色谱柱效的途径有哪些? 最有效的途径是什么?
5. 高压泵应具备哪些性能?
6. 高效液相色谱法有哪些分离模式? 怎样进行选择?
7. 化学键合相有什么优点?

8. 超临界流体色谱法有什么突出优点？

9. 什么是正相色谱和反相色谱？

10. 对聚苯乙烯相对分子质量进行分级分析，应采用哪一种液相色谱法？

11. 对下列试样，用液相色谱分析，应采用何种检测器？

(1) 长链饱和烷烃的混合物　(2) 水源中的多环芳烃化合物

12. 用一个填充柱分离 2-甲基十七烷和十八烷，已知该柱对上述两组分的理论塔板数为 4200，测得它们的保留时间分别为 14.82min 及 15.05min，求它们的分离度。

第11章 高效毛细管电泳和毛细管电动色谱分析法

11.1 概　　述

电泳(electrophoresis)是指带电粒子在电场作用下于一定介质中发生定向运动的现象。高效毛细管电泳(high-performance capillary electrophoresis，HPCE)是一类以毛细管为分离通道，以高压直流电场为驱动力进行高效、快速分离的一种电泳技术。

1930年，瑞典化学家 Tiselius 创立电泳技术，并将人血清中的蛋白质分成5个主要成分，为电泳技术的发展和应用做出了杰出贡献，因此 Tiselius 于1948年荣获诺贝尔化学奖。1981年，Jorgenson 和 Lukacs 使用内径 $75\mu m$ 石英毛细管进行区带电泳，成功地对丹酰化氨基酸样品进行了快速、高效分离，并阐明了毛细管电泳(capillary electrophoresis，CE)的有关理论，成为 HPCE 发展史上的一个里程碑。从此，毛细管电泳的研究与应用迅速发展，各种分离模式相继建立，各种操作技术日益完善，各种商品仪器不断推出，应用领域迅速扩展，成为分析化学领域中发展最快的分离技术。

相对于高效液相色谱法，HPCE 具有样品量少、操作简便、分离效率高、分析成本低、应用面广等优点。但 CE 制备能力差，在进样的准确性和检测灵敏度等方面比高效液相色谱法略逊。

根据分离机理不同，毛细管电泳分离模式可分为毛细管区带电泳(capillary zone electrophoresis，CZE)、毛细管等速电泳(capillary isotachophoresis，CITP)、毛细管等电聚焦(capillary isoelectric focusing，CIEF)、毛细管电动色谱(capillary electrokinetic chromatography，CEC)、亲和毛细管电泳(affinity capillary electrophoresis，ACE)等。

11.2 毛细管电泳的基本原理

11.2.1 电泳分离基础

1. 电泳淌度

因为电泳速率与外加电场强度有关，所以在电泳中常用淌度(mobility)而不用速率来描述荷电离子的电泳行为与特征。电泳淌度定义为单位场强下离子的平均电泳速率，这样离子迁移速率可以用式(11.1)表示。

$$v_e = \mu_e E = \frac{\alpha_i \zeta_e \varepsilon}{d\eta} E \tag{11.1}$$

式中，μ_e 为电泳淌度；v_e 为离子的电泳速率；E 为电场强度；α_i 为组分的分离度；ζ_e 为组分的电动电位；ε 为介质的介电常数；η 为介质的黏度；d 为与离子大小有关的常数。从式(11.1)可以看出，当电场强度一定时离子的电泳淌度不同，在电场中移动的速率不一样，利用这个原理可以将不同的离子彼此分离。对于大小相同的离子来说，所带电荷越大，获得的驱动力越大，迁移的速率越快。对于具有同样电荷的离子，离子半径越小，摩擦力越小，迁移的速率就越快。

2. 电渗流

电渗流(electro osmotic flow,EOF)是指毛细管中的溶剂在轴向直流电场作用下发生的定向流动现象。EOF 起因于牢固结合在管壁上、在电场作用下不能迁移的离子或带电基团,

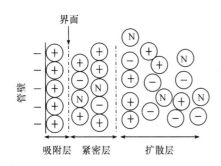

图 11.1　毛细管内壁的双电层模型
－. 荷负电粒子;＋. 荷正电粒子;
N. 电中性粒子

即定域电荷。根据电中性要求,定域电荷将吸引溶液中的相反电荷离子,使其聚集在周围,形成双电层,如图 11.1 所示。当缓冲液的 pH 大于 3 时,毛细管内壁的硅羟基 Si—OH 电离成 SiO⁻,使表面带负电荷。在固液界面,溶液中的阳离子靠静电吸附和分子扩散形成双电层。处于扩散层中的阳离子,在外加电场作用下向阴极移动。溶剂化的阳离子携带溶剂一同向阴极迁移,便形成 EOF。以电场力驱动产生的 EOF,与高效液相色谱中靠外部泵压产生的液流不同,如图 11.2 所示。EOF 的流型属扁平形的塞流,HPLC 的流型是抛物线状的层流。扁平流型不会引起样品区带的增宽,这是 CE 的分离柱效高于 HPLC 的重要原因之一。

图 11.2　电渗流与高效液相色谱的流型对比

与电泳类似,常用电渗淌度表示电渗流大小,用式(11.2)表示:

$$v_{\mathrm{eo}} = \mu_{\mathrm{eo}} E \tag{11.2}$$

式中,v_{eo} 为电渗流速率;μ_{eo} 为电渗淌度。

在电渗流存在的情况下,组分的迁移速率 v 是它的电泳速率 v_{e} 和电渗流速率 v_{eo} 的总和,可以用式(11.3)表示:

$$v = (\mu_{\mathrm{e}} + \mu_{\mathrm{eo}}) E = v_{\mathrm{e}} + v_{\mathrm{eo}} \tag{11.3}$$

在毛细管电泳中,阳离子向阴极迁移,与 EOF 方向一致,移动速率最快。中性分子随 EOF 迁移但不能彼此分离。阴离子应向阳极迁移,但由于 EOF 的速率通常大于电泳移动速率,阴离子缓慢移向阴极,因此可以将所有的阳离子、中性物质、阴离子先后带至毛细管的同一末端并被检测。不电离的中性物质也在管内流动,利用中性分子的出峰时间可以测定电渗流迁移率的大小。

11.2.2　毛细管区带电泳

毛细管区带电泳是毛细管电泳中最基本且应用最广的一种操作模式,其特征是整个系统都用同一种电泳缓冲液充满。缓冲液由缓冲试剂、pH 调节剂、溶剂和添加剂组成。当电流通过时,缓冲液中的阳离子、阴离子分别以恒定的速率向阳极和阴极移动,试样中的各个组分也按各自的特定速率迁移,即缓冲液的离子流动中伴随有试样离子的流动。由于试样中各个组

分间荷质比的差异,以不同的速率在分立的区带内进行迁移。如果试样中各个组分的迁移率差别较大,就能将各个组分分离。

CZE 不仅可以分离小分子,而且能分离那些经衍生化或配合反应生成的离子物质,如氨基酸、蛋白质等,应用范围很广。分离阳离子时,由于电渗流的方向与离子迁移的方向一致,不必处理毛细管壁。但是分离阴离子时,电渗流的方向与离子迁移的方向相反,因此常向缓冲溶液中添加阳离子表面活性剂,用来改变正常电渗流的方向。表面活性剂吸附到毛细管壁上,完全屏蔽了 SiO^-,使管壁带正电荷,缓冲液的阴离子聚集在管壁附近并被带向阳极,因此可加速阴离子的分离。

过去,分析小的阴离子常采用离子交换色谱法,分析阳离子常采用离子体发射色谱法。近年来,由于毛细管电泳具有速率快、分辨率高、消耗低等特点,已逐渐成为分析小离子的常用方法。图 11.3 是水中无机阴离子及有机酸根的分离图谱。

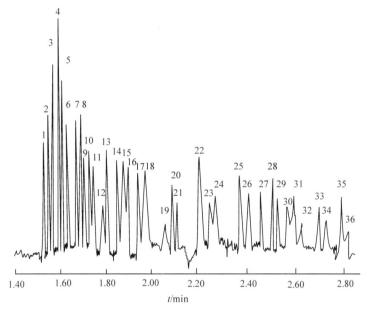

图 11.3　水中无机阴离子及有机酸根的分离图谱

1. $S_2O_3^{2-}$;2 Br^-;3. Cl^-;4. SO_4^{2-};5. NO_2^-;6. NO_3^-;7. 钼酸根;8. 叠氮(化物);9. WO_4^{2-};10. 一氟磷酸根;11. ClO_3^-;
12. 柠檬酸根;13. F^-;14. 甲酸根;15. PO_4^{3-};16. 亚磷酸根;17. 次氯酸根;18. 戊二酸根;19. 邻苯二甲酸根;
20. 半乳糖二酸根;21. 碳酸根;22. 乙酸根;23. 氯乙酸根;24. 乙基磺酸根;25. 丙酸根;26. 丙基磺酸根;
27. 天冬酸根;28. 巴豆酸根;29. 丁酸根;30. 丁基磺酸根;31. 戊酸根;32. 苯甲酸根;
33. L-谷氨酸根;34. 戊基磺酸根;35. d-葡萄糖酸根;36. d-半乳糖醛酸根

11.2.3　毛细管凝胶电泳

毛细管凝胶电泳(capillary gel electrophoresis,CGE)是以起"分子筛"作用的凝胶作为支持介质的区带电泳,是按照试样中各个组分相对分子质量的大小进行分离的方法。常用于蛋白质、寡聚核苷酸、核糖核酸、DNA 片段的分离和测序及聚合酶链反应产物的分析。CGE 能达到 CE 中最高的柱效。

CGE 是在凝胶介质上进行的。常用的交联聚丙烯酰胺凝胶(polypropylene amine gel,PAG)是由单体丙烯酰胺和交联剂亚甲基双丙烯酰胺聚合而成的三维网状多孔结构。聚合物的孔径大小取决于单体和交联剂的浓度,增加交联剂的量可以得到小孔径凝胶。CGE 的主要

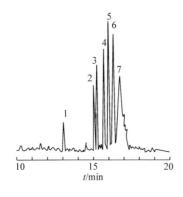

图 11.4　DNA 在线性聚丙烯
酰胺溶液中的电泳图谱

1. 564bp；2. 2.0kbp；3. 2.3kbp；
4. 4.4kbp；5. 6.6kbp；6. 9.4kbp；
7. 23.1kbp

缺点是柱制备比较困难,寿命偏短。

随后发展的"无胶筛分"技术,采用低黏度的线性非交联的亲水性聚合物溶液代替高黏度的交联聚丙烯酰胺。这种线型聚合物溶液仍有按分子大小分离组分的分子筛作用,其功能可通过改变线型聚合物的种类、浓度等予以调节。此法简单,使用方便,但是分离能力比 CGE 差。常用的无胶筛分介质有线性聚丙烯酰胺、聚乙二醇、甲基纤维素及其衍生物和葡聚糖等。用 1.5% 线性聚丙烯酰胺溶液分离混合 DNA 的电泳图谱如图 11.4 所示。

11.2.4　毛细管等电聚焦

毛细管等电聚焦是基于不同蛋白质或多肽之间等电点的差异进行分离的电泳技术。蛋白质分子是典型的两性电解质,所带电荷与溶液 pH 有关,在酸性溶液中带正电荷,在碱性溶液中带负电荷。当其表观电荷数等于零时,溶液的 pH 称为蛋白质的等电点(isoelectric point,pI)。不同蛋白质的等电点不同。当向毛细管内的两性电解质载体两端施加直流电压时,将建立一个由阳极到阴极逐步升高的 pH 梯度。因此,不同等电点的蛋白质在电场作用下迁移至毛细管内 pH 等于其等电点的位置,形成一窄的聚焦区带而得到分离。

毛细管等电聚焦最具特色的应用是测定蛋白质的等电点。在异构酶鉴定、单克隆抗体、多克隆抗体、血红蛋白亚基等研究中,经常用毛细管等电聚焦。

11.2.5　亲和毛细管电泳

亲和毛细管电泳是利用配体与受体之间存在特异性相互作用,可以形成具有不同荷质比的配合物而达到分离目的。通过测定配合物迁移时间与缓冲液中配体浓度之间的关系,可以求算出结合常数。

ACE 有不同的研究方法,一种是将配体(或受体)加入缓冲液中或涂布在毛细管壁上,将受体(或配体)作为样品进行电泳分离;另一种研究方法是将相互作用的一组反应物事先混合后进行分离,以研究某种反应物发挥或不发挥作用时的情况,可用于蛋白质构型与功能之间关系的研究、特异性相互作用研究等。随着缓冲液中试剂的变化,配合物电泳峰的面积可能增加或位置发生规律移动。图 11.5 为 4ng 微白蛋白的亲和毛细管电泳分离图谱。当 Ca^{2+} 存在时,蛋白峰为单峰;当 Ca^{2+} 被 EDTA 配合后,对应的峰后移,并表现出多峰性。

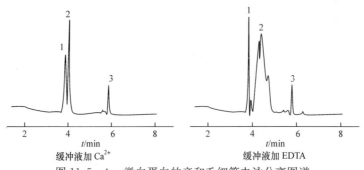

图 11.5　4ng 微白蛋白的亲和毛细管电泳分离图谱

1. 电渗峰；2. 蛋白峰；3. 未知组分

11.3　毛细管电泳装置

图 11.6 是毛细管电泳装置示意图。毛细管柱两端分别置于含有缓冲液的电极槽中,毛细管内也充满相同的缓冲液。两个电极槽中缓冲液的液面应保持在同一水平面,并且毛细管柱的两端应插入液面下的同一深度,以避免柱两端产生压差引起液体在毛细管内流动。毛细管一端为进样端,另一端连接在线检测器。高压电源供给铂电极 5~30kV 的电压,待分离的试样在电场作用下电泳分离。

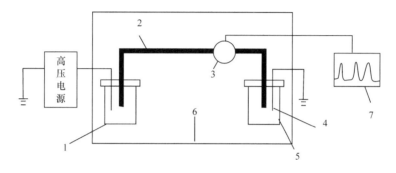

图 11.6　毛细管电泳装置示意图

1. 高压电极槽;2. 毛细管;3. 检测器;4. 铂丝电极;5. 低压电极槽;6. 恒温系统;7. 记录/数据处理

11.3.1　电泳电压

电泳电压是控制柱效、分离度和分析时间的重要因素。因此应该使用尽可能高的电压以达到最大柱效、最高分离度和最短的分析时间,但焦耳热是一个限制因素,优化毛细管电泳分离条件时,除采取有效措施散热外,选择一种最佳工作电压是非常重要的。

电泳分离体系的最佳工作电压,与缓冲液浓度、毛细管内径及长度有关。为了尽可能使用高电压而不产生过多的焦耳热,可以通过实验作欧姆定律曲线来选择体系的最佳工作电压。在电泳条件下,改变外加电压测定对应的电流,作电压-电流曲线,取线性关系中的最大电压,即为最佳工作电压。偏离线性区段的电压,焦耳热效应过大,一般不适宜选用。

除选择工作电压外,还要选择电压施加方式。通常有恒压、恒流、恒功率、梯度升压、梯度降压等工作模式。大多数毛细管电泳分离采用恒压工作方式。在没有良好恒温控制的系统中电泳时,采用恒流或恒功率方式操作,有利于提高分离的重现性。在微量制备研究中,需要考虑降压分离过程,减慢迁移速率,以便于馏分的准确收集。有条件时,应当考虑线性升压的工作方式。图 11.7 显示梯度升压方式不仅提高了分离度,而且获得了较对称的峰形。

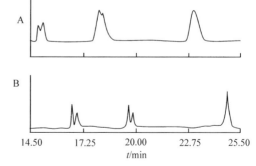

图 11.7　梯度升压方式对毛细管电泳分离的影响

A. 2~25kV,0min,一步升压;B. 2~25kV,5min,线性梯度升压

样品:β乳球蛋白 A,溶菌酶,细胞色素 c,肌红蛋白,微白蛋白

11.3.2　毛细管及其温度控制

毛细管电泳柱作为分离分析的载体,其材料、形状、内径、柱长、温度对分离度和重现性都有影响。

1. 毛细管的选择

目前多用圆管形弹性熔融石英毛细管,俗称融硅毛细管。柱外涂敷一层聚酰亚胺薄膜,使其不易折断。石英玻璃透明,可以透过短 UV 光,除去一小段(0.5cm 左右)不透明的弹性涂层,即可作为光学检测器窗口,实现柱上检测。

在同样电压下,毛细管孔径越小,电流越小,产生的焦耳热越少。曾有报道使用 $2\mu m$ 毛细管作电泳柱。但孔径小,载样量少,检测困难。因此,毛细管柱内径的下限受到检测灵敏度等限制。因电泳分离度与柱长无关,故对柱长没有严格要求。另外,毛细管尺寸的选择与分离模式和样品有关。CZE 多选用内径为 $50\mu m$ 或 $75\mu m$ 的毛细管,分离的有效长度常控制在 $40\sim 60cm$,但也有长达 1m 或短至数厘米者。进行大颗粒如红细胞的分离,则需要内径大于 $300\mu m$ 的毛细管。当使用开管毛细管电色谱时,毛细管内径应在 $5\sim 10\mu m$ 选择。

毛细管内壁的表面特性对 CE 的行为有显著影响。根据分离模式和样品的不同,对毛细管内壁性质的要求也不同。在进行大分子分离时,经常需要惰性管壁以抑制吸附。在做 CIEF 或 CGE 时,需要涂层毛细管内壁以抑制 EOF。在 CE 中,有时为了加强 EOF 或改变其方向,也需要涂层毛细管。

2. 毛细管温度控制

毛细管柱温对 CE 分离参数和电泳行为的影响是不容忽视的,温度变化不仅影响分离的重现性,而且影响分离效率。电泳温度的选择应考虑热效应控制、重现性控制、分离效率控制和分离介质对温度的限制等因素。

降低外加电压或缓冲液浓度,增加柱长,减小柱内径等方法均可以减小热效应。但是,降低电压导致分离效率降低和迁移时间延长;降低缓冲液浓度会限制样品负载,并降低分离度;增加柱长,可以增加散热面积,提高分离度,但分析时间延长;减小柱内径有利于散热,但吸附效应加强。因此,这些方法都不是控制温度的理想方法。

在 CE 实验装置上,可以用空气循环或水循环的方式降温。此外,还有一种固体恒温方式,采用热传导系数高的合金材料制成的珀尔帖(Peltier)电热控制器,可以快速散发焦耳热。在高达 $5.0W \cdot m^{-1}$ 的功率下,毛细管外壁与环境温差仅有 3℃ 左右,比其他冷却方式好得多。图 11.8 显示,控制毛细管柱温时,毛细管中的电流小得多且稳定得多。

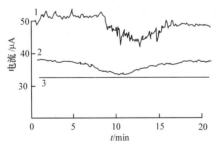

图 11.8　毛细管电流随时间变化曲线
1. 空气自然对流;2. 空气强制对流;
3. 固态电热冷却

11.3.3　进样

1. 电动进样

电动进样是将毛细管柱的进样端插入样品溶液,然后在准确时间内施加电压,试样因离子迁移和电渗作用进入管内。这种进样方式对毛细管内的介质没有任何限制,属于普适性方法,可以实现自动化操作,是商品仪器必备的进样方式。但其对离子组分存在进样偏向,即迁移速率大者多进,小者少进或不进,这会降低分析的准确性和可靠性。

2. 压力进样

压力进样也称流动进样,其要求毛细管中的介质具有流动性,只适合于自由溶液电泳模式。当将毛细管的两端置于不同的压力环境中时,管中溶液流动,将试样带入。可以采用在检测器端口抽真空,或通过提高试样端液面的方式产生压差。压力进样没有偏向性,但选择性差,样品及其背景同时被引进管中,对后续分离可能产生影响。

3. 扩散进样

扩散进样是利用浓度差扩散原理将样品分子引入毛细管,当将毛细管插入样品溶液时,试样因管口界面存在浓度差而向管内扩散。扩散进样对毛细管内的介质没有任何限制,属于普适性方法。扩散进样具有双向性,即样品进入毛细管的同时,区带中的背景物质也向管外扩散,因此可以抑制背景干扰,提高分离效率。扩散与电迁移速率和方向无关,可以抑制进样偏向,提高定性、定量分析的可靠性。

11.3.4　检测器

CE 对检测器灵敏度要求很高,故检测是 CE 中的关键问题。目前,除了原子吸收光谱和红外光谱未用于 CE 外,其他检测手段均已用于 CE。现选择几类重要的检测器予以介绍。

1. 紫外检测器

紫外检测器是目前应用最广泛的一种 CE 检测器,是商品仪器的主要检测手段。一般采用柱上检测方式,简单方便,并且不存在死体积和组分混合而产生的谱带展宽。多数有机分子和生物分子在 210nm 左右有很强的吸收。但毛细管的直径限制了光程,成为影响检测器灵敏度的主要因素,满足不了对极低浓度和极微量样品分析的要求。

2. 激光诱导荧光检测器

激光诱导荧光(laser induced fluorescence,LIF)检测器是 CE 最灵敏的检测器之一,可以检出染色的单个 DNA 分子。LIF 的检出限为 $1.0 \times 10^{-10} \sim 1.0 \times 10^{-12} \text{mol} \cdot \text{L}^{-1}$,比常规 UV 吸收法低 5~6 个数量级。LIF 检测器主要由激光器、光路系统、检测池和光电转换器件等部分组成。激光的单色性和相干性好、光强高,能有效提高信噪比。采用光导纤维将激光引入毛细管中,令其进行全反射传播,能有效消除管壁散射、降低背景噪声,从而大幅度提高检测灵敏度。与紫外检测一样,LIF 可以采用柱上检测方式,即在石英毛细管合适部位除去外涂层,导入激光并引出荧光。LIF 也可采用柱后检测。利用 CE-LIF 技术时,被测物质必须用荧光试剂标记或染色。

3. 质谱检测器

将高效分离手段 CE 与可以提供组分结构信息的质谱仪(mass spectrometry,MS)联用,特别适合于复杂生物体系的分离鉴定,成为微量生物样品分离分析的有力工具。目前大部分工作集中在基因工程产品和蛋白质样品。MS 用作 CE 的检测器,有离线检测和在线检测两种方式。离线检测是将 CE 分离组分收集后,送到 MS 离子源进行 MS 分析。在线检测分离毛细管直接耦合到 MS 中进行检测。CE-MS 在线结合仪器主要包括三个部分,即 CE 系统,CE-MS 接口和 MS 仪器。CE 和 MS 已趋成熟,关键是解决接口装置。成功应用到 CE-MS 接口中的离子化技术有电喷射、大气压化学电离、离子喷射、连续流快原子轰击、等离子体解析等。

4. 电化学检测器

电化学(electrochemistry,EC)检测器可避免光学类检测器遇到的光程太短的问题,和 LIF 一样是 CE 中灵敏度较高的检测器。尤其是对吸光系数小的无机离子和有机小分子的检测,EC 很有效。EC 检测要求溶质具有电活性,检测范围局限在那些容易氧化或还原的物质。应用最多的是电化学伏安检测器,采用碳纤维电极,测量化合物在电极表面受到氧化或还原反应时产生的电极电流。另一类常用的是电导检测器,测量两电极间由于离子化合物的迁移引起的电导率变化。

11.4 毛细管电动色谱

毛细管电动色谱是以电渗流为驱动力的一种色谱技术,并且将 CE 的高效和 HPLC 的高选择性相结合,除可以分离离子化合物外,更重要的是可以分离不带电荷的中性化合物。对于含有离子、中性化合物的混合样品以及电泳淌度相同的物质,CEC 的分离效率较高。CEC 是目前研究较多、应用较广的一种毛细管电泳模式,可以分为填充柱毛细管电动色谱(packed column capillary electro-chromatography,PCCEC)和胶束电动毛细管色谱(micellar electroki-netic capillary chromatography,MECC)两类。

基于填充柱的电动色谱是最新出现的一种电泳技术。将 HPLC 中的固定相微粒填充到毛细管中,利用样品与固定相之间的相互作用为分离机制,以电渗流为流动相驱动力的色谱过程称为填充柱毛细管电动色谱。

MECC 是在缓冲溶液中加入表面活性剂,如十二烷基磺酸钠(SDS),当表面活性剂的浓度超过临界胶束浓度时,它们聚集形成具有三维结构的胶束,疏水烷基指向中心,带电荷的一端指向缓冲液。由十二烷基磺酸钠形成的胶束是一种阴离子胶束,必然向阳极迁移,而强大的电渗流使缓冲液向阴极迁移。电渗流速率高于胶束迁移速率,形成快速流动的缓冲液水相和慢速移动的胶束相。胶束相的作用类似于色谱固定相,称为准固定相。中性分子按照它们在水相和胶束相之间分配系数的差异进行分离,如图 11.9 所示。该方法也可用来改善不同离子的分离选择性。

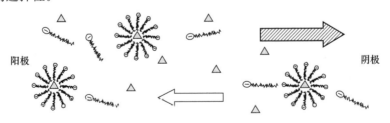

△ 溶质; ◯〜〜〜 表面活性剂; ⇐ 电泳; ⇨ 电渗流

图 11.9　MECC 的分离原理示意图

11.5　实　验　技　术

11.5.1　毛细管涂层技术

毛细管内壁的表面特性对溶质的电泳行为有显著影响。对于熔硅毛细管,主要表现在 EOF 随 pH 和实验条件的变化而变化,以及对某些溶质特别是蛋白质的吸附作用。通过毛细管涂层技术,在一定程度上能改变 EOF 和减少吸附。图 11.10 为 7 种蛋白质在五氟代芳基(arylpentafluoro,APF)涂层(a)和未涂层(b)毛细管中的 CZE 图谱。

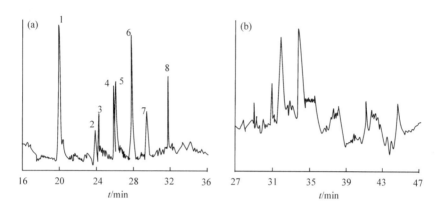

图 11.10　蛋白质在 APF 涂层和未涂层毛细管中的 CZE 图谱
1. 溶菌酶;2. EOF 指示剂;3. 核糖核酸酶;4. 胰蛋白酶原;5. 鲸肌红蛋白;
6. 马肌红蛋白;7. 人碳酸酐酶 B;8. 牛碳酸酐酶 B

毛细管涂层技术通常采用动态修饰和表面涂层两类方法。动态修饰方法是在电泳缓冲液中加入添加剂,并让缓冲液与毛细管充分平衡。如加入阳离子表面活性剂十四烷基三甲基溴化铵(tetradecyl trimethyl ammonium bromide,TTAB),能在内壁形成物理吸附层,使 EOF 反向。添加剂还有聚乙烯亚胺、甲基纤维素(MC)、十六烷基溴化铵(CTAB)等。

表面涂层方法包括物理涂布、化学键合、溶胶-凝胶法等。最常用的是 Si—O—Si—R 键合方式,采用双官能团的偶联剂,如聚甲基丙烯基硅二醇、3-氨丙基三甲氧基硅烷等,亲水官能团与管壁表面的硅羟基进行共价结合,使其牢固地附着于管壁上,再用疏水官能团与涂渍物发生反应形成均匀稳定的涂层。常用的涂层剂是聚丙烯酰胺、聚乙烯醇、五氟芳基、聚乙二醇(polyethylene glycol,PEG)等。

11.5.2　凝胶毛细管制备

聚丙烯酰胺凝胶毛细管制备技术分为凝胶管结构设计及单体溶液的配制、毛细管预处理、单体溶液的灌制与控制、聚合及其速率与方向控制、后续处理等五个过程。

凝胶管结构设计主要包括凝胶浓度、梯度、性质等。结合分离对象,考虑是否需要使用尿素、SDS 或环糊精等添加剂,是否需要涂层毛细管内壁,并考虑毛细管的尺寸等。毛细管结构确定后,即可配制单体溶液。

丙烯酰胺单体溶液是用电泳缓冲液稀释储备液配制成的。常用的储备液是浓度为 $w_T = 40\%$,$w = 0\% \sim 5\%$ 的单体丙烯酰胺溶液,其中 w_T 代表聚丙烯酰胺单体的总浓度,w 表示交联剂亚甲基双丙烯酰胺在单体中所占的质量分数,w 等于零时为线型丙烯酰胺。临灌制前加入新鲜配制的四甲基乙二胺(TEMED)和过硫酸铵,使其终浓度为 0.05% 左右。配制好的单体溶液必须在胶化反应开始前灌入毛细管。

为了制备没有气泡且稳定的毛细管,可以采用高压灌胶方式,即将灌入丙烯酰胺反应溶液的毛细管置于高压环境中,预先将反应溶液压缩至成胶后的体积,然后开始聚合反应。制备的聚丙烯酰胺凝胶毛细管两端插入缓冲液中储存。

11.6 应 用

CE 在分析化学、生命科学、药物学、临床医学、环境科学、农学及食品科学等领域有着非常广泛的应用。从无机离子到生物大分子,从荷电粒子到中性分子都能用 HPCE 技术进行分离分析。

1. 离子分析

毛细管离子分析通常采用间接紫外法或间接荧光法检测,具有高效、快速的优势。最成功的例子是 2.9min 内分离 36 种阴离子,1.8min 内分离 19 种阳离子。离子色谱分离金属离子时,不同族元素的分离条件差异很大,但 CE 能同时分离各族金属离子混合物。如 CE 可在 5min 内分离从碱金属到镧系元素的 24 种金属离子。

2. DNA 分析

DNA 分析包括碱基、核苷、核苷酸、寡核苷酸、引物、探针、单链 DNA、双链 DNA 分析及 DNA 序列测定。CZE 和 MECC 通常用来分离碱基、核苷及简单的核苷酸。CGE 则用于较大的寡核苷酸、单链 DNA、双链 DNA 及 DNA 序列分析。采用芯片毛细管电泳测序,350bp 的 DNA 序列测定可在 7min 内完成,最小分离度为 0.5,不仅大幅提高测序速率,还可减少试剂消耗,降低成本。

3. 肽和蛋白质分析

CE 广泛用于蛋白纯度、含量、等电点、相对分子质量、氨基酸序列等结构表征的研究。CE 是最有效的纯度检测手段,可以检测出多肽链上单个氨基酸的差异。用 CIEF 测定等电点,分辨程度可达 0.01pH 单位。尤其是肽谱用 CE-MS 联用进行分析,可推断蛋白的分子结构。用 CE 进行蛋白结合或降解反应、酶动力学、受体-配体反应动力学等方面的研究是热点问题。

4. 手性分离

手性对映体分离鉴定有巨大的应用价值,已成为医药、环境科学以及农业科学等领域的重要课题。除 CIEF 外,其余电泳模式均可用于手性分离。将手性试剂加入电泳缓冲液中,对映体分子与手性试剂作用,通过电泳迁移速率差异的增加而达到分离目的。HPCE 用于手性分离时,其操作性和分离效率均明显优于 HPLC。常用的手性试剂有环糊精及其衍生物、冠醚类、金属配合物等。

5. 药物分析和临床检测

CE 具有快速、准确、试样处理简单、试剂用量少等优点,已经广泛用于药物质量分析,所含杂质的定性鉴别和定量分析。CE 用于生物体内药物及其代谢产物随时间与位置分布的研究,即药物动力学分析,能为治疗机理与用药水平提供可靠信息。CE 在临床化学中,除进行临床分子生物学测定外,还广泛用于疾病临床诊断、临床蛋白分析和临床药物监测等方面。

思考题与习题

1. 什么是电渗流? 它产生的原因是什么?

2. 用色谱基本理论来解释毛细管电泳能实现高效和快速分离的原因。

3. 在毛细管电泳中,为什么可以在阴极检测出所有离子?

4. CZE、CGE、CIEF、ACE 的原理分别是什么?

5. MECC 的原理是什么? 与毛细管电泳有何不同?

6. 如何测定电渗流迁移率?

7. 在毛细管电泳中,如何选择合适的进样方式?

8. 为什么激光诱导荧光检测器是 CE 最灵敏的检测器之一?

9. 能否通过物理或化学的处理方式,使电渗流迁移率改变或方向逆转?

10. 试述聚丙烯酰胺凝胶毛细管制备过程。

11. 举例说明高效毛细管电泳分析在生命科学中的应用。

第 12 章　核磁共振波谱法和质谱法

12.1　核磁共振波谱法的基本原理

核磁共振波谱法(nuclear magnetic resonance spectroscopy，NMR)是通过研究处于磁场中的原子核对射频辐射(4～1000MHz)的吸收即核磁共振现象来测定分子结构的一种波谱学技术，具有精密、准确、深入物质内部而不破坏被测样品的特点。核磁共振波谱法本质上属于吸收光谱分析法，与紫外-可见吸收光谱和红外吸收光谱等分析法的不同之处在于待测样品必须置于强磁场中。

1946 年，人们首次观察到核磁共振现象和核磁共振信号;1953 年，世界上第一台商用核磁共振仪问世。此后经过 70 多年的发展，随着脉冲技术、计算机技术的引入，核磁共振波谱仪从连续波核磁共振(CW-NMR)发展到傅里叶变换核磁共振(FT-NMR);从一维核磁发展到二维、三维乃至四维核磁共振;从液体核磁共振发展到了高分辨率固体核磁共振。同时，质子共振频率也从永久磁铁和电磁铁的 50MHz、60MHz、80MHz、90MHz 逐渐发展到超导磁体的 300MHz、500MHz、800MHz 甚至 1GHz 以上，核磁共振波谱法的检测范围也由原来的丰核^{1}H 发展到现在的^{13}C、$^{14/15}$N、^{19}F、^{31}P 等多种稀核，分析对象也从简单的小分子化合物到复杂的蛋白质等生物大分子。如今，核磁共振波谱法已成为鉴定有机化合物结构极为重要的方法，在化学、材料、生物、食品、医学等领域中有着越来越广泛的应用。

12.1.1　原子核的自旋

一些原子核和电子一样有自旋现象，因而具有自旋角动量以及相应的自旋量子数。由于原子核是具有一定质量的带正电的粒子，故在自旋时会产生核磁矩。核磁矩和角动量都是矢量，它们的方向相互平行，且磁矩与角动量成正比，即

$$\boldsymbol{\mu} = \gamma \boldsymbol{p} \tag{12.1}$$

式中，γ 为磁旋比(magnetogyric ratio)，$\text{T}^{-1} \cdot \text{s}^{-1}$，即核磁矩与核的自旋角动量的比值，不同的核具有不同磁旋比，它是磁核的一个特征值;$\boldsymbol{\mu}$ 为磁矩，用核磁子表示，1核磁子单位等于 5.05× 10^{-27}J·T^{-1};$\boldsymbol{p}$ 为角动量，其值是量子化的，可用自旋量子数表示:

$$p = \sqrt{I(I+1)} \times \frac{h}{2\pi} \tag{12.2}$$

式中，h 为普朗克常量，6.63×10^{-34}J·s;I 为自旋量子数，与原子的质量数及原子序数有关，见表 12.1。

表 12.1　各种核的自旋量子数

质量数 A	原子序数 Z	自旋量子数 I	NMR 信号	原子核
偶数	偶数	0	无	$^{12}_{6}\text{C}$，$^{16}_{8}\text{O}$，$^{32}_{16}\text{S}$
奇数	奇或偶数	$\frac{1}{2}$	有	$^{1}_{1}\text{H}$，$^{13}_{6}\text{C}$，$^{19}_{9}\text{F}$，$^{15}_{7}\text{N}$，$^{31}_{15}\text{P}$
奇数	奇或偶数	$\frac{3}{2}$，$\frac{5}{2}$，…	有	$^{17}_{8}\text{O}$，$^{33}_{16}\text{S}$
偶数	奇数	1,2,3	有	$^{2}_{1}\text{H}$，$^{14}_{7}\text{N}$

当 $I=0$ 时，$p=0$，原子核没有磁矩，没有自旋现象；当 $I>0$ 时，$p\neq0$，原子核磁矩不为零，有自旋现象。

12.1.2　核磁共振现象

具有自旋的核如果处于外磁场中，由于磁性的相互作用，核磁矩相对外加磁场就会有 $2I+1$ 个取向或能级状态，每一种取向可由一个磁量子数 m 表示，它是不连续的量子化能级。m 与核的自旋量子数 I 的关系为：$m=I, I-1, I-2, \cdots, -I$。

虽然 $I\neq0$ 的核都有磁矩以及自旋现象，理论上在一定条件下都能引起磁共振，但共振反映的信号有差别。研究表明，只有 $I=\frac{1}{2}$ 情况下的核，其核电荷呈球形均匀分布于核表面，核磁共振时能得到有用的信号；其他情况下的核，其核电荷呈非球形分布于核表面，在核磁共振中得到的信号过于复杂，无法利用。因此，I 值是表征原子核的一个重要的物理量，它决定原子核的自旋、角动量和磁矩的有无，也决定原子核电荷的分布、核磁共振的特性以及原子核在外磁场作用下能级分裂的数目等。到目前为止，只有 $I=\frac{1}{2}$ 核磁共振谱在分析中得到应用，其中以 ^{1}H、^{13}C 研究最多、应用最为广泛。

对于 $I=\frac{1}{2}$ 的核（如 ^{1}H、^{13}C），在外加磁场作用下能级会发生分裂，自旋轴只有两种取向，即 $m=+\frac{1}{2}$ 和 $m=-\frac{1}{2}$，前者相当于自旋轴与外磁场方向一致，为能量较低的状态 E_1［图 12.1(a)］；后者相当于自旋轴与外磁场逆向，为能量较高的状态 E_2［图 12.1(b)］。两种取向间的能量差 ΔE 与核磁矩 $\boldsymbol{\mu}$ 有关，也和外磁场强度 B_0 有关，可以表示为

$$\Delta E = E_2 - E_1 = 2\boldsymbol{\mu}B_0 \tag{12.3}$$

由于在外磁场作用下，具有磁性的原子核自旋能级裂分产生能级差，原子核从低能级向高能级跃迁时就必须吸收 $2\boldsymbol{\mu}B_0$ 的能量，如图 12.2 所示。

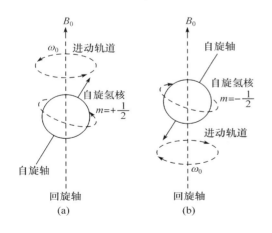
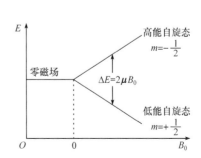

图 12.1　自旋轴在外磁场中的两种取向示意图　　图 12.2　外磁场作用下核自旋能级的裂分示意图

在外磁场中的核，除了自旋外还同时存在一个以外磁场方向为轴线的回旋运动，称为拉莫尔进动（Larmor precession），如图 12.1 所示。自旋核的进动频率与外磁场的磁感应强度成正比，可用拉莫尔（Larmor）方程式表示：

$$\omega_0 = 2\pi\nu_0 = \gamma B_0 \qquad (12.4)$$

式中，ω_0 为进动角速率，$\mathrm{rad \cdot s^{-1}}$，它与外磁场的磁感应强度成正比；$\nu_0$ 为进动频率，MHz；B_0 为磁感应强度，T(特斯拉，tesla)。

由式(12.4)可得

$$\nu_0 = B_0 \frac{\gamma}{2\pi} \qquad (12.5)$$

在给定的磁场强度下，核的进动频率是一定的，用具有一定能量的电磁波(相当于射频范围)照射核，若对应的能量符合：

$$h\nu_0 = \Delta E = B_0 \frac{\gamma}{2\pi} h \qquad (12.6)$$

进动核便与光子相互作用，满足"共振条件"，此时体系会有效地吸收射频的能量，使磁矩在外磁场中的取向逆转，核从低能级跃迁到高能级而产生核磁共振信号，此过程就是核磁共振吸收。对于不同的核，磁旋比 γ 不同，发生共振的频率不同，据此可以鉴别各种元素及同位素。如用核磁共振法可测定重水中 H_2O 的含量，虽然 D_2O 和 H_2O 的化学性质十分相似，但两者的核磁共振频率却相差极大。表12.2列举了不同核共振时对应的 ν_0 和 B_0。对于相同的核，磁旋比 γ 相同，当磁感应强度一定时，共振频率也一定；当磁感应强度改变时，体系共振频率 ν_0 也改变。因此用同一台仪器研究多种不同类型的核是有可能的，即可用固定磁场，对频率进行扫描(扫频)；也可以保持频率不变，改变外加磁场进行扫描(扫场)的方法来达到共振吸收。

表 12. 2　数种磁性核的磁旋比及在不同磁场中的共振频率

同位素	$\gamma(\omega_0/B_0)/$ $(1.0\times10^8\,\mathrm{T^{-1}\cdot s^{-1}})$	ν_0/MHz	
		$B_0=1.4092\mathrm{T}$	$B_0=2.350\mathrm{T}$
$^1\mathrm{H}$	2.68	60.0	100
$^2\mathrm{H}$	0.206	4.62	7.7
$^{13}\mathrm{C}$	0.675	15.1	25.2
$^{19}\mathrm{F}$	2.52	56.4	94.2
$^{31}\mathrm{P}$	1.086	24.3	40.5
$^{203}\mathrm{Tl}$	1.528	34.2	57.1

一定温度下，原子核处于低能级与高能级上的核数目达到热动平衡，且满足玻尔兹曼分布：

$$\frac{N_i}{N_0} = \mathrm{e}^{-\Delta E/kT} \qquad (12.7)$$

式中，N_i 和 N_0 分别为处于高能级和低能级上的核总数；ΔE 为两能级之间的能量差；k 为玻尔兹曼常量；T 为热力学温度。

由于磁能级差很小(约在 $1.0\times10^{-26}\,\mathrm{J}$ 数量级)，室温下处于低能级的核数目仅比处于高能级的约多十万分之一。当低能级的核吸收了一定射频能量，便被激发到高能级上，同时给出共振信号。但随着实验的进行，只占微弱多数的低能级核将越来越少，最后高能级与低能级上分布的核数目相等。此时，从低能级向高能级与从高能级向低能级跃迁的核数目相等，该体系的净能量吸收为零，共振信号消失，这种现象称为"饱和"。事实上，共振信号并未终止，因为处于高能级的核可通过非辐射途径释放能量及时返回至低能级，从而使低能级核始终维持多数。这种处于高能级的核通过非辐射途径而回复到低能级的过程称为弛豫(relaxation)。弛豫过程分为两类：纵向弛豫(longitudinal relaxation)和横向弛豫(transverse relaxation)。

纵向弛豫又称为自旋-晶格弛豫(spin-lattice relaxation),是指处于高能级的核将其能量转移给周围分子(固体为晶格,液体则为周围的溶剂分子或同类分子)变成热运动,而自己返回低能级的过程。由于体系内能量守恒,因此被转移的能量在晶格中变为平动动能和转动能。纵向弛豫可用弛豫时间 t_1 来表征,它是处于高能级磁核寿命的量度。横向弛豫又称自旋-自旋弛豫(spin-spin relaxation)是指两个相邻的核处于不同能级,进动频率相同,高能级与低能级核互相通过自旋状态的交换而实现能量转移的过程。此过程中,每种核自旋状态的总数以及两种能级上的核数目的比例不变,但某些高能级核的寿命减短了。横向弛豫以弛豫时间 t_2 来表征。

根据 Heisenberg 测不准原理,激发态能量 ΔE 与体系处在激发态的平均时间成反比。ΔE 又与谱线的宽度 $\Delta \nu$ 存在以下关系:

$$\Delta E = h \Delta \nu \tag{12.8}$$

弛豫时间长,相当于停留在激发态的平均时间长,核磁共振信号的谱线窄;反之,谱线宽。在气体和低黏度液体中的弛豫过程属纵向弛豫,弛豫效率恰当,谱线窄。对于固体和黏滞液体样品,容易实现自旋-自旋弛豫,t_2 特别小,谱线宽。

必须指出,磁场的非均匀性对谱线宽度的影响甚至超过 t_1 和 t_2 的影响,这可从式(12.5)得到证实。因此,要求整个样品测试期间及整个样品区域保持磁场强度的变化小于 $1.0 \times 10^{-9} \mathrm{T}$,为此样品管必须高速旋转。

12.1.3　核磁共振波谱仪简介

核磁共振波谱仪结构如图 12.3 所示。它主要由磁铁、射频发射器、射频接受器和记录仪及试样管和试样探头等组成。

1. 磁铁

磁铁的作用在于产生一个均匀、稳定以及重现性较好的高强度的磁场,其质量和强度决定了谱仪的灵敏度和分辨率。永久磁铁、电磁铁和超导磁体均可采用,为保证磁铁在足够大的范围内十分均匀,在磁铁上备有特殊的绕组,以抵消磁场的不均匀性。磁铁上的扫描线圈,在射频发射器的频率固定时,可以连续改变磁场强度的百万分之十几进行扫描。永久磁铁费用低,操作简便,但使用久了磁性易变化,且对外界温度敏感;电磁铁对温度不敏感,但要求电流十分稳定,要用冷却系

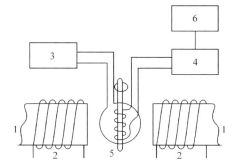

图 12.3　核磁共振波谱仪结构图
1. 磁铁;2. 扫描线圈;3. 射频发射器;
4. 射频接受器及放大器;5. 试样管;6. 记录仪或示波器

统来消除由于大电流通过而产生的热量;它们获得的磁场强度一般不能超过 2.4T。为了得到更高的分辨率,使用超导磁体可获得高达 10~17.5T 的磁场。

2. 射频发射器

射频发射器的作用是通过高频交变电流提供稳定的电磁辐射。射频振荡器的线圈垂直于磁场,产生频率与磁场强度相适应的射频振荡。${}^1\mathrm{H}$ 核常用 60MHz、90MHz、100MHz 的固定振荡频率的质子磁共振仪。

3. 射频接受器和记录仪

射频接受器线圈在试样管的周围,并与发射器线圈和扫描线圈相垂直,当发射器发生的频

率 ν_0 与磁场强度 B_0 达到前述特定的组合时,试样就要发生共振而吸收能量,为接受器检出。由于信号很微弱,通过放大后由记录仪自动描记谱图。纵坐标表示共振信号强度,横坐标表示磁场强度、频率或化学位移。许多仪器备有自动积分仪,它能在记录纸上以阶梯形的曲线表示各组共振吸收峰面积,其大小与相应的核的数目成正比。

4. 试样管和探头

样品容器应由不吸收射频辐射的材料制成,用于研究 ${}^1H$ 核的试样管是外径约 5mm 的硼硅酸盐玻璃管。探头是整个仪器的心脏,固定在磁极间。试样管插在探头内,接收线圈和射频线圈也安装在探头内,以保证试样相对于这些部件的位置不变。试样管顶部装有气动涡轮,高速气流使试样管绕其轴旋转,以消除磁场的非均匀性,提高谱峰的分辨率。

12.2　化　学　位　移

12.2.1　化学位移的产生

孤立的氢核在磁场中,若磁感应强度一定时,其共振频率也一定。当磁感应强度为 1.4092T 时,共振频率为 60MHz;当磁感应强度为 2.350T 时,则共振频率为 100MHz。但实验中发现,化合物中不同的氢核周围的基团不同、其所处化学环境不同、核外电子云密度不同,在外加磁场的作用下会产生一个方向相反的感应磁场,使核实际感受到的磁场强度减弱,这种作用称为屏蔽作用(shielding effect)。核外电子对核的屏蔽作用大小可用屏蔽常数(shielding constant)表示:

$$B = B_0 - \sigma B_0 = B_0(1-\sigma) \tag{12.9}$$

式中,B 为原子核实际感受到的磁场强度;σ 为屏蔽常数,其数值取决于核周围电子云密度和核所在的化合物结构,它反映感应磁场抵消外磁场作用的程度。尽管不同化学环境的 σ 相差甚微,但却是核磁共振波谱结构分析的最重要的信息之一。

在屏蔽作用下,核磁共振实际频率 ν 改变为

$$\nu = (1-\sigma)B_0 \frac{\gamma}{2\pi} \tag{12.10}$$

化学位移(chemical shift)就是核外电子云对抗外加磁场的电子屏蔽作用所引起共振时,磁感应强度及共振频率的移动。而电子云密度又与核外的化学环境以及与相邻基团是推电子基还是吸电子基等因素有关。因此,可根据化学位移的大小来判断原子核所处的化学环境,也就是物质的分子结构。

图 12.4 是乙醇分子在低分辨率和高分辨率的核磁共振波谱仪中得到的谱图,它说明:①质子周围基团的性质不同,它的共振频率不同,产生化学位移,图 12.4(a)中有三个峰,分别代表—OH、—CH_2—、—CH_3;②质子受到相邻基团的质子的自旋状态影响,使其吸收峰裂分谱线增加的现象称为自旋-自旋裂分(spin-spin spitting)。图 12.4(b)中—CH_3 分裂成三重峰,—CH_2—分裂成四重峰,它是由质子间的相互作用引起的,这种作用称为自旋-自旋偶合(spin-spin coupling)。核与核之间的偶合作用是通过成键电子传递。乙醇(图 12.5)中的 H_a 和 H_b 是不同的:H_b 靠近氧原子,核外电子云密度小;H_a 核外电子云密度大。两个 H_b 质子的自旋状态有四种可能性,其中一组包括两种具有等价磁效应的结合,因此受 H_b 质子的影响,—CH_3 成为三重峰,面积之比为 1∶2∶1。三个 H_a 质子的自旋状态有八种结合的可能性,其中两组包括三种具有等价磁效应的结合,受 H_a 质子的影响—CH_2—分裂成四重峰,面

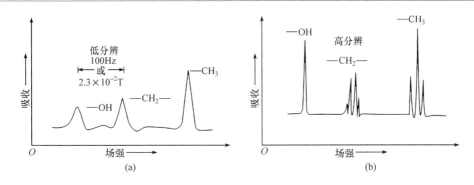

图 12.4　乙醇核磁共振谱示意图

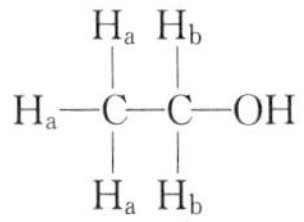

积之比为 $1:3:3:1$。一般相邻原子的磁等价核数目 n 确定裂分峰的数目即 $2nI+1$ 个。对于氢核来说，$I=\dfrac{1}{2}$，峰裂分数目等于 $n+1$，二重峰表示相邻碳原子上有一个质子，三重峰表示相邻碳原子有两个质子。裂分后各组多重峰的吸收强度比即面积比

图 12.5　乙醇的分子式

为二项式 $(a+b)^n$ 展开后各项的系数之比，多重峰通过其中点作对称分布，中心位置即为化学位移值。

裂分后多重峰之间的距离用偶合常数(coupling constant)J 表示，它反映核与核之间的偶合程度，是自旋裂分强度的量度。J 的大小取决于连接两核的种类、核间距、核间化学键的个数与类型以及它们在分子结构中所处的位置，由此可获取结构信息，但与化学位移不同，J 与磁感应强度无关。目前已积累大量的 J 与结构关系的实验数据，并据此得到一些估算 J 的经验式。表 12.3 列出一些质子的自旋-自旋偶合常数。

表 12.3　一些质子的自旋-自旋偶合常数

结构类型	J/Hz	结构类型	J/Hz
H—C—H	12~15	间位	2~3
		对位	0~1
C=C(H)(H)	0~3	C=C—CH	4~10
H—C=C—H	顺式 6~14 反式 11~18	C=CH—CH=C	10~13
CH—CH	5~8	CH—C≡CH	2~3
		CH—OH(不交换)	5
(自由旋转) 环状 H		CH—CHO	1~3
		—CH(CH₃)(CH₃)	5~7
邻位	7~10	—CH₂—CH₃	7

12.2.2　化学位移的表示方法

由式(12.10)可知,同一化学环境的核在不同磁感应强度下,共振频率是不同的,为消除漂移以及不同频源等因素对测量的影响,通常采用一个无量纲的相对差值来表示化学位移。由于化学位移值很小,因此将它扩大 1.0×10^6 倍(单位为 ppm)。化学位移 δ 表示为

$$\delta = (B_s - B_X) \times 10^6 / B_s$$

或

$$\delta = (\nu_s - \nu_X) \times 10^6 / \nu_s \approx (\nu_s - \nu_X) \times 10^6 / \nu_0 \qquad (12.11)$$

式中,ν_s、ν_X 分别为标准参考物和样品中该核的共振频率;B_s、B_X 分别为标准参考物和样品中该核共振所需的磁感应强度;ν_0 为仪器公称频率,与 ν_s 相差很小。

测定化学位移的标准参考物是人为规定的,不同核素用不同标准物,目前公认用四甲基硅烷 $[(CH_3)_4Si, TMS]$ 作 ^1H 及 ^{13}C 核的标准参考物,规定其 δ 为零,若采用其他标准参考物(如苯、氯仿、环己烷等),都必须换算成以 TMS 为零点的 δ。

12.2.3　影响化学位移的主要因素

化学位移是由于核外电子云的屏蔽作用造成的,凡是影响核外电子云密度分布的各种因素都会影响化学位移,包括与相邻元素和基团的电负性、磁各向异性效应、溶剂效应以及氢键作用等。

1. 电负性

相邻的原子和基团的电负性直接影响核外电子云密度,电负性越强,绕核的电子云密度越小,对核产生的屏蔽作用越弱,共振信号移向低场(δ 值增大)。表 12.4 列出了 CH_3X 中质子化学位移与元素电负性的依赖关系。

表 12.4　CH_3X 中质子化学位移与元素电负性的依赖关系

化学式	CH_3F	CH_3OH	CH_3Cl	CH_3Br	CH_3I	CH_4	TMS	CH_2Cl_2	$CHCl_3$
取代元素	F	O	Cl	Br	I	H	Si	$2\times Cl$	$3\times Cl$
电负性	4.0	3.5	3.1	2.8	2.5	2.1	1.8	—	—
化学位移	4.26	3.40	3.05	2.68	2.16	0.23	0.00	5.33	7.24

若存在共轭效应,导致质子周围电子云密度增加,信号向高场移动;反之,移向低场。图 12.6 中两个化合物(a)中醚的氧原子上的孤对电子与双键形成 p-π 的共轭体系,使双键末端次甲基质子的电子云密度增加,与乙烯质子相比,移向高场;(b)中由于高电负性的羰基,使π-π 共轭体系的电子云密度出现次甲基端低的情况,与乙烯质子相比,移向低场。

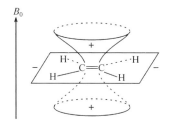

图 12.6　有机物的分子式

2. 磁各向异性效应

分子中,质子与某一基团的空间关系,有时会影响质子化学位移的效应称为磁各向异性效应(magnetic anisotropy),它是通过空间起作用的。在外磁场作用下,诱导电子环流产生的次级磁力线具有闭合性,在不同的方向或部位有不同的屏蔽效应:与外磁场同向的磁力线部位是去屏蔽区(一),吸收峰位于低场;与外界磁场反向的磁力线部位是屏蔽区(+),吸收峰位于高场。例如,在 C=C 或 C=O 双键中的 π 电子垂直于双键平面,在外磁场的诱导下产生环流,由图 12.7 可知在双键上下方的质子处于屏蔽区(+),而在双键平面上的质子位于去屏蔽区(一),吸收峰位于低场。乙炔分子中的 π 电子以键轴为中心呈对称分布(图 12.8),处在键轴方向上下的质子处于屏蔽区(+),吸收峰位于较高场,而在键上方的质子信号则在较低场出现;在苯环中,环流半径与芳环半径相同,芳环中心是屏蔽区(+),与苯环相连的质子处在去屏蔽区(一),吸收峰位于显著低场(图 12.9)。

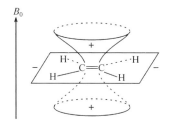 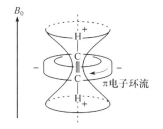 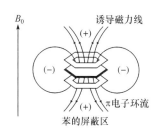

图 12.7　双键质子的去屏蔽图　　　图 12.8　乙炔质子的屏蔽作用　　　图 12.9　π 电子诱导环产生的磁场

3. 其他因素

当分子形成氢键时,质子周围电子云密度下降,具有氢键的质子比没有氢键的质子化学位移大。分子间形成的氢键,δ 的改变与溶剂的性质、浓度有关;分子内氢键,其 δ 与浓度无关,只与其自身结构有关。不同溶剂可能具有不同的磁各向异性,以不同的方式与分子相互作用而使 δ 变化,因此在使用 δ 时,必须标明所用的溶剂。另外,温度、pH 也会影响 δ。

虽然影响 δ 的因素较多,但它与这些因素之间存在着一定的规律性,在一定条件下 δ 可以重复出现。因此,根据 δ 值来推测核的化学环境是很有价值的。现在某些基团或化合物的质子化学位移可用经验公式估算,这些经验式是根据取代基对 δ 值的影响具有加和性的原理,由大量实验数据归纳总结而得,具有一定的实用价值。

12.3　实　验　技　术

12.3.1　样品的制备

测定时一般采用液态样品,固体样品需用合适的溶剂配成溶液,使其不含有未溶解的固体微粒、灰尘或顺磁性的杂质,且具有良好的流动性,常用惰性溶剂稀释,以避免导致谱线加宽。理想的溶剂要求不含被测的原子核,沸点低,对试样的溶解性能好,不与样品起化学反应或缔合,且吸收峰不与样品峰重叠。CCl_4 无 ^1H 信号峰,价廉,是测定 ^1H 谱常用的溶剂,而在精细测定时,可采用氘代溶剂,如 D_2O、$CDCl_3$ 等。不同溶剂由于极性、溶剂化作用、氢键的形成等而具有不同的溶剂效应。

12.3.2　标准参考样品

测定试样的 δ 必须用标准物质为参考,按加入的方式可分为外标(准)法和内标(准)法。外标法是将标准参考物装于毛细管中,再插入含被测试样的样品管内,同轴测定。内标法是将标准参考物直接加入样品中测量,以抵消磁化率的差别,内标法优于外标法。内标物应具有较高的化学惰性、易挥发、便于回收且有易于辨认的谱峰。对 ^1H 及 ^{13}C 谱,四甲基硅烷(TMS)是一个较理想的内标物,它有 12 个等价质子,只有一个尖锐的单峰。它的峰出现在高场,人为地规定其 δ 为零。一般化合物的谱峰常出现在它的左边,δ 为正值,若在其右边出峰,δ 为负值。TMS 化学惰性,沸点较低(26.5℃),易回收。在高温操作时,则需改用六甲基二硅醚(HMDS)为内标物。在 D_2O 作溶剂的样品测量时,由于 TMS 不溶于水,应选用4,4-二甲基-4-硅代戊磺酸钠[DSS,$(CH_3)_3Si(CH_2)_3SiO_3Na$]为内标。测定不同核所用的内标物不同,如对于 ^{31}P 核,用85%磷酸。内标物的用量应视试样量而定,测 ^1H 用四甲基硅烷(TMS)为内标时,一般制备 0.4mL 的约 10%样品溶液,加1%~2%TMS。

12.3.3　谱图解析

从核磁共振图谱上可以获得三种主要的信息:①从化学位移判断核所处的化学环境;②从峰的裂分个数及偶合常数鉴别谱图中相邻的核,以说明分子中基团间的关系;③积分线的高度代表了各组峰面积,而峰面积与分子中相应的各种核的数目成正比,通过比较积分线高度可以确定各组核的相对数目。综合应用这些信息就可以对所测定样品进行结构分析和鉴定,确定其相对分子质量,也可用于定量分析。但有时仅依据其本身的信息来对试样结构进行准确的判断是不够的,还要与其他方法相结合,具体解析核磁共振图谱的一般步骤如下。

(1) 先观察图谱是否符合要求,主要观察:①四甲基硅烷的信号是否正常;②噪声大不大;③基线是否平;④积分曲线中没有吸收信号的地方是否平整。如果有问题,解析时要引起注意,最好重新测试图谱。

(2) 区分杂质峰、溶剂峰、旋转边峰(spinning side bands)、^{13}C 卫星峰(^{13}C satellite peaks)。

(a) 杂质峰。杂质含量相对样品比例很小,因此杂质峰的峰面积很小,且杂质峰与样品峰之间没有简单整数比的关系,容易区别。

(b) 溶剂峰。氘代试剂不可能达到100%的同位素纯度(大部分试剂的氘代率为 99.0%~

99.8%),因此谱图中往往呈现相应的溶剂峰,如 $CDCl_3$ 中的溶剂峰的 δ 值约为 7.27ppm 处。

　　(c) 旋转边峰。在测试样品时,样品管在 ^{1}H-NMR 仪中快速旋转,当仪器调节未达到良好工作状态时,会出现旋转边带,即以强谱线为中心,呈现出一对对称的弱峰,称为旋转边峰。

　　(d) ^{13}C 卫星峰。^{13}C 具有磁矩,可以与 ^{1}H 偶合产生裂分,称为 ^{13}C 卫星峰,但 ^{13}C 的天然丰度仅为 1.1%,只有氢的强峰才能观察到,一般不会对氢的谱图造成干扰。

　　(3) 根据积分曲线,观察各信号的相对高度,计算样品化合物分子式中的氢原子数目。可利用可靠的甲基信号或孤立的次甲基信号为标准计算各信号峰的质子数目。

　　(4) 先解析图中 CH₃O—、CH₃N $\diagdown$、CH₃C═O、CH₃C═C、CH₃—C 等孤立的甲基质子信号,然后再解析偶合的甲基质子信号。

　　(5) 解析羧基、醛基、分子内氢键等低磁场的质子信号。

　　(6) 解析芳香核上的质子信号。

　　(7) 比较滴加重水前后测定的图谱,观察有无信号峰消失的现象,了解分子结构中是否有含活泼氢的官能团。

　　(8) 根据图谱提供信号峰数目、化学位移和偶合常数,解析一级类型图谱。

　　(9) 解析高级类型图谱峰信号,如黄酮类化合物 B 环仅发生 4-取代时,呈现 AA、BB 系统峰信号,二氢黄酮则呈现 ABX 系统峰信号。

　　(10) 如果一维 ^{1}H-NMR 难以解析分子结构,可考虑测试二维核磁共振谱并配合解析结构。

　　(11) 根据图谱的解析,组合几种可能的结构式。

　　(12) 对推断的结构进行指认,每个官能团上的氢在图谱中都应有相应的归属信号。

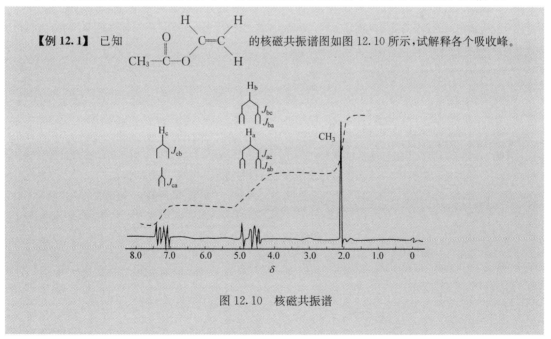

【例 12.1】 已知 (结构式) 的核磁共振谱图如图 12.10 所示,试解释各个吸收峰。

图 12.10　核磁共振谱

解　根据化学位移规律,$\delta=2.1$的单峰应属于—CH_3的质子峰;=CH_2中 H_a 和 H_b 在 $\delta=4\sim5$ 处,其中 H_a 应在 $\delta=4.43$ 处,H_b 应在 $\delta=4.74$ 处;H_c 受吸电子基团—COO 的影响,显著移向低场,其质子峰组在 $\delta=7.0\sim7.4$ 处。从裂分情况来看:由于 H_a 和 H_b 并不完全化学等性,互相之间稍有一定的裂分作用。H_a 受 H_c 的偶合作用裂分为二($J_{ac}=6Hz$)又受 H_b 的偶合,裂分为二($J_{ab}=1Hz$);因此 H_a 是两个二重峰。H_b 受 H_c 的作用裂分为二($J_{bc}=14Hz$);又受 H_a 的作用裂分为二($J_{ba}=1Hz$);H_b 也是两个二重峰。H_c 受 H_b 的作用裂分为二($J_{cb}=14Hz$);又受 H_a 的作用裂分为二($J_{ca}=6Hz$);H_c 同样是二重峰。

从积分线高度来看,三组质子数符合 1：2：3。因此图谱解释合理。

【例 12.2】　图 12.11 是一种无色的、只含碳和氢的化合物的核磁共振图谱,试鉴定此化合物。

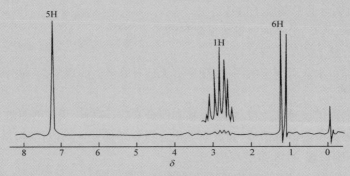

图 12.11　未知物的核磁共振谱

解　从左至右出现单峰、七重峰和双重峰。$\delta=7.2$ 处的单峰表明有一个苯环结构,这个峰的相对面积相当于 5 个质子,可推测此化合物是苯的单取代衍生物。在 $\delta=2.9$ 处出现单一质子的七个峰和在 $\delta=1.25$ 处出现 6 个质子的双重峰,只能解释为结构中有异丙基存在。这是由于异丙基的两个甲基中的 6 个质子是等效的,而且苯环质子以单峰出现,表明异丙基对苯环的诱导效应很小,不致使苯环质子发生分裂。所以可以初步推断这一化合物为异丙苯:

H
⟨苯环⟩—C—CH_3
CH_3

【例 12.3】　油脂的不饱和度常以碘价表征,用化学方法测定,手续繁杂。用 NMR 法测天然油脂的平均相对分子质量和碘价,其结果与经典化学法测得值极相符合。现举一例说明。

解　图 12.12 为红花子油的 NMR 谱,积分高度 X 代表分子中烯氢峰面积和甘油酯中的次甲基质子峰面积;积分高度 Y 代表甘油酯中两个亚甲基—CH_2—峰面积总和。因 $(Y-X)$ 代表 4 个质子峰面积,则每个质子峰面积为

$$每个质子峰面积=\frac{Y-X}{4}$$

烯氢数:

$$V=\frac{X-(Y-X)/4}{(Y-X)/4}$$

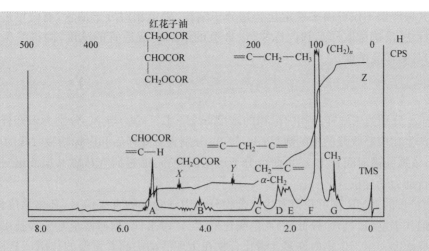

图 12.12　红花子油 NMR 谱(60MHz)

质子总数：

$$T = \frac{Z}{(Y-X)/4}$$

天然油脂为甘油酯，其通式为

$$\begin{aligned}
&CH_2OCCO(CH_2)_a(CH=CH)_xCH_3 \\
&| \\
&CHOCO(CH_2)_b(CH=CH)_yCH_3 \\
&| \\
&CH_2OCO(CH_2)_c(CH=CH)_zCH_3
\end{aligned}$$

由这个通式可写出它的相对分子质量 M 为

$$M = 173.1 + 45.1 + 14.027(a+b+c) + 26.038(X+Y+Z)$$

质子总数：

$$T = 5 + 9 + 2(a+b+c) + 2(X+Y+Z)$$

烯氢数：

$$V = 2(X+Y+Z)$$

由最后两式将 $(a+b+c)$ 和 $(X+Y+Z)$ 用 T 及 V 表示代入前一式中可得

　　　　相对分子质量 $M = 120.0 + 7.013T + 6.006V$

样品的碘价可按下式计算：

$$碘价 = \frac{126.91}{摩尔质量(脂肪)} \times 烯氢数 \times 100 = \frac{12\,691}{M}$$

表 12.5 列出了用 NMR 测得的碘价与用经典法测得的结果对照，两者非常一致。

表 12.5　各种油脂的碘价

油　脂	NMR 法	Wijs 法
椰子油	10.5 ± 1.3	$8.0 \sim 8.7$
橄榄油	80.8 ± 0.9	$83.0 \sim 85.3$
花生油	94.5 ± 0.6	$95.0 \sim 97.2$
大豆油	127.1 ± 1.6	$125.0 \sim 126.1$
向日葵籽油	135.0 ± 0.9	$136.0 \sim 137.7$
红花籽油	141.2 ± 1.0	$140.0 \sim 143.5$
鲸油	150.2 ± 1.0	$149.0 \sim 151.6$
亚麻籽油	176.2 ± 1.2	$179.0 \sim 181.0$
桐油	225.2 ± 1.2	$146.0 \sim 163.5$

核磁共振波谱不仅可用来鉴定化合物分子结构,确定相对分子质量,有时可进行定量分析。用内标法:准确称取样品和内标物,以合适的溶剂配成适宜的浓度,测得共振谱图后按式(12.12)计算样品浓度 c_X。

$$c_X = \frac{c_s N_s A_X}{N_X A_s} \tag{12.12}$$

式中,c_X 与 c_s 分别为未知样品和内标物的浓度,$mol \cdot L^{-1}$;N_X 与 N_s 分别为未知样品和内标物分子中产生相应吸收峰的核的数目;A_X 与 A_s 分别为未知样品和内标物吸收峰的面积。

另外,依据弛豫时间 t_1 和 t_2 可研究分子运动的分布;通过研究核磁共振波谱对温度的依赖关系进行动力学分析。

研究 ^{13}C 核的 NMR 谱可获得有机化合物分子中碳骨架的直接信号,其化学位移比 ^1H 约大 20 倍、但其丰度(1.11%)较低,因此信噪比低,与宽带去偶、脉冲傅里叶变换技术联用可显著提高其灵敏度。由于生物内许多含磷化合物在生理活动中起着重要的作用,^{31}P 核的 NMR 谱对研究生物分子以及生化动力学较适用,而且它的共振信号易观察、谱图较简单、重叠少且易解析。

若 NMR 谱中各组峰的化学位移相差较大,而且 $\Delta\delta$ 比 J 大得多,则各组裂分峰互不干扰,图谱较为简单,易于解释,称为一级谱图(first spectra)。若 $\Delta\delta$ 比 J 小得多,则属于高级偶合,高级自旋偶合行为较复杂,可参阅专著。

12.4 质 谱 法

12.4.1 概述

质谱法(mass spectrometry)是一种先将样品电离再用电磁场对各类离子进行分离进而对其质荷比(m/z)进行记录和分析的物理方法,可以实现对许多无机物、有机物甚至大分子化合物样品进行定性或定量分析,包括同位素分析、复杂化合物的结构解析、材料表面的结构和组成分析等。质谱法发展至今已有 100 多年的历史,被誉为现代质谱学之父的美国学者 J. J. Thomson 在 1912 年就首次阐明了按照分子大小和电荷不同分离分子的可能性,预言"化学中存在的许多问题可以凭借这个方法得以解决,而比用其他方法更为简便"。

质谱法早期最重要的工作是分离、分析同位素,如用该法可分离获得毫克级的 ^{39}K,还可测定同位素的丰度和相对原子质量等;20 世纪 30 年代,质谱法已经精确测定了大多数稳定同位素,促进了核化学的飞速发展。在此期间,利用电磁学原理使带电的样品离子按质荷比进行分离的各类装置(质谱仪)开始出现并不断完善。1942 年,美国 CEC 公司推出了第一台商用质谱仪,质谱法开始用于石油等有机物小分子的结构分析。20 世纪 60 年代出现的气相色谱-质谱(GC-MS)联用技术使质谱法的应用领域发生了巨大的变化,可同时完成待测组分的分离、鉴定和定量,使之逐渐成为测定有机物相对分子质量和结构的重要工具。

伴随计算机技术的飞速发展与广泛应用,质谱分析技术更加成熟,测试也更加快捷和方便,1981 年发明的快原子轰击(FAB)电离被称为质谱学跨入生物学领域的里程碑。随着液相色谱-质谱(LC-MS)、基质辅助激光解吸电离-飞行时间质谱(MALDI-TOF)及质谱-质谱串联(MALDI-TOF/TOF)等新技术的不断涌现,为分离和分析高极性、难挥发和热稳定性差的生物大分子样品(如蛋白质、核酸、糖蛋白、寡糖等)的分子结构以及复杂体系中生物活性分子提供了有效手段。多肽的氨基酸序列分析已突显出质谱法快速、灵敏的突出特点。目前,质谱法不仅广泛地应用于原子能、石油、化工、电子、食品、医药、材料等领域,而且已步入生物大分子的研究领域,并逐渐形成一个新的学科生长点——生物质谱学,为生命科学领域提供了全新的分析方法。

12.4.2　基本原理

质谱分析中,样品以一定的方式(直接进样或通过色谱仪进样)进入质谱仪,在质谱仪离子源作用下,气态分子或固体、液体的蒸气分子在高真空状态下受到高能电子流的轰击,失去外层电子,生成带正电荷的阳离子或进一步使阳离子的化学键断裂,产生与原分子结构有关的、具有不同 m/z 的碎片离子。它们在通过质量分析器时,受到磁场和静电场的综合作用,按 m/z 不同分开,经电子倍增器检测,得到样品分子离子按 m/z 大小顺序排列的质谱图。

图 12.13 是某有机化合物的质谱图,它包含着与该物质结构密切相关的定性和定量的信息。质谱图的横坐标是质荷比,纵坐标为离子的强度。离子的绝对强度取决于样品量和仪器的灵敏度;离子的相对强度与样品分子的结构有关。同种样品,在固定的条件下得到的质谱图是相同的,这是质谱图进行定性分析的基础。通过确定谱图上分子离子的种类及其相对含量,就有可能确定该物质的化学组成、结构及相对分子质量。

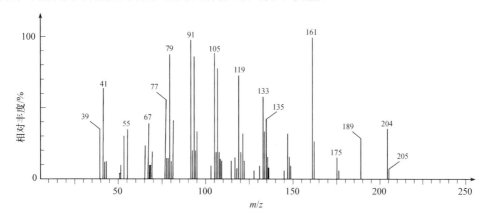

图 12.13　某有机化合物的质谱图

早期质谱法定性主要依靠有机物的断裂规律,分析不同碎片和分子离子的关系,推测该质谱对应的结构。目前,质谱仪数据系统都存有十几万到几十万个化合物的标准质谱图,得到一未知物的质谱图后,可以通过计算机进行检索,查得该谱图所对应的化合物。这种方法方便、快捷、省力。若质谱库中没有这种化合物或得到的谱图有其他组分干扰,就必须辅助以其他方式才能确定。

质谱法定量分析常在气相色谱-质谱仪或液相色谱-质谱仪上进行,色谱仪作分离器,质谱仪作检测鉴定器,利用峰面积与含量成正比的基本关系进行定量。该法的选择性比单纯用色谱法高得多,定量分析的可靠性也高。

12.4.3　质谱仪及性能指标

1. 质谱仪

分析不同类型的样品需要不同类型的质谱仪。质谱仪的类型很多,根据用途可分为同位素质谱仪(测定同位素丰度)、无机质谱仪和有机质谱仪。根据仪器中质量分析器的原理可分为单聚焦质谱仪(magnenic analyzer)、双聚焦质谱仪(double focusing analyzer)、四极杆质谱仪(quadrupolar analyzer)、飞行时间质谱仪(time of flight analyzer)及回旋共振质谱仪等。不管是何种类型的质谱仪都由离子源、质量分析器、离子检测器以及真空系统等主要部件组成。不同类型的质谱仪,即使是同样用途的质谱仪,其离子源、质量分析器、检测器也可能完全不同。

1) 离子源

离子源(ion source)把样品分子离子化,并得到带有样品信息的离子。它包括:电子电离源(electron impact ionization,EI)、化学电离源(chemical ionization,CI)、快原子轰击源(fast atom bombardment,FAB)、电喷雾电离源(electro-spray ionization,ESI)、基质辅助激光解吸电离源(matrix assisted laser desorption ionization,MALDI)、大气压化学电离源(atmospheric pressure chemical ionization,APCI)等。其中最普通而常见的是电子电离源和化学电离源。

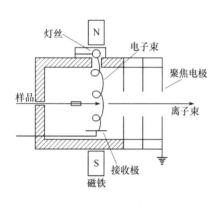

图 12.14　电子电离源原理图

电子电离源的构造如图 12.14 所示。当样品蒸气从狭缝进入离子源后,由灯丝发出的电子束与样品分子发生碰撞使样品分子电离。一般灯丝与接受极之间的电压为70eV,样品分子可能被打掉一个电子形成分子离子,或发生化学键的断裂而形成碎片离子。由分子离子可以确定化合物的相对分子质量,由碎片离子可以得到化合物的结构信息。标准质谱图都是在 70eV 做出的,有时为了减少碎片离子峰得到简化的质谱图,也采用10~20eV的电子能量。EI 得到的离子流稳定性好,电离效率较高,因而应用最广泛。其缺点是当样品相对分子质量太大而稳定性差时,不易得到分子离子,也就不能测定相对分子质量。

化学电离源是将样品气体和反应气体分子混合(样品含量约 0.1%)进入电离室,灯丝发出的电子束首先使反应气体电离,反应气体离子与样品气体再进行离子分子反应,使样品气体电离。常用的反应气体是甲烷和异丁烷,也可以用 H_2、NH_3、C_3H_8 等。CI 是一种软电离方式,适合于化合物稳定性差,用 EI 方式不易得到分子离子的样品,其缺点是碎片少,可提供的结构信息少。一般质谱仪中,同时装有 EI 源和 CI 源,根据需要通过简单的切换可改变电离方式。EI 和 CI 一般只适用于小分子化合物的质谱分析,相对分子质量较大的化合物特别是生物分子(如蛋白质、核酸、多肽、寡糖等)的质谱分析,要使用新的软电离技术。

快原子轰击源的原理图如图 12.15 所示。氩气在电离室依靠放电产生氩离子,高能氩离子经电荷交换得到高能氩原子流,氩原子打在样品上产生样品离子。样品置于涂有基质(如甘油)的靶上,靶材为铜,原子氩打在样品上使其电离后进入真空,在电场作用下进入分析器。电离过程中不必加热汽化,因此它适合于难汽化、热稳定性差、极性强的大分子样品的分析。FAB 的质谱有较强的(M+H)⁺或(M+Na)⁺等准分子离子峰,而且还有较丰富的结构信息。

电喷雾电离源其电离是在液滴变成蒸气产生离子发射过程中形成,也称为离子蒸发。由于多肽、蛋白质等生

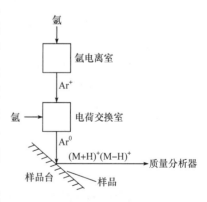

图 12.15　快原子轰击源原理图

物分子中有多个相距较远的可质子化的基团,在 ESI 环境中能形成多质子化分子,这是 ESI 最为独到之处。它为生物体中分子识别机制、新药物的筛选方面的研究提供快速分析的手段,在蛋白质一级结构的分析中已比较成熟。ESI 质谱仪的灵敏度在飞摩(fmol)至皮摩(pmol)的水平。LC/ESI-MS 已商品化,完全达到实用阶段。

基质辅助激光解吸电离以小分子有机物作基质,样品与基质按比例均匀混合,干燥后送入离子源。在真空下受激光辐照,基质吸收激光能量瞬间由固态转变成气态形成基质离子,中性样品与基质离子、质子及金属阳离子之间的碰撞过程中,发生了样品的离子化。基质的作用是吸收激光能量并使被测分子分离成单分子状态,使其发生解吸电离。基质选择是得到优质谱图的关键,要求基质对样品有较好的均匀分散作用,能为样品提供质子。目前多数商品仪器采用价格较低的氮激光器(337nm),也有用 Nd-YAG 激光器(355nm,266nm)以及 CO_2 激光器(10.6nm)和 Er-YAG 激光器(2.94nm)等。MALDI 的特点是:准分子离子峰很强,且碎片离子少,可直接分析蛋白质酶解后产生的多肽混合物;对样品中的杂质耐受量大,能耐高浓度盐、缓冲剂和其他非挥发性成分。MALDI-MS 灵敏度高,样品量只需 1pmol,甚至更少。它可以测定多肽、蛋白质、DNA 片段、多糖等的质量,相对分子量检测范围已超过 300 000。

2) 质量分析器

质量分析器(mass analyzer)将离子源产生的离子按 m/z 分离,并按顺序排列成谱。常用的分析器有单聚焦分析器又称磁场分析器、双聚焦分析器、四极杆分析器及飞行时间分析器等。

单聚焦分析器主体是处于磁场中的扇形真空容器,如图 12.16 所示。由离子源产生的离子束在加速电场的作用下,质量为 m 的离子以速率 v 沿 n 方向做直线运动,其动能为

$$zU = \frac{1}{2}mv^2 \tag{12.13}$$

式中,z 为离子的电荷;U 为加速电压。

离子进入磁场后,由于磁场的作用,将改变运动方向做圆周运动,其运动的离心力和磁场力相等。计算公式如下:

$$B_0 zv = \frac{mv^2}{R} \tag{12.14}$$

式中,B_0 为磁感应强度;R 为离子在磁场中的运动半径。由式(12.13)和式(12.14)可得质谱方程式为

$$\frac{m}{z} = \frac{B_0^2 R^2}{2U} \tag{12.15}$$

由式(12.15)可知,在一定 B_0、U 条件下,不同 m/z 离子在磁场中的运动半径 R 不同。若固定 B_0 和 R,连续改变加速电压(电压扫描)或固定 U 和 R,连续改变 B_0(磁场扫描),就可以使具有不同 m/z 的离子按顺序达到检测器而得到质谱图。单聚焦分析器结构简单,操作方便,但分辨能力低,适用于离子能量较小的离子源,如电子轰击源、化学电离源等。

双聚焦质量分析器结构如图 12.17 所示,离子束首先通过静电分析器,进行一次能量分离聚焦,然后通过狭缝,进入磁分析器再进行一次偏转分离,使所有 m/z 的离子在一个平面上既实现了能量聚焦,又实现了方向聚焦的双聚焦,其分辨能力得到很大提高。

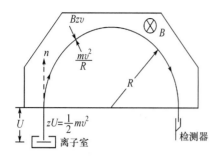

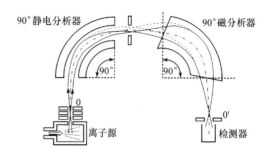

図 12.16　单聚焦分析器原理示意图　　　　　　図 12.17　双聚焦质量分析器原理示意图

四极质谱仪又称四极滤质器(图 12.18),由四根棒状电极组成。两电极间施加一定的直流电压(DC)和频率在射频范围内的交流电压(RF),由离子源进入四极电极的离子,在一定 RF 和 DC 电压的作用下,只有某种 m/z 的离子能通过特殊值所组合的电场区,其他离子被"滤掉"。当 RF/DC 一定时,利用电压或频率扫描,可使各种 m/z 的离子依次通过电场区,得到质谱图。它利用四极杆代替了电磁铁,故体积小、质量轻,与磁式分析仪器相比具有较高的灵敏度和分辨率,适用于色谱-质谱的联用。

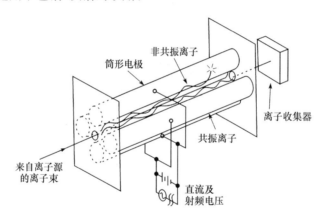

图 12.18　四极质谱仪示意图

飞行时间分析器(TOF)利用从离子源飞出的离子其动能基本相等,但在加速电压作用下,不同 m/z 的离子飞行速率不一样,m/z 大的离子比小的飞行速率慢,通过不同 m/z 的离子到达检测器的时间不同而被检出。TOF 的特点是:质量范围宽,扫描速率快。MALD 常与 TOF 联用,在大分子的分析方面得到广泛的应用。

近年来出现的一种分析器是由计算机控制和数据变换的回旋共振分析器,由这种分析器组成的仪器称为傅里叶变换质谱仪。

3) 离子检测器

离子检测器主要使用电子倍增器或光电倍增器,将从分析器来的离子流接受并放大,然后送到计算机存储,这些信号经计算机处理后得到所要分析的谱图、数据和其他信息。

4) 真空系统

真空系统是质谱仪的重要附属部分,它的作用是为离子源、质量分析器及检测器提供所需要的真空,消减不必要的离子碰撞、散射效应、复合反应等,减小本底与记忆效应,保证离子源中电子束的正常调节以及仪器的分辨率。通常真空系统包括机械真空泵、扩散泵或分子涡轮泵。

2. 质谱仪的主要性能指标

1) 质谱仪的质量测定范围

质谱仪的质量测定范围表示质谱仪所能够进行分析的样品的相对原子质量或相对分子质量范围，由于离子一般只带一个电荷，所以可测定的质荷比范围实际上就是可测定的相对分子质量范围。

测定气体的质谱仪，一般质量测定范围在 2~100，而有机质谱仪一般可达几千，现代质谱仪可以研究相对分子质量达几十万的生化大分子样品。

2) 分辨率

分辨率是指质谱仪把相邻的两个质量数离子分开的能力，通常用 R 表示。其定义是：两个相等强度的相邻峰 m_1 和 $(m_1 + \Delta m)$，两峰间的峰谷不大于其峰高的 10% 时，就认为 m_1 和 m_2 的峰正好分开，此时分辨率 R 可表示为

$$R = \frac{m_1}{m_2 - m_1} \frac{m_1}{\Delta m} \tag{12.16}$$

式中，m 为质量数，m_2 大于 m_1。

在实际的工作中，有时很难找到刚刚分开的两个峰，可用另一种方式表示分辨率：选质量为 m_1 的质谱峰，测其峰高 5% 处的峰宽为 $W_{0.05}$，即可当做式（12.16）中的 Δm，此时分辨率表示为

$$R = \frac{m_1}{W_{0.05}} \tag{12.17}$$

后一种表示方法较简单，只是半峰宽会随峰高发生变化，对分辨率产生影响。

质谱仪的分辨本领几乎决定了仪器的价格。当前质谱仪的分辨率都在 500~50000。分辨率在 10 000 以上的称为中或高分辨率，可以准确测定同位素和有机分子质量。

3) 灵敏度

质谱仪的灵敏度有绝对灵敏度、相对灵敏度和分析灵敏度等几种表示方法。绝对灵敏度是指仪器可以检测到的最小样品量；相对灵敏度是指仪器可以同时检测的大组分与小组分含量之比；分析灵敏度则指输入仪器的样品量与仪器的输出信号之比。

3. 质谱分析的主要步骤

质谱分析获得的数据可以以质谱图或质谱表等两种形式给出。如前所述，质谱图是以质荷比（m/z）为横坐标，以相对强度为纵坐标组成，一般将原始质谱图上最强的离子峰确定为基峰并将其相对强度定为 100%，其他离子峰以对基峰的相对百分值表示。质谱表则是以数据表格的形式给出质谱数据，通常包括质荷比和对应的相对强度等核心信息。质谱图可以很直观的给出整个分子的质谱全貌，质谱表则可以精确给出质荷比及相对强度，有助于进一步深入分析。

得到质谱数据后，若暂时无标准谱图进行对照或检索无法确定其结构，可按照以下步骤进行谱图解析。

（1）校核各质谱峰的质荷比和相对强度。

（2）确认分子离子峰。对纯样品而言,原则上除同位素峰外,分子离子峰是最高质荷比的峰,其质荷比应符合"氮律"且可能存在合理的中性碎片损失。过程中需注意化合物分子离子峰较强、较弱或不易观察等不同情况,从同位素离子峰簇判断是否还有 F、Cl、Br、I、S、Si、P 等元素。

（3）确定相对分子质量和化学式,计算不饱和度。

（4）研究重要的碎片离子、亚稳离子、同位素离子及重要的特征离子,对质谱图进行校对和指认。配合元素分析、UV、IR、NMR 等测试结果和未知物的理化性质提出其结构式,将推定的结构式按相应化合物裂解的规律来检查各碎片离子是否符合。若没有矛盾,就可确定其可能的结构式。

12.4.4　联用技术及应用

一般质谱仪只能够对单一组分提供高灵敏度和特征的质谱图,但对复杂化合物分析无能为力。色谱技术广泛应用于多组分混合物的分离和分析,特别适合有机化合物的定量分析,但定性较困难。将色谱和质谱技术进行联用,对混合物中微量或痕量组分的定性和定量分析具有重要意义。这种将两种或多种方法结合起来的技术称为联用技术,它吸收了各种技术的特长,弥补彼此间的不足,并及时利用各有关学科及技术的最新成就,是极富生命力的一个分析领域。

质谱联用技术主要有气相色谱-质谱(GC-MS)、液相色谱-质谱(LC-MS)、串联质谱(MS-MS)以及毛细管电泳-质谱(CZE-MS)等。联用的关键是解决与质谱的接口以及相关信息的高速获取与储存问题。就色谱仪和质谱仪而言,两者除工作气压以外,其他性能十分匹配,可以将色谱仪作为质谱仪的前分离装置,质谱仪作为色谱仪的检测器而实现联用。由于色谱仪的出口压力为常压,其流出物必须经过色谱-质谱连接器进行降压后,才能进入质谱仪的离子化室,以满足离子化室的低压要求。

1. 气相色谱-质谱联用

GC-MS 是两种气相分析方法的结合,对 MS 而言,GC 是它的进样系统;对 GC 而言,MS 是它的鉴定器。为使两者之间的工作压力相匹配,其接口可用直接连接、分流连接、分子分离连接三种方式。直接连接只能用于毛细管气相色谱仪和化学电离源质谱仪的联用;分流连接器在色谱柱的出口处,对试样气体的利用率低;一般联用仪器采用分子分离器,它是一种富集装置,通过分离可使进入质谱仪中的样品气体的比例增加,同时维持离子源的真空度。常用的分子分离器有扩散型、半透膜型和喷射型等。与 GC 联用的质谱仪类型多种多样,主要体现在分析器的不同。

利用 GC-MS 可以获得混合样品的多种信息,如总离子流图、每一种组分的质谱图及每个质谱图的检索结果。对于高分辨的质谱仪,还可以得到化合物的精确相对分子质量和分子式。GC-MS 可直接用于混合物的分析,如致癌物的分析、食品分析、工业污水分析、农药残留量的分析、中草药成分的分析、害虫性诱剂的分析和香料成分的分析等许多色谱法无能为力的分析课题,它还是国际奥林匹克委员会进行药检的有力工具。但 GC-MS 只适用于分析易气化的样品。

2. 液相色谱-质谱的联用

液相色谱的应用不受沸点的限制,能对热稳定性差的样品进行分离和定量分析,但定性能力较弱。为此,发展了 LC-MS 联用仪,用于对高极性、热不稳定、难挥发的大分子(如蛋白质、核酸、聚糖、金属有机物等)分析。由于 LC 分离要使用大量的流动相,有效地除去流动相中大量的溶剂而不损失样品,同时使 LC 分离出来的物质电离,这是 LC-MS 联用的技术难题。LC 流动相组成复杂且极性较强,因此比 GC-MS 去除载气困难得多。现有商品仪应用的接口有:大气压化学电离接口(APCI)、离子束接口(PB)和电喷雾电离接口(ESI)。LC-MS 一种类型的接口只适用于某一类分析对象,因此常见的 LC-MS 联用仪大都带有多个可以互相切换的接口。

LC-MS 联用仪是分析相对分子质量大、极性强的生物样品不可缺少的分析仪器,它已用于肽和蛋白质的相对分子质量测定,氨基酸单元结构、序列和转译后结构的修饰、调变的分析,并在临床医学、环保、化工、中草药研究等领域得到广泛的应用。

3. 质谱-质谱联用

为了研究化合物的结构、离子的组成以及离子间的相互关系,只依靠一级质谱往往比较困难,于是出现了带有两级甚至多级串联的 MS-MS 联用仪器。它的研究对象主要是气相中的有机离子化学,并获得子离子谱、母离子谱、中性丢失谱以及多反应监测等信息,以提供离子碎裂过程中彼此间的亲缘关系,确定前体离子和产物离子的结构,进而推测反应机理。随着新电离技术的出现,生物大分子已成为其重要的研究对象。

亚稳扫描和碰撞诱解离是最常用也是最重要的 MS-MS 方法。由于质量分析器种类不同,为充分利用不同分析器的特长并满足不同研究的需要,联用仪器的结构也就不同。

12.4.5　生物质谱

20 世纪 80 年代,ESI、MALD、FAB 等新的软电离技术的发展,使有机质谱跨出近代结构化学和分析化学的领域,进入了生命科学的范畴,并逐渐形成了新的分支学科——生物质谱(biomass spectrometry)。它是质谱研究的前沿课题,是目前质谱学中最活跃、最富生命力的研究领域,推动了质谱分析理论和技术的发展,解决了生命科学研究中许多有关生物活性物质的分析问题。生物质谱主要在下列领域展开工作:测定生物大分子(如蛋白质、核酸片段等)的相对分子质量、蛋白质和寡核苷酸的序列分析、蛋白质的质量肽谱、天然和生物合成蛋白质突变体分析、蛋白质翻译后修饰的测定、配位体结合的研究、酶的活力部位和核酸修饰部位的研究以及糖类结构分析等。

质谱成为分析生物活性分子的重要手段,是由于它具有以下特点:①高灵敏度,可测至 1.0×10^{-8} g 以下;②快速,数分钟即可完成测试;③能同时提供样品的精确相对分子质量和元素组成、碳骨架及官能团等结构信息;④既能进行定性分析,又能进行定量分析;⑤能有效地与各种色谱联用于复杂体系的分析。这些特点是其他分析方法难以达到的。

蛋白质是生物体中含量最高,功能最重要的一类生物大分子,它存在于所有生物细胞中,约占细胞干质量的 50% 以上,在生命科学中占据重要地位,其结构分析是生命科学的重要课题。蛋白质的基本单元是氨基酸,重要氨基酸的名称及相对分子质量列于表 12.6 中。氨基酸通过肽键(酰胺键)连接的化合物称为肽,由多个氨基酸组成的肽称为多肽(polypeptide),组成多肽的氨基酸单元称为氨基酸残基。如果组成的氨基酸为数不太多时,也称为寡肽(oligopeptide)。多肽广泛存在于自然界,其中最重要的是作为蛋白质的亚单位存在。

表 12.6　重要氨基酸的名称及相对分子质量

序　号	中文名称	英文名称及缩写	相对分子质量	残基量
1	丙氨酸	alanine, Ala	89.09	71.07
2	精氨酸	arginine, Arg	174.20	156.18
3	门冬酰胺	asparagine, Asn	132.12	114.10
4	门冬氨酸	aspartic acid, Asp	133.10	115.08
5	半胱氨酸	cysteine, Cys	121.15	103.13
6	胱氨酸	cystine	240.29	222.27
7	谷氨酸	glutamic acid, Glu	147.13	129.11
8	谷氨酰胺	glutamine, Gln	146.15	128.13
9	甘氨酸	glycine, Gly	75.07	57.03
10	组氨酸	histidine, His	155.15	137.15
11	异亮氨酸	isoleucine, Ile	131.17	113.15
12	亮氨酸	leucine, Leu	131.17	113.15
13	赖氨酸	lysine, Lys	146.19	128.17
14	甲硫氨酸	methionine, Met	149.21	131.19
15	苯丙氨酸	phenylalanine, Phe	165.19	147.17
16	脯氨酸	proline, Pro	115.13	97.11
17	丝氨酸	serine, Ser	105.09	87.08
18	苏氨酸	threonine, Thr	119.12	101.10
19	色氨酸	tryptophane, Trp	204.22	186.20
20	酪氨酸	tyrosine, Tyr	181.19	163.17
21	缬氨酸	valine, Val	117.15	99.13

目前质谱法主要测定蛋白质的一级结构,包括其相对分子质量、肽链中氨基酸的排列顺序以及多肽键或二硫键的数目和位置。用质谱测出蛋白质激素胰岛素的一级结构,如图 12.19 所示。

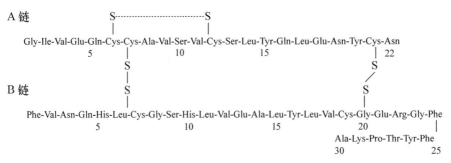

图 12.19　蛋白质激素胰岛素的一级结构

质谱法分析蛋白质的高级结构是可能的,目前正在研究中。

质谱法测定蛋白质的相对分子质量,在 ESI-MS 条件下,分子中存在多个可质子化的基团,在电离过程中易形成多电荷离子,m/z 离子"表现"质量数出现在质谱图上,其与相对分子质量关系:

$$\frac{M+nH}{n}=\frac{m}{z} \tag{12.18}$$

式中,M 为真实质量;n 为电荷数;H 为质子的质量。

通常,任一特定离子的电荷数是未知的。但在一个多电荷离子系列中,任何两个相邻离子只相差一个电荷,所以在质谱图上相邻两个峰质量若以 M_1 和 M_2 表示,则

$$n_1=n_2+1 \tag{12.19}$$

式中,n_1 为 M_1 的电荷数;n_2 为 M_2 的电荷数。

由式(12.18)可知:

$$M_2=\frac{M+n_2H}{n_2} \tag{12.20}$$

$$M_1=\frac{M+(n_2+1)H}{n_2+1} \tag{12.21}$$

由式(12.20)和式(12.21)联立得

$$n_2=\frac{M_1-H}{M_2-M_1} \tag{12.22}$$

n_2 取最接近的整数。只要 n 值已知,原始的质量数可以从式(12.18)计算,即

$$M=n_2(M_2-H)$$

【**例 12.4**】　细胞色素 c 的 ESI-MS 全谱如图 12.20,试计算细胞色素 c 相对分子质量。

解　现选定 $M_2=942$,$M_1=874$,由式(12.19)得
n_2 最接近的整数是 13,细胞色素 c 相对分子质量为
$$M=13\times(942-1)=12\,233$$
用计算机软件可以计算出 n 和 M 值,从而预测同一系列中其他多电荷离子。

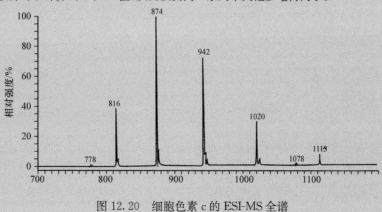

图 12.20　细胞色素 c 的 ESI-MS 全谱

质谱法测定多肽和蛋白质序列,依据其质谱中碎片离子推导出。质谱中出现序列信息碎片,主要通过酰胺键(肽键)断裂形成。由肽键主链简单的断裂,生成的离子按照惯例分成两类:从 N 端开始以 A、B、C 表示,从 C 端开始以 X、Y、Z 表示,如图 12.21 所示。

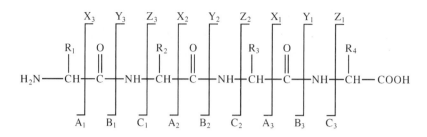

图 12.21　肽键断裂两大类示意图

为了区别肽质谱的离子是来自 C 端或 N 端,通常将肽分子化学衍生后再分析,衍生一般不改变肽断裂途径。通常衍生方法有 N-乙酰化(或 N-三氟乙酰化)和形成甲酯两种。前者用于"标记"N 端游离氨基(包括赖氨酸侧链的氨基);后者用于"标记"C 端的羟基(包括氨基酸侧链上的羟基)。为了得到序列离子和更好地解释肽质谱中离子结构,常采用串联质谱法(tandem mass spectrometry,MS-MS)。

【例 12.5】 具有保护基五肽的一级结构:

$$BOC\text{-}Gly\text{-}Ala\text{-}D\text{-}Val\text{-}Leu\text{-}Ile\text{-}OBzl$$

其中,BOC=t-butyloxy carbonyl;Bzl=benzyl。

操作条件　仪器:ZAB-HS,FAB 源;基质:3-NBA(3-硝基苄醇)。

从所获得的质谱图中,观察到的各种离子列于表 12.7 中。

表 12.7　五肽谱图中各种离子

离子类型	MH^+	$(MH-56)^+$	$(MH-100)^+$	y_4''	y_3''	y_2''	y_1''	b_4	b_3	b_2	b_1
m/z	662	606	562	505	434	335	222	441	328	229	158

代表肽序列信息的两种系列离子,即 b_n 系列及 y_n 系列表达式如下:

$$BOC\text{—}NH\text{—}CH_2\text{—}C\text{—}NH\text{—}CH\text{—}C\text{—}NH\text{—}CH\text{—}C\text{—}NH\text{—}CH\text{—}C\text{—}NH\text{—}CH\text{—}C\text{—}OBzl$$

其中,$y_n'' = y_n + 2$。

质谱技术还是天然物研究中分离及鉴定的强有力工具,在测定天然产物的分子结构时,对其质谱裂解过程进行研究,找出其分子立体结构、取代基位置及种类和多环的结合方式对质谱裂解的影响进行归纳总结,对于测定属于同类型的新化合物结构有重要的参考价值。

【例 12.6】　图 12.22 是天然紫玉兰叶油 GC-MS 总离子流图。

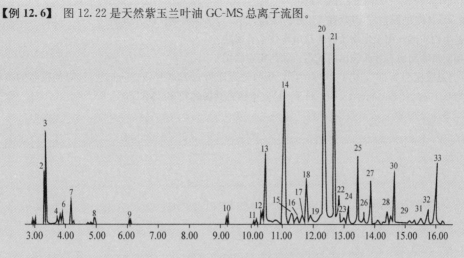

图 12.22　天然紫玉兰叶油 GC-MS 总离子流图

由图 12.22 可知,分离得到 33 种成分,每个成分的定量按峰面积归一化计算各峰面积的相对百分含量;每种成分由质谱仪提供一张质谱图。根据质谱图,应用谱库检索(本例用美国建立的 NIST98L 谱库),并结合标准谱图对照、分析,鉴定了它们的结构,主要成分是大根香叶烯、檀紫三烯、石竹烯等,占总峰面积的 95% 以上,表 12.8 列出质量分数在 5% 以上的几种成分的有关资料。

表 12.8　天然紫玉兰叶油 GC-MS 总离子流图

峰　号	保留时间 /min	化合物名称	相对分子质量	相对含量 /%	相似度 /%
13	9.84	莰烯 camphene	136	5.16	90
14	10.52	石竹烯 caryophyllene	204	11.19	99
20	11.98	大根香叶烯-D - gemacrene-D	204	17.31	96
21	12.23	檀紫三烯 santolina triene	136	16.85	93
25	13.13	3,7-二甲基-1,3,7-辛三烯 3,7 - dimethyl - 1,3,7 - octatrien	136	5.41	90

紫玉兰不仅是一种早春的观赏植物,而且是具有较高经济价值的香料、药用植物。由上可见,GC-MS 提供的实验数据将为合理开发和综合利用紫玉兰提供宝贵的科学资料。

思考题与习题

1. 在 0.15T 的外加磁场中,如果要使质子产生共振信号,应该吸收什么频率的电磁辐射?

2. 什么是化学位移? 试简述化学位移有什么重要作用? 有哪些因素影响化学位移?

3. 试解释 CH_3CH_2I 的核磁共振图谱中 $\delta=1.6\sim2.0$ 处的 —CH_3 峰是三重峰,在 $\delta=3.0\sim3.4$ 处的 —CH_3 峰是四重峰。

4. 在核磁共振中有哪些类型的弛豫过程? 各有什么特点?

5. 什么是自旋偶合、自旋分裂? 它们是怎样产生的?

6. 预言 $CH_3CH_2OC(CH_3)_3$ 的质子核磁共振谱中各多重峰的裂分峰型、每组多重峰的各个峰的面积比以及各组多重峰之间的面积比。

7. 计算在磁分析器曲率半径为 10cm 的 1.00T 的磁场中,质量数为 100 的一价正离子所需的加速电压是多少?

8. 以单聚焦质谱仪说明质谱仪工作原理。

9. 中心在 m/z 447 的质谱峰,其峰高 5% 处的峰宽为 0.34,估算质谱仪的分辨率。

10. 什么是生物质谱? 用于生物质谱的软电离技术有哪些?

11. 色谱和质谱联用后有什么突出的优点? 如何实现联用?

12. ^{1}H 核的磁旋比为 $2.68 \times 10^8 \, T^{-1} \cdot s^{-1}$,^{13}C 核的磁旋比为 $6.73 \times 10^7 \, T^{-1} \cdot s^{-1}$。计算当仪器的磁场强度分别为 0.7046、1.409、11.04T 时,^{1}H 和 ^{13}C 发生核磁共振的频率 ν(MHz)?

第 13 章　生物传感器分析技术

13.1　概　　述

生物传感器(biosensor)是以传感器为基础,由生物学、医学、电化学、光学、热力学及电子技术等学科相互渗透和融合的产物。1962 年,Clark 等提出把酶和氧电极组合起来用以监测酶反应,这是生物传感器的雏形。1967 年,Updike 和 Hicks 根据 Clark 的设想,采用酶固定化技术,把葡萄糖氧化酶固定在疏水膜上再和氧电极结合,组装成第一个生物传感器,即葡萄糖电极。其后逐步发展出微生物、免疫、细胞和组织等传感器。

生物传感器是由生物活性物质作为敏感元件,配以适当的换能器所构成的选择性小型分析器件。它具有简便、灵敏、快速、选择性好、抗干扰能力强、样品用量少、检测成本低、利于自动化的显著优点,能对样品实现现场检测、连续检测、在线检测、活体检测,应用前景十分广阔,受到世界各国的关注。目前,生物传感器广泛用于工农业生产、环境监测、临床检验及食品工业等领域。生物传感器的主要测定对象是生物体内存在的生物活性物质。

生物传感器的基本组成单位包括具有分子识别功能的感受器(receptor)、换能器(transducer)和检测器(detector)三个部分。生物体的成分(如酶、抗原、抗体、核酸等)或生物体本身(如细胞、细胞、组织等)具有分子识别能力的,均可作为敏感材料。敏感材料经固定化后形成的一种膜结构即生物传感器的感受器。具有分子识别功能的感受器是生物传感器的关键元件,决定了生物传感器选择性的好坏。换能器是将分子识别元件上进行生化反应时消耗或生成的化学物质、产生的光或热等转换成电信号或光信号的装置。生化反应中产生的信息是多元化的,因此选择不同的换能器对信息进行转换非常重要。表 13.1 列出了生化反应产生的信息及其对应的换能器的选择。检测器能将换能器产生的信号进行处理、放大和输出。

表 13.1　生化反应产生的信息及其对应换能器的选择

生化反应产生的信息	换能器的选择
离子变化	电流型或电位型离子选择性电极
质子变化	离子选择性电极、场效应晶体管
热效应	热敏元件
光效应	光纤、光敏管、荧光计
色效应	光纤、光敏管
质量变化	压电晶体
电荷密度变化	阻抗计、导纳、场效应晶体管
溶液密度变化	表面等离子体共振
气体分压变化	气敏电极、场效应晶体管

13.2　生物传感器原理

生物传感器的工作原理是,通过感受器的分子识别作用,生物传感器中的生物敏感材料和样品中的待测物质,发生生物化学反应,产生离子、质子、气体、光、热、质量变化等信号。在一定条件下,信号的大小与样品中被测物质的量存在定量关系。这些信号经换能器转换成电信号或光信号,再经信号处理放大系统处理后,在仪器上显示或记录下来。传感器的性能主要取决于感受器的选择性、换能器的灵敏度以及它们的响应时间、可逆性和寿命等因素。生物传感器的基本组成和工作原理见图 13.1。

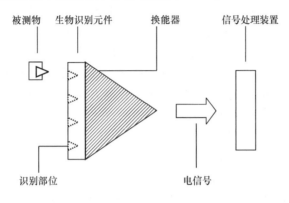

图 13.1　生物传感器的基本组成和工作原理图

13.2.1　分子识别

分子识别是指生物传感器中的敏感物质能与待测成分进行特异性结合的性质。例如,葡萄糖氧化酶能从多种糖分子的混合液中,高选择性地识别出葡萄糖,并把它迅速氧化为葡萄糖酸内酯。生物传感器中的敏感材料包括酶、抗原、抗体、DNA、微生物细胞、细胞器、组织切片等。生物敏感物质能识别相应的生物分子,具有高度的选择性,因此制备的生物传感器也具有很高的选择性。

13.2.2　生物敏感物质的固定化

生物活性物质的固定化技术是指通过物理或化学的方法,将酶、抗原、抗体等生物物质限制在一定的区间内,使其只能在特定的区间进行生化反应,但不妨碍底物的自由扩散的技术。固定化技术是生物传感器研究和开发的重要依托。生物材料固定化后,热稳定性提高,可以重复使用,不需要在反应完成后进行生物材料和反应物质的分离,并能避免外源微生物对生物敏感物质的污染和降解。各种生物敏感物质的固定化方法(图 13.2)大致包括以下几种。

（1）夹心法（sandwich）是将生物材料封闭在双层微滤膜、超滤膜或透析膜之间。此法操作简单,不需任何化学处理,生物固定量大,响应速率快,重现性好,尤其适用于微生物和组织膜制作。

（2）吸附法（adsorption）是在非水溶性载体上,利用载体与生物活性物质之间的范德华力、氢键、离子键等吸附力使生物材料固定的方法。常用的载体有活性炭、高岭土、玻璃、胶原、纤维素和离子交换树脂等。吸附法操作简便、条件温和、对生物材料的活性结构破坏较少。但由于结合力弱,载体的理化性质稍有改变就可能引起解吸,使生物活性物质脱落。

（3）包埋法（entrapment）是将生物材料固定在高分子聚合物微孔中的方法。合成的高聚物有聚丙烯酰胺、聚氯乙烯、光敏树脂、尼龙、醋酸纤维等;天然的高聚物有海藻酸、明胶、胶原、琼脂等。包埋法的优点是一般不产生化学修饰,对生物分子的活性影响小,聚合物的孔径和形状可任意控制。

（4）交联法（cross linking）是采用双功能试剂,如戊二醛等,将生物材料结合到惰性载体上的方法。生物材料中参与偶联的功能团有—NH$_2$、—COOH、—SH、—OH、咪唑基和酚基等,但这些基团不能存在于生物材料的活性中心及其附近。交联法广泛用于酶膜和免疫分子膜的制备,其操作简便、结合牢固、可以长时间使用。

（5）共价结合法（covalent binding）是生物活性分子通过共价键与水不溶性载体结合的方法。通常先将活泼的重氮基、亚氨基和卤素等引入到载体上使载体活化,然后这些基团再和生物分子中的氨基、巯基和羟基等结合,使生物材料固定在载体上。共价结合具有结合牢固、不易脱落、可以长时间使用等优点。但操作复杂,反应条件比较激烈,因此需要严格控制操作条件以尽量减少生物活性的丧失。

（6）微胶囊法（microencapsulation）是将生物材料封闭于由膜组成的胶囊中的方法。微胶囊法条件温和,对生物活性物质的影响较小,但胶囊的稳定性一般较差。

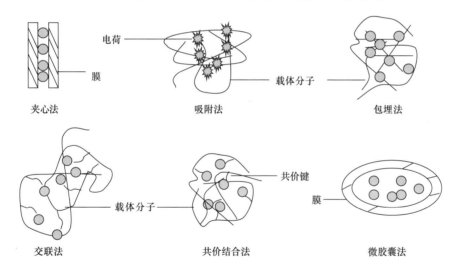

图 13.2　各种生物敏感物质的固定化方法

13.2.3　信号转换

生物传感器中的生物敏感物质与待测物质发生生化反应后,所产生的化学变化或物理变化通过换能器转化成与分析物浓度有关的电信号,然后经过电子技术的处理后从仪表上显示或记录下来,这是设计各种生物传感器的基础。

已研究的大部分生物传感器的工作原理都是将化学变化转变成电信号。以酶传感器为例,酶能催化特定底物发生反应,从而使特定物质的量有所增减。用能将物质的量的改变转变成电信号的装置与固定化酶相耦合,即组成酶传感器。常用的这类换能装置如图 13.3 所示。

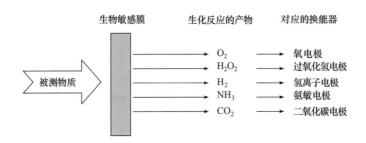

图 13.3　生化反应中常见的产物及其对应的换能装置图

固定化的生物材料与相应的被测物质反应时经常伴有热的变化。热熔的变化和被测物质的浓度存在一定的关系,因此可运用热敏元件把生化反应中的热效应转变成电信号,这是测热型生物传感器的设计基础。

有些生化反应能产生光,运用光学换能器将光信号转换成电信号,这是测光型生物传感器的工作原理。这类传感器大多数是将光敏材料直接或间接地固定在光纤端面上,光纤将光传入或输出,经光电倍增管检测输出光信号。

13.3　生物传感器分类

生物传感器通常依据生物识别元件(biological recognition element)的敏感材料和换能器的种类进行分类。根据生物敏感材料的不同,可分为酶传感器(enzyme sensor)、微生物传感器(microbial sensor)、免疫传感器(immunological sensor)、组织传感器(tissue sensor)、细胞器官传感器(organelle sensor)等。根据换能器可将生物传感器分为电化学生物传感器(electrochemical biosensor)、测光型生物传感器(optical biosensor)、介体生物传感器(mediated biosensor)、半导体生物传感器(semiconductor biosensor)、压电晶体传感器(piezoelectric biosensor)等。

13.3.1　酶传感器

酶在生化反应中具有特殊的催化作用,可使糖类、醇类、有机酸、激素、氨基酸等生物分子迅速被分解或氧化。酶传感器的基本原理是用电化学装置检测在酶催化反应过程中产生或消耗的化学物质,将其转变为电信号输出。酶传感器的结构如图 13.4 所示,其主要由具有选择性响应的感受器酶膜和换能器基础电极组合而成,常用的有氧电极、过氧化氢电极、氢离子电极、二氧化碳电极、氨敏电极等。

葡萄糖传感器是商品化最成熟的传感器。用葡萄糖传感器测定食品中葡萄糖含量的方法已于 1996 年被列入国家食品分析标准。血糖和尿糖的测定是临床上的常规检测项目,对糖尿病的诊断和治疗十分重要,用葡萄糖传感器进行检验,可以快速得出结果。

葡萄糖传感器的感应器是含有葡萄糖氧化酶的膜,换能

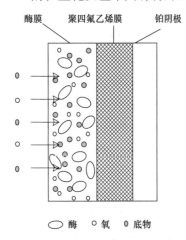

图 13.4　酶传感器的结构图

器是氧电极。当传感器插入待测溶液中时,溶液中的溶解氧和待测底物葡萄糖同时渗入感应器酶膜。葡萄糖立即被催化氧化为葡萄糖酸内酯,同时消耗氧气而产生过氧化氢。换能器氧电极可测出氧的还原电流的下降,从下降的幅度,可以求出葡萄糖的浓度。葡萄糖传感器中酶的固定方法通常采用共价结合法,用电化学方法测量。其测定浓度范围在 $100 \sim 500 \mathrm{mg \cdot L^{-1}}$,响应时间在 20s 以内,稳定性可达 100d。常见酶传感器见表 13.2。

表 13. 2　常见酶传感器

测定对象	酶	检测电极
葡萄糖	葡萄糖氧化酶	O_2,H_2O_2,I_2,pH
麦芽糖	淀粉酶	Pt
蔗糖	转化酶+变旋光酶+葡萄糖酶	O_2
半乳糖	半乳糖酶	Pt
尿素	尿酶	NH_3,CO_2,pH
尿酸	尿酸酶	O_2
乳酸	乳酸氧化酶	O_2
胆固醇	胆固醇氧化酶	O_2,H_2O_2
中性脂质	蛋白脂酶	pH
L-氨基酸	L-氨基酸酶	H_2O_2,NH_3,I_2,O_2
L-精氨酸	精氨酸酶	NH_3
L-谷氨酸	谷氨酸脱氢酶	NH_4^+,CO_2
L-天冬氨酸	天冬酰胺酶	NH_4^+
L-赖氨酸	赖氨酸脱羧酶	CO_2
L-苯丙氨酸	L-苯丙氨酸脱氢酶	CO_2
青霉素	青霉素酶	pH
苦杏仁苷	苦杏仁苷酶	CN^-
硝基化合物	硝基还原酶-亚硝基还原酶	NH_4^+
亚硝基化合物	亚硝基还原酶	NH_3

13.3.2　组织传感器

组织传感器是利用天然动植物组织中酶的催化作用,本质上也属于酶传感器。组织传感器具有以下优点:①酶存在于天然的动植物组织中,与其他生物分子协同作用,性质非常稳定,制备成的传感器的寿命较长;②组织细胞中的酶处于天然状态和理想环境,可发挥最佳的催化功效,催化效率高;③生物组织通常有一定的膜结构和机械性,适于直接固定做膜,所以组织传感器制作简便、价格便宜;④生物组织可提供丰富的酶源,有利于工作。

例如,把大豆粉直接用戊二醛固定成膜,覆盖在氨或二氧化碳气敏电极上构成尿素传感器,用来测定尿液中的尿素含量。尿素传感器的感应器是含有脲酶的膜,换能器是平面 pH 玻璃电极。当尿素渗入感应器时,立即被脲酶催化分解为氨和二氧化碳,并通过透膜氨或二氧化碳到达 pH 电极表面,引起玻璃膜电位的变化。从 pH 变化的幅度,可以求出尿素的浓度。

腺苷是构成磷酸三腺苷的重要生物分子,其分析在临床上非常重视。腺苷传感器是用老鼠小肠黏膜细胞作敏感材料,用牛血清白蛋白和戊二醛将细胞固定成膜,覆盖在氨气敏电极上构成。

常见组织传感器见表 13.3。

表 13.3　常见组织传感器

测定对象	组织	检测电极
谷氨酰胺	猪肾	NH_3
腺苷	鼠小肠黏膜细胞	NH_3
AMP	兔肉	NH_3
鸟嘌呤	兔肝，鼠脑	NH_3
过氧化氢	牛肝，莴苣子，土豆	O_2
谷氨酸	黄瓜	CO_2
多巴胺	香蕉，鸡肾	NH_3
丙酮酸	稻谷	CO_2
尿素	杰克豆，大豆	NH_3, CO_2
尿酸	鱼肝	NH_3
磷酸根/氟离子	土豆/葡萄糖氧化酶	O_2
酪氨酸	甜菜	O_2
半胱氨酸	黄瓜叶	NH_3

13.3.3　微生物传感器

酶主要从微生物中提取精制而成,虽然它有良好的催化作用,但缺点是不稳定,在提取阶段容易丧失活性,精制成本高。因此,用微生物代替酶制备微生物传感器。酶传感器是利用单一酶的催化性,而微生物传感器可以利用菌体中的复合酶、能量再生系统、辅助酶再生系统、微生物的呼吸及新陈代谢等全部生理机能,有可能获得具有复杂功能的生物传感器。微生物传感器和酶传感器相比较,价格更便宜,使用时间长,稳定性较好。

微生物传感器是由固定化微生物膜和电化学装置组成。根据其测定原理的不同分成两种类型。一类是利用微生物在同化底物时消耗氧的呼吸作用,即呼吸型的微生物传感器;另一类是利用不同的微生物含有不同的酶,这和组织传感器一样,本质属于酶传感器。

生化需氧量(BOD)值是环境监测中一个非常重要的指标。用常规方法测定一次 BOD 值需要 5 天时间,而 BOD 传感器测定一个样品只需 15min。BOD 传感器是由氧电极和固定化的微生物膜组成。其中氧电极的阴极是一个直径 14mm 的圆盘金电极,阳极是金属钛电极,Ag/AgCl 电极是参比电极,组成三电极体系电流型传感器。用地衣芽孢杆菌或异常汉逊氏酵母菌经培养后固定成膜,覆盖于氧电极上即构成 BOD 传感器。

以微生物为酶源,经过适当处理,可以制备具有较高选择性的廉价传感器。例如,将培养好的大肠杆菌离心,得到湿菌体,用牛血清白蛋白和戊二醛固定成膜,夹在两片渗透膜之间,再覆盖于氨气敏电极的透氨膜上即构成 L-天冬氨酸传感器。在发酵工业中,微生物传感器已用于检测发酵原料、发酵生成物及微生物菌体数。

常见微生物传感器见表 13.4。

表 13.4　常见微生物传感器

测定对象	微生物类型	测定电极
葡萄糖	荧光假单胞菌	O_2
同化糖	乳酸发酵短杆菌	O_2
乙酸	芸苔丝孢酵母	O_2
氨	硝化菌	O_2
甲醇	未鉴定菌	O_2
乙醇	芸苔丝孢酵母	O_2
制霉菌素	酿酒酵母菌	O_2
变异原	枯草杆菌	O_2
亚硝酸盐	硝化杆菌	O_2
维生素 B_{12}	大肠杆菌	O_2
甲烷	鞭毛甲基单胞菌	O_2
BOD	丝孢酵母、地衣芽孢杆菌	O_2
维生素 B_1	发酵乳杆菌	燃料电池
甲酸	酪酸羧菌	燃料电池
头孢菌素	费氏柠檬酸细菌	pH
烟酸	阿拉伯糖乳杆菌	pH
谷氨酸	大肠杆菌	CO_2
赖氨酸	大肠杆菌	CO_2
尿酸	芽孢杆菌	O_2
L-天冬氨酸	大肠杆菌	NH_3

13.3.4　免疫传感器

　　凡是能够引起免疫反应性能的物质都称为抗原。抗体是由抗原刺激机体产生的具有特异免疫功能的球蛋白,又称免疫球蛋白。抗原与相应的抗体发生特异性结合反应。免疫传感器就是利用抗原与抗体之间的特异性识别功能研制成功的。

　　绒毛膜促性腺激素(hCG)是鉴定怀孕与否的主要标志化合物。将人 hCG 的抗体用化学结合法固定于经溴化氰活化处理的二氧化钛电极的表面,即制备成绒毛膜促性腺激素传感器。使另一只相同的二氧化钛电极结合尿素分子,构成参比电极。将一对电极插入待测溶液中,由于抗原与抗体的结合,引起电位的变化,从而可计算出 hCG 的浓度。

　　α-甲胎蛋白(AFP)是诊断肝癌的重要蛋白质。将 AFP 的抗体固定于氧电极的表面,即构成 α-甲胎蛋白免疫传感器。测定时,在待测 AFP 的溶液中加入已知浓度的标记过氧化氢酶的 AFP 溶液,当遇到 AFP 的抗体时,待测的 AFP 抗原和标记的 AFP 抗原在电极上产生与抗体结合的竞争反应,最后达到一定比例。然后将电极取出洗净,再放入含有过氧化氢的溶液中。由于标记的酶能分解过氧化氢产生氧,氧的增加使传感器电流值增大,从电流的增加速度可求出结合到膜上的标记 AFP 的量。根据 AFP 抗体膜的最大抗原结合量,便可推算出被测非标记 AFP 抗原的量。

13.3.5　光导纤维生物传感器

光导纤维生物传感器(fiber optical biosensor)是近年来随着光导纤维技术的发展而出现的新型传感器,具有抗电磁干扰能力强、安全性能高、灵巧轻便、使用方便等特点。其将具有分子识别作用的固定化指示剂、酶、辅酶、生物受体、抗原、抗体、核酸、动植物组织、微生物等的敏感膜安装在光导纤维上,对样品中的待测物质进行选择性的分子识别,转换成各种光信息,如紫外、荧光、磷光、化学发光和生物发光等信号输出。

在大多数情况下,光导纤维只具有光传输的作用。从光源获得的单色光通过光耦合器进入光导纤维并作用于传感层,在传感层中通过对分析物的分子识别和换能作用所得到的光信号,再经光导纤维传至检测器进行检测。

光导纤维生物传感器的主要特点是具有很高的传输信息容量,可以同时反映出多元成分的多维信息,并通过波长、相位、衰减分布、偏振和强度调制、时间分辨、搜索瞬时信息等来加以分辨,真正实现多道光谱分析和复合传感器阵列的设计,达到复杂混合物中特定分析对象的检测。光导纤维生物传感器的探头直径可以小到纳米级,能直接插入非整直空间和无法采样的小空间中,如活体组织、血管、细胞等,对分析物进行连续检测。

13.4　应用现状及前景

随着现代电子及生物技术的迅速发展,生物传感技术已成为一个独立的新兴高科技领域。由于它能提供有效而快速的分析手段从而代替传统的实验室技术,目前已成功地应用于生产过程和化学反应的自动控制、炸药和化学战争制剂的遥测分析、新型环境自动监测网络的建立、生命科学和临床化学中多种生物大分子和生物活性物质分析、活体成分分析和免疫分析等领域。例如,临床上用免疫传感器来检测体液中的化学成分,为医生的诊断提供依据;生物工程上用生物传感器监测生物反应器内各种物理、化学、生物的参数变化以便加以控制;环境监测中用生物传感器监测大气和水中各种污染物质含量;食品行业中用生物传感器检测食品中营养成分和有害成分的含量,以及食品的新鲜程度等。

制酒业采用比重法测定酒精度,灵敏度低,误差大,耗时长。醇类生物传感器的问世,使传统的测定时间由 $1\sim2h$ 降至 $2\sim3min$,样品用量只需 $10\mu L$,极大地简化了酿酒管理工艺。将固定化毛孢子菌(*Trichosporon brassicae*)载体膜与氧电极耦联即构成测定乙醇的测量系统。该测量系统由夹层流通池、磁力搅拌器、蠕动泵、自动进样器和电流记录仪组成。采用脉冲法,响应时间为 $6min$,线性范围为 $2\sim22.5mg\cdot L^{-1}$。电极对乙醇的选择性非常好,对挥发性化合物如甲醇、甲酸、乙酸、丙酸以及微生物的营养物质如糖类、氨基酸及一些离子均不响应。

由于误食含农药食品而中毒的事件频繁发生,卫生检测部门迫切需要快速检测技术以应对中毒事件。传统的农药分析方法需要昂贵的设备,方法繁琐,耗时长,不能现场应用,而生物传感器显示出其独特的优势。采用电导型生物传感器对食品中有机磷农药马拉松、乙基马拉松、敌百虫、二乙丙基磷酸进行测定,检出下限分别为 $5.0\times10^{-7}mol\cdot L^{-1}$、$1.0\times10^{-8}mol\cdot L^{-1}$、$5.0\times10^{-7}mol\cdot L^{-1}$、$5.0\times10^{-11}mol\cdot L^{-1}$。采用离子场效应管为换能器,将乙酰胆碱酯酶通过戊二醛共价交联固定于场效应管上,制备成乙酰胆碱酯酶场效应管传感器,用于测定有机磷农药的残留。其机理是乙酰胆碱酯酶能催化乙酰胆碱水解为胆碱和乙酸,而有机磷农药残留能抑制乙酰胆碱酯酶的活性,使产生的胆碱和乙酸量减少。在一定条件下,乙酸的减少量与有机磷农药的量之间存在比例关系,通过离子场效应管测定乙酸的减少量,可计算出有机磷农药的残留量。对敌敌畏等有机磷农药的检测灵敏度为 1.0×10^{-7} mol・L^{-1},线性范围为 $5.0 \times 10^{-7} \sim 8.0 \times 10^{-6}$ mol・L^{-1}。这种传感器抗干扰能力强,检测速率快,准确性高。

　　生物传感器的应用前景非常广阔,应用领域日益拓宽,从实验室走向商品化的进程加速,产品的功能向多元化发展。例如,日本东洋酿造公司生产的食品发酵工业用测定仪 AD-300 型,可测定乙醇、葡萄糖、乳酸、甘油、丙酮酸、抗坏血酸、氨基酸、蔗糖、乳糖等多项指标,采用自动稀释、自动采样系统,样品用量 $15\mu L$,每小时可分析 $50 \sim 80$ 个样品,并自动显示和打印结果。总之,随着微电子技术、计算机技术的发展,以及半导体集成电路工艺和微机械加工技术的应用,生物传感器正趋向微型化、集成化、智能化。未来的生物传感器将集合体积小、功能强、响应快、灵敏度高、选择性好等特点,成为一种广泛应用的高科技生物分析技术。

思考题与习题

1. 什么是生物传感器? 生物传感器有何突出优点?
2. 生物传感器的基本构造是什么?
3. 生物传感器如何分类?
4. 生物传感器的信号转换方式有哪几种?
5. 试述生物传感器的工作原理。
6. 举例说明酶传感器的工作原理是什么?
7. 试比较酶传感器和组织传感器的异同点。
8. 举例说明微生物传感器和免疫传感器的工作原理。
9. 什么是光导纤维生物传感器?
10. 组织传感器具有哪些突出优点?
11. 何谓生物敏感物质的固定化? 其固定化方法有哪几种?

第14章 其他仪器分析方法与技术

14.1 伏安分析法简介

以测定电解过程中的电压-电流曲线为基础而建立起来的一类电化学分析法称为伏安法（voltammetry）。在这类方法中，如果使用的工作电极为表面能够周期性更新的滴汞电极（dropping mercury electrode），特称为极谱法（polarography）。如果使用的工作电极为石墨、铂金等固体或使用表面积固定且不能更新的悬汞，则称为伏安法。

伏安法具有快速、灵敏、准确、设备简单等优点，已广泛应用于超纯材料、矿物、冶金、环境分析等领域，测定对象既有无机物质、有机物质，也有某些生化物质。极谱法除可以测定痕量物质外，还可以测定配合物的组成、化学平衡常数以及进行化学反应机理和电极过程动力学的研究等。

14.1.1 极谱分析法

1. 基本原理

极谱分析的基本装置如图14.1所示。例如，取 $1.0 \times 10^{-2} \sim 1.0 \times 10^{-5} \, \text{mol} \cdot \text{L}^{-1}$ 的锌溶液于电解池中加入浓度为 0.01% 的动物胶和浓度为 $1\text{mol} \cdot \text{L}^{-1}$ 的氨水-氯化铵缓冲溶液，然后通入 H_2 或 N_2 数分钟除去溶解氧，将滴汞电极插入电解池内的待测溶液中，以饱和甘汞电极（参比电极）为正极，滴汞电极为负极组成电解池。汞在毛细管中周期性地长大滴落，保持滴汞的汞滴以 $3 \sim 5\text{s}$ 一滴的速度下滴，使电解液维持静止状态。改变电解池两极间的外加电压，随着外加电压的变化，相应的电解电流也不断变化，如图14.2所示。在未达到 Zn^{2+} 的分解电位以前，只有微小的电流通过，这种电流叫残余电流。当滴汞的电位增加到 Zn^{2+} 的析出电位时，

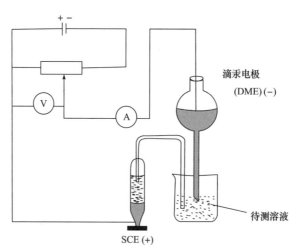

图 14.1 极谱分析基本装置

Zn^{2+} 在滴汞电极上还原为锌汞齐。与此同时，Hg 在甘汞电极上氧化为 Hg_2^{2+}，并与 Cl^- 反应生成 Hg_2Cl_2。

$$Zn^{2+} + Hg + 2e^- \Longrightarrow Zn(Hg)$$
$$2Hg + 2Cl^- - 2e^- \Longrightarrow Hg_2Cl_2$$

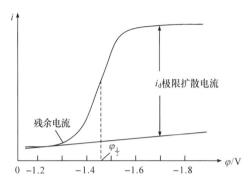

图 14.2　锌离子极谱图

此时，外加电压稍有增加，电流迅速增加，滴汞表面的 Zn^{2+} 的浓度迅速减小，电流的大小取决于 Zn^{2+} 从溶液本体扩散到电极表面的速率，这种扩散速率与溶液本体的离子浓度 c 及电极表面的离子浓度 c^0 之差 $(c-c^0)$ 成正比。当电极电势负到一定数值时，c^0 趋于零，即离子从溶液本体扩散到电极表面便立即被还原。因此，电流的大小仅取决于溶液本体的浓度 c，不再随电位的增加而增加，于是电流达到最大，此时产生的扩散电流称为极限扩散电流，极谱曲线出现电流平台。极限扩散电流用 I_d 表示：

$$I_d = Kc \tag{14.1}$$

由式(14.1)可知，在一定条件下极限扩散电流的大小与溶液中被测离子的浓度 c 成正比，这就是极谱定量分析的基础。电流等于极限扩散电流一半时的电位称为极谱波的半波电位，用 $\varphi_{1/2}$ 表示。不同的离子在不同的介质中有不同的半波电位，据此可以进行定性分析。表 14.1 列出了某些电活性物质的半波电位。

表 14.1　某些电活性物质的半波电位 $\varphi_{1/2}$ (v. s. SCE)/V

介质 电活性物质	1mol·L⁻¹ HCl	1mol·L⁻¹ KCl	1mol·L⁻¹ NaOH	1mol·L⁻¹ NH₃·H₂O-NH₄Cl	2mol·L⁻¹ HAc-NH₄Ac
Al^{3+}	—	−1.75	—	—	—
Fe^{2+}	—	−1.30	1.46	1.49	—
Co^{2+}	—	−1.30	−1.43	−1.29	−1.14
Mn^{2+}	—	−1.51	−1.70	−1.66	—
Cr^{3+}	−0.99	−0.85	−0.92	−1.43	−1.20
Cd^{2+}	−0.64	−0.64	−0.76	−0.81	−0.65
Cu^{2+}	0.04	0.04	−0.41	−0.24	−0.07
Ni^{2+}	—	−1.10	—	−1.10	−1.10
Zn^{2+}	—	−1.02	−1.48	−1.35	−1.10

利用滴汞作工作电极具有以下特点：①许多金属可以与汞生成汞齐，使其析出电位降低，利于分析测定；②滴汞电极表面不断更新，保持洁净，测定结果重现性好；③氢在汞电极上的析出电位很高，所以，可在酸性溶液中测定许多物质而不受氢的干扰；④滴汞电极表面积小，电荷

密度高,易使试液形成浓差极化,使单位面积上起电极反应的离子数保持足量,易使 c^0 趋近于零;⑤极谱法适用于稀溶液,即使很小的电流也能使其很快还原。

2. 干扰电流及消除方法

在极谱分析中,除了被测离子浓度成线性的扩散电流外,还有其他因素引起的电流,如残余电流、迁移电流、极谱极大、氧波、氢波、前波、叠波等,这些因素引起的电流与被测离子的浓度无关,故称为干扰电流,实验时必须设法予以消除。

(1)残余电流。残余电流的产生有两个方面的原因:一是由于溶液中含有可还原的微量杂质,如溶液中含有微量溶解氧、试剂中含有微量金属离子等先于待测物质电解而产生电解电流;二是由于滴汞不断的生长和滴落过程中的双电层所产生的充电电流,也称为电容电流。充电电流一般为 1.0×10^{-7} A 数量级,但在汞滴生长的初期最大,末期最小,所以在汞滴下落之前记录电解电流可提高极谱分析的灵敏度。杂质引入的残余电流一般采用提纯试剂,通入 N_2 气除氧或通过作图的方法予以扣除。

(2)迁移电流。由于电解池的正极和负极的静电引力,使被测离子迁移到电极表面而被还原所产生的电流称为迁移电流,迁移电流对被分析的物质是非专属性的,应予以消除。消除的方法是向试液中加入大量的惰性支持电解质,由于总离子浓度很大,可以平衡电极附近的电荷,从而消除迁移电流。如在 $1.0 \times 10^{-3} \sim 1.0 \times 10^{-5}$ mol·L^{-1} ZnCl$_2$ 溶液中加入 0.1mol·L^{-1} KCl 支持电解质,这时电场梯度不仅推动 Zn^{2+} 向滴汞电极移动,同时也推动 K$^+$ 的移动,支持电解质 KCl 的浓度通常比 ZnCl$_2$ 大 50～100 倍或更多。电极附近的电荷平衡基本上由 K$^+$ 来承担,它在电极上不反应,不形成电解电流。这时,电场力对 Zn^{2+} 的推动小到可以忽略不计,迁移电流即被消除。

(3)极谱极大。滴汞成长过程中,由于各部分表面张力不同,因而滴汞表面产生切向运动,汞滴表面溶液被搅动,引起待测物质迅速到达一极大值,然后再下降到正常值,这种现象称为极谱极大。它会影响到扩散电流和半波电位的准确测定,通常加入适量的极大抑制剂如表面活性物质动物胶、聚乙烯醇、甲基红试剂等,使汞滴各部位表面张力减小并达到一致,从而抑制极大,得到正常极谱波。但极大抑制剂不可加入太多,一般为电解液的 0.002%～0.01%。

(4)氧波。室温下溶液中溶解氧的浓度约为 2.5×10^{-4} mol·L^{-1},电解过程中氧能在电极上还原,产生两个极谱波。第一波是氧气还原为过氧化氢产生的:

$$O_2 + 2H_2O + 2e^- \rightleftharpoons H_2O_2 + 2OH^- \quad \text{(中性或碱性溶液)}$$
$$O_2 + 2H^+ + 2e^- \rightleftharpoons H_2O_2 \quad \text{(酸性溶液)}$$

其半波电位约为 -0.2V。第二波是由 H_2O_2 进一步被还原产生的:

$$H_2O_2 + 2e^- \rightleftharpoons 2OH^- \quad \text{(中性或碱性溶液)}$$
$$H_2O_2 + 2H^+ + 2e^- \rightleftharpoons 2H_2O \quad \text{(酸性溶液)}$$

其半波电位为 -0.8V。由于氧波波峰不规则,延伸很长,跨越的电位很宽,占据了极谱分析常用的电位区域,经常会重叠在被测物质的极谱波上产生严重干扰,应予消除。消除氧波的常用方法,其一是向待测液中通入 N_2、H_2 等惰性气体除氧;其二是向中性或碱性待测液中加入 Na_2SO_3 与溶解氧反应,消耗掉溶解氧或向酸性待测液中加入 Na_2CO_3 生成 CO_2 气体,或加铁粉生成 H_2,从而驱除溶解氧。

(5)氢波。在酸性溶液中,氢离子为 $-1.2 \sim -1.4$V(与 pH 有关)在滴汞电极上还原产生氢波,如果被测物质的极谱波与氢波相近,氢波将干扰测定,此时改变 pH 可以消除氢波的干扰。例如,在氨性溶液或在季铵碱溶液中,氢离子在更负的电位下开始起波,因此干扰作用大为减少。

(6) 前波与叠波。如果被测物质的半波电位 $\varphi_{1/2}$ 较负,试液中又存在有大量的半波电位较正的易还原的物质,这些物质将先于被测组分在电极上还原,产生一个很大的前波而干扰测定。如果试液中共存的组分与被测物质的半波电位差小于 0.2V,则它们的极谱波就会重叠,不易分辨而影响测定,这种情况称为叠波。加入适当的配位剂改变被测物质的 $\varphi_{1/2}$,或改变价态或用化学分离方法除去干扰物质等可以消除前波和叠波的影响。

3. 极谱定量分析方法

(1) 标准曲线法。配置一系列不同浓度的标准溶液,在相同实验条件下测定极谱波,用三线法确定波高 $h(I_d)$,以波高 h 对浓度作图绘出标准曲线。在上述相同条件下测定试液的波高 h_X,根据 h_X 值从标准曲线上查得试液的浓度。标准曲线法适用批量样品的例行分析。

(2) 比较法。将浓度为 c_s 的标准溶液与浓度为 c_X 的试液,在完全相同的条件下分别测定其波高 h_s 及 h_X,则

$$h_X = Kc_X \qquad h_s = Kc_s$$

所以
$$c_X = \frac{h_X}{h_s} c_s \tag{14.2}$$

由式(14.2)计算出 c_X 值。比较法适用于样品量少的场合。

(3) 标准加入法。当试液组成较为复杂时可采用标准加入法。首先测定体积为 V_X 浓度为 c_X 的试液的极谱波高 h_X,然后向该试液中加入体积为 V_s(mL)浓度为 c_s 的标准溶液,混匀后在相同条件下测定其波高 h_{X+s},则

$$h_X = Kc_X$$

$$h_{X+s} = K \frac{V_X c_X + V_s c_s}{V_X + V_s}$$

所以

$$c_X = \frac{h_X c_s V_s}{h_{X+s}(V_X + V_s) - h_X V_X} \tag{14.3}$$

由于两次测定的底液条件基本相同,消除了标准溶液与试液组成的不同而引入的误差,因此标准加入法的准确度相对较高。

极谱法除可以测定生物制品、药品、食品、动植物体等样品中的微量、痕量金属元素外,还可以直接测定共轭不饱和化合物、羰基化合物、含氮化合物、亚硝基化合物、有机卤化物、硫化物、各种抗生素、维生素、激素、生物碱、磺胺类、呋喃类、异烟肼、硫磷类农药、氯乙烯、苯乙烯、丙烯腈等有机物质,因为这些物质可在滴汞电极上还原产生有机极谱波。由于有机化合物常常不溶于水,所以用各种醇或醇与水的混合物作溶剂,加入适量的锂盐或有机季铵盐作为惰性支持电解质。

经典极谱法由于存在充电电流的干扰,灵敏度受到限制,由于叠波或前波的存在使其分辨率得不到提高。为此,人们改进和发展了极谱仪器,建立了许多新的极谱分析方法,如示波极谱法、催化极谱法、方波极谱、脉冲极谱及溶出伏安法等,其中催化极谱法和溶出伏安法的灵敏度相对较高。

14.1.2　催化极谱法

催化极谱法是在电化学和化学动力学的理论基础上发展起来的进一步提高极谱分析灵敏度和选择性的一种方法,共存元素干扰少,有较好的选择性,最低检出浓度达 $1.0 \times 10^{-8} \sim 1.0 \times 10^{-11} mol \cdot L^{-1}$,方法简便,分析速度快。其催化电流的产生一般为

$$Ox + ne^- \longrightarrow Red \quad （电极反应）$$
$$Red + Z \Longrightarrow Ox \quad （化学反应）$$

被测定物质的氧化态 Ox 在电极上还原为 Red 后与试液中存在的另一物质 Z 作用,又生成 Ox。如此反复,物质 Ox 的浓度实际没有发生变化,相当于一种催化剂,催化了 Z 物质的还原。因此,Ox 产生的还原电流称为催化电流,形成的极谱波称为催化极谱波。催化电流的大小与催化剂 Ox(被测物质)的浓度成正比,以此测定 Ox 的含量。

例如,当 Fe^{3+} 与 H_2O_2 共存时,会产生催化波:

$$Fe^{3+} + e^- \longrightarrow Fe^{2+} \quad （电极反应）$$
$$2Fe^{2+} + H_2O_2 \Longrightarrow 2Fe^{3+} + 2OH^- \quad （化学反应）$$

当 H_2O_2 浓度较大时,反应消耗的 H_2O_2 很少,可忽略不计,此时催化电流与 Fe^{3+} 的浓度成正比,利用上述反应可以灵敏地测定微量、痕量的 Fe^{3+}。

14.1.3　溶出伏安法

溶出伏安法是一种电解富集与极谱分析相结合的测定方法,这种方法使用的是固定汞滴的悬汞电极或镀汞的汞膜电极。在适当的条件下使被测定的金属离子电解一定时间而在悬汞电极上富集,并生成相应的汞齐。电解富集完毕后,稍停向相反的方向变化外加电压,使汞齐氧化,被测组分重新溶出得到相应的溶出峰。由于不同金属的汞齐氧化所需的氧化电位不同,所以在不同的电位处得到各自的溶出峰,而能同时测定混合液中的多种共存金属离子。

溶出峰的峰高与溶液中金属离子的浓度、电解富集时间、溶液搅拌速率、悬汞电极的大小及溶出时电位变化速率等因素有关。如果其他条件固定不变,峰高与被测离子的浓度便呈直线关系,以此进行定量分析。

由于金属溶出时是在阳极上发生氧化反应,所以称为阳极溶出伏安法(anodic stripping voltammetry)。如果应用阴极溶出反应,则称为阴极溶出伏安法(cathodic stripping voltammetry),该法可以测定卤素、硫、钨酸根等阴离子。

悬汞电极在富集和溶出之间必须有一个静置时间,通常约为 30s,这样可使汞滴中的欲测物质的浓度均匀一致,并使溶液中对流作用减缓。由于沉积在汞中的金属易向汞内扩散,使富集在表面的金属浓度降低,限制了悬汞电极的灵敏度。目前,人们采用表面积大、汞膜很薄的镀汞膜玻璃态石墨电极,溶出时沉积在电极表面的金属浓度很高,灵敏度比悬汞电极高 $1 \sim 2$ 个数量级。

由于溶出伏安法的最低检出浓度可达 $1.0 \times 10^{-11} mol \cdot L^{-1}$,故在超纯物质的分析中具有一定的实用价值。另外,在环境监测、食品分析、发酵产品分析、医药卫生等领域也得到了广泛应用。

14.2　细胞生物电化学分析及其应用简介

生命科学是 21 世纪自然科学研究中一项极为重要的前沿大课题,仪器分析将与生命科学一起相互促进、相互发展,而细胞生物电化学分析技术在探讨生命科学的奥秘和规律的研究中

将起着十分重要的作用,为人们提供了一个强有力的研究工具和手段。本节仅简单介绍细胞生物电化学分析的某些具体应用实例。

众所周知,生命是物质自组装的产物,生命的最小单位是细胞(cell)。细胞是一个具有结构特征的生化反应体系,其内部充满着固相和液相相互间有结构特征关联的细胞骨架(cy-toskeleton)。在此两相体系中,固相结构与界面上能量的产生和能量的传递密切相关,为生化反应提供了异相催化表面,使反应速率得到很好调控,并且使能量的传递具有高度的专一性。

细胞界面结构的物质基础是蛋白质的空间结构,从而构成了生化反应催化活性的特异性。细胞生化反应体系中的酶与辅酶从底物获得电子,辅酶无需离开酶体系通过扩散将电子给出,而是与酶体系相连的电子传递蛋白直接将电子传给电子接受体。细胞是一个电化学活性体系,这种结构上的物理化学特征为细胞水平上的电化学行为及其分析提供了理论基础。

14.2.1　微生物细胞生长状态的分析

细胞作为电化学活性体在电极上能给出明显的电化学伏安响应,无论是悬浮生长还是贴壁生长的细胞;无论是微生物、真菌、动物细胞还是植物细胞,都可以用电化学方法来研究其生长、发育、衰老,以及药物和环境等对细胞的影响及作用等。

微生物的传统检测方法很多,如平板菌落计数法、比浊法、超声波法、镜读菌数法、称重法等。平板菌落计数法适用于计算单个细胞存在的细菌,不适用于呈簇状或链状生长的细菌,并且不能提供细菌大生长状况,通常需要培养 24～48h 才可计数;比浊法是基于溶液的浑浊度,不能区分活菌和死菌;超声波法是依据细菌细胞对超声波的反射现象检测的,同样不能分辨活菌与死菌;镜读菌数法只适用于酵母或真菌孢子等体积较大的微生物;称量法多用于真菌和放线菌生长的测定。细胞的电化学氧化特性可以用来检测细胞的生长及活性状况,同传统检测方法比较,具有速度快、分辨度和灵敏度高、适应性强、应用广泛等特点。用电化学方法建立起来的传感器已用于酒类发酵、食品发酵、医药发酵等发酵工业生产过程中菌细胞生长状态的监测。

例如,在啤酒酵母发酵中,酵母生长速率、生长期状态对啤酒的风味质量至关重要,需要及时进行快速、灵敏监测。传统的方法不仅花费时间长,还存在很难克服的弱点,有时发酵质量的控制只凭经验进行判断。细胞生长状态的电化学检测为食品发酵质量的控制提供了较为理想的新方法。图 14.3、图 14.4 是酵母菌在不同培养条件下生长状态的电化学描述,其中图 14.3 是摇床中 28℃恒温好氧培养酵母菌生长曲线,图 14.4 是相同的接种量、相同的培养液、相同的温度静止培养酵母菌生长曲线。

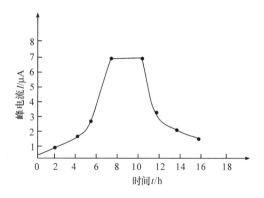

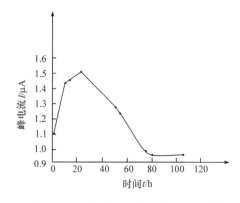

图 14.3　摇床中 28℃恒温好氧培养酵母菌生长曲线　　　图 14.4　28℃静止培养酵母菌生长曲线

由此可知,两种培养模式不仅活性状态不同,而且细胞不同生长期的行为及时间也不同。好氧摇床培养的峰电流大、灵敏度高,达到峰值的时间短且在至少 2h 之内维持峰电流基本稳定,活性酵母菌的总量较多且保持不变,生殖和死亡速率基本相等,生长和衰老处于动态平衡。静止培养的生长速率显著慢得多,监测信号较弱且维持较长时间,说明酵母菌的生长状态长时间处于较低水平,活性菌数不多。因此,电化学方法能更真实地反映细胞的生理活性状态,克服了形态学上以菌数描述的缺点。

14.2.2　细胞聚集状态分析

在免疫系统研究中超巨细胞的形成有很重要的意义。例如,病毒 $HIV_{gp}120$ 侵染 T_4 淋巴细胞后,会在体内形成超巨 CD_4^+ 群细胞。研究表明,用细胞的电子伏安行为可以描述和分析细胞的聚集状态,为免疫学分析提供了一种新的监测方法。

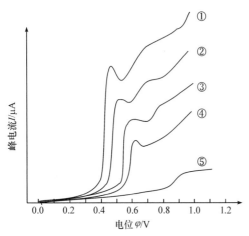

图 14.5　红细胞聚集状态的伏安曲线

曲线中的细胞数:①$5.76\times10^9$ 个 · mL^{-1};

②$2.88\times10^9$ 个 · mL^{-1};③$1.44\times10^9$ 个 · mL^{-1};

④$7.2\times10^8$ 个 · mL^{-1};⑤$9.0\times10^7$ 个 · mL^{-1}

扫描速率 20mV · s^{-1}

例如,当红细胞的浓度发生变化时,其电化学行为也相应发生很大的变化。由图 14.5 可知,当红细胞浓度为 $9.0\times10^7\sim5.76\times10^9$ 个 · mL^{-1} 时,尽管峰电流与浓度之间存在相关性,然而峰值电位却负移了 400mV。这是由于红细胞的聚集状态发生了变化,当浓度很高时,红细胞会发生层叠,层叠的柱状超聚红细胞形成盘根错节的具有一定空间结构的超聚体。红细胞具有特殊的双凹性结构,细胞膜上有一些能发生较强相互作用的跨膜蛋白,聚集状态下红细胞通过膜蛋白连接在一起,形成能量的超共轭效应使电子被激发的能量降低,峰值电位负移,峰电流增加。当红细胞浓度在 1.0×10^9 个 · mL^{-1} 以下时,浓度增加峰值电位负移较快;当浓度在 1.0×10^9 个 · mL^{-1} 以上时,峰值电位负移较慢。随着浓度的增加和峰值电位的负移,阳极峰从一个渐变为两个,这很可能与红细胞的层叠状态有关。

14.3　离子色谱法简介

离子色谱(ion chromatography)是以离子为测定对象的液相色谱法,通常使用离子交换剂固定相和电导检测器。如果采用低交换容量的离子交换柱,以强电解质作流动相分离无机离子,然后用抑制柱将流动相中被测离子的反离子除去,使流动相的电导降低,因而得到较高的检测灵敏度,这种方法称为双柱离子色谱或抑制型离子色谱;如果用电导率较低的弱电解质做流动相,不必使用抑制柱,这种方法称为单柱离子色谱或非抑制型离子色谱。

目前,离子色谱能分析周期表中绝大多数元素的数百种离子和化合物,包括无机阴离子、无机阳离子、有机阴离子、有机阳离子和糖、醇、酚、氨基酸、核酸等一大批生物物质。由于离子色谱法具有灵敏度高(ng · mL^{-1}),样品用量少(μL),分析速率快、选择性好、易实现自动化、能同时进行十多种成分的分离分析等诸多显著优点,所以在环境化学、食品化学、生物技术、生物工程、医药卫生、水质监测、新材料研究等领域得到了广泛的应用。

根据其分离原理,离子色谱法可分为高效离子交换色谱、离子排斥色谱、离子抑制色谱和离子对色谱。

14.3.1　离子色谱法分离原理

1. 高效离子交换色谱

高效离子交换色谱简称离子交换色谱(ion exchange chromatography,IEC),采用的是低容量离子交换剂。它具有大孔或薄壳型或多孔表层型的物理结构,可快速达到交换平衡,而且能耐酸碱,可在 pH 1～14 范围内使用,便于再生处理,使用寿命长。这类交换剂的表面有交换基团,带负电荷的交换基团如羧酸基和磺酸基可用于阳离子的分离;带正电荷的交换基团如季铵盐可用于阴离子的分离。图 14.6 是阳离子交换过程示意图,由于静电场的存在,样品阳离子和淋洗剂阳离子都与树脂固定相中带负电荷的交换基团作用。样品阳离子不断地进入固定相,又不断被流动

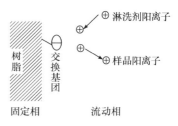

图 14.6　阳离子交换过程示意图

相中的淋洗剂阳离子交换重新进入流动相并在两相中建立动态平衡。由于不同的阳离子与交换基团的作用力有差异,电荷密度大的离子与交换基的作用力大,在树脂固定相中的保留时间长;反之,保留时间短,较早流出交换柱到达检测器。据此,不同的离子通过离子交换柱被相互分离、顺序检测。

2. 离子抑制色谱和离子对色谱

离子抑制色谱是以酸碱平衡理论为基础的,根据同离子效应,通过改变流动相的 pH 来抑制酸或碱性物质的离解,使酸或碱性离子化合物尽量保持未离解状态。但是,若被分析离子是较强的电解质,这时仅通过改变流动相中的 pH 来抑制其离解,往往得不到较理想的结果。

离子对色谱法可以弥补上述不足。该法是在流动相中加入合适的与被测离子带有相反电荷的离子,使它们形成电中性的"对离子"化合物,并在反相色谱的固定相上被保留,所以也常称为反相离子对色谱。保留值的大小主要取决于离子对化合物的离解平衡常数、温度、固定相性质和离子对试剂的浓度。通常,固定相为疏水型的中性填料,如十八烷基硅胶(ODS)、C_8-硅胶等,流动相是含有离子对试剂和适量有机溶剂的水溶液。用于分离阴离子的对离子是烷基铵类,如氢氧化十六烷基三甲铵、氢氧化四丁基铵等。用于分离阳离子的对离子是烷基磺酸类,如庚烷磺酸钠、己烷磺酸钠等。对离子的非极性端亲脂、极性端亲水,其—CH_2—链越长,则离子对化合物在固定相中的保留时间越长,但对选择性影响不大。所以,对性质很相近的溶质,宜选用烷基较小的离子对试剂。如果在极性流动相中加入一定量合适的有机溶剂可以加快淋洗,此法主要用于疏水性阴离子以及金属离子配合物的分离。

3. 离子排斥色谱

离子排斥色谱的理论依据是唐南(Donnan)膜排斥效应,即强电解质组分因受排斥作用不能穿过半透膜进入树脂固定相微孔,因此不被保留。弱电解质组分如 HAc 则能穿过半透膜而有一定程度的保留,电解质的离解程度越小,受排斥作用越小,在树脂中的保留值也就越大。

通常,分离阴离子用强酸性高交换容量的阳离子交换树脂,分离阳离子用强碱性高交换容

量的阴离子交换树脂。离子排斥色谱常用来分离有机酸以及硼酸根、碳酸根、磷酸根、硫酸根、砷酸根等无机含氧酸根。

14.3.2 仪器及实验技术

离子色谱仪的基本构成及工作原理与液相色谱相同,由于离子色谱常使用强酸或强碱性物质作为流动相,所以仪器的流路系统应选用耐酸碱性好的材料,如聚四氟乙烯毛细管等。图 14.7 为带抑制型电导检测器的离子色谱仪结构方框图。抑制器中有离子交换膜,抑制器通过膜的外侧,从色谱柱流出的流动相带着样品待测液离子流经膜的内侧,在抑制器内抑制剂离子与流动相离子结合成一种弱电解质,使背景电导大大降低,从而提高检测的灵敏度。抑制型电导检测比非抑制型电导检测的灵敏度通常要高几倍至几十倍。

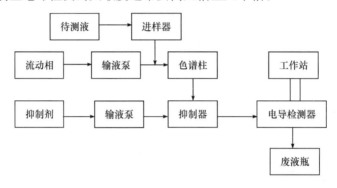

图 14.7 带抑制型电导检测器的离子色谱仪结构方框图

目前,离子色谱的检测技术已由单一的化学抑制型电导法发展成包括光化学、电化学等多种类型,例如紫外检测器可用弱紫外吸收的淋洗液直接检测具有强紫外吸收的阴离子,其选择性和灵敏度都很高,NO_3^-、NO_2^- 可检测至亚 $ng \cdot mL^{-1}$ 级。安培法用于选择性检测某些能在电极表面发生氧化还原反应的离子,如 NO_2^-、CN^-、SCN^-、HS^-、卤素离子以及一些有机离子和重金属离子,也可用离子选择性电极进行电位检测或用库仑法检测。

离子色谱法可用保留值与标准物质对照进行定性分析,也可用离子的专属性显色反应定性。如果利用色谱-质谱联用技术,则准确性要高得多,但在联机的接口上存在一些困难,加上仪器昂贵,目前还没有得到广泛应用。离子色谱法通常以峰面积的大小进行定量,用得最多的定量方法有标准曲线法、标准加入法和内标法。

14.3.3 离子色谱法的应用示例

1. 啤酒中一价离子的定量分析

(1) 测定原理。食品中通常含有 Na^+、NH_4^+、K^+、Ca^{2+} 和 Mg^{2+} 等阳离子,可用离子交换柱分离。与阳离子交换基团作用力小的离子先流出色谱柱,作用力大的离子后出柱,以此将不同性质的阳离子加以分离。

(2) 仪器与试剂。离子色谱仪;超声除气装置。阳离子标准溶液:用硝酸盐(GR)分别配制浓度 $1mg \cdot mL^{-1}$ 的 Li^+、Na^+、NH_4^+、K^+ 的储备液,用重蒸去离子水稀释成 $20\mu g \cdot mL^{-1}$ 的工作液。同时配制 4 种阳离子的混合液,其中每种离子的浓度均为 $20\mu g \cdot mL^{-1}$。

啤酒样品:市售啤酒用 $0.45\mu m$ 水相滤膜减压过滤,必要时稀释 5 倍后进样。

$5.0 \times 10^{-3} \ mol \cdot L^{-1}$ HNO_3 溶液:先配制 $0.10 \ mol \cdot L^{-1}$ HNO_3 溶液,然后稀释至

$0.0050\text{mol} \cdot \text{L}^{-1}$。

(3) 实验步骤。按仪器说明书或在教师指导下使仪器处于工作状态。色谱条件为:阳离子交换柱 Shim-pack IC-CI(4.6mm i. d. ×150mm);流动相 $0.0050 \text{ mol} \cdot \text{L}^{-1}$ HNO_3,流速 1.5mL·min^{-1};色谱柱控温 40℃;进样量 $20\mu\text{L}$;电导检测器。

待基线稳定后,进 4 种阳离子混合标准溶液,从色谱图上可看到出峰情况,待阳离子峰出完后,停止分析,工作站将分析结果及相关信息存储于计算机中。然后分别进样 Na^+、K^+ 和 NH_4^+ 标准溶液,通过保留值定性确认 4 种阳离子峰的位置。

按操作规程设置定量分析程序,用混合标准溶液的分析结果建立定量表(ID Table),即在 ID 表中输入混合标准中各阳离子的保留时间和浓度等数值,并计算出校正因子。

连续进样啤酒样品,平行测定 3~5 次,剔除可疑值后,取平均值报告,测定结果的 RSD 应小于 5%。

以上分析程序及条件只适合一价阳离子的分析,电导检测器的输出极性置于"一",使得到的色谱峰为正向峰。

2. 葡萄酒中有机酸的测定

(1) 测定原理。葡萄酒中含有丰富的有机酸,如苹果酸、酒石酸、丁二酸等弱酸。基于 Donnan 平衡,离解度越大的有机酸受到排斥越强,在树脂中的保留值越小。流动相用硫酸,抑制型电导检测的抑制剂为 Na_2SO_4。在抑制器中,流动相中的 H^+ 与抑制剂中的 Na^+ 交换,由于 H^+ 的摩尔电导比 Na^+ 大得多,流动相从 H_2SO_4 转变成 Na_2SO_4 使背景电导大大降低,提高了检测样品的灵敏度和准确度。

(2) 仪器与试剂。离子色谱仪,带有抑制器的电导检测单元;有机酸标准溶液:用优级纯试剂分别配制 $1.0\text{mg} \cdot \text{mL}^{-1}$ 的酒石酸、甲酸、乙酸、丁二酸和苹果酸,并用重蒸去离子水稀释为 $50\mu\text{g} \cdot \text{mL}^{-1}$ 的工作标准液。同时配制五种浓度各为 $50\mu\text{g} \cdot \text{mL}^{-1}$ 的有机酸混合液。

葡萄酒样品:市售白葡萄酒用 $0.45\mu\text{m}$ 水相滤膜减压过滤,稀释 10~20 倍;$0.0010\text{mol} \cdot \text{L}^{-1}$ 的 H_2SO_4 溶液;$0.025\text{mol} \cdot \text{L}^{-1}$ 的 Na_2SO_4 溶液。

(3) 分析步骤。按仪器使用说明书操作使仪器处于工作状态。色谱条件:离子排斥柱 PCS 5-052 和 SCS 5-252;流动相为 $1\text{mmol} \cdot \text{L}^{-1}$ H_2SO_4,流速 $1.0\text{mL} \cdot \text{min}^{-1}$;抑制剂为 $25\text{mmol} \cdot \text{L}^{-1}$ Na_2SO_4,速率 $1.0\text{mL} \cdot \text{min}^{-1}$;色谱柱控温 40℃;进样量 20~50$\mu\text{L}$;检测器为带抑制器的电导检测器。

待基线稳定后,进样 5 种有机酸混合标准溶液,有机酸峰全部出峰后停止分析,计算机自动积分峰面积并给出分析结果。然后分别进样各有机酸标准溶液,通过保留值确定混合液中各有机酸的峰位置。

用峰面积标准曲线法定量。按操作规程设置定量分析程序,在 ID 表中输入混合标准溶液中有机酸的浓度和保留时间等信息,并计算出校正因子。进样葡萄酒样品,平行测定 3~5 次,剔除可疑值后取平均值报告,测定的 RSD 应小于 5%。实验结束后,用 5%~10% 的乙醇为流动相清洗好色谱柱。

14.4　流动注射分析简介

14.4.1　概述

流动注射分析(flow injection analysis,FIA)是一种高度重现和灵活多变的微量溶液化学处理和各种检测手段相结合的半自动微量分析技术,它具有测定速率快、试液用量少、精密度和准确度高、方法灵活多变、应用领域广阔、实用性强等特点,已在吸光光度分析法、荧光分析法、化学发光分析法、电位分析法、伏安分析法、原子吸收分析法和等离子体原子发射分析等方法中得到了充分体现和普遍应用。

14.4.2　流动注射分析的基本流路和装置

1. 基本流路

与各种仪器分析方法进行优化组合的流动注射流路多种多样,但大致可以分为以下几种系统(图 14.8)。

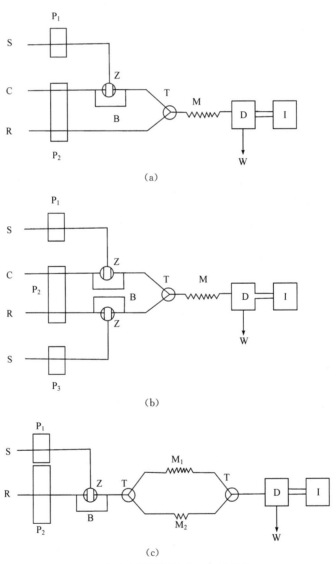

(a)

(b)

(c)

图 14.8　流动注射分析的基本流路系统

P. 蠕动泵;B. 旁通管;C. 载流管;R. 试剂管;S. 样品溶液;T. 三通;
M. 混合盘管;D. 检测器;W. 废液管;I. 各类型信号显示器;Z. 注射阀

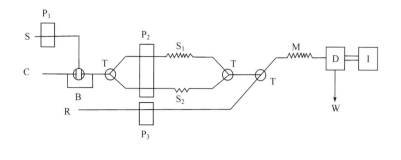

(d)

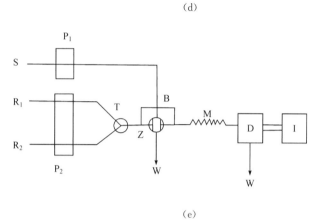

(e)

图 14.8　(续)

　　图 14.8(a)为双流路系统,分别流入载流 C 和试剂 R 各种溶液,此系统适合于吸光光度分析和溶剂萃取,基线较为平稳,不会出现负峰。用于溶剂萃取时,C 管道为水溶液,R 道为有机溶剂,在汇流处加上溶剂萃取部件,这时混合盘管 M 用作萃取盘管,经分相后,测定有机相的吸光度。

　　图 14.8(b)使用双注射阀,一个注入试液;另一个注入试剂。两个通道均作为载流输入,载流可以是水或缓冲溶液。此系统的最大优点是试剂消耗量少,因为掌握样品溶液的注入速度、注入量和注入时间,可以使两个管带在汇流点处得到重叠,这在酶法分析和免疫学分析中以及使用昂贵试剂的分析中具有重要意义。

　　图 14.8(c)是将试剂、试液混合溶液分为两部分的流路系统,M_1、M_2 可以采用不同的内径和长度,这样在分割的试液之间产生时间差,从而可以检测两个不同浓度的峰信号。当试液中待测组分含量很高时,虽然一个信号峰可能大到足以超出记录仪或计算机工作站的量程而使信号截至,但另一个峰则可以进行测定;反之,一个信号峰小到不能正常出现时,另一个峰则能正常测定。另外,由于 FIA 的精密度高,若使 M_1、M_2 分别与各自的试剂汇流,就可以同时测定两种成分。如果试液分割为多支流路,便可以同时测定多种组分。

　　图 14.8(d)是用蠕动泵把试液分为两部分的流路系统。在任一边流路中接入反应器(例如还原柱或氧化柱)对试液进行处理,并调节 S_1 和 S_2 的长度,使两管道中的试液出现时间差,就可以测定一种组分的不同价态。

　　图 14.8(e)为多泵流路系统,此系统适用于化学发光、生物发光和动力学分析。例如,试剂 R_1 可以是还原剂溶液(如鲁米诺发光剂)、R_2 可以是氧化剂溶液(如 H_2O_2),两试剂经三通混合后,由注射阀注入一定量试液(如 Cr^{3+} 催化剂),经透明盘管 M 时发光,其相对发光强度

经由检测器 D(PMT)进行光电转换,由信号显示系统 I 处理后显示。

2. 基本装置器件

(1) 蠕动泵。蠕动泵是流动注射分析装置中用以推动液体的器件,它可以提供多达 8 个通道,流速和流量可以通过改变泵速及选择泵管内径来调节控制。同一根泵管可以用来完成吸取或输送溶液的任务,但使用时间太长弹性会变差,引起流量发生变化,所以应及时更换。泵管的性能非常重要,聚氯乙烯管(solvaflex)可用于四氯化碳、环己烷、脂肪族碳氢化合物溶剂等;对强酸、强碱、苯、甲苯、二甲苯、氯仿等选用氟塑料泵管。

(2) 注射阀。流动注射分析采用旋转注射阀注入试液。注射阀由上定子、下定子和中间转子组成,用螺旋把上定子从两端压紧中间转子。在中间转子中钻有计量试样体积的定容腔,外接一定体积的试液环,当转子转至"采样"位置时,试液流经定容腔和外接试液环,载流则无扰动地流过旁通管。当转子转至"注入"位置时,载流把试液推出定容腔,随载流进入三通管混合。这时,旁通管因具有较大的流体阻力,载流不会从旁通管流过。

(3) 管道、混合盘管和连接器件。流动注射分析中使用的管道和混合盘管通常是内径为 0.5～1.0mm 的聚乙烯管或聚四氟乙烯管。管与管间的连接件用市售品或自行加工,用垫圈和盖形螺帽压住翻边的连接件能耐相当高的压力,使用较为方便。

混合盘管的作用是让试液和载流进行混合或与试剂发生反应,通常是由一定长度的聚四氟乙烯细管紧密而均匀绕成。盘管内径和长度根据具体需要确定。

(4) 检测器。所有定量分析仪器的检测器几乎都可以作为流动注射分析的检测器,如吸光光度法、比浊法、荧光法、化学发光法、原子吸收、离子选择性电极法和滴定法等都是流动注射分析常用的检测手段。

14.4.3　流动注射分析实验技术

1. 停流技术

当化学反应速率较慢时,可以把试液停留在流动注射体系中,让试样带与试剂有充足的时间进行混合和反应,从而提高测定信号值,这种技术称为停流(stop flow)技术。停流的时间,可以根据反应的具体情况和检测的不同方法由实验确定。经过一定时间的停流,然后再启动蠕动泵。

停流法的精密度取决于停泵和重新启动泵的准确时间控制,试液不一定停在流通池中,可以停流在管道或反应盘管中。停流时间也不可太长,尤其是对速率较慢的化学反应,如果停上几个小时,从工作效率和实用性上考虑,显现不出流动注射分析的优越性。

2. 细管的翻边和连接

掌握细管的翻边和连接,是流动注射分析的最基本要求。细管的翻边和连接做得好,可以防止管道连接处尤其是防止注射阀管道连接处漏溶液,确保实验的顺利进行。翻边时,首先用仪器配件的夹块夹紧细管,视所需翻边的大小把细管适当伸出夹块,将仪器配带的翻边器针状加热头插入细管加热,待细管材料变软后,轻轻挤压成形。切割细管时要用锋利的刀片,切口平整才能压成厚薄均匀、形状规则的翻边。

细管与注射阀或组合块连接时应套上垫圈,再用螺丝压盖压紧,但不能压得太紧;否则垫圈易失去弹性,造成溶液渗漏。两根细管直接对接,最简单的方法就是用一段泵管套上。实验结果表明,这种方法既简单又可靠,更换起来十分方便。

3. 实验中的常见问题和处理

在流动注射分析中,由于所选用的材料或仪器设备性能不佳或参数不合适,常给工作者带来一些问题和麻烦。

(1) 双峰、多峰和负峰。双峰和多峰的出现是试液带与试剂混合不均匀,流路设计不合理,试剂浓度不适当等原因所造成的,在试液体积过大或管道长度不适当时尤其如此。对 pH 较为敏感的化学反应在不同 pH 条件下将产生不同的产物或产物浓度,同样会导致多峰或双峰。

当载流溶液有色而被注入试液无色且浓度很低时,就会造成载流液的逐步稀释而产生负峰。当试剂和载流液的盐浓度不同时会引起折射率的变化,也会出现负峰。减少试液注入体积,优选反应管道长度,采用盘管增强混合均匀程度,是解决双峰多峰和负峰的有效办法。

(2) 精密度较差。试液浓度低时峰的重现性好而浓度高时较差,是由于浓度高时试剂量不足,解决的方法是增加试剂浓度或稀释高浓度试液。管道或注射阀渗漏也能使精密度变差。

(3) 基线漂移和脉动。基线漂移很多情况下是由于仪器预热不够,管道或流通池中反应物逐渐沉积。增加仪器预热时间、清洗流通液池,可减少基线漂移。基线脉动是由于泵的脉动引起,应将泵管的压力调节适中。压边过大则泵管寿命短且流量不正常,压边不紧则容易导致记录峰在返回基线的过程中严重拖尾。

4. 流动注射分析中的基本常识和注意事项

(1) 不使用对阀和泵管有害的浓酸、浓碱或有机溶剂,合理设计流路系统。

(2) 泵管压力适当,实验完毕及时放松泵管。

(3) 开启仪器时要先全面检查一遍,然后泵入蒸馏水,检查流路系统有无渗漏和气泡。有时小气泡不易驱除,可以从注射阀注入大气泡,或把试剂泵管从试剂中抽出片刻,引入大气泡将小气泡带走。

(4) 高档仪器如果带有工作站,通常情况下不要当做计算机使用,以防将仪器所带软件损坏或搞乱丢失,影响整个实验的正常进行。

(5) 实验结束时,必须用蒸馏水将整个流路系统冲洗 5min;否则,将会给以后的实验带来意想不到的麻烦。

14.4.4　流动注射分析应用示例

1. 葡萄酒中二氧化硫的测定

在甲醛的存在下,二氧化硫与副品红(pararosaniline)生成红色化合物,此红色化合物的吸光度与 SO_2 在一定范围内有线性关系。该反应用于白葡萄酒中 SO_2 的 FIA 测定没有困难;但对于红葡萄酒或其他颜色的葡萄酒,因本身有较高的空白值,只能采用流动注射的停流分析技术。

当把试液停留在流通池中时,我们很容易测出副品红和 SO_2 的反应在停流一定时间后的吸光度增加值,从而消除空白干扰。采用图 14.9 所示的流路系统,每小时可测定 105 个酒样,试液注入 23s 即可得到分析数据。

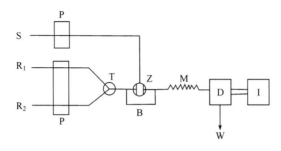

图 14.9　葡萄酒中 SO_2 的流动注射停流分析流路系统示意图

图 14.9 中,S 为酒样品;R_1 为 0.08%副品红的 0.03mol·L^{-1} H_2SO_4 溶液,流速 0.75mL·min^{-1};R_2 为 0.5%甲醛的 0.03mol·$L^{-1}H_2SO_4$ 溶液,流速仍为 0.75mL·min^{-1};反应盘管 M 的长度为 15cm;检测器 D 为紫外-可见分光光度计,最大检测波长 $\lambda_{max}=580$nm;其他符号及器件的意义同前。

2. 流动注射化学发光法测定亚硫酸盐

亚硫酸盐在食品储藏、纸浆生产、漂白工艺过程中被广泛使用,可以用流动注射化学发光法进行测定,此法的灵敏度很高。其原理是:酸性高锰酸钾溶液氧化亚硫酸根时,将反应的化学能转移给能量接受体如荧光黄、曙光黄、亚甲蓝、罗丹明 B、核黄素和核黄素磷酸盐等,然后发射出波长小于 500nm 的光,$KMnO_4$-SO_3^{2-}-核黄素磷酸盐体系的发光灵敏度较高,流路系统如图 14.10 所示。

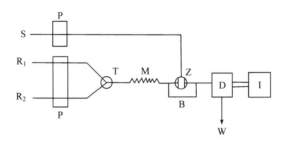

图 14.10　测定亚硫酸根的流路系统

图 14.10 中,R_1 为 pH=2.5 的 2×10^{-6}mol·L^{-1}KMnO$_4$ 溶液;R_2 为 2×10^{-3}mol·L^{-1} 核黄素磷酸盐溶液;混合管 M 的长度为 20cm;试液 S 的注入体积为 10μL;注射阀 Z 至检测器 D 的连接管长度为 5cm,与试剂 6.0mL·min^{-1} 的流速可得到良好的匹配。实验表明:NO_2^-、NO_3^-、F^-、Cl^-、I^-、CO_3^{2-}、SO_4^{2-}、NH_4^+、Fe^{2+}、Fe^{3+}、Cu^{2+}、Sn^{2+}、Ag^+ 和 Ca^{2+} 均不干扰。

思考题与习题

1. 何谓极谱法和伏安法? 伏安分析法有何特点?

2. 解释下列名词:①残余电流;②极限扩散电流;③半波电位;④迁移电流;⑤极谱极大;⑥抑制型离子色谱;⑦反相离子色谱;⑧流动注射停流技术。

3. 利用滴汞作工作电极有何特点?

4. 如何消除或减免残余电流、迁移电流、极谱极大、氧波、前波和叠波的干扰?

5. 简述极谱定性和定量分析的依据,极谱定量有哪些方法? 各有何特点?

6. 溶出伏安法有何特点?

7. 与传统的检测方法比较,用细胞生物电化学分析法检测生物细胞的生长及活性状况有何特点?

8. 如果在图 14.3 峰电流下降数小时后,向培养酵母菌生长的体系中补充一定量的培养液,图 14.3 的生长曲线将会发生怎样的变化?

9. 流动注射分析技术有何突出特点? 怎样进行细管的翻边和连接?

10. 流动注射分析实验中,应注意哪些常见问题? 如何排除流路中的气泡? 气泡的存在对分析结果将会产生什么影响?

11. 结合自己所从事的专业领域,试举例说明伏安分析法、细胞生物电化学分析法、离子色谱法和流动注射分析法在生命科学、环境科学、食品质量与安全、食品科学、生物科学、微生物工程等学科中的应用。

主要参考文献

北京大学化学系仪器分析教学组. 1997. 仪器分析教程. 北京：北京大学出版社

陈耀祖，涂亚平. 2001. 有机质谱原理及应用. 北京：科学出版社

陈义. 2000. 毛细管电泳技术及应用. 北京：化学工业出版社

董慧茹. 2016. 仪器分析. 3 版. 北京：化学工业出版社

方惠群，于俊生，史坚. 2002. 仪器分析. 北京：科学出版社

干宁，沈昊宇，贾志舰，等. 2016. 现代仪器分析. 北京：化学工业出版社

高向阳. 2018. 现代食品分析. 2 版. 北京：科学出版社

高向阳，张娜，郭楠楠，等. 2017. 分子荧光差异加标法快速测定蛋黄中维生素 B2 的含量. 食品科学,38(20)：318-321

郭英凯. 2015. 仪器分析. 2 版. 北京：化学工业出版社

何金兰，杨克让，李小戈. 2002. 仪器分析原理. 北京：科学出版社

何美玉. 2002. 现代有机与生物质谱. 北京：北京大学出版社

金发庆. 2002. 传感器技术与应用. 北京：机械工业出版社

刘约权. 2015. 现代仪器分析. 3 版. 北京：高等教育出版社

潘灿平,韩丽君. 2022. 农药分析化学. 北京：化学工业出版社

汪尔康. 2001. 21 世纪的分析化学. 北京：科学出版社

王乃兴. 2015. 核磁共振谱学:在有机化学中的应用. 北京：化学工业出版社

武汉大学. 2016. 分析化学(上册). 6 版. 北京：高等教育出版社

许金钩,王尊本. 2017. 荧光分析法. 3 版. 北京：科学出版社

张海霞，王春明. 2018. 仪器分析. 兰州：兰州大学出版社

赵常志，孙伟. 2012. 化学与生物传感器. 北京：科学出版社

周向葛，邓鹏翅，徐开来，等. 2015. 核磁共振氢谱解析. 北京：化学工业出版社

朱明华，胡坪. 2008. 仪器分析. 4 版. 北京：高等教育出版社

附　　录

附录Ⅰ　相对原子质量表

（以 $^{12}C=12$ 相对原子质量为标准）

序数	名称	符号	相对原子质量	序数	名称	符号	相对原子质量	序数	名称	符号	相对原子质量
1	氢	H	1.008	36	氪	Kr	83.80	71	镥	Lu	175.0
2	氦	He	4.003	37	铷	Rb	85.47	72	铪	Hf	178.5
3	锂	Li	6.941±2	38	锶	Sr	87.62	73	钽	Ta	180.9
4	铍	Be	9.012	39	钇	Y	88.91	74	钨	W	183.9
5	硼	B	10.81	40	锆	Zr	91.22	75	铼	Re	186.2
6	碳	C	12.01	41	铌	Nb	92.91	76	锇	Os	190.2
7	氮	N	14.01	42	钼	Mo	95.94	77	铱	Ir	192.2
8	氧	O	16.00	43	锝	Tc	98.91	78	铂	Pt	195.1
9	氟	F	19.00	44	钌	Ru	101.1	79	金	Au	197.0
10	氖	Ne	20.18	45	铑	Rh	102.9	80	汞	Hg	200.6
11	钠	Na	22.99	46	钯	Pd	106.4	81	铊	Tl	204.4
12	镁	Mg	24.31	47	银	Ag	107.9	82	铅	Pb	207.2
13	铝	Al	26.98	48	镉	Cd	112.4	83	铋	Bi	209.0
14	硅	Si	28.09	49	铟	In	114.8	84	钋	Po	209.0
15	磷	P	30.97	50	锡	Sn	118.7	85	砹	At	210.0
16	硫	S	32.06	51	锑	Sb	121.8	86	氡	Rn	222.0
17	氯	Cl	35.45	52	碲	Te	127.6	87	钫	Fr	223.0
18	氩	Ar	39.95	53	碘	I	126.9	88	镭	Ra	226.0
19	钾	K	39.10	54	氙	Xe	131.3	89	锕	Ac	227.0
20	钙	Ca	40.08	55	铯	Cs	132.9	90	钍	Th	232.0
21	钪	Sc	44.96	56	钡	Ba	137.3	91	镤	Pa	231.0
22	钛	Ti	47.88±3	57	镧	La	138.9	92	铀	U	238.0
23	钒	V	50.94	58	铈	Ce	140.1	93	镎	Np	237.0
24	铬	Cr	52.00	59	镨	Pr	140.9	94	钚	Pu	239.1
25	锰	Mn	54.94	60	钕	Nd	144.2	95	镅	Am	243.0
26	铁	Fe	55.85	61	钷	^{145}Pm	144.9	96	锔	Cm	247.1
27	钴	Co	58.93	62	钐	Sm	150.4	97	锫	Bk	247.1
28	镍	Ni	58.69	63	铕	Eu	152.0	98	锎	Cf	251.1
29	铜	Cu	63.55	64	钆	Gd	157.3	99	锿	Es	252.1
30	锌	Zn	65.39±2	65	铽	Td	158.9	100	镄	Fm	257.1
31	镓	Ga	69.72	66	镝	Dy	162.5	101	钔	Md	258.0
32	锗	Ge	72.61±3	67	钬	Ho	164.9	102	锘	No	259.1
33	砷	As	74.92	68	铒	Er	167.3	103	铹	Lr	262.1
34	硒	Se	78.96±3	69	铥	Tm	168.9				
35	溴	Br	79.90	70	镱	Yb	173.0				

附录Ⅱ　原子吸收光谱法中常用的分析线

元　素	λ/nm	元　素	λ/nm	元　素	λ/nm
Ag	328.07,338.29	Hg	253.65	Ru	349.89,372.80
Al	309.27,308.22	Ho	410.38,405.39	Sb	217.58,206.83
As	193.64,197.20	In	303.94,325.61	Sc	391.18,402.04
Au	242.80,267.60	Ir	209.26,208.88	Se	196.09,703.99
B	249.68,249.77	K	766.49,769.90	Si	251.61,250.69
Ba	553.55,455.40	La	550.13,418.73	Sm	429.67,520.06
Be	234.86	Li	670.78,323.26	Sn	224.61,286.33
Bi	223.06,222.83	Lu	335.96,328.17	Sr	460.73,407.77
Ca	422.67,239.86	Mg	285.21,279.55	Ta	271.47,277.59
Cd	228.80,326.11	Mn	279.48,403.68	Tb	432.65,431.89
Ce	520.0,369.7	Mo	313.26,317.04	Te	214.28,225.90
Co	240.71,242.49	Na	589.00,330.30	Th	371.9,380.3
Cr	357.87,359.35	Nb	334.37,358.03	Ti	364.27,337.15
Cs	852.11,455.54	Nd	463.42,471.90	Tl	276.79,377.58
Cu	324.75,327.40	Ni	232.00,341.48	Tm	409.4
Dy	421.17,404.60	Os	290.91,305.87	U	351.46,358.49
Er	400.80,415.11	Pb	216.70,283.31	V	318.40,358.58
Eu	459.40,462.72	Pd	247.64,244.79	W	255.14,294.74
Fe	248.33,352.29	Pr	495.14,513.34	Y	410.24,412.83
Ga	287.42,294.42	Pt	265.95,306.47	Yb	298.80,346.44
Gd	368.41,407.87	Rb	780.02,794.76	Zn	213.86,307.59
Ge	265.16,275.46	Re	346.05,346.47	Zr	360.12,301.18
Hf	307.29,286.64	Rh	343.49,339.69		

附录Ⅲ　某些组织电极和测定对象

组织酶源	测定对象	组织酶源	测定对象
猪肾	L-谷氨酰胺	菠菜	儿茶酚
猪肝	L-谷氨酰胺	大豆	尿素
	丝氨酸	燕麦种子	精胺
鱼肝	尿酸	莴苣种子	H_2O_2
鸡肾	L-赖氨酸	番茄种子	醇类
鱼鳞	儿茶酚胺	烟草	儿茶酚
鼠脑	嘌呤、儿茶酚胺	黄瓜	谷氨酸
红细胞	H_2O_2	黄瓜汁	L-抗坏血酸
兔肝	鸟嘌呤	生姜	L-抗坏血酸
香蕉	多巴胺、草酸	玉米脐	丙酮酸
葡萄	H_2O_2	花椰菜	L-抗坏血酸
土豆	儿茶酚、磷酸盐	甜菜	酪氨酸

附录Ⅳ　酶电极的组成及特性

测定物质	酶	酶催化反应	被检物质	指示电极	稳定性及检测范围/(mol · L^{-1})
尿素	脲酶	$CO(NH_2)_2 + H_2O \longrightarrow 2NH_3 + CO_2$	NH_3, NH_4^+	气敏电极或铵电极	$5.0 \times 10^{-5} \sim 1.0 \times 10^{-2}$　2 周
氨基酸	氨基酸脱羧酶	$HOC_6H_4CH_2CH-NH_2COOH \longrightarrow$ $CO_2 + HOC_6H_4(CH_2)_2NH_2$	CO_2	气敏电极	
氨基酸	氨基酸氧化酶	$RCHNH_2COOH + O_2 + H_2O \longrightarrow$ $RCOCOO^- + NH_4^+ + H_2O_2$	NH_4^+	铵电极	
			O_2	氧电极(铂)	
尿酸	尿酸酶	尿酸$+O_2+H_2O \longrightarrow$ 尿囊素$+H_2O_2+CO_2$	CO_2	气敏电极	$1.0 \times 10^{-4} \sim 1.0 \times 10^{-2}$　4 个月
			O_2	铂电极	
青霉素	青霉素酶	青霉素$+H_2O \longrightarrow$ 青霉素酸	H^+	pH 电极	$1.0 \times 10^{-4} \sim 1.0 \times 10^{-2}$　3 周
乳酸	乳酸脱氢酶	乳酸$+NAD^+ \longrightarrow$ 丙酮酸$+NADH+H^+$	H^+	pH 电极	$1.0 \times 10^{-4} \sim 2.0 \times 10^{-3}$　1 周
葡萄糖	葡萄糖氧化酶	葡萄糖$+O_2+H_2O \longrightarrow$ 葡萄糖酸$+H_2O_2$	O_2, H_2O_2	铂电极	$1.0 \times 10^{-4} \sim 2.0 \times 10^{-2}$　1 周

附录Ⅴ　298K 时一些与生物有关的标准电位和条件电位

电极反应	$\varphi^{\ominus}/V$(v. s. SHE) pH$=0$	$\varphi^{\ominus\prime}/V$(v. s. SHE) pH$=7$
$O_2 + 4H^+ + 4e^- \rightleftharpoons 2H_2O$	$+1.229$	$+0.816$
$Fe^{3+} + e^- \rightleftharpoons Fe^{2+}$	$+0.770$	$+0.770$
$I_2 + 2e^- \rightleftharpoons 2I^-$	$+0.536$	$+0.536$
$O_2(g) + 2H^+ + 2e^- \rightleftharpoons H_2O_2$	$+0.69$	$+0.295$
细胞色素 a(Fe^{3+}) $\rightleftharpoons$ 细胞色素 a(Fe^{2+})	$+0.290$	$+0.290$
细胞色素 c(Fe^{3+}) $\rightleftharpoons$ 细胞色素 c(Fe^{2+})	—	$+0.254$
2,6-二氯靛酚$+2H^+ + 2e^- \rightleftharpoons$ 还原的 2,6-二氯靛酚	—	$+0.22$
脱氢维生素 C$+2H^+ + 2e^- \rightleftharpoons$ 维生素 C	$+0.39$	$+0.058$
富马酸盐$+2H^+ + 2e^- \rightleftharpoons$ 丁二酸盐	$+0.433$	$+0.031$
亚甲蓝$+2H^+ + 2e^- \rightleftharpoons$ 亚甲蓝还原产物	$+0.532$	$+0.011$

电极反应	$\varphi^{\ominus}/V$(v. s. SHE) pH=0	$\varphi^{\ominus\prime}/V$(v. s. SHE) pH=7
二羟乙酸盐+2H$^+$+2e$^-$ ⇌ 乙二醇盐	—	−0.090
草乙酸盐+2H$^+$+2e$^-$ ⇌ 苹果酸盐	+0.330	−0.102
丙酮酸盐+2H$^+$+2e$^-$ ⇌ 乳酸盐	+0.224	−0.190
维生素 B$_2$+2H$^+$+2e$^-$ ⇌ 还原态维生素 B$_2$	—	−0.208
FAD+2H$^+$+2e$^-$ ⇌ FADH$_2$	—	−0.210
(谷胱甘肽—S)$_2$+2H$^+$+2e$^-$ ⇌ 2 谷胱甘肽—SH	—	−0.230
藏红 T+2e$^-$ ⇌ 无色藏红 T	+0.235	−0.289
(C$_6$H$_5$S)$_2$+2H$^+$+2e$^-$ ⇌ 2C$_6$H$_5$SH	—	−0.30
NAD$^+$+H$^+$+2e$^-$ ⇌ NADH	+0.105	−0.320
NADP$^+$+H$^+$+2e$^-$ ⇌ NADPH	—	−0.324
胱氨酸+2H$^+$+2e$^-$ ⇌ 2 半胱氨酸	—	−0.340
乙酰乙酸盐+2H$^+$+2e$^-$ ⇌ L−B−羟基丁酸盐	—	−0.346
黄嘌呤+2H$^+$+2e$^-$ ⇌ 6−羟基嘌呤+H$_2$O	—	−0.371
2H$^+$+2e$^-$ ⇌ H$_2$	0.0000	−0.414
葡糖酸盐+2H$^+$+2e$^-$ ⇌ 葡糖+H$_2$O	—	−0.44
SO$_4^{2-}$+2H$^+$+2e$^-$ ⇌ SO$_3^{2-}$+H$_2$O	—	−0.454
2SO$_3^{2-}$+2e$^-$+4H$^+$ ⇌ S$_2$O$_4^{2-}$+2H$_2$O	—	−0.527

附录Ⅵ　用鲁米诺液相化学发光体系能够测定的金属离子

被测 离子	检出限 /(g·mL^{-1})	线性范围 /(g·mL^{-1})	被测 离子	检出限 /(g·mL^{-1})	线性范围 /(g·mL^{-1})
Ag$^+$	1.0×10^{-9}	$1.0\times10^{-5}\sim4.0\times10^{-9}$	Fe^{3+}	5.0×10^{-12}	$1.0\times10^{-7}\sim2.0\times10^{-10}$
Al^{3+}	2.1×10^{-5}	$6.0\times10^{-4}\sim1.0\times10^{-4}$	Fe^{2+}	6.0×10^{-13}	$1.0\times10^{-7}\sim1.0\times10^{-10}$
Au^{3+}	4.0×10^{-11}	$1.0\times10^{-5}\sim1.0\times10^{-10}$	Ge^{4+}	1.0×10^{-8}	
Ba^{2+}	1.0×10^{-6}		Hg^{2+}	2.0×10^{-9}	$1.0\times10^{-6}\sim2.0\times10^{-7}$
Ca^{2+}	8.0×10^{-8}	$1.0\times10^{-5}\sim1.0\times10^{-7}$	Ir^{4+}	1.0×10^{-9}	$2.0\times10^{-7}\sim5.0\times10^{-9}$
Cd^{2+}	3.0×10^{-9}	$2.0\times10^{-7}\sim2.0\times10^{-8}$	Mg^{2+}	1.0×10^{-8}	$1.3\times10^{-6}\sim2.0\times10^{-8}$
Ce^{4+}	1.0×10^{-12}	$1.4\times10^{-8}\sim7.0\times10^{-12}$	Mn^{2+}	5.0×10^{-10}	$1.0\times10^{-6}\sim1.0\times10^{-9}$
Co^{2+}	1.0×10^{-13}	$6.0\times10^{-6}\sim1.0\times10^{-12}$	Mo^{6+}	1.2×10^{-10}	$1.0\times10^{-7}\sim1.0\times10^{-9}$
Cr^{3+}	6.2×10^{-13}	$1.0\times10^{-5}\sim1.0\times10^{-11}$	Ni^{2+}	8.8×10^{-9}	$1.0\times10^{-5}\sim1.0\times10^{-7}$
Cu^{2+}	9.0×10^{-12}	$6.0\times10^{-7}\sim2.0\times10^{-10}$	Os^{4+}	4.0×10^{-8}	$1.0\times10^{-7}\sim4.0\times10^{-8}$

被测离子	检出限 /(g·mL^{-1})	线性范围 /(g·mL^{-1})	被测离子	检出限 /(g·mL^{-1})	线性范围 /(g·mL^{-1})
Os^{6+}	4.0×10^{-10}	$4.0\times10^{-9}\sim4.0\times10^{-10}$	Sn^{2+}	5.0×10^{-10}	$<2.0\times10^{-9}$
Os^{8+}	4.0×10^{-10}	$4.0\times10^{-9}\sim4.0\times10^{-10}$	Th^{4+}	3.0×10^{-6}	
P_b^{2+}	2.0×10^{-9}	$2.0\times10^{-8}\sim2.0\times10^{-9}$	Tl^{+}	1.0×10^{-7}	$1.0\times10^{-5}\sim1.0\times10^{-6}$
Ph^{3+}	2.0×10^{-10}	$2.0\times10^{-8}\sim2.0\times10^{-9}$	Tl^{3+}	5.0×10^{-8}	
Pt^{2+}	2.9×10^{-9}	$6.0\times10^{-6}\sim1.0\times10^{-8}$	U^{6+}	4.4×10^{-6}	$1.0\times10^{-5}\sim8.0\times10^{-5}$
Pt^{4+}	3.5×10^{-7}		V^{4+}	2.0×10^{-9}	
Ru^{3+}	5.0×10^{-7}		V^{5+}	2.8×10^{-9}	$1.0\times10^{-5}\sim1.0\times10^{-8}$
Ru^{4+}	1.6×10^{-7}	$6.0\times10^{-6}\sim6.0\times10^{-7}$	Zn^{2+}	5.0×10^{-9}	$1.0\times10^{-7}\sim1.0\times10^{-8}$
Ru^{6+}	1.0×10^{-9}	$1.0\times10^{-8}\sim1.0\times10^{-9}$	Zr^{4+}	2.0×10^{-8}	

附录Ⅶ 用鲁米诺液相化学发光体系能够测定的部分无机物质

被测物质	检出限 /(g·mL^{-1})	线性范围 /(g·mL^{-1})	被测物质	检出限 /(g·mL^{-1})	线性范围 /(g·mL^{-1})
As^{3+}	6.0×10^{-9}		ClO_2	3.0×10^{-7}	
Br_2	1.0×10^{-9}	$1.0\times10^{-8}\sim1.0\times10^{-9}$	I_2	1.0×10^{-9}	$6.0\times10^{-7}\sim1.0\times10^{-10}$
Cl_2	5.0×10^{-7}		I^{-}	5.0×10^{-11}	
ClO^{-}	2.0×10^{-10}	$5.0\times10^{-7}\sim2.0\times10^{-10}$	铁氰化钾	3.0×10^{-7}	$1.0\times10^{-5}\sim3.0\times10^{-9}$
BrO^{-}	1.6×10^{-10}		S^{2-}	1.0×10^{-9}	
CN^{-}	3.0×10^{-7}		H_2O_2	2.0×10^{-9}	

附录Ⅷ 用鲁米诺液相化学发光体系能够测定的部分有机物质

被测物质	检出限 /(g·mL^{-1})	线性范围 /(g·mL^{-1})	被测物质	检出限 /(g·mL^{-1})	线性范围 /(g·mL^{-1})
甘氨酸	1.5×10^{-4}		葡萄糖		$1.0\times10^{-4}\sim2.0\times10^{-8}$
半胱氨酸	1.0×10^{-8}		蔗糖	1.5×10^{-5}	
铁蛋白	2.0×10^{-6}		脂肪醇类		$1.2\times10^{-6}\sim7.3\times10^{-6}$
细胞色素 c	2.5×10^{-8}		醛(酯族)类		$2.6\times10^{-6}\sim1.1\times10^{-5}$

续表

被测物质	检出限 /(g·mL⁻¹)	线性范围 /(g·mL⁻¹)	被测物质	检出限 /(g·mL⁻¹)	线性范围 /(g·mL⁻¹)
肌红蛋白	1.0×10^{-10}		邻氯苄叉丙二腈	2.0×10^{-10}	$2.0\times10^{-8}\sim$ 2.0×10^{-9}
血红蛋白	1.0×10^{-10}		腺苷	1.6×10^{-7}	$1.0\times10^{-6}\sim$ 6.0×10^{-6}
羟高铁血红素	6.0×10^{-11}		甲硫氨酸	1.4×10^{-6}	$1.0\times10^{-5}\sim$ 5.0×10^{-5}
过氧化氢酶	1.0×10^{-10}		L-组氨酸		$2.0\times10^{-5}\sim$ 2.5×10^{-5}
神经错乱性毒气	5.0×10^{-7}		8-羟基喹啉及其衍生物		$1.0\times10^{-7}\sim$ 1.0×10^{-9}
杀虫剂(isopestox型)	2.0×10^{-4}		柠檬酸		$2.0\times10^{-7}\sim$ 8.0×10^{-7}
酚	4.0×10^{-4}		芥子气	5.0×10^{-7}	$1.0\times10^{-6}\sim$ 5.0×10^{-4}
1-亚硝基-2-萘酚	2.0×10^{-5}		6-氨基嘌呤	1.0×10^{-7}	$1.0\times10^{-5}\sim$ 1.0×10^{-6}
乙二胺	1.0×10^{-8}	$1.0\times10^{-4}\sim1.0\times10^{-7}$	马拉松		$<1.0\times10^{-6}$
蛋氨酸		$1.0\times10^{-5}\sim5.0\times10^{-5}$	乐果		$<2.0\times10^{-5}$
α,α-联吡啶	1.0×10^{-8}	$1.0\times10^{-4}\sim1.0\times10^{-7}$	果糖	3.1×10^{-6}	

附录Ⅸ　常用缩略语表

AAS	atomic absorption spectrometry	原子吸收光谱法
AC	affinity chromatography	亲和色谱法
ACE	affinity capillary electrophoresis	亲和毛细管电泳
AES	atomic emission spectrometry	原子发射光谱法
AFS	atomic fluorescent spectrometry	原子荧光光谱法
APCI	atmospheric pressure chemical ionization	大气压化学电离源
APF	arylpentafluoro	五氟代芳基
AQA	analytical quality assurance	分析质量保证
AQC	analytical quality control	分析质量控制
BL	bioluminescence	生物发光
CBPC	chemical banding phase chromatography	化学键合相色谱
CE	capillary electrophoresis	毛细管电泳
CEC	capillary electrokinetic chromatography	毛细管电动色谱
CGE	capillary gel electrophoresis	毛细管凝胶电泳
CI	chemical ionization	化学电离源

CIEF	capillary isoelectric focusing	毛细管等电聚焦
CITP	capillary isotachophoresis	毛细管等速电泳
CL	chemiluminescence	化学发光
CZE	capillary zone electrophoresis	毛细管区带电泳
DF	delayed fluorescence	延迟荧光
DL	detection limit	检出限
EC	electrochemistry	电化学
ECD	electrochemical detector	电化学检测器
ECD	electron capture detector	电子捕获检测器
EI	electron impact ionization	电子电离源
EL	electro-luminescent	电致发光
ELSD	evaporative light scattering detector	蒸发光散射检测器
EOF	electroosmotic flow	电渗流
ESI	electrospray ionization	电喷雾电离源
FAB	fast atom bombardment	快原子轰击源
FD	fluorescence detector	荧光检测器
FIA	flow injection analysis	流动注射分析
FID	flame ionization detector	(氢)火焰离子化检测器
FPD	flame photometric detector	火焰光度检测器
FTIR	Fourier transform infrared spectrophotometer	傅里叶变换红外光谱仪
GC	gas chromatography	气相色谱
GFC	gel filtration chromatography	凝胶过滤色谱
GPC	gel permeation chromatography	凝胶渗透色谱
HCL	hollow cathode lamp	空心阴极灯
HPCE	high performance capillary electrophoresis	高效毛细管电泳
HPLC	high performance liquid chromatography	高效液相色谱法
HRP	horseradish peroxidase	辣根过氧化物酶
IC	internal conversion	内转换
IC	ion chromatography	离子色谱
IEC	ion exchange chromatography	离子交换色谱
IPC	ion pair chromatography	离子对色谱
IR	infrared absorption spectrum	红外吸收光谱
ISC	intersystem crossing	系间窜跃
ISE	ion selective electrode	离子选择性电极
LC	liquid chromatography	液相色谱
LIF	laser-induced fluorescence	激光诱导荧光
LLPC	liquid-liquid partition chromatography	液液分配色谱法
LSAC	liquid-solid adsorption chromatography	液固吸附色谱法
MALDI	matrix assisted laser desorption ionization	基质辅助激光解吸电离源
MECC	micella electrokinetic capillary chromatography	胶束电动毛细管色谱
MS	mass spectrometry	质谱
NMR	nuclear magnetic resonance spectroscopy	核磁共振波谱法
PAG	polypropylene amine gel	聚丙烯酰胺凝胶
PC	paper chromatography	纸色谱

PCCEC	packed column capillary electrokinetic chromatography	填充柱毛细管电动色谱
PDAD	photo-diode array detector	光电二极管阵列检测器
PEG	polyethylene glycol	聚乙二醇
pI	isoelectric point	等电点
PL	photo-luminescence	光致发光
PLOT	porous layer open tubular	多孔层开管柱
PMT	photomultiplier	光电倍增管
RID	refractive index detector	示差折光检测器
SCOT	support coated open tubular	载体涂渍开管柱
SEC	steric exclusion chromatography	空间排阻色谱
SFC	supercritical fluid chromatography	超临界流体色谱
TCD	thermal conductivity detector	热导检测器
TID	thermionic detector	热离子化检测器
TLC	thin layer chromatography	薄层色谱或平板色谱
TTAB	tetradecyl trimethyl ammonium bromide	十四烷基三甲基溴化铵
UV	ultraviolet	紫外
UVD	ultraviolet photometric detector	紫外光度检测器
VR	vibrational lever relaxation	振动弛豫
WCOT	wall coated open tubular	涂壁开管柱
YAG	yttrium aluminium garnet	钇铝石榴石